微电子与集成电路先进技术丛书

纳米级集成电路系统电源完整性分析

[日] 桥本正德（Masanori Hashimoto）
[美] 拉杰·耐尔（Raj Nair）　等著
戴　澜　陈铖颖　张晓波　译

机 械 工 业 出 版 社

进入21世纪以来，集成电路制造工艺的发展日新月异，目前已经进入到了前所未有的纳米级阶段。电源完整性作为系统级芯片设计的重要课题，直接影响到集成电路的可靠性、性能以及功耗。因此，本书作者以系统级电源完整性为切入点，深入探讨了电源完整性的影响、时钟产生及分布、输入/输出单元中的电源完整性设计、电源完整性建模、温度效应以及低功耗电源完整性设计等方面的问题，并以IBM POWER7+处理器芯片作为实例进行分析，最后针对新型碳纳米管互连元件在电源完整性中的应用做了简要讨论。

本书可作为高等院校电子科学与技术、电子与信息工程、自动化等专业高年级本科生和研究生有关集成电路和系统设计方面课程的教材，或作为相关领域工程技术人员的参考书。

译　者　序

进入21世纪以来，集成电路制造工艺的发展日新月异，目前已经进入到了前所未有的纳米级阶段。电源完整性作为系统级芯片设计的重要课题，直接影响到集成电路的可靠性、性能以及功耗。因此，本书作者以系统级电源完整性为切入点，深入探讨了电源完整性的影响、时钟产生及分布、输入/输出单元中的电源完整性设计、电源完整性建模、温度效应以及低功耗电源完整性设计等方面的问题，并以IBM POWER7+处理器芯片作为实例进行分析，最后针对新型碳纳米管互连元件在电源完整性中的应用做了简要讨论。

本书可作为高等院校电子科学与技术、电子与信息工程、自动化等专业高年级本科生和研究生有关集成电路和系统设计方面课程的教材，或作为相关领域工程技术人员的参考书。

本书的翻译工作由北方工业大学微电子系副教授戴澜组织，北方工业大学大学张晓波老师和厦门理工学院微电子学院陈铖颖老师参与翻译。其中，戴澜副教授翻译了第1~5章，张晓波老师翻译了第6章，陈铖颖老师翻译了第7~10章。

本书虽经仔细审校，但由于译者水平有限，书中定会有不当或欠妥之处，望读者批评指正。

戴澜

2017年2月

原书前言

在20多年前的1990年，在一个带状记录仪仪器装配线上我碰到一件触动我的事情。在一批新记录仪的测试阶段，仪器电子控制板上出现了一些计数器不能计数的奇怪现象，问题的起源是计数器的供电电源存在较大并且相对高频率的环路噪声，在改进与上市中面临的压力很大，这种噪声产生的真正原因困扰了生产、设计和研发组。这件事触动了我，其实相当简单，这些芯片供电电源网络的高速振荡电流导致了使得仪器功能失效的这些噪声，而这些噪声可以通过在供电电源线路上增加一个大的电感来得到减弱。一个手动制作的环状铁质电感通过串联加入到电源线路，电源不再如往常一样发生振荡，计数器按照设定进行工作，噪声令人吃惊地被抑制掉了。我很快和制造平台设计研发组的总裁一起开了设计总结会，作为当时的惯例，尽管我的设计方案非常前沿，像我这样的年轻人还是没有机会参与这种级别的总结会的。那时人们生产了大量的铁心电感产品，并且改变了设计方法，这使得录音机的生产能以最短的时间向前推进。我从未清楚地去计算这种改进设计带来的利益是多少，但是在计数器芯片数字电路中供电网络采用一种低通滤波器之前，大量的串联电感和去耦电容一起被使用，通过这些事实可以大概猜出上述设计带来的利益情况。这种设计改变了供电网络的共振频率，消除了采用这种电感器之前存在的一个共振，减弱了由于计数器采用整个电路系统专用频率进行计数而激发的共振噪声。

在大约20年以后的2010年，在为一个高速路由器芯片设计实现一个GHz级时钟分配网络的时候，作为老朋友的自感现象又出现了。在常规设计中会完全忽略片上互连电感，随着芯片频率朝着每秒种十亿个时钟周期发展以及自感相关影响逐步深入到可以和全局时钟分配的互连电感相比拟，我非常有兴趣对这种现象进行研究。电感不仅能改善时钟的上升和下降时间，从而降低时钟抖动（jitter），通过对时钟分配系统中时钟驱动级中的过驱动延时进行仔细设计，能减少芯片的时钟偏差（skew）。此外，也可能在将4GHz的时钟芯片分配到芯片外围的I/O电路时，降低电阻的趋肤效应。总之，对这种现象进行研究 ，可以大大地优化设计。

多年以后，waxing eloquent 的在线文章讨论了在时钟和功率分配网络仿真中考虑电感的必要性，我在一篇研究性论文中提出通过考虑互连电感，能很好地优化芯片中使用的金属。通过包括电感、关键的互连细节信息的实际的物理布局仿真，能更深入地理解电源完整性优化、功耗和芯片，包括去耦电容物理布局。第一本关于集成电路的电源完整性分析和管理的书籍在2010年出版，这本书的出版是在我第一次碰到这种电感现象的 20 年之后。在这段时间我竟然耗费了很多心血去研究绝热逻辑这一块现在被放弃的领域，这个研究领域充满草率的假设和采用简化的 *RC* 模型，忽略任何电路的实际细节，如我认识 20 多年的电感问题。

通过这些情况，你也许能正确地判断出我正在对随着集成电路特征尺寸逐步缩小情况下的电源完整性问题进行研究，在片上互连评估和优化研究中将考虑电感的影响。但是，看到一些出版物中继续在功率网格的实际物理仿真中忽略电荷的流动惯性，采用一些近似和非物理的仿真方法，这会使读者看不到电源完整性退化中的共振或者波的传输特性，甚至会决定了噪声的峰值幅度。这种近似和有限层面的分析将不可能察觉到一些瞬时的物理噪声现象，如在水力学和光学物理频谱中出现的畸形波（指一种分布非常陡峭，峰值远高于周围的局域波）就属于这种情况。这很好理解，对于一个给定的连续电磁频谱，在光纤中能看到的畸形波，在电磁系统中也能看到，只是在频谱幅度小几个数量级。在关于集成电路电源完整性的第一本书中揭示了片上功率网格中关于入射噪声波的电容透镜效应仿真，给本书很大的支持。电感和实际的物理效应会导致明显的延时，也会引起人们揭示芯片功率网格物理现象的兴趣。假设互连网格没有电感就如假设钟摆没有质量，系统不具有势能和动能，换句话说，这是不可能的，这是一个非物理的系统。因此，我出版的这本书但愿能有助于现代电源完整性分析和验证的物理仿真，在本书中采用了一些高级的抽象画和基于物理现象的仿真方法。

本书也是第一次广泛讨论了学术界、工业界和实验阶段的关于电源完整性的一些成果，从电路和芯片设计者的观点出发讨论说明电源完整性退化和它的复杂性。这本书也在一些细节上讨论电源管理和低功耗设计对电源完整性退化的影响。先前的一些书关注建模、仿真和分析，对于设计者来说，可能更关注他们碰到的实际问题，尤其希望在设计早期就能关注一些细节问题，从而能对系统设计和工艺限制的问题提前想好对策。

在特征尺寸达到纳米级，3D 集成的年代，集成电路设计中面临非常严酷的现实问题：电源完整性退化将带来严格的限制，需要很多的理论和经验知识来进行处理，这个问题将会由于在垂直方向上集成额外的有源电路而变得更加复杂。这些问题的处理都需要对电源完整性和热问题进行正确的早期评估。通过近 20 年对关于电源完整性和电路可靠性知识的学习，这本书将对这些问题进行处理。为了这个目标，我们将在本书中引用一款工业产品 IBM POWER7 + 来进行说明，这也是 Hashimoto 和我希望用它来对芯片和系统设计师和设计者展示和传授相关技术。此外，也希望有助于学术界的工作者能够向工业界取经，以便更好地了解关于功率分配网络的设计并把握一些潜在的研究点。

Raj Nair

致谢

工业界和学术界的很多专家对这本书的出版做出了贡献，先进工业科学和技术国家研究所的 Yasuhiro Ogasahara 在关键的第 3 章做出贡献。芝浦工业大学的 Toshio Sudo 完成了第 4 章；第 5 章、第 6 章由加利福尼亚大学迭戈分校的 Chung – Kuan Cheng 和美国高通公司的 Xiang Hu 和 Amirali Shayan 执笔；第 7 章由 Hexocom 公司的 Kian Haghdad 和在开罗的美国大学职员 Mohab Anis 完成；IBM 的 Howard H. Smith 撰写了第 9 章；明导公司（Mentor Graphics Corp）的 Navin Srivastava 和先进工业科学和技术国家研究所的 Mizuhisa Nihei 负责了第 10 章的工作。在这里一并对他们的工作表示感谢。

我们感谢 Masanori 的前辈和目前在大阪大学和东京大学从事电源完整性研究的学生们，特别要感谢东京大学的 Akira Tsuchiya，他为本书的封面和互连模型提供了一些非常精美的图片。

我们也很感谢我们的老师、导师、同事和朋友们，他们对本书中相关知识的理解提供了一些有意义的指导。同时，对给我们提供支持的各位亲爱的朋友们表示感谢。

作者简介

Masanori Hashimoto：分别于1997、1999和2001年在日本京都大学获得通信和计算机工程学士、硕士和博士学位。自2004年起，在日本大阪大学的信息系统工程系从事教学和科研工作，目前是副教授。他的主要研究领域为片上电源噪声和信号耦合噪声的建模和测试工作。Hashimoto博士感兴趣的研究包括时序、功耗和信号完整性分析、超低功耗设计、可靠性设计、软错误建模、物理设计的高性能优化和片上高速信号产生。Hashimoto博士已经发表了200多篇期刊和会议论文，获得2004年ASP-DAC最佳论文奖和2008年ASP-DAC大规模集成电路设计竞赛特别功能奖。他是IEEE、ACM、IEICE和IPSJ成员，也是数个国际会议的技术方案委员会成员，包括DAC、ITC、ICCAD、VLSI电路讨论会、ISPD、ASP-DAC、DATE、ICCD和ISQED。

Raj Nair：于1986年获得印度迈索尔大学电子通信工程学士学位，于1994年获得路易斯安那州立大学电气工程硕士学位。具有超过25年的工业和学术领域科研工作经验，在工程期刊和会议上发表大量的受邀论文和简报，得到同行的广泛好评。职业生涯一直从事电子和半导体相关工作，主要关注功率和功率传送，信号和电源完整性研究。在最近的20年，Raj Nair创办了两个创业公司，主要从事显影硅、封装方面的知识产权和电源完整性相关的电子设计自动化软件。是之前一本关于集成电路电源完整性分析和管理方面著作的合著者，拥有超过40个授权专利，是半导体业、电源完整性和超大规模/3D集成方面的专家顾问。

本书作者及分工

Mohab Anis：从2010年开始作为美国大学在开罗的教职人员，2003年至2010年作为加拿大滑铁卢大学的计算机工程终身教授。他发表和出版过超过150篇论文和3本著作，是9个国际期刊的编辑。Anis博士被授予安大略湖早期研究奖，由于卓越的研究成果获得了科尔顿奖章和IEEE国际低功耗设计奖，他在2002年获得滑铁卢大学计算机工程博士学位，他主要参与本书第7章编写。

Chung-Kuan Cheng：加州大学迭戈分校计算机科学与工程系教授，1991年获得加州大学迭戈分校工程学院NCR教学奖，在2000年成为IEEE会员，2004、2006和2007年获得IBM员工奖。在2013年获得加州大学迭戈分校卓越职工奖。主要参与第5~6章编写。

Kian Haghdad：2011年获得加拿大滑铁卢大学电气与计算机工程博士学位，在2008年获得加拿大自然科学和工程委员会研究生奖。主要研究领域为功率和热完整性，低功耗电子学variation-tolerant设计，Haghdad博士2000年在加拿大安大略多伦多创立Hexocom公司，目前是该公司的工程师和董事长。主要参与第7章的编写。

Masanori Hashimoto：本书共同编辑，参与第1~3章和第8章的编写。

Xiang Hu：目前是高通公司功率完整性工程师，2010年到2013年是美国博通公司ASIC后端工程师。2012年获得圣地亚哥加利福尼亚大学计算机工程博士学位。主要研究方向包括功率分配网络的分析与优化。主要参与本书第5、6章的编写。

Raj Nair：本书共同编辑，主要参与第1、3和8章的编写。

Mizuhisa Nihei：分别于1990、1992和2006年获得日本仙台东北大学电气工程工学学士、工程硕士和博士学位。从1992年开始，在日本厚木富士通实验室工作。目前，在厚木国家先进工业科学和技术国家研究所从事石墨烯互连和热管理工艺研究。主要参与本书第10章的编写。

Yasuhiro Ogasahara：2008年获得日本坂田大学信息系统工程博士学位。目前在日本国家先进工业科学和技术国家研究所从事纳米电子学研究，主要从事新器件的电子集成研究工作。Ogasahara博士获得2008年ASP-DAC大学的大规模集成电路设计竞赛特别功能奖，是IEEE和IEICE成员。参与本书第3章的编写。

Amirali Shayan：2005年获得伊朗德黑兰大学电气工程学士学位，分别于2008年和2011年获得圣地亚哥加利福尼亚大学计算机工程硕士和博士学位。目前是圣地亚哥博通公司低功耗实现项目组成员，他的研究方向包括低功耗实现、管理和分配。主要参与本书第5、6章编写。

Howard H. Smith：分别于1984年和1985年获得新西兰理工学院学士和硕士学位，1984年加入IBM，从事从封装电气设计和计算机体系分析到最新处理器的片上信号和电源完整性分析工作，Smith先生目前是波基普西市IBM公司系统和工艺组传感器工程师，同时作为项目组长负责高集成度CMOS电路和芯片工艺电气分析工作。主要负责本书第9章的编写工作。

Navin Srivastava：在印度理工大学获得技术学士学位，加利福尼亚大学硕士和博士学位。在俄勒冈州威尔逊维尔Mentor Graphics公司工作期间主要从事VLSI寄生参数提取和互连模型工作，他在超过25个高引用率的顶级期刊发表论文并担任多个会议论文的审稿人。负责本书第10章的编写。

Toshio Sudo：分别于1973、1975和2006年获得日本东北大学学士、硕士和博士学位。在1975年加入日本东芝公司，主要从事MCM工艺研究和发展，微处理器封装，高速信号完整性设计，功率完整性设计和CMOS大规模集成系统EMC设计工作。在2007年成为日本芝浦工业大学教授，在2004年成为IEEE会员。主要负责本书第4章的编写。

目　录

译者序
原书前言
致谢
作者简介
本书作者及分工

第1章　集成电路电源完整性的重要性 …… 1

1.1　晶体管缩放和电源完整性退化过程 …… 1
1.1.1　恒定功率（CP）和恒定功率密度（CPD）缩放下电源完整性 …… 3
1.1.2　低功耗设计及电源完整性退化 …… 4
1.1.3　集成电路中的电源网格噪声 …… 5
1.1.4　电源完整性退化对I/O电路及信号完整性的影响 …… 8
1.2　电源完整性恶化的因素 …… 9
1.2.1　电源完整性退化对良率的影响 …… 9
1.2.2　减少电压扩展和增加功率 …… 11
1.2.3　制造及封装技术的增强和成本 …… 12
1.2.4　设计和验证成本 …… 13
1.2.5　不可持续的能源浪费 …… 13
1.3　参考文献 …… 14

第2章　电源和衬底噪声对电路的影响 …… 15

2.1　电源噪声和衬底噪声 …… 15
2.2　路径以及延迟单元和电源噪声 …… 17
2.2.1　路径延迟和电源噪声之间的关系 …… 18
2.2.2　组合单元延迟 …… 22
2.2.3　触发器时间特性 …… 25
2.3　耦合效应电路级时序分析 …… 28
2.3.1　难点 …… 28
2.3.2　电源噪声的时间和空间的相关性 …… 30
2.3.3　统计噪声模型 …… 32
2.3.4　个案分析 …… 34
2.4　模拟/射频（RF）电路的噪声影响 …… 37

2.4.1　电源噪声 …… 37
2.4.2　衬底噪声 …… 39
2.5　习题 …… 40
2.6　参考文献 …… 40

第3章　电源完整性中的时钟产生和分布 …… 42

3.1　时钟延时、偏移以及抖动 …… 42
3.2　用于时钟树的互连元件 …… 46
3.2.1　互连元件的寄生器件 …… 46
3.2.2　电感的定义 …… 46
3.2.3　电感提取 …… 47
3.2.4　互连元件仿真 …… 53
3.2.5　专用的感性互连元件 …… 55
3.2.6　信号传输时间和电感 …… 58
3.3　时钟树结构及其仿真 …… 60
3.3.1　时钟树结构 …… 60
3.3.2　工业级时钟分布网络应用 …… 63
3.4　电源噪声引起的时钟偏移 …… 64
3.4.1　串行电路中的电源噪声 …… 64
3.4.2　噪声敏感的时钟分布网络仿真 …… 65
3.4.3　在电压 V 和温度 T 变化的情况下，时钟偏移分析的实例 …… 66
3.4.4　与时钟偏移和电源噪声有关的其他工作 …… 71
3.5　时钟产生 …… 71
3.5.1　对与电源完整性有关的锁相环和延迟锁相环的讨论 …… 72
3.5.2　锁相环结构 …… 73
3.5.3　准则1：将锁相环与噪声进行隔离 …… 74
3.5.4　准则2：将单端电路以及物理版图设计为差分形式 …… 76
3.5.5　准则3：环路滤波器、偏置产生电路和压控振荡器的电源抑制比、噪声设计 …… 78
3.6　数据通信的时钟提取 …… 80
3.6.1　开关式鉴相器 …… 80
3.6.2　数据恢复延迟锁相环和相位插值器 …… 81
3.7　总结 …… 81
3.8　参考文献 …… 81

第4章　I/O电路中的信号及电源完整性设计 …… 83

4.1　引言 …… 83
4.2　单端I/O电路设计 …… 84

4.2.1 同步开关输出噪声 …… 84
4.2.2 测量的同步开关输出噪声与仿真值的相关性 …… 87
4.2.3 片上电源分布网络的测量以及全局电源分布网络中的反谐振峰值 …… 89
4.2.4 信号完整性和电源完整性的联合仿真 …… 89
4.2.5 从专用集成电路芯片中所见的整体电源分布网络阻抗 …… 93
4.2.6 频域内的目标阻抗 …… 95
4.2.7 采用依赖于频率目标阻抗的信号衰减估计 …… 98
4.3 差分I/O设计 …… 99
4.3.1 差分I/O电路的信号完整性建模 …… 99
4.3.2 差分传输线、串扰噪声和通孔的影响 …… 100
4.3.3 机织玻璃纤维的共模转换 …… 101
4.4 三维系统级封装中的电源完整性设计和评估 …… 105
4.4.1 宽总线结构的优势 …… 106
4.4.2 三种层叠芯片和三维系统级封装配置 …… 107
4.4.3 完整的电源分布网络阻抗及其对同步开关输出噪声的影响 …… 113
4.5 总结 …… 118
4.6 参考文献 …… 119

第5章 电源完整性退化及建模 …… 121

5.1 背景 …… 121
5.2 电源完整性建模 …… 123
5.2.1 板级电源完整性 …… 123
5.2.2 封装管壳的电源完整性 …… 124
5.2.3 片上电源网格完整性 …… 124
5.3 电源完整性分析 …… 125
5.4 频域分析 …… 125
5.5 时域分析 …… 128
5.6 目标阻抗背景 …… 129
5.7 问题公式化 …… 130
5.8 最坏情况电源分布网络输出电压噪声 …… 130
5.9 无可实现性限制的阻抗 …… 131
5.10 具有可实现性限制的阻抗 …… 133
5.10.1 一阶阻抗 …… 133
5.10.2 二阶阻抗 …… 134
5.11 实际电源分布网络 …… 139
5.11.1 无等效串联电阻的理想 *LC* 结构 …… 140
5.11.2 具有等效串联电阻的标准 *LC* 结构 …… 142
5.11.3 完整的电源分布网络通路 …… 145

5.12　总结 …… 147
5.13　参考文献 …… 147

第6章　电源完整性的集总、分布和三维建模 …… 149

6.1　三维电源分布网络建模 …… 149
6.1.1　分布电源网格模型 …… 149
6.1.2　电流激励模型 …… 151
6.1.3　集总模型 …… 151
6.1.4　片上电感效应 …… 154
6.2　三维电源分布网络分析流程 …… 156
6.3　实验结果 …… 157
6.3.1　电流分布模型 …… 158
6.3.2　共振现象 …… 166
6.3.3　去耦电容 …… 169
6.3.4　层与层之间的互连阻抗 …… 171
6.3.5　最坏情况下的噪声电压 …… 174
6.3.6　流浪波 …… 176
6.4　总结 …… 177
6.5　习题 …… 177
6.6　参考文献 …… 179

第7章　芯片温度和电源完整性的影响 …… 181

7.1　超大规模集成电路与系统中高温的影响 …… 181
7.1.1　对电源的影响 …… 181
7.1.2　性能的含义 …… 186
7.1.3　可靠性问题 …… 189
7.2　温度分布及对电压降的影响 …… 192
7.2.1　温度的分布和管理 …… 192
7.2.2　负载变化对于电压降的影响 …… 195
7.2.3　互连电阻对电压降的影响 …… 196
7.3　温度和电压降的建模与评估 …… 198
7.3.1　热建模 …… 198
7.3.2　直接测温 …… 201
7.3.3　电压降建模 …… 203
7.4　Alpha 处理器的温度和电压降概览图 …… 204
7.5　高温下增强电源分布鲁棒性设计 …… 210
7.5.1　布图规划 …… 210
7.5.2　电源引脚分布 …… 212

7.5.3 从设计到生产制造 …… 214
7.6 总结 …… 217
7.7 习题 …… 218
7.8 参考文献 …… 219

第 8 章 低功耗技术和电源完整性影响 …… 222

8.1 数字 CMOS 电路功耗及电源电压降低 …… 222
8.1.1 动态功耗 …… 222
8.1.2 短路功耗 …… 223
8.1.3 泄漏功耗 …… 223
8.2 电源电压降低 …… 224
8.3 门控时钟 …… 228
8.3.1 概述 …… 228
8.3.2 电源完整性问题 …… 230
8.3.3 电荷泵有源噪声调整 …… 233
8.4 门控电源 …… 234
8.4.1 概述 …… 234
8.4.2 浪涌电流以及浪涌电流引入噪声 …… 235
8.4.3 阱结构和浪涌电流引入噪声 …… 237
8.4.4 阱结构和体连接 …… 238
8.4.5 多门控浪涌电流引入噪声 …… 243
8.4.6 去耦合 …… 245
8.4.7 结构、系统级技术和有源噪声调整 …… 246
8.5 习题 …… 249
8.6 参考文献 …… 249

第 9 章 利用 IBM POWER7 + 处理器芯片进行电源完整性的案例研究 …… 252

9.1 概述 …… 252
9.2 IBM POWER7 + 微处理器芯片描述 …… 252
9.3 IBM 处理器芯片的电源完整性考虑 …… 255
9.4 电源完整性的低电流估计方法 …… 258
9.5 POWER7 + 电源网格设计考虑 …… 260
9.6 静态电源网格验证 …… 267
9.7 瞬态电源网格分析 …… 274
9.8 致谢 …… 288
9.9 参考文献 …… 289

第 10 章 用于电源传输的碳纳米管互连元件 …… 290

10.1 为什么要选择新的互连材料 …… 290

10.1.1　增加的铜互连电阻率 …… 290
10.1.2　电迁移可靠性 …… 291
10.1.3　铜互连元件尺寸的缩小趋势 …… 292
10.2　碳纳米管的基本特性 …… 293
10.2.1　手征性 …… 293
10.2.2　电流带载能力 …… 294
10.2.3　热传导性 …… 295
10.3　碳纳米管的电气特性 …… 295
10.3.1　电阻 …… 296
10.3.2　电容 …… 297
10.3.3　电感 …… 298
10.4　碳纳米管互连元件 …… 299
10.4.1　碳纳米管互连电阻 …… 299
10.4.2　碳纳米管互连电容 …… 301
10.4.3　碳纳米管互连电感 …… 302
10.5　碳纳米管互连元件的热管理 …… 303
10.5.1　三维集成电路中的硅通孔 …… 304
10.6　碳纳米管互连元件的制造和集成 …… 305
10.6.1　标准 VLSI 工艺下的碳纳米管集成 …… 305
10.6.2　碳纳米管互连制造的突出特点 …… 306
10.7　用于电源完整性的碳纳米管 …… 308
10.7.1　结构上及热方面的优点 …… 308
10.7.2　电迁移可靠性 …… 309
10.7.3　低阻电源网格 …… 310
10.8　总结 …… 311
10.9　参考文献 …… 312

第 1 章　集成电路电源完整性的重要性

集成电路的性能高度依赖供电电源的稳定性。集成电路中供电电源的改变称为电源完整性（Power Integrity，PI）退化，会对电路性能产生不可预测的不利影响。数字门电路不仅受静态、相对固定的延迟变化影响，同时还受时钟抖动和时序瞬态变化等的影响，这两者都会导致竞争和冒险，同时数据信号和时钟信号之间的时间差会影响数据捕捉的精确性。模拟电路通常更容易受到电源噪声和芯片衬底噪声、信噪比下降，以及信号处理质量和通信质量的影响。此外，在验证电路功能时，三个起主要影响的环境变量分别是工艺、电压和温度。对于一个已经生产好的芯片，或已经生产固化的一系列与工艺有关的器件特性而言，对芯片供电的电源电压是另一种能产生影响的环境变量。很显然，在设计一款集成了易受电源电压波动影响的电路芯片时，电源电压的变化或 PI 退化，以及各自产生的影响，都需要仔细考虑。在本节的前部分，我们讨论了在纳米级超大规模集成电路的设计中 PI 退化的重要性。在本章的前部分，我们探讨电路对 PI 退化的敏感性及减少其影响的常见技术。

1.1　晶体管缩放和电源完整性退化过程

由晶体管缩放（工艺特征尺寸缩小）及 PI 退化带来的挑战，在 2001 年的[1]微处理器中已经有所研究。据调查显示，随着工艺特征尺寸的逐步缩小，封装工艺不断发展，但是处理器的基本结构几乎未发生变化，封装产生的感应回路会导致片上电压下降，主要由式（1.1）决定：

$$S_l = \frac{1}{S_c S_f^2} \tag{1.1}$$

式中，S_x 是一个与方向有关的比例因子记为 x；S_c 与芯片电容有关；S_f 与工作频率有关；S_l 是封装电容到芯片的回路电感因子。式（1.1）已经在参考文献［3］中进行深入探讨，在这篇论文中，该式与另一个采用 LC 电源滤波器的 DC－DC 变换器中导出的 PI 退化公式一致㊀。

㊀ 考察归一化的纹波系数（考虑到输出电压引起的纹波）。我们发现在更短的开关周期内，使开关调节器设计转换为输出一个更低的输出电压时，在滤波器电感 L、电容 C 和开关频率 f 之间存在以下关系：$L \propto \frac{1}{Cf^2}$。

显然，从式（1.1）和英特尔架构微处理器的回路电感数据可以清楚地看出，不考虑封装中诸如急剧减小的回路电感等影响，在频率逐步增大的情况下PI退化将会引起良率下降。事实上，大约在采用奔腾处理器结构的时候，尽管晶体管特征尺寸逐步缩小，但是单个处理器的频率不再提高，处理器总体性能的提高通过采用多核处理器的方法来进行。在单片计算系统中，封装技术产生了巨大突破（从基于引线键合封装到倒装式芯片封装的转变），在功率分配系统和处理器之间通过面对面分配或者通过硅通孔相连将用来提高与PI相关的性能。

式（1.1）也有助于解开PI的一个神秘之处——随着特征尺寸的逐步缩小，通过增加单位面积的电容有助于控制芯片噪声或者PI退化。随着芯片电容的增加（S_c 的$\sqrt{2}$倍或者更高），回路电感比例因子 S_l 势必下降。这是因为不断增加的电容导致功耗增加（$P=\alpha CV^2f$），工作电压下降，工作电流按比例增加又带来更高的电压降。由于电压降与工作电流和回路电感的二次方根与片上电容之比成比例关系⊖[3]，回路电感减少的比例必须与电容增大的比例保持一致，才能保证压降跟之前相同。需要注意的是，电压减小了，回路电感需通过降低正比于电压二次方的值以保证供电电压下降的比率（$\Delta V/V$ 按比例缩小的集成电路工艺），或通过PI退化的方法，达到前面所描述的结果。因此随着特征尺寸的缩小，电容成比例增大对PI会产生不良影响。芯片电容按比例增加，一方面不会引起功耗增加；另一方面却大大降低了芯片封装中封装和芯片之间连线的电压降，但是却增加了芯片面积和加工工艺成本。例如，放置在电源层和信号金属层之间的金属-绝缘体-金属（MIM）电容，使硅片成本增加了大约5%，却不能提供足够大的电容。沟道电容是一种加在硅片上的3D结构的电容，虽然提高了硅片成本，但提供了足够大的电容，从而对芯片的PI产生明显的影响，这会在第9章中讨论的。有人可能会认为加入“暗硅”，或者不使用门级电路，有助于降低PI退化。但是为了减少电源泄漏和额外的功耗损耗问题，这种电路通常与电源网格隔离，因此并不会产生芯片去耦电容。

回路电感、芯片电容与工作频率之间的比例关系通常适用于任何在一定PI退化情况下还能维持所需输出的常见电荷传输路径。因此，这种关系不仅仅局限于传统、简单的板级、封装级和芯片级功率传输模型；2D或者3D电源网格能额外地起到电源回路滤波器的作用，从而导致瞬态压降（例如阶跃负载产生的谐振响应）。例如，芯片的电源网格需要瞬间充电，这种情况可以通过分布在芯片中的电容和电源网格的环路电感组成的高频谐振回路实现，该回路不同于由片上电容和封装回路电感形成的谐振回路。与芯片滤波回路有关的电压降在现在的一些书籍中被称为“零压降”（zeroth droop），这是一种局部瞬态的电压变化，

⊖ 电压降，具体来说，其瞬态下降幅度随着负载电流的阶跃变化，是由式 $\Delta V=\Delta I\sqrt{L_P/C_D}$给出的。

与传统电源传输模型中滤波器对应阶数产生的一次、二次和三次压降不同。晶体管的集成度继续遵循摩尔定律发展，“零压降”也总体上由式（1.1）决定，这预示着集成度的提高会加速 PI 退化，产生这种现象的原因是由芯片低层金属决定的，给非开关式电容充电的片上有效回路电感和与和工艺相关的电容以及与性能有关的频率之间不能成比例变化。

注意，如参考文献［3］中所讨论的，这些局限性打破了文中提到的摩尔定律，这个定律意味着“集成器件尺寸的缩小使得每单位面积消耗相同的功耗的前提下能获得更高的运算速度”，也意味着器件尺寸的缩小不会带来额外的电源相关的挑战。这样的假设是不完全成立的，是缺乏全面考虑的，例如对电源传输网络的供电电路以及使得性能增强所采用的互连元件的变化缺少全面认识。近几十年，在半导体工业中器件集成化确实一直遵循摩尔定律变化，摩尔定律也讨论了 2D 硅芯片的器件集成度；3D 芯片堆叠可能会打破每单位面积功耗恒定的趋势。

1.1.1　恒定功率（CP）和恒定功率密度（CPD）缩放下电源完整性

在参考文献［3］中，以参考文献［1］中对恒定功率和恒定功率密度缩放的研究为基础，对这两种缩放情况以及相关的 PI 退化都得到了研究。考虑到封装技术的发展速度并不如预期的快，这两种方法可用于缓解封装技术发展太慢所带来的压力。恒定功率缩放是指半导体器件从一个工艺扩展到下一个工艺时，确保消耗相同的功耗；恒定功率密度，是一种与制造工艺相关的缩放技术，维持功率密度或每单位面积功率不变。在恒定功率密度缩放技术中，与功耗相关的参数㊀是$k=1/\sqrt{2}$，工艺比例因子（~0.7）㊁，从简化的功耗公式可以看出：在相同的硅衬底上产生了相同的功率密度和功率。在恒定功率扩展技术中，电压减少得更慢（V 是 $1/\sqrt{2}$或者$\sqrt{k}$)，使得芯片面积按比例减小产生了跟先前工艺相同的功耗。两种技术都使得一部分器件工作在 ~1.4x 甚至 $1/k$ 更高的频率，从而增强其性能。

k 是扩展因子（$k\cong 1/\sqrt{2}$），在参考文献［3］中已经用来描述了电压降，是 PI 退化的一个指标（有时业内人士称为动态电压降），CP 和 CPD 缩放比例为

$$S_{PI}=\frac{1}{k\sqrt{k}} \tag{1.2}$$

这里的 S_{PI}是指缩放过程中同一激励情况下电压降和工作电压的比率，例如从空闲状态到工作状态的迅速转变。

㊀ 在数字有效功率等式中，参数是电容 C，工作电压 V，频率f。随着每单位面积电容增加，电压 V 减小，f 性能提高，每单位面积（$P=\alpha CV^2f$）功耗保持与扩展过程中的相同。

㊁ 该（0.7）在探讨缩放时会经常遇到的数字，在关于每单位面积器件加倍的缩放论文中的介绍，是通过一个 $1/\sqrt{2}$的比例因子。

式（1.2）假定芯片结构、封装技术等保持不变：缩放过程中相同的芯片面积生成相同的封装回路电感，但是芯片面积减少相应引起并联封装引脚减少，这会增大整体的封装回路电感。式（1.2）中 S_{PI} 的含义是：在所有的变量保持不变时，如果只考虑将电压降作为 PI 退化的度量，不考虑缩放器件中的功耗抑制，缩变尺寸变小以后不利于功率传输和 PI。应该注意的是该关系是由动态功耗公式导出的；假定泄漏的功率能够有效控制（通过文献中讨论的各种泄漏控制方法）从而不增加芯片功率密度。该影响以及它在电源完整性退化方面的复杂影响将在参考文献［3］中进行进一步探讨。

低压下增加的电流会导致电源路径电阻上的压降进一步下降（静态 $i \cdot R$），进而降低可获得的差动电源㊀。在 CP 定标过程中，随着电流和电阻以 $1/\sqrt{k}$ 和 $1/k$ 比例增加（芯片尺寸按比例减小[5]），$i \cdot R$ 以 $1/(k\sqrt{k})$ 因子增加，CPD 定标也会导致 $i \cdot R$ 以 $1/k$ 的比例增加。在 CP 或是 CPD 之中的任何一种定标技术下，都可看出当静态电压降与工作电压的比率变差了 $1/k^2$ 的因子。当电压降㊁变成主导因素时，缩放的 PI 退化可由式（1.2）进行估算，当 $k<1$ 时，结果是可靠的。

例子 1.1：以 $1/\sqrt{2}$ 的比例缩放以及 PI 的退化，恒定场域缩放的最小尺寸是 $\sqrt{2}$ 的倒数，即 k 是 ~0.7。假定通过严格的缩放技术，单位面积的功率保持恒定，如式（1.2）中预测的 PI 将以标度为 ~1.68 因子退化，预示着增加了 68% 的噪声或 PI 变恶化，这里有必要提高芯片技术（金属层和电源的百分比，去耦）和封装技术（C4 凸点、封装引脚、去耦、PCB 路径阻抗等）来缓解退化。

1.1.2　低功耗设计及电源完整性退化

如式（1.1）和式（1.2）的 PI 条件和退化的关系式，是由超大规模集成电路所消耗的功率来推导的。假设这些是数字的芯片，那么它们的功耗粗略地由式 $P=\alpha CV^2 f$ 决定，电源通过耦合或滤波级传输给芯片，从而保证在芯片所需的宽负载电流带宽上具有低电源阻抗。因此这些推论适用于所有级别的功耗，包含低功率芯片的实现。

另一个假设是芯片是在同步时钟下工作，在工艺缩放过程中都在同一个周期数字时钟信号的边沿工作，然后推导出这些公式。在同步结构中，大量的逻辑门在任意时钟沿开关，导致很大的瞬态充电需求并产生很大的充电电流，因此 $\mathrm{d}i/\mathrm{d}t$ 会较大，同时会带来较大的 $L \cdot \mathrm{d}i/\mathrm{d}t$ 电压降，从而带来的 PI 挑战，因此任意

㊀ 电源微分或者 $V_{DD}-V_{SS}$ 都受到 V_{DD} 路径电压减少以及由于静态电流引起的 V_{SS} 路径电压增加的影响。

㊁ 电压降指的是瞬态或者短暂的电压凹陷或减小，这是由电源过滤电感和电容的共振行为引起的。电压降广泛用于预测长时间静态电压降，例如 IR 降。电压降与电抗部件有关，同时电压降与电源传输网络的阻抗部件有关。

芯片结构都要求最小化 di/dt 来改善 PI。异步电路通过握手协议在完成所需的计算以后，才容许一些子电路进行开关操作，不需要时钟来控制电路的同步开关，没有前面讨论的 PI 挑战。但异步芯片结构消耗较少的功耗（不存在分布时钟带来的功耗），异步电路芯片实现与常见大规模电路不同，需要产生握手信号和其他管理信号因此需要消耗较多的芯片面积，同时在测试中也会带来一定的困难㊀。然而同步芯片设计中，为了有效地控制功耗，使用了频率步进、门控时钟和门控电源等技术，所有的技术都牵涉到 PI 退化。例如，在适合的时候对于一些不必开关的电路关断时钟信号，如果不关断时钟信号就会引起瞬态功率上升，产生大的涌入式的供电电流，从而引起功率传输路径的 di/dt 增加。打开门控电源模块也会产生类似现象从而增加功率传输路径负担。通常情况下，低功耗技术无法提高 PI，这将在第 8 章中继续讨论。

低功耗同步芯片易受到 PI 退化的影响。事实上，例如应用于智能电话和平板电脑的处理器如今可达到 4 核，甚至 8 核（三星 Exynos 处理器，大约 $122mm^2$，28nm 节点，比它的前身大了 36%），运行频率是 1GHz 甚至更高。这些处理器的低功耗技术在电源完整性的研究中很有必要。在工作电压大幅减小[8]，先进的封装技术已经发展到可以将多个芯片堆叠封装在一起的情况下，对台式机和服务器中使用的处理器低功耗设计也具有指导作用。

1.1.3　集成电路中的电源网格噪声

包括电阻性芯片网格、容性器件和电路及感性封装路径的芯片电源网格传统分析已经在参考文献［2］中进行讨论。在此文中采用了简化的集总元件模型对噪声进行推导，从这些推导可以看出由于电源微分随着比例减少，噪声将以 ~1.7x的因子增大，同时，近几年高性能高功耗的处理器特征尺寸一直缩小，并且可以预见在将来的年份还会继续缩小，这些变化会伴随功耗密度的增加。

从 2002 年以来的研究来看，最近的 POWER 系列处理器（IBM，POWER7）每 $567mm^2$ 面积消耗 250W 能量，即芯片功率密度是 $0.44W/mm^2$，在过去十几年里功率密度得到提升主要得益于封装技术的改进。要注意到的是，芯片局部或者“热点”地方功率密度能显著增大。根据恒定功率密度的例 1.1 的计算方法，假定噪声是以 ~1.7x 的因子进行估算，如果处理器/封装结构或设计以及噪声消除技术没有明显的变化，这些处理器的噪声相比四代以前的处理器噪声将变差 8 倍（$\cong 1.68^4$）。第 9 章详细介绍了这种技术中的一个，它集成了大量片上电容对电源进行去耦，该制造过程相当复杂，包括 eDRAM㊁的集成及相关低泄漏高电容密度的沟道电容。

㊀ 经过共同的努力，工程师们目前已经将一颗 32nm 的异步芯片集成进商用的智能卡中，在这种合适的应用中，异步芯片具有很大的优势，它能够在很宽的工作速度范围内工作，并且从附近的无线能量源中获取智能卡所需要的能量。

㊁ 嵌入式动态随机存取存储器。

当前IC设计中，对于电源网格噪声的设计考虑仍然采用静态*IR*降→动态*IR*降→后端验证→不断替代反复的办法，这将增加芯片设计的迭代数量。此外，很明显当前芯片设计中$L \cdot \mathrm{d}i/\mathrm{d}t$噪声占主要地位，在关于“零压降”（zeroth droop）的一些研究论文中人们认识了片上电感，但是在功率分配网络中对片上电感实际仿真没有什么进展。另外，参考文献［3］中探讨了电源路径的不同特性以及电源和地之间噪声密切关系，在不考虑相互影响并且电源和地之间的采用非物理性阻性近似的情况下使用EDA工具用来仿真电源和地通路的电流和电压变化（有电源压降和地弹等专业术语描述）。这种近似仿真方法充其量只能排除在电源网络和底层仿真中存在波传播和相互影响的可能性。这种设计和验证上的不足会造成初硅失败或老化测试失败在最终量产中都会被显著放大[5]。

如图1.1a所示高度抽象和基于物理层的噪声仿真。图1.1b描述了在这种仿真环境下随时间变化的噪声仿真图。该仿真器可用于观察芯片表面指定时间点的电源网格噪声，进而可观测到各个时空间点的噪声。通过采用新电路和互连影响表述方法，可以得到一种基于实际物理仿真与分析的连续模型［有效电流密度(ECD)㊀］……这种模型将在参考文献［3］中仔细探讨。

上述对电源网格噪声的仿真是针对两个边角有电流负载的芯片进行的，仿真结果表明进行积极干预具有益处。从图1.1a、b可以看出，芯片右边的角没有采取积极干预的措施进行噪声控制，芯片左边的角采取了积极干预的措施，消除了电流负载的影响，可以看出采取积极干预措施以后噪声只有原来的二分之一。在电源网格噪声仿真中使用的仿真器采用了连续模型，这个连续模型包括电源网格、电容、电流消耗等，并对包含的*R*、*L*、*C*等元件和芯片中各个区域电路的电流消耗和电容提供了真实的物理表述。

芯片元件的区域仿真模型使得计算成数量级降低，能很快地进行功率完整性仿真。包含了互连仿真所必需的电学方面的内容，例如自感、底层物理分析或者功率传递网络的实际行为表述[3]。随着封装技术的提高，减少互连电感及片上电感的相互影响。在参考文献［2］中对封装电感和片上电感进行了鲜明的对比，芯片封装元件到芯片内部的环路电感可达几十pH，在数值上可以和芯片侧壁互连电感相比。类似地，堆叠芯片之间的电源和地通过硅通孔（TSV）㊁技术形成的互连也会带来很大的环路电感，TSV技术的通孔大小不能随着工艺特征尺

㊀ 有效电流密度指的是在半导体器件中，电流流经包括导体和绝缘体在内的整个横截面。当传导性等电气特性由器件的横截面面积获得时，我们可以在没有引入误差的情况下对仿真复杂度进行简化，这是因为在导电区域以及邻近绝缘区域内的电势计算都是相同的。因此，在任何横截面的区域内都可以用*R*、*L*、*C*来精确表示连线，所以连线的数量并不会决定仿真的复杂度。仿真器的算法使得我们可以进行早期的真实物理特性分析。

㊁ 硅通孔是紧密层叠在一起的芯片之间微连接的一种形式。

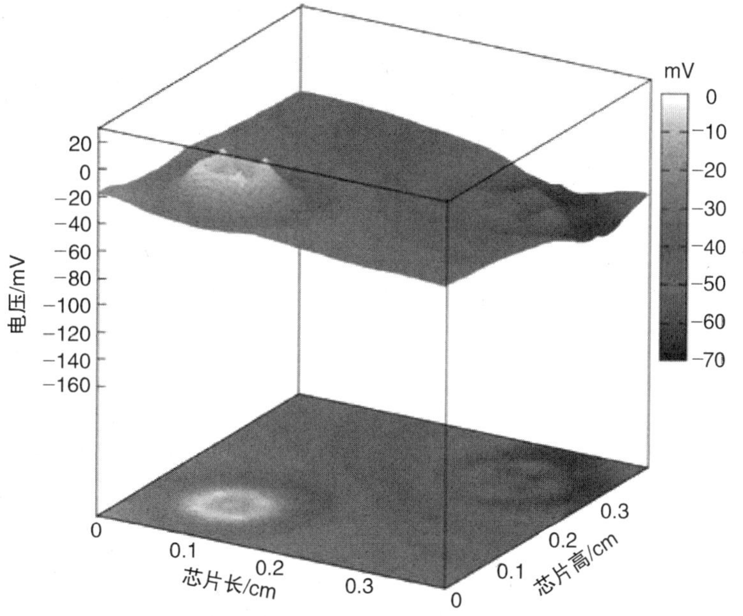

a) pi-fp[⊖] 的连续仿真电源网格噪声得到的整体的噪声图

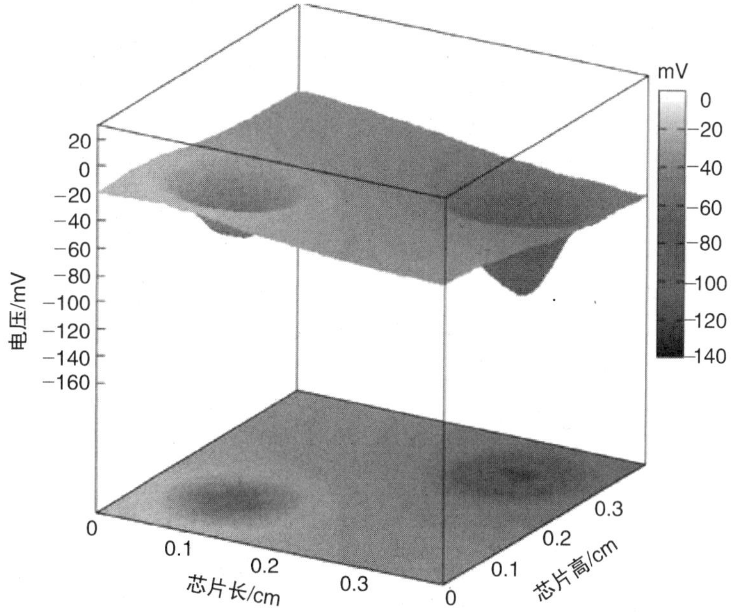

b) 以物理方式展示pi-fp电源网格噪声图的电压降

图　1.1

⊖ 该仿真器，是由 Anasim Corp 在 Qt 开发环境下发展而来，可用于 Creative Commons Attribution - NonCom - merical 3.0 许可证在 http：//www. anasim. com/pi - fp/in source code form。

寸缩小而相应成比例减小，造成这种互连技术受限！这种局部回路电感会导致在宏观模型中容易被忽略的 $L \cdot \mathrm{d}i/\mathrm{d}t$ 噪声。因此，实际的电源互连仿真时不能忽略片上电感，但是在低功率总线电感仿真中却忽略它。只有在提取互连电感的情况下多频率仿真㊀和峰值噪声计算才能比较精确：如果不考虑这些电感 L，在仿真和峰值噪声计算中就不会考虑延时和噪声的谷谷叠加干扰，谐振等产生的影响，噪声峰值也不考虑 $L \cdot \mathrm{d}i/\mathrm{d}t$ 的影响以及与 $i \cdot R$ 相关的相位产生的影响，必然会造成相关工作不够精确。

随着纳米级 CMOS 集成电路的工作电压下降至 0.5V[4]，精确地估算电源噪声就变得越来越重要，特别在有效栅极驱动电压（$V_{DD} - V_T$）很低时，CMOS 门延迟对电源电压的降低非常敏感，主要原因是由于亚阈区漏电流的存在，晶体管的阈值电压 V_T 不再随着工艺比例因子等比例变化。因此，PI 是目前和未来的 IC 设计中必须考虑的问题。PI 退化对电路的影响将会在第 2 章中探讨，时钟生成和分配的影响将在第 3 章中探讨。

1.1.4 电源完整性退化对 I/O 电路及信号完整性的影响

随着数据通信速率的不断提高，每通信通道的速度超过 10 亿比特/秒（1Gbit/s），单根导线上的数字或二进制信号已经转化为差分，低摆幅，不随工艺、温度和电压变化的电流模信号。在信号电路中该变化能够即时识别 PI 退化对信号完整性（SI）的直接影响，其影响在单端（连接到电源的每个数据通道采用一根导线）信号电路中是显而易见的。

高速通信通道的特性测试指标是误码率（BER），它表示传输中的误码和所传输的总码数的比率。BER 典型值从10^{-9}到10^{-15}甚至更低，这个数据表明每传送 10 亿比特数据只出现 1 个误码，BER 的具体要求取决于它的通信链路和实际应用。BER 高表示通信链路质量差，如电视数据传输可接受的 BER 是每 10 亿传输码有 1 个误码，长距离高通量数据传输例如通过光纤通信需要保证较低的 BER，降低至10^{-15}甚至10^{-18}。

尽管信号传输过程采用全差分、低摆幅、电流模（即，高 PSRR㊁）电路，PI 退化依然对信号的传输具有较大影响。电源噪声对信号传输振幅有直接影响，且在二进制信号的时序变化中扮演重要角色。通过 PCB 上的走线或长电缆等带宽受限的互连通道，传输高速率的低摆幅信号会由于码间干扰而引起信号衰减，抖动以及振幅的变化，进而失去了传输信号随机抖动之外的高频部分（与传输信号的边沿有关），导致接收信号振幅仅为几十毫伏，这些都会使得用来识别数字信号的“眼宽”变小或者采样时间窗变小。

㊀ 在芯片应用中，我们可以在宽频率范围内施加激励的情况下，精确预计仿真结果。

㊁ 电路的电源抑制比，一种测量电路输出对电源噪声抑制能力的方法，单位是分贝，如 20Log（V_o/V_i）。这里的 20dB 反映了对注入的电源噪声抑制的数量级；同样地，40dB，是抑制数量级的 2 倍。

图 1.2 是假定接收信号的时间沿和幅度服从正态分布的情况下对 BER 的简单近似估算[10]。该图中，$\mu_{\omega}=400\text{ps}$，$R_{\omega}=150\text{ps}$，$u_a=250\text{mV}$，$R_a=50\text{mV}$，说明时间宽度是 400ps，与 2.5Gbit/s 的数据速率一致，接收窗 R_{ω} 或者两窗之间最小时间差为 150ps，差分信号幅度 u_a 通常为 250mV，接收器有效识别真假位 R_a 的最小差分信号幅度是 50mV。从图 1.2 可以看出，共模电源或者衬底噪声耦合都会引起信号振幅标准差大于几十毫伏，这种噪声会以差分信号线路的元件不匹配形式出现，使得 BER 以对数方式增长，就如图中边沿位置标准差的变化一样。振幅和边缘位置变化（抖动）都受到电源噪声很大的影响。因此，PI 退化对现代数据通信系统的信号完整性有重大影响，该影响以及同步转换输出（SSOs）对输入输出（I/O）电路的影响都将在第 4 章中进行探讨。

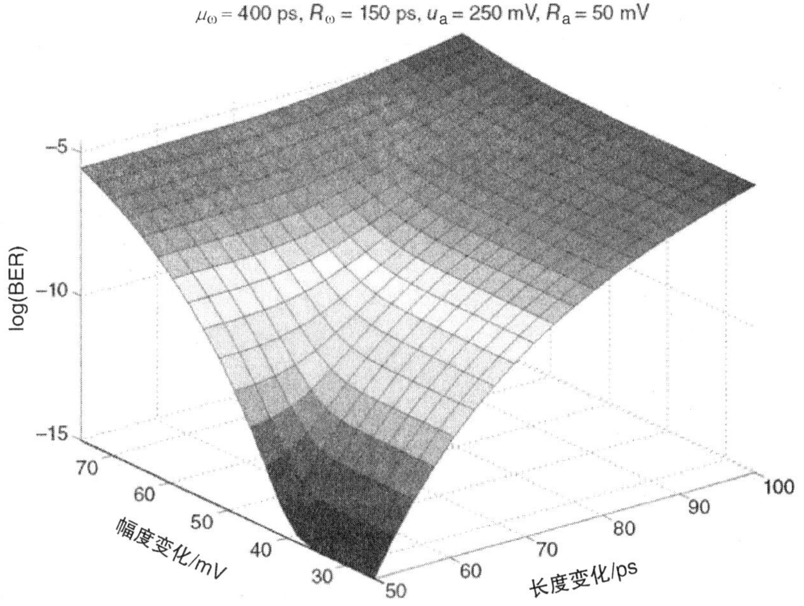

图 1.2　信号幅度噪声和时序噪声在 2.5Gbit/s 时 BER 的变化

1.2　电源完整性恶化的因素

除了使产量变得可预测，工艺和封装技术的发展也减缓了 PI 退化。然而在过去十几年里，电流泄露和电源泄露占据设计因素的主导地位，另外还有集成度、互连功耗和可靠性问题也占主导地位。该问题将在接下来的部分进行简单介绍。

1.2.1　电源完整性退化对良率的影响

纳米制造工艺中器件参数的工艺依赖性很大（例如 V_T）。如参考文献［3］

中所详细解释的一样，随着特征尺寸的缩小，芯片面积变化，离子注入的随机波动和器件工作区域的缺陷对器件参数的影响变得越来越大㊀。供电电源中的噪声增大了上述因素的影响，这是因为有效驱动电压比工艺缩放因子 V_T 减小得更快。例如，当 $V_{DD}=0.5V$、$V_T=200mV$ 时，晶体管栅极有效驱动电压是 300mV，30mV 的噪声为该值的 10%。在恒定场缩放中，假定 V_{DD} 减小到 350mV，而 V_T 保持不变，受泄漏的影响有效驱动电压仅为 150mV，等量的噪声为驱动电压差的 20%。很显然，这是一个极端的例子，但很好地说明了 PI 退化对深纳米级集成电路的影响。

有人可能认为低电压电路消耗的功率较少，从电源吸收的电流更少，从而更容易设计可靠的电源网格。然而，我们总是试图优化资源配置，减少用于功率分配的金属层，甚至为了降低成本而减少互连层。因此，过低的工作电压并不能缓解 PI 退化趋势。

因此，在工艺变化和电源噪声的共同影响下，使得纳米级芯片的性能曲线发生变化，生产出来的芯片中符合设计要求的芯片数目减少，低频并且高功耗芯片（由于电流泄漏）芯片数目增加，导致成本增加，直接影响经济效益。PI 变差会恶化这种情况甚至阻碍特征尺寸的进一步缩小，单个晶体管的成本与集成度的对照趋势图说明，在采用自适应偏置电压技术来调整晶体管 V_T 从而提高良率的情况下，PI 的恶化也会造成经济成本的增加。

成品率下降

更重要的是，由于封装设计、装配、制造工艺的变化，测试速度和器件失效的影响，PI 也会不断退化。另外，芯片在采用较大供电电压，以最大性能运行的情况下，对芯片应力测试，内建自测试用以对芯片进行加速老化或者早期失效检查，都会带来严重的 PI 退化和热恶化问题。在器件装配、测试过程中又进一步对产品造成损害，降低了产品的成品率。很多工业界的事例可以验证此论断：例如 IDM㊁的集成了一个 ARM 核和一个 DSP 核以及其他相关外围部件低功率芯片，除非将供电电源增大到超过正常水平的 7%（电源电压的提高可能会提高噪声容限），该芯片才能以设计的最大频率运行。该缺陷是在完全装配模式下的芯片测试阶段发现的，其根本原因是同时激活 IDM 的两个核，会产生高的电源噪声。设计阶段，EDA 工具用于 PI 验证，用组装硅台架测试此类故障，结果十分明显。如在参考文献［5］中的预测，该器件最终失效，与 PI 相关的产量损失，导致上市时间（TTM）延迟，产品花费增加，最终导致产品失败。

㊀ 当晶体管尺寸以比例系数 k 缩小，由于宽度、长度和厚度的缩小，晶体管的漏极、源极及沟道等都会以 k^3 为比例缩小。这时，工艺变化效应的影响会在这些区域内急剧上升。

㊁ 集成设备制造商。

1.2.2　减少电压扩展和增加功率

随着晶体管不断缩放，我们希望得到恒定的功率密度，随着功率密度发展到深纳米级，表明传统恒定场缩放是以指数型方式增长的，图 1.3 之前的研究[2]表明了集成电路的一种高性能设计增长的趋势。

随着功率密度缩放的增加，由泄露引起的静态功耗增加，同时动态功耗也会增加，如图 1.3 所示，当功率密度恒定时，工作电压增加了。单位面积电容的增加比例是比例因子的倒数；如之前[5]所述，如果电压按比例因子的二次方根减少，器件电容每单位面积所消耗的功耗与之前大致相同。因此动态功耗的增加不仅由于器件功耗增加，和片上互连的开关电容消耗的功率增加也有关。一种叫做 Dennard 缩放[9]的缩放方法显示，随着芯片制造技术的发展，例如，发展到低 k 电解质材料，由于互连比例有限，电阻率和互连电流密度的增长速度是 Dennard 缩放因子的倒数。

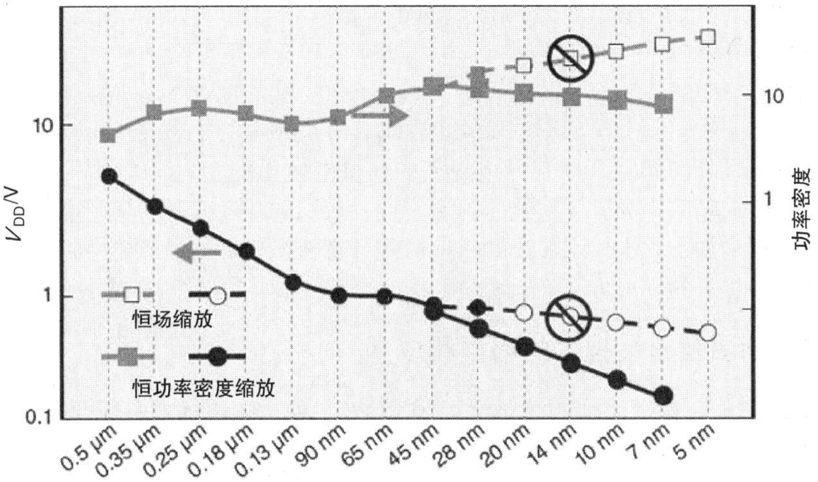

图 1.3　恒定场和恒定功率密度扩展的功率密度发展进程

针对片上互连功耗的调查[13,14]显示，本地互连（数字功能块，包括本地时钟分布）只消耗 1/3 的动态功耗，互连功耗中有多达一半的动态功率损耗在高性能芯片上。

当互连功耗高度依赖于工艺参数（例如，本地互连的宽长比、交叉电容负载）以及设计参数时（工作电压、频率、互连尺寸和间距等），随着互连线越来越细，缩放过程中的布线越来越密集，从而整个互连密度增加了，每单位面积的电容（相邻导线之间的距离成反比）也在增加，在充电和放电过程中，负载电路的输入输出信号功耗增加。一方面，互连部分的动态功耗不会因为金属层增加而显著减小，由于线之间由低 k 介质材料作为绝缘体㊀有直接的优点，在开关电

㊀ 这里的低 k 代表低的相对节点常数（ε_r）其直接决定导线之间的电容。

容中，互连部分功耗较少；另一方面，随着电压减少，功耗保持不变，在由硅作衬底的器件中，互连增加也会引起电流、阻抗增大。相比基于晶体管的扩展过程，这一趋势对芯片的功率传输网络施加了更大的压力，其增长与互连可靠性有关，这是由第 10 章中讨论的工艺发展趋势决定的。

最近的调查显示，对于一个给定的处理器结构，其尺寸从 45nm 按比例缩小到 16nm 时，功率密度在$1W/mm^2$时达到峰值，或者超过之前预测（65nm 和平均功率）的 4 倍[2]，上述结论均来自 IBM 公司。该结构在 16nm 节点处有很高的功率密度，对于给定的处理器和由 ITRS㊀定义相关的热量，研究人员预测静态电压降（也叫 *IR* 降）可能会超过电源噪声的 4%，甚至是超过 45nm 工艺的 3 倍，这就需要更多的与封装有关的金属资源（C4）。研究人员认为该过程中芯片功耗保持相对独立，主要归功于先进的电源管理技术，这些芯片中本地功率密度显著增大。参考文献［12］中的预测与芯片峰值功率和相关峰值功率密度有关。如此高的功率密度会带来了一系列散热问题，导致阻抗变大㊁，加剧电源完整性退化，这将在第 8 章中详细探讨。

很显然，电源完整性退化的趋势如式（1.2）预测的那样，如果封装结构、电源完整性均未发生变化，功率密度就不再增长了。预期的噪声会进一步增大，而电压则呈现出下降的趋势，在纳米级工艺中，供电电压的变化具有更高的逻辑敏感性。随着集成度的提高，工作电压恒定不变，较高的功耗或者功率密度不利于电路工作频率的增加，这也代表了十几年前台式计算机微处理器的历史性时刻。这意味着迫切需要先进的集成方案㊂，该方案将在参考文献［1，6，7］中进行描述。

1.2.3　制造及封装技术的增强和成本

集成技术发展所面临的挑战包括在器件方面，低功耗器件，例如 FINFET，以及互连设计中减小的封装电阻、电感和电容。FINFET 作为有源器件被广泛使用，如今封装技术发展至倒装式芯片、晶圆规模集成，或基于 TSV 的集成，都需努力提升功率输出方面的性能。

对于片上互连技术，其材料从铝过渡到铜，如 1.2.2 节所示，随着扩展增加，互连功耗的增加需借力于制造工艺的提高，可替代设计技术能够缓解对低损耗片上互连技术的要求。制造工艺中增加的金属层，有助于减少布线的拥堵，但是不能减小互连功耗。一种低损耗互连的方法是碳纳米带（CNTs）与/或石墨烯纳米带，将在第 10 章中进行介绍。石墨烯晶体管能工作的频率范围或截止频率

㊀ 半导体国际技术发展线路图，http：//www. itrs. net/.

㊁ 导体的电阻随着温度增加而增加，增加的静态电压降和互连的能量损失，降低信号转换时间，也导致更高的短路功耗。

㊂ 解决方案[1]，例如，包含一个硅功率转换面对面的匹配件随着双边散热和大功率集成电路。通常，这些解决方案需要更高的电源传输和管理部件，以及电力消耗部件的集成度，以便可以在低压下运行并保持局部 PI 退化的高度控制和全芯片水平。

为 100GHz[11]。减少互连功耗，需要使用 3D 重组芯片的功能模块和垂直互连如 TSVs 的设计方法，或在总体时钟分布网络中采用基于铜的低摆幅差分互连。

上述改变带来了工艺和设计成本的变化，给缩放的经济效益带来一系列挑战，这里或许需要将制造工艺的晶片尺寸从当前的 300mm（约为 12in㊀）变成 450mm。类似地，芯片封装技术也需转变成晶片级封装，参考文献［3］中讨论了在深纳米级工艺中如何维持生产成本。

1.2.4　设计和验证成本

对于集成电路，随着设计尺寸增大、验证复杂性增加，以及集成度增大，都加剧了 PI 退化。PI、资源分配等因素带来的影响越来越重要，并与设计迭代次数紧密相关，物理设计阶段，电源噪声的验证在优化逻辑电路功能方面十分关键。芯片设计流程中，必须严格控制电源电压和设计参数。尺寸的增加使得整体设计和纳米级芯片验证的成本增高了，在复杂的集成电路制造工艺中，成本是以指数型方式增长的。特别地，由于不可预料的电源噪声会引起时序故障，流片后验证的成本也显著增加。

上述问题均反映了通用功耗模式（CPF）的发展，门级电路中与功率有关的特性允许设计者通过代码方式设计所有的逻辑电路。数字设计不仅包含硬件描述语言（HDL），也包含与门级和功能模块相关的代码，它决定模块级电源管理。虽然功率与 PI 直接相关，但芯片设计尺寸的增加超出本书范围，这主要讨论涉及芯片功率传输网络的功耗问题。有兴趣的读者可以参考由硅集成计划（Si2㊁）在论坛上发行的图书。虽然论坛没有直接提到 PI，但是介绍了功耗管理，这有助于降低 PI 退化。

1.2.5　不可持续的能源浪费

CMOS 器件和电路的功耗泄露导致超过 50% 的芯片能源都浪费了，使其性能下降或者导致不可持续输出。首先，浪费的能源引起 PI 退化。第二，泄露是以指数方式增加的，这将在参考文献［3］中探讨。第三，很显然尝试设计线性支撑组件和电路，例如，功率传输系统的效率超过 90% 不是最优的，就允许负载输出效率低于 50%：在优化功率输出组件做出重大努力的目的是小幅增加他们的效率，在器件消耗功率㊂方面能源的低效率会被认为是无效的。第四，浪费的能量表现为热量，会带来 PI 和可靠性问题，加入被动或者主动的温度控制机制

㊀ 1in = 25.4mm。

㊁ Si2 信息见 http://www.si2.org/si2_home.php。

㊂ 例如，随着功率输出组件效率 90%，可能努力提高到 92%，虽然生产改变整体效率只有 1%，从 45% 到 46%。相反，提高功率损耗部件功率，从 50% 到 52%，引起 46.8% 的整体能源效率。因此需努力提高工作效率，在功率损耗部件比功率输出系统更佳，如果系统在相同的能源效率需做同样的努力。

会增加成本。这些和其他相关的挑战导致总成本和系统水平功耗增加，可能会导致设计和产品不可再利用，从长远看是不可持续的。

可靠性和可持续性是电路设计中必须考虑的，所有的能源浪费，从最基本的器件到电路、互连、功率传输、PI 等，都必须考虑到。因此，如参考文献［1］中所讨论的，逻辑电路在某种程度上可能需要用静态电流代替动态电流模式电路。微分电路、阈值逻辑等等㊀，由静态电流驱动，和低摆幅或者电流型逻辑电路不同的互连组合可以为计算逻辑探索方向，应用于有线通信电路。低摆幅差分时钟分布的设计和实现就是这样的一个路径。这种设计，对于任意一个特定组件电路都可能会导致更大的区域，这违背了“集成电路结构尺寸缩小”趋势，解决能源效率、PI、电磁辐射、电迁移、制造可变性，提高集成系统的总体效率、可靠性和可持续性。

1.3 参考文献

1. R. Nair, “Microprocessor Assembly Interconnect Pathfinding Challenges,” *Intel Assembly and Test Technology Journal*, vol. 4, 2001.
2. S. R. Nassif and O. Fakhouri, “Technology Trends in Power-Grid-Induced Noise,” ACM International Workshop on System Level Interconnect Prediction, April 2002.
3. R. Nair and D. Bennett, *Power Integrity Analysis and Management for Integrated Circuits*, Prentice-Hall Professional Education Series, May 2010.
4. K. Itoh, “Adaptive Circuits for the 0.5-V Nanoscale CMOS Era,” IEEE International Solid State Circuits Conference keynote presentation, 2009.
5. R. Nair, “A Power Integrity Wall Follows the Power Wall,” EETimes, Online white paper publication, Mar. 14, 2008.
6. R. Nair and D. Bennett, “How to Dynamically Mitigate Supply Noise,” EETimes, Online article publication, Jan. 2, 2006.
7. G. Taylor, “Energy Efficient Circuit Design and the Future of Power Delivery,” EPEPS Conference on Electrical Performance of Electronic Packaging and Systems, 2009.
8. J. Sun, “Beyond the Horizon: The Next 10X Reduction in Power—Challenges and Solutions,” ISSCC 2011 Plenary Panel, 2011.
9. M. Bohr, “A 30-Year Retrospective on Dennard’s MOSFET Scaling Paper,” International Solid State Circuits Society publication, September 2007.
10. R. Nair, “Enhancing Signal Integrity in Cables: DVI to HDMI and Class-B Differential Signaling,” IEEE International Symposium on Consumer Electronics (ISCE) 2007, June 2007.
11. A. Phaedon, Graphene transistor with a self-aligned gate, U.S. Patent 8344358, Jan. 1, 2013.
12. R. Zhang et al., “Some Limits of Power Delivery in the Multicore Era,” Workshop on Energy Efficient Design (WEED), 2012.
13. N. Magen et al., “Interconnect-Power Dissipation in a Microprocessor,” ACM/IEEE System Level Interconnect Prediction (SLIP), February 2004.
14. R. S. Shelar and M. Patyra, “Impact of Local Interconnect on Timing and Power in a High Performance Microprocessor,” The International Symposium on Physical Design (ISPD), March 2010.
15. K. Lee et al., “Low-Swing Signaling on Monolithically Integrated Global Graphene Interconnects,” *IEEE Transaction on Electron Devices*, vol. 57, no. 12, December 2010.

㊀ 其他形式，如传输晶体管逻辑并没有直接在电源上层叠 CMOS 器件，也可作为参考。

第 2 章　电源和衬底噪声对电路的影响

本章讨论了电源噪声和衬底噪声对数字电路和模拟电路的影响。两种形式的噪声的出现是由于数字电路中的开关电流，以及它们相对电源电压的大小有望使低压高集成度变为可能。在数字电路中，电源噪声影响表现为信号延迟变化，衬底噪声影响更少一些。由于动态供应噪声引起的间歇时序错误被归为电气缺陷，其根本原因分析及解决方法在超大规模集成电路设计（VLSI）和测试中得到越来越多的关注。

另一方面，对于模拟电路，电源噪声和衬底噪声对性能是不利的。电源和地电压通常是专门提供的，由数字电路诱发的电源噪声不会影响模拟电路。即使在这种情况下，在器件封装和印制电路板的制备过程中，数字和模拟电源之间的耦合也会诱发噪声。另外，硅衬底通常由数字和模拟电路共享，衬底噪声降低模拟电路的性能。

本章首先解释了电源噪声对数字电路的影响，接着介绍由于受到电源和衬底噪声影响，模拟电路性能的退化。对时钟产生和分布以及芯片 I/O 口的影响将分别在第 3、4 章进行讨论。电源噪声对静态随机存取存储器（SRAM）的影响本章不会介绍㊀，但是最近的论文[1,2]分析并改善了在电源噪声影响下电路的动态稳定性。

2.1　电源噪声和衬底噪声

在超大规模集成电路设计中，配电网络（PDN）将电源电压分发到所有电路元件，例如逻辑门和触发器，配电网络（PDN）是用来产生一个稳定的电源电压。在一个超大规模集成电路（VLSI）封装芯片（见图 2.1）中，电源和地通过 PDN 供电，PDN 由电源 I/O（外壳引线和焊接）和芯片上的线组成。尽管 PDN 的设计是对电流产生很低的阻抗，因为 CMOS 电路开关电流流经电源线包括寄生电阻、电容和电感。电源电压必须减少与/或波动，这种减少的与/或波动称为电源噪声。

片上电源噪声主要由 IR 降和 $L \cdot \mathrm{d}i/\mathrm{d}t$ 噪声组成。加宽电源线是减小 IR 降的主要技术，却使得信号布线变得复杂并消耗芯片金属资源。然而，该技术并不能

㊀ 为了应对 V_{th} 的变化，在工业设计中经常为 SRAM 提供更高的电源电压。如今，SRAM 已成为更低电源电压应用的一个瓶颈。

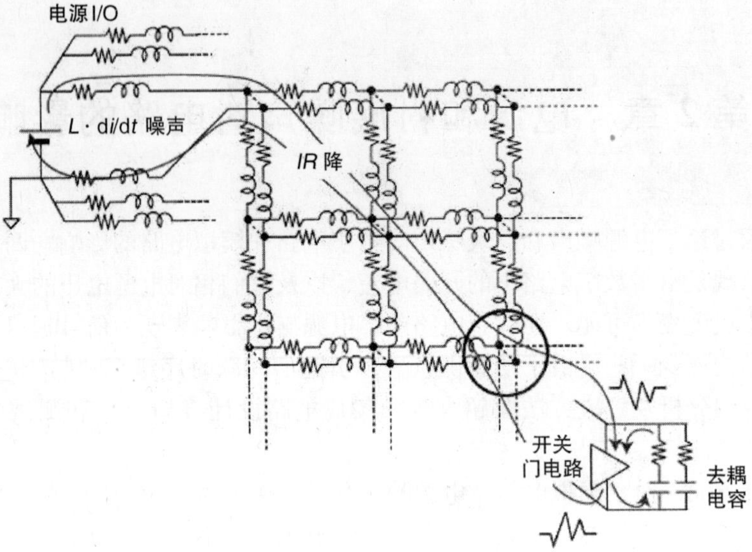

图 2. 1　片上电源噪声

减少由封装寄生元素带来的 $L \cdot \mathrm{d}i/\mathrm{d}t$ 噪声，也不能解决由高频电流带来的片上电感噪声，而该高频电流由趋肤效应和电流拥塞带来的。另外，更宽的线减小了阻尼效应但增加了 $L \cdot \mathrm{d}i/\mathrm{d}t$ 噪声。为了抑制 *IR* 降峰值和 $L \cdot \mathrm{d}i/\mathrm{d}t$ 噪声，因为去耦电容提供本地供电电流和旁路高频部件的开关电流，所以是必须的。

设计提示

提示 1：减少片上电感噪声的方法：通过增加 $V_{DD} - V_{SS}$ 总线的数量而不是增加 $V_{DD} - V_{SS}$ 总线的宽度。

另一个问题是衬底噪声。图 2. 2 说明了三个能引起换流器衬底噪声的机制：(1) 碰撞电离 (2) 源漏耦合 (3) 电源耦合。碰撞电离电流就是空穴电流由于热电子效应从漏极转移到衬底。在源/漏节点通过 PN 节电容在晶体管源/漏区和衬底/阱开关噪声注入到衬底。在 P 型衬底上，电源噪声通过 N 阱结电容和电阻使衬底电容增加。

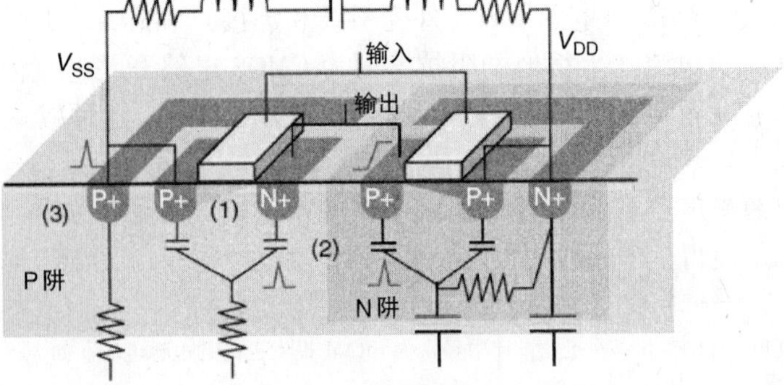

图 2. 2　换流器衬底噪声的机制

衬底噪声的主要机制是定量的，如参考文献［3］所示。本文预测了随着缩放技术发展，当芯片衬底直接偏置到数字地，由于电源耦合造成的衬底噪声变成了主导耦合机制。接下来，随着缩放技术发展，电源耦合噪声的峰值更依赖于开关电容相比较于非开关电容的比率，它是由电路耦合和非开关电路元素形成的，而不是 $L \cdot \mathrm{d}i/\mathrm{d}t$ 噪声。参考文献［4］指出 I/O 缓冲区的开关能够带来很大的衬底噪声，增加了核心数字模块开关的噪声。衬底噪声的生成模型，与高电阻率衬底和外延衬底隔离，其测量与验证在参考文献［5］中进行研究。

因此，电源噪声和衬底噪声是密切相关的。随着电源噪声越来越突出，衬底噪声也增加了，这暗示着电源噪声抑制会导致衬底噪声的减少。

2.2　路径以及延迟单元和电源噪声

随着技术发展和电源电压的减小，过载电压 $V_{\mathrm{DD}}-V_{\mathrm{th}}$减小，这使得门延迟变得对电源电压越来越敏感。通常，延迟 T_{d} 和电源电压 V_{DD}之间的关系是

$$T_{\mathrm{d}} \propto \frac{V_{\mathrm{DD}}}{I_{\mathrm{on}}} \propto \frac{V_{\mathrm{DD}}}{(V_{\mathrm{DD}}-V_{\mathrm{th}})^{\alpha}} \tag{2.1}$$

式中，I_{ON}是开启电流；V_{th}是阈值电压；α 是载流子速度饱和系数。式（2.1）表明随着电源电压接近阈值电压，延迟迅速增大。因此，电源噪声对时序的影响可望变成一个非常严重的问题，尤其是当电源电压下降的时候。

图 2.3 显示了电源电压和震荡周期之间的关系。这里，环形振荡器的周期，在 90nm 标准单元库中包含 9 个逆变器，图 2.3 展示了电源电压低于 1.0V 时振荡的周期时间，可视为电路延迟，随着电源电压的增加呈现线性增长。对于低电压设计，电源噪声是性能下降的主要因素之一。

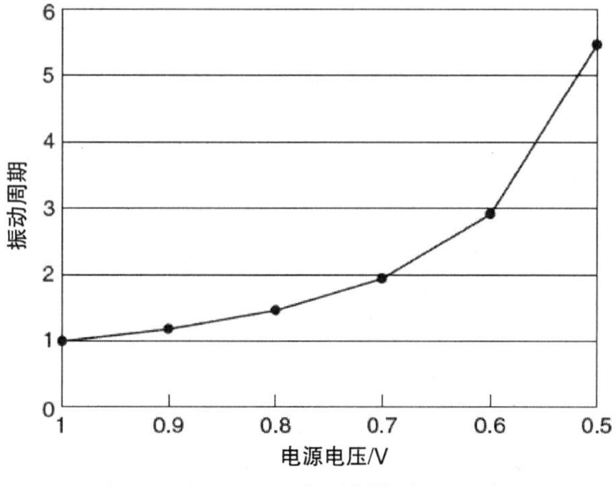

图 2.3　电源电压和振动周期之间的关系

提示 2：环形振荡器作为传感电路电源电压也受制于地电位的任何增长（和变化），消除了可用的电源电压差，因此作为电源噪声的指示灯是不可靠的。

图 2.4 例证了 10 阶换流器链在 180nm 和 45nm 工艺中电源电压延迟敏感性。在 180nm 和 45nm 工艺中电源电压分别是 1.8V 和 1.1V。水平坐标轴是静态（DC）电压降（ΔV），垂直坐标轴是理想电源电压下路径延迟变化比率（$\Delta D_{path}/D_{path}$）。当 $\Delta V=0.2V$ 时 45nm 时的敏感度是 180nm 工艺的五倍。该趋势与等式（2.1）的直观理解是一致的。因此随着技术发展，数字电源时序电源噪声的影响变得越来越重要。

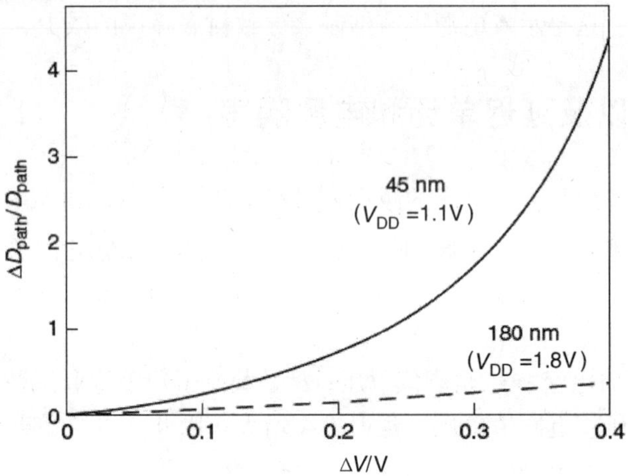

图 2.4　180nm 和 45nm 工艺电压延迟敏感性的比较

2.2.1　路径延迟和电源噪声之间的关系

在芯片设计流程中，一个循环周期内的平均电压，即静态 *IR* 降，通常计算检查芯片上的布线是否足够提供直流电流，因为它的计算比瞬态噪声分析简单多了。静态 *IR* 降通常注释为静态时序分析，因为它的注释和门延迟计算是比较容易的，然而它的电源噪声的动态特性不容易估算（接下来的部分将进行介绍）。

该部分回顾了使用静态 *IR* 降分析时序分析的重要性，并讨论了基于噪声的静态和动态分析。让我们探讨一下由于 PG 噪声 ΔD_{path} 引起的路径延迟波动，通过每个例子中的电压延迟敏感性的式子表示：

$$\Delta D_{path} = \sum_{i=1}^{n} \frac{\partial D_i}{\partial v} \Delta \overline{v_i} \tag{2.2}$$

$$\Delta \overline{v_i} = \frac{1}{T_i - T_{i-1}} \int_{T_{i-1}}^{T_i} \Delta v \mathrm{d}t \tag{2.3}$$

式中，n 是级数；Δv 是噪声波形和常规电源电压之间的差值；变量 T_i 和 D_i 分别

是到达第 i 级门输出时间和第 i 级门的延迟；这里的 Δv_i 是 Δv 在 T_{i-1} 到 T_i 平均电压的等效电压，时间窗相当于当第 i 级门打开时的时间范围；变量 ΔD_{path} 表示对电压 $\partial D_i/\partial v$ 和等效电压 Δv_i 敏感性的总和。

灵敏度 $\partial D_i/\partial v$ 表达了第 m 次多项式，如下式（2.4）所示：

$$\frac{\partial D_i}{\partial v} = a_{oi} + \sum a_{ji} \cdot \Delta \bar{v}_i^j \tag{2.4}$$

式中，a_{ji} 是第 i 阶第 j 次多项式系数。这里，假设每一个例子都有相同的灵敏度（$a_j = a_{ji}$），式（2.2）可以简化为

$$\Delta D_{\text{path}} = a_0 \int_{T_0}^{T_n} \Delta v \mathrm{d}t + O(\Delta v^2) \tag{2.5}$$

式（2.5）延迟波动 ΔD_{path} 表示为噪声积分的函数，它不依赖于噪声波形的形状。

实验已经证实了在 45nm 技术节点的上述性能。图 2.5 描述了实验的设置和参数定义。常规的电源电压是 1.1V。三角形波被用于电源噪声。在试验中，噪声的宽度和高度（W 和 H）是确定好的，以使噪声积分不会变化，但是噪声注入时间改变了。

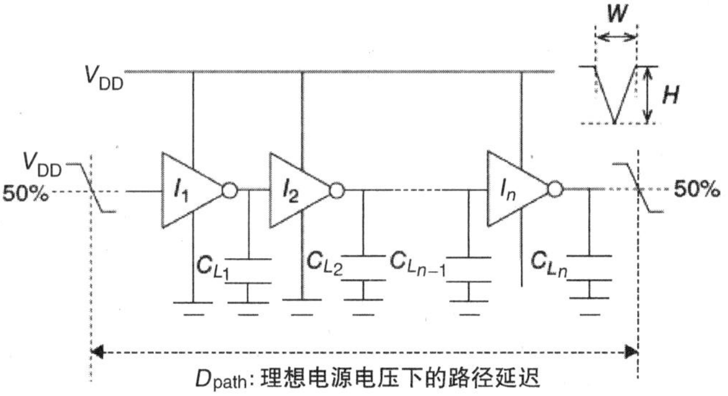

图 2.5　实验电路设置和参数定义

图 2.6 是对于噪声注入时间的电路仿真的结果。实线和虚线对应不同的波形形状。该图表明只要整个噪声波形包含在路径时间内，波动几乎是不变的。延迟波动近乎全依赖于噪声的积分和噪声的形状。

这就是静态 IR 降分析可用于时序分析中来注释电压降的原因。在分析路径延迟接近循环周期时通常检查设置约束，时间间隔在 T_0 和 T_n 之间时几乎就是时钟周期，这意味着式（2.5）中的噪声积分等于静态 IR 降。式（2.5）假设每个例子都有相同的灵敏度。只要灵敏度变化不显著，基于静态 IR 降分析可以很好的预测延迟波动。

硅验证测量的实验在参考文献［6］中介绍。设计测试芯片以便门延迟的变化能够在电源噪声下被测量到，以便能够被灵活控制。图 2.7 左边是 90nm 工艺

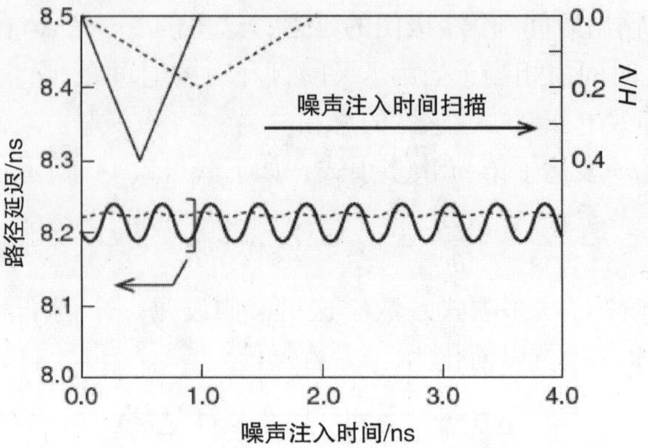

图 2.6　45nm 工艺电源噪声统一拓扑结构的延迟波动

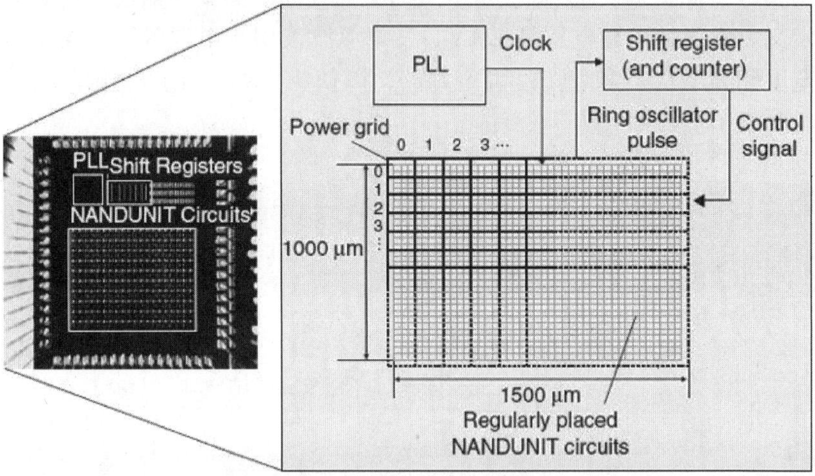

图 2.7　制作测试芯片的显微照片

测试芯片的显微照片。该工艺电源电压是 1V。该显微照片显示了各部分的位置，例如锁相环（PLL）、与非单元位置，以及移位寄存器。

图 2.7 的右边显示了测试电路的布局，它包含锁相环（PLL）、移位寄存器、电网输电线、环形振荡器，以及与非单元位置。1000μm×1500μm 被电源网格分成了 20×20 个区域。与非单元电路，包含 12 阶两输入与非链，有规律的排列在每个网格，它们的运行会引起电源噪声。每个网格有 68 个与非单元电路。非单元电路占了 1000μm×1500μm 的面积的 75%。运行率被定义为活跃单元电路与不活跃单元的比率。控制逻辑电路实现了该比率可以是 100%、50%、25% 或者 0%，目的是控制噪声振幅。

为了测量有电源噪声引起的延迟变化，100 个环形振荡器均匀摆放。电源/

地线由环形振荡器和与非单元共享，产生的电源线和地线波动会影响环形振荡器的周期。

图 2.8 显示了仿真中的噪声波形。三种波形分别是 100%、50%、25% 的活跃度，其平均电压值分别是 0.867、0.868、0.870V。可以看出，尽管噪声曲线完全不同，平均电压值几乎相等。这些波形如此选择以至于锁相环时钟频率和与非单元运行比率到达相同的值。粗略地说，只要产品相同并忽略时钟分布，功耗就保持不变。这是因为功耗与频率和活跃门的数量成正比。因此，电源电压的平均值有望与图 2.8 中展示的相同。

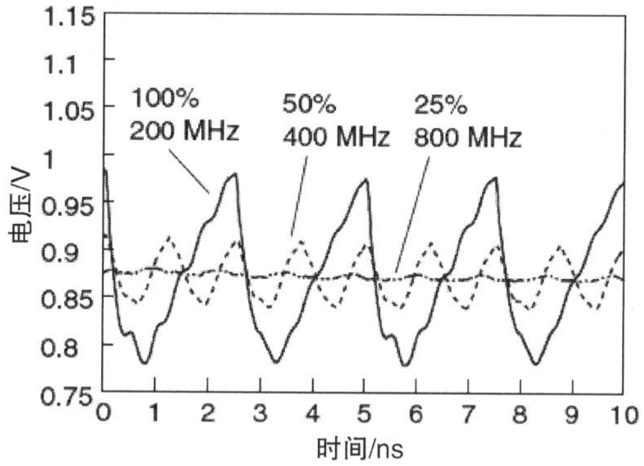

图 2.8　锁相环时钟频率（MHz）× 运行比率值相等的三种波形

图 2.9 显示了根据测量结果分别在 100%、50%、25% 活跃度时对应的 T_{noise}/T_{silent} 的值。这里的 T_{silent} 是当所有的与非单元不活跃时对应的环形振荡器周期，T_{active} 是由与非单元引起的电源噪声周期。x 轴横坐标是频率和运行率的乘积。当乘积相同时，值和我们的预期的几乎一样，即使频率和活跃度的工作条件不同，峰值电压也不尽相同。在 100% 运行比率下 T_{noise}/T_{silent} 的值与 50% 和 25% 的相同，平均错误是 4%。这些测量结果表明路径延迟主要取决于平均供电电压，而不是噪声波形的形状。

注意到测量的设置满足式（2.5）理想条件。每个环形振荡器提供了相同的灵敏度（$a_j = a_{ji}$）。此外，在 T_0 和 T_n 之间的时间间隔相当于环形振荡器的周期。该结果表明基于静态 IR 降的式（2.5）对于由相同的负载和单元组成的路径的设置验证是合理的。

设计提示：

提示 3： 基于时序的平均电源电压分析对于建立时间来说是可行的方法，考虑到数字电路对积分噪声更敏感相比较确切的噪声幅度或者波形。

提示 4： 噪声的下降，是由电流和功率输出网络过滤阶段之间的共振相互作用引起的，因此可能合理地估计半高宽（FWHM），是指吸收谱带高度最大处高

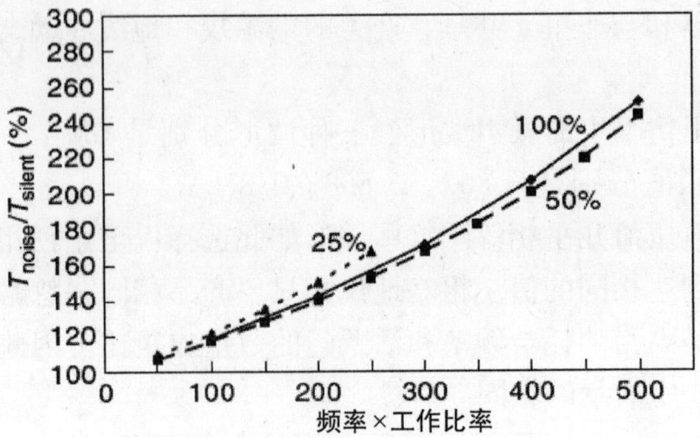

图 2.9 T_{noise}/T_{silent}的测量结果，x 轴代表锁相环时钟频率（MHZ）×工作比率

度为一半时谱带的全宽，也即峰值高度一半时的透射峰宽度。FWHM 是基于简单倒三角形的面积近似整合下垂的远足。

相反，式（2.5）不适用于短路径延迟，它通常用于检查保持约束，因为积分的时间间隔完全不同于循环周期。更重要的是，在这种情况下，实例之间的灵敏度是完全不同的，静态噪声电压不可用来估测时间波动。工业设计中经常可以发现这种情况。例如，大延迟缓存器故意插入高速时钟线以调整相位相对于外部信号时序。通常情况下，大的延迟缓存器往往对电压有更高的延迟敏感度。当使用多个 V_{th}单元时这个问题会加重。如果插入的缓冲器与路径中其他部件敏感性差别很大，由于噪声将会导致时序故障。如图 2.4 所示，随着技术缩放灵敏度变得更高。为了预测和防止时序故障，时序分析中动态电压降的问题已经变成设计中不可或缺的一部分。

2.2.2 组合单元延迟

组合单元的传播延时特点是事先使用电路仿真器并存储在标准单元库。对于电源电压角，每个单元角都有各自的电压显示。当单元延迟是一个中间电压时，就要使用插值。这是一种非常流行的工业方法并用商业工具实现，例如可伸缩多项式延迟模型（SPDM）[7]。当所有单元电源电压相同且暂时恒定时该方法十分有效，并且地电平是固定的。这种情况有时候是正确的，但是多数情况下并非如此。本节增加了两个观点用于精确的噪声识别时序分析。

第一个方面是驱动器和接收器之间电源和地的不匹配。上面的方法假设了驱动器和接收器的地电平是相同的。当驱动端和接收端都被放置在给定的电源附近时是正确的。然而，当它们被放置的很远时，因为电源/地（PG）电平在空间内变化，地电平和电源电平变得不同。图 2.10 说明了不匹配的问题：V_{DDr}/V_{SSr}是接收端的电源/地电压比例。相似的，$V_{DDd}^{(1)}/V_{SSd}^{(1)}$是驱动端的电源/地电压比例。图

2.10 中，在接收端只有一个扇入，但是通常有多个驱动门。即使非开关型输入改变了接收端的传输延迟的电压水平，因为充电/放电电流依赖于它们。

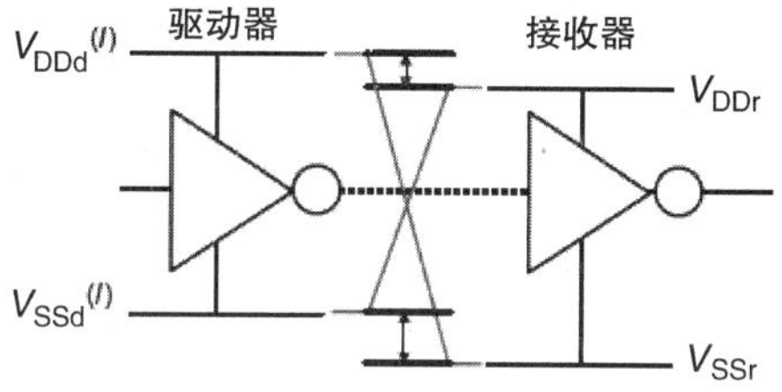

图 2.10　驱动器和接收器之间电源和地的不匹配

一种处理不匹配问题的可能的方法是使用门延迟模型，该模型是由使用灵敏度的一阶扩张导出的。接收端门延迟 d_r 的表达式是基于敏感度模型中的一个。

$$d_r = \mu_r + \frac{\partial d_r}{\partial V_{DDr}}\Delta V_{DDr} + \frac{\partial d_r}{\partial V_{SSr}}\Delta V_{SSr} + \sum_l \left(\frac{\partial d_r}{\partial V_{DDr}^{(l)}}\Delta V_{DDd}^{(l)} + \frac{\partial d_r}{\partial_{SSd}^{(l)}}\Delta V_{SSd}^{(l)}\right) \tag{2.6}$$

这里的 μ_r 是当电压值不变时的延迟。式（2.6）右边的第二项和第三项符合由于接收端电压变化引起的延迟变化。后面几项符合由于驱动端电压变化引起的延迟变化。在多输入单元，有很多输入。稳定（非开关）的电压输入影响了传输延迟，因此关于驱动端所有电压变化的项都包含在内。只要电压值变化不大，该方法就是合理的。

另一种方法，叫做 PG 级均衡，在参考文献［8］中进行介绍。该方法旨在当保持鉴定成本最小时覆盖更大范围的电压值变化。图 2.11 说明了 PG 级均衡的概念。PG 级的输入波形被设置为 V_{DD2} 和 V_{SS2}。PG 级均衡是由输出负载的调整完成补偿的。该方法计算了等效输出负载 C_{eq}，用 C_{eq} 代替 C_{actual}。当满足关系 $I_{actual}:I_{eq}=C_{actual}:C_{eq}$ 时门延迟不变，这里的 I_{actual} 是实际充电/放电电流，是 PG 级均衡之后的充电/放电电流。均衡之后，时序分析基本与传统方法相同。因为延迟依赖于 V_D（$=V_{DD2}-V_{SS2}$）通常在库里做好准备，因此其与传统静态时序分析（STA）框架兼容。

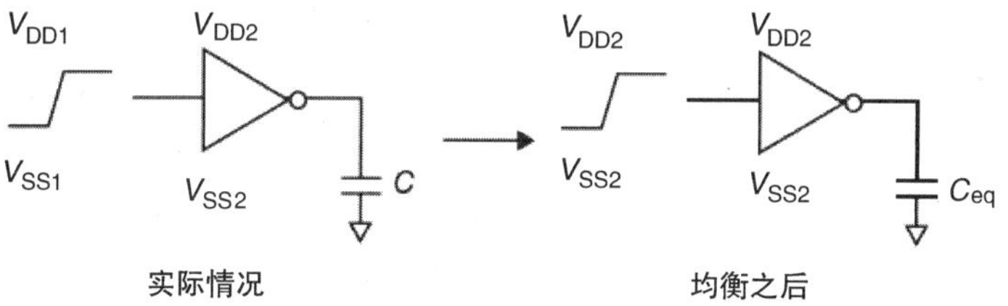

图 2.11　PG 级均衡的概念

传统分析的另一个问题是暂时的电压变化，这时持续时间陡峭的电源电压的变化类似于门传输延迟，该问题不包含在内。图 2.12 和图 2.13 指出有两种能改

变 V_{DD} 传播延迟的机制。这里，在 180nm 工艺中供给反相器三角形功率或者地噪声，估测了输出波形。

图 2.12 显示了有电源噪声和没有电源噪声时的过渡波形。在这种情况下，有噪声和没有噪声的 50－50 百分比传输延迟分别是 122ps 和 132ps。有噪声的延迟比没有噪声的延迟缩短了 8%。因为电源噪声在输入转变刚开始就注入了，当输入转变开始时输出电压低于 V_{DD}。电荷量必须通过 NMOS 放电以变得更少（门输出的电压水平跟随电源电压）当输入门驱动保持在更高的电源水平时，因此传播延迟变得更短。

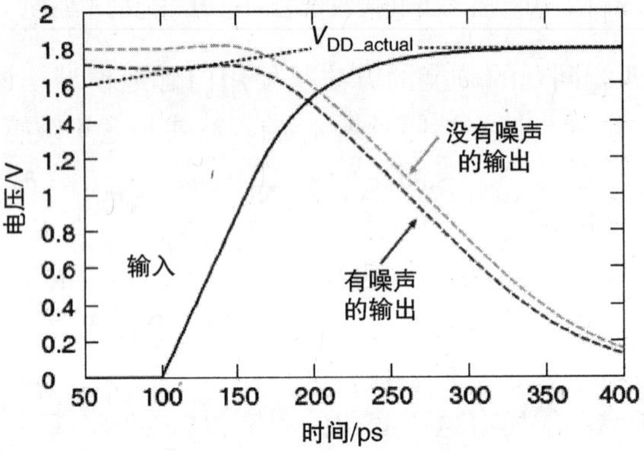

图 2.12 随着电源噪声的下降转变的波形例子

另外一个例子如图 2.13 所示，电源噪声注入对输出转变产生一个上升的变化。在这种情况下，电源噪声降低了 PMOS 的充电能力，这是因为 PMOS 栅源电压 V_{gs} 改变了。传播延迟从 81ps 增加到 97ps，增长了 20%。这些例子说明需要考虑电源噪声的时间特性。

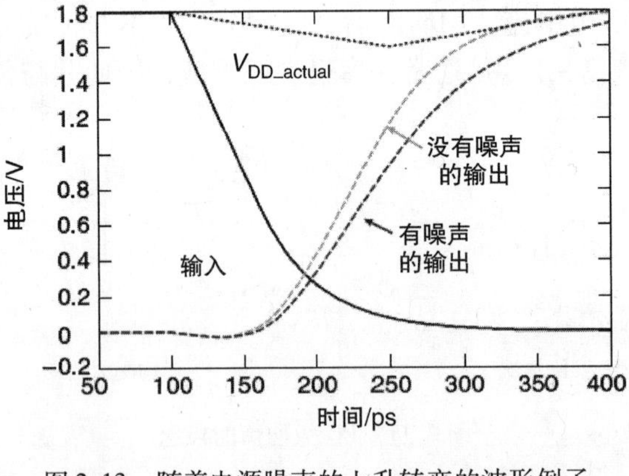

图 2.13 随着电源噪声的上升转变的波形例子

为了方便的考虑时间噪声，一种叫做等效电源/地电压的方法用于处理噪声对时间的高灵敏度[9]。该方法用等效的电源/地电压替代当时的电源/地噪声，使得传播延迟等效于原来的噪声延迟。这种替代使得电源/地噪声转变成单一参数的电源/地电压，需要考虑的参数数量减少了。

2.2.3　触发器时间特性

当设计数字电路时，触发器或二进制状态存储单元的时序特性对于满足时间规范是至关重要的。本节介绍了触发器电源电压的建立和保持时间，并且解释了建立时间对电源电压比对保持时间更敏感，额定电压下的保持时间可能被认为是非常悲观的设计假设。

图 2. 14 展示了一个正边沿触发器的电路图。该单元有一个时钟信号输入端 CK，一个数字输入端 D，一个输出端 Q。当 CK 信号为低电平时，由 I2 和 I3 组成的信号通路将内部节点 M1 的值更新到给定的输入信号 D，由 I5 和 I6 组成的从锁存器输出内部存储值为 Q。当 CK 信号为高电平时，I2 失效，储存在由 I3 和 I4 组成的主锁存器通过 I5 和 I7 输出到 Q。

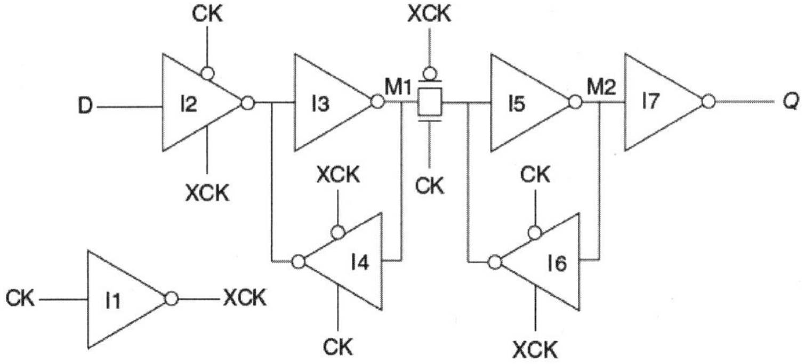

图 2. 14　正边沿触发器电路图

图 2. 15 说明了建立时间和保持时间之间的关系。建立偏移被定义为 D 和 CK 之间到达时间差，保持偏移被定义为 CK 和 D 之间到达时间差。本书中建立偏移和保持偏移分别被定义为一个给定的数据信号在获取时钟边缘之前，以及获取时钟边缘之后必须保持稳定的时间量。建立时间和保持时间通常是独立地作为建立偏移和保持偏移以便 CK 到 D 增加的延迟能够保持在一定的比例（10%）。以后，延迟增加的允许值被称为 CK 到 Q 的退化标准。

由图 2. 16 可见，随着偏移减小，CK 到 Q 的延迟大幅增加。图 2. 16 中的数据是在 45nm 工艺中仿真实现的。可以看出超出允许的延迟衰变时，建立时间和保持时间非常大。

在图 2. 14 的触发器中，建立时间与 D 到 M1 的延迟和 CK 到 XCK 的延迟密切相关，因为当 CK 信号低时内部节点 M1 应该安全稳定地捕捉数据信号。因此

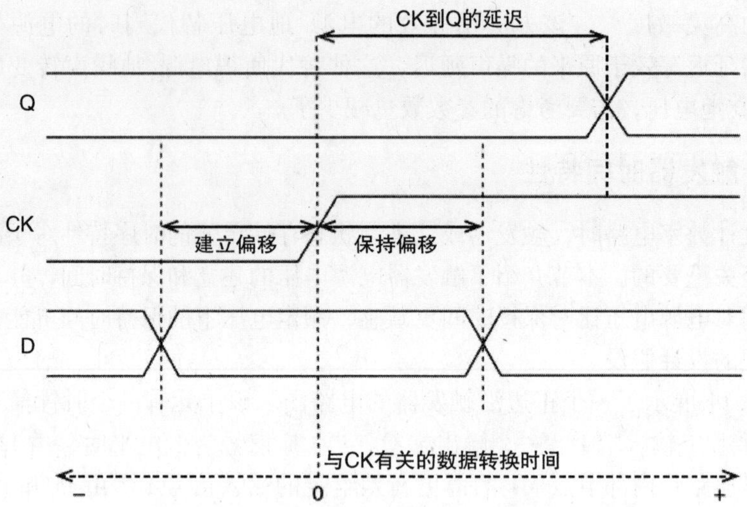

图 2.15　建立/保持偏移的时间的定义

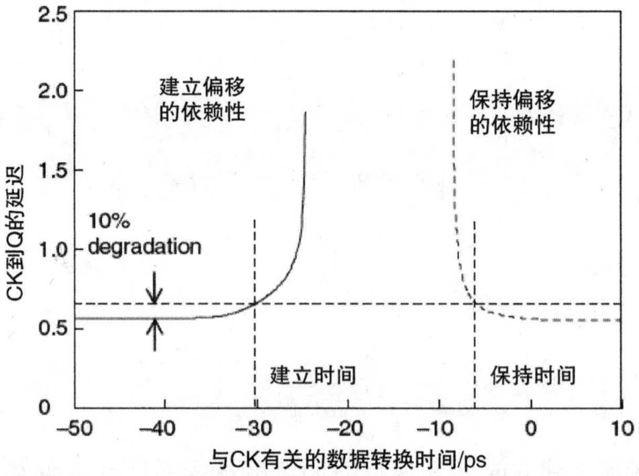

图 2.16　CK 到 Q 延迟与建立/保持偏移之间的关系

当 I2、I3 与/或 I1 的级延迟变得很大时，建立时间变大，例如 CK 或 D 的大输入渡越时间。这同样适用于电源电压下降的情况。

图 2.17 描述了在不同的 CK 到 D 劣化标准下，建立时间对电源电压的依赖性。图显示建立时间对电源电压十分敏感，且当电源电压从 1V 下降到 0.8V 时，建立时间增大了 2 ~ 3 倍。观察到的趋势独立于 CK 到 Q 退化标准。从而，额定电源电压下的建立时间是最没有约束的。因此，建立时间对电源电压的依赖性需要仔细考虑，必须给静态时序分析提供一个适当的建立时间。鉴于这一点，参考文献［10］将之前提到的等效电压方法应用于该触发器，成功地估计了 CK 到 D

的延迟和动态电压噪声下的建立时间。

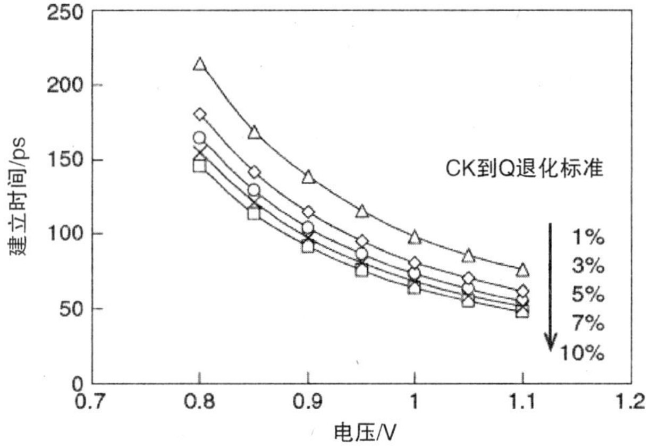

图 2.17　建立时间对电源电压的依赖性

另一方面，保持时间直观上理解是在 XCK 被给 I2、I4 和开关之前，D 应该保持稳定。这意味着保持时间与 CK 到 XCK 的延迟紧密相关，且有望随着 I1 延迟的增加变得更大。

图 2.18 展示了在不同的 CK 到 Q 退化标准下保持时间对电源电压依赖性。当 CK 到 Q 退化标准为 1%，当电源电压很低时，保持时间是正的且随着 I1 延迟的增加变大，这与之前的介绍是一致的。然而，随着 CK 到 Q 退化 5% 的标准，保持时间对电源电压不敏感，超过 5% 相反，这意味着随着电源电压的下降保持时间变大。让我们一起探索原因。

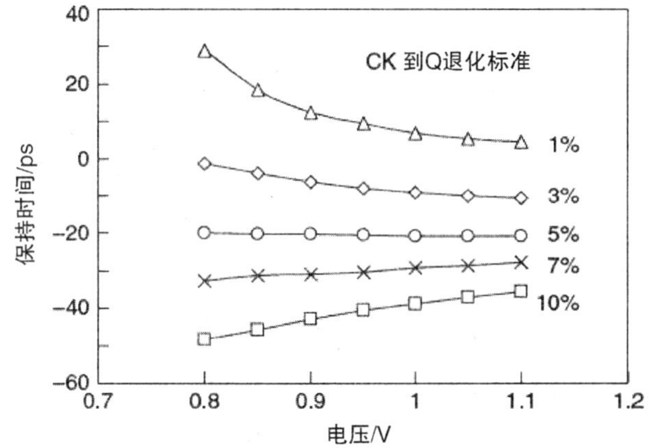

图 2.18　保持时间对电源电压的依赖性

在 CK 到 Q 退化标准分别是 7% 和 10% 的情况下，不完整的存储在主锁存器在 CK 捕捉边缘是可接受的，只要额外的时间需要稳定存储值在 CK 到 Q 退化标准下。假设I1 的级延迟不够大以主宰 CK 到 Q 的延迟在典型范围（5% 到 10%）。在这种情况下，保持时间可以解释为允许主锁存器在捕捉时间边缘之前稳定所需的时间，这时保持时间是负的。

这里的关键点在于允许延迟下降的数量能够在要求的时间内消耗以使主锁存器稳定，这导致保持时间限制变宽。当电源电压变低时，CK 到 Q 的延迟增加，这意味着 CK 到 Q 下降范围的绝对值增加。因此，额外的时间用于稳定主锁存器是可行的。这就是随着电源电压的下降保持时间松弛的原因。

关于图 2.18，校正保持时间低于动态电压降乍一看似乎不是很重要，因为在额定电源电压（这里是 1V）下的保持时间不一定是悲观的；另一方面，触发器特性一般与 CK 到 Q 工业上 5% 到 10% 的退化标准有关。在这个范围内，额定电压下的保持时间达到上限，因为由于电源电压引起的保持时间的变化是很小的。因此，我们可得出额定电压下的保持时间适合静态时序分析。

设计提示

提示 5：额定电压下的保持时间是，在大多数情况下，静态时序分析的目的足够的悲观；另一方面，建立时间必须在低功耗差分电压悲观值下预测。

2.3 耦合效应电路级时序分析

2.3.1 难点

为了考虑电源/地噪声在时间上的影响，静态时序分析通常假设一个恒定（DC）电压降，例如，最大的电压变化，适用于所有门。该方法是有效的，但是没有系统的方法确定该电压降值不乐观或过于悲观。当最大电压降适用于所有门时，估计的时间太悲观，这导致时间的收敛性问题以及保险设计。为了解决这个问题，执行时序分析就需要考虑动态电压变化，有必要获得或假设最糟糕的噪声。尽管寻找最糟糕的噪声用于时序是非常困难的，设计者必须保证设计电路在制定的目标频率下工作。因此一种用于预测最糟糕情况下时序的系统级技术是必须的。

未来，将介绍考虑到电源噪声的时序分析的难点。伴随着电源噪声的时序分析的一个难点是最大的电压降并不一定导致最坏的延迟。电源电压在一个时钟周期内变化。单独观察电源噪声一定不能检测由电源噪声引起的时间故障，因为时间依赖于关键路径的位置。

电压波形的变化相应的改变了电路延迟。图 2.19 概括了电压下降的空间差异对电路延迟的影响。实线代表了 A 区的电源噪声，虚线则代表了 B 区。我们假设 A 区有一个关键路径。A 区电压明显下降，因此电路延迟受到影响。另一方面，如果关键路径位于 B 区，则电路延迟的增加没有 A 区有关键路径时严重。

电压的时间差也会影响电路延迟，将在图 2.20 中进行介绍。时间差包含一个时钟周期内两个时间点的差和两个时钟周期之间的差。实线代表了时钟周期（c）的电源噪声，虚线代表时钟周期（d）的电源噪声。这里，假设关键路径的一个门位于圆内。当门的开关时间在一个时钟周期的开始时，时钟周期（c）的电路延迟显著增加；另一方面，当门的开关时间在时钟周期后半部分时，电路延迟相对较小。相反，在时钟周期（d），在两个时间点的延迟增加的趋势是相反的；即，时钟周期后半部分延迟增加更大，这意味着后半部分电压下降比时钟周期（c）需要考虑得更仔细。因此，一个时钟周期内的电压波动更能影响门延迟或者没有那么大，这取决于开关时间，这里的开关时间是由电路结构决定的。

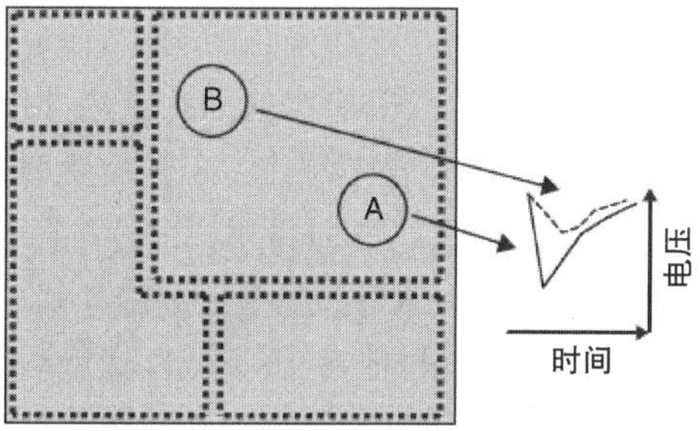

图 2.19　空间上电源噪声的不同波形

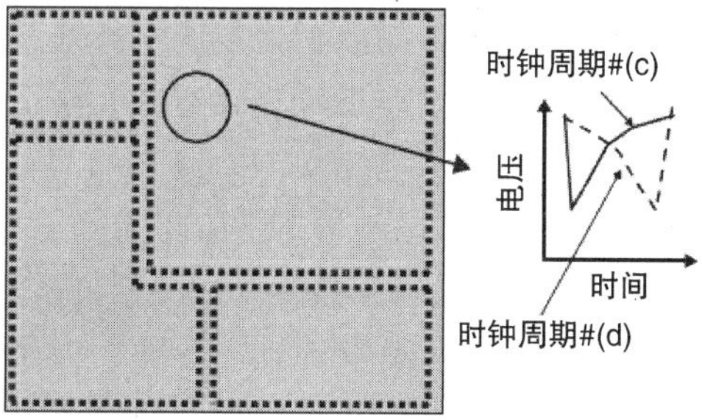

图 2.20　时间上电源噪声的不同波形

在一个时钟周期内和内部时钟周期动态噪声改变了缓冲器延迟和组合单元延迟[⊖]。然而，动态时钟跳动和单元延迟变化在时序分析中没有好好考虑。图 2.21 说明了在时间验证中的问题。在时间裕度计算中，路线扩展到上面以包含时钟缓

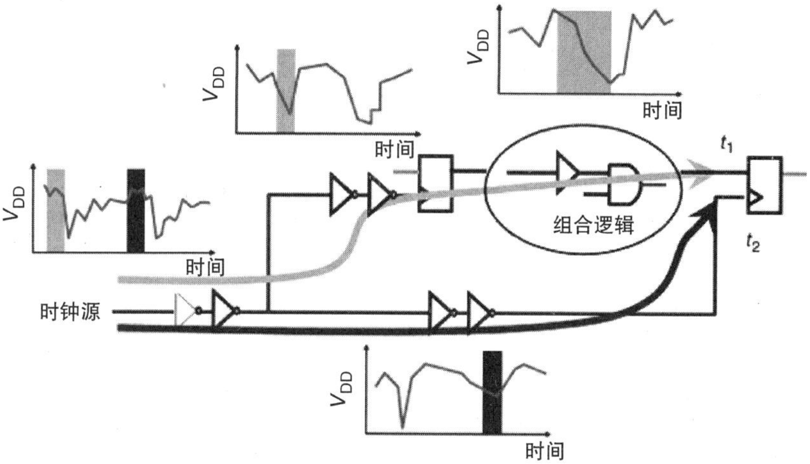

图 2.21　考虑动态电源噪声的时序电路时序分析的问题

⊖ 如果读者不熟悉时钟偏移和时钟抖动以及时序分析的概念，可以先阅读第 3 章进行学习。

冲器。上面的路径轨迹代表从时钟源到捕捉数据信号触发器的信号传播。触发器终止了较低的路径，跟踪它的信号是在上面路径轨迹的下一个时钟周期内传播。在门延迟计算中电压波动重叠需要考虑在内。因此，在两个连续时钟周期的动态行为必须适当建模，空间噪声的区别也必须考虑在内。

另外，根据给定的输入向量噪声波形各不相同。输入向量和内在逻辑状态的空间非常大且不能够彻底的检查。2.3.3 节介绍了包含电源噪声的统计噪声建模方法。

2.3.2 电源噪声的时间和空间的相关性

为了准确地研究噪声对时间的影响，理解并适当的处理电源噪声的相关性是非常重要的。本节将讨论电源噪声是怎样在时间和空间上相互关联的。

这里展示了电源噪声在空间上高度关联的一个例子。初步实验分析了一个浮点单元（FPU）电路在 1mm×1mm 面积内的电源噪声并设置了 10×10 个变量，将空间划分成 10×10 个网格。每个变量代表每个网格 V_{DD} 一边的时钟周期平均电源电压。图 2.22 是变量之间相关系数的柱状图。可以发现变量之间高度相关，36.2% 的系数在 0.9 以上。然而，当用所消耗的电流代替电源电压作为变量时，变量之间的相关性低于电源电压，如图 2.23 所示。尽管在相邻节点消耗的电流值并不高度相关，电源网络的阻抗加强了电源电压的空间相关性。换句话说，当前绘制的节点流经电源网络导线段部分时，因此线部分的电源噪声是相关的。因为常见的电流组件，随着连线间距变大，由于内在 RC 过滤器和常见的电流组件部分的下降导致的电流波形改变，相关性变弱。因此，电源噪声有局部空间相关性，将在图 2.24 中进行演示。相邻变量之间的相关系数在图 2.22 中提取，导出了图 2.24 中的柱形图。在这种情况下，92.8% 的系数超过 0.9。

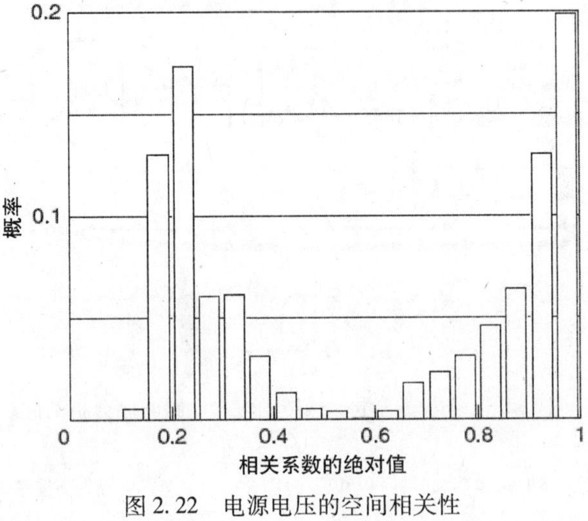

图 2.22　电源电压的空间相关性

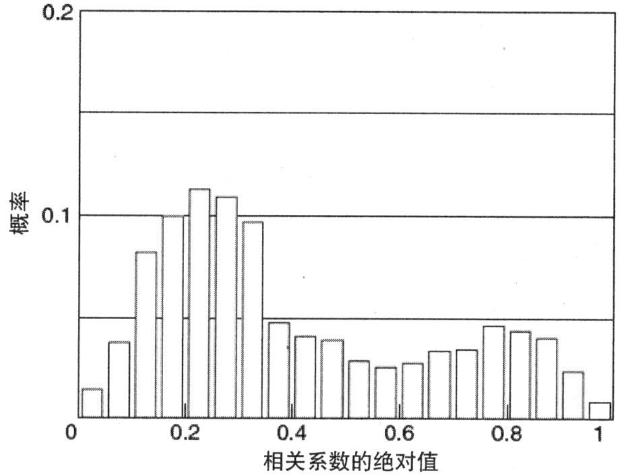

图 2.23　电流损耗的空间相关性

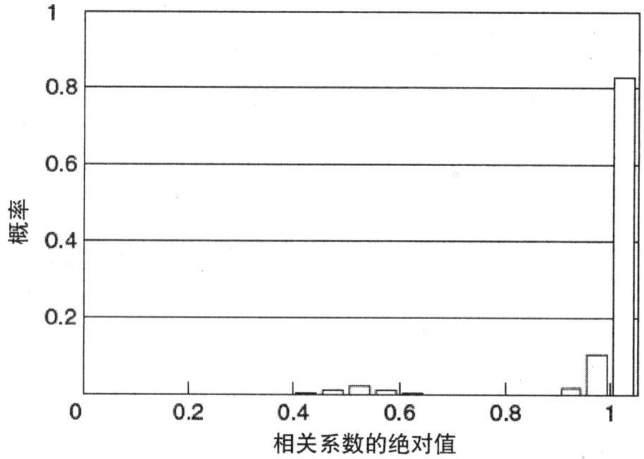

图 2.24　邻近的电源电压之间的空间相关性

接下来，评估了时间相关性和电源与地电源噪声之间的相互关系。电源噪声空间上被分成了 10×10 个且暂时划分在一个时钟周期，分为 10 段，然后变量就被分配完了。时间相关性是由同一地区的变量和不同的时间跨度之间相关系数组合得到的。时间相关性的柱状图如图 2.25 所示，揭示了电源噪声值有很强的时间相关性。如图 2.26 所示，一旦电压降出现了，电源电压不能恢复额定电压。这是因为给邻近的开关门提供电荷的寄生电容和去耦电容是必须的，它们的再充电 *RC* 时间常数通常跟时钟周期相差无几。另外，电流损耗有一定的时间相关性。

因此，时间相关性在相邻变量之间是存在的。电源和地之间的相关性是通过电源和地之间的相关系数决定的，其中二者对应相同的面积和相同的时间跨度。在 CMOS 数字电路中，从电源网络提供的电荷必须放电直到地。因此，当在一个电源节点的开关电流非常大且电源电压波动很严重时，相应的地电流往往是非常大的，且地电压波动也很大。因此，电源和地电压是相关的。图 2.27 是电源和地之间的

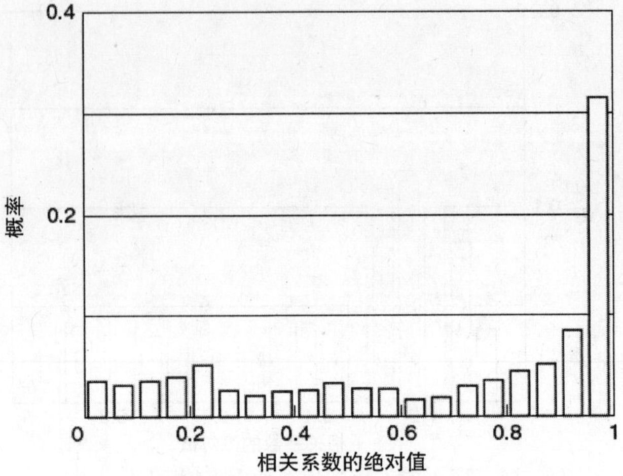

图 2.25　电源电压的时间相关性

柱状关系图，其揭示了很强的相关性。

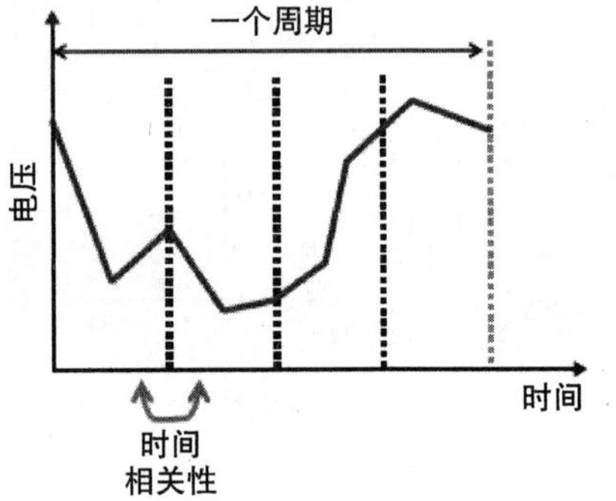

图 2.26　用噪声波形来解释时间相关性的例子

2.3.3　统计噪声模型

本节介绍电源噪声的统计建模。当处理时间和空间上连续的电源噪声时，第一个电源噪声是离散型随机变量。离散型电源噪声信息通过主成分分析（PCA）使其正交化以方便时序分析。主成分分析（PCA）将一组可能相关的变量转换为一组不相关的变量的值，称为主成分。

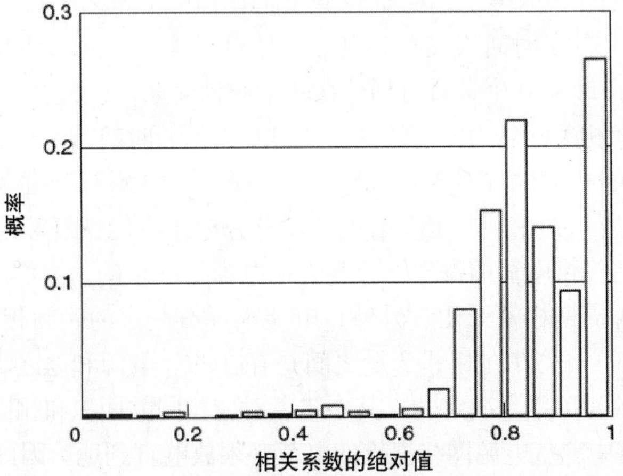

图 2.27　电源与地之间的相关性

首先，我们探讨了动态电源噪声的统计建模。电源噪声在时间和空间上是离散的。离散化后，一个随机变量分配给每个空间网格的每个时间跨度。对于每个指定变量，不同时钟周期的电压值被视为统计建模中不同的样本。例如，对于每个随机变量，2000 个时钟周期的噪声信息对应于 2000 个样本。

空间离散化是通过将芯片/块区域分割成 2D 网格并选择每个分区的典型值。例如，中心点的电压或每个分区的平均电压都将作为典型值。在同一个区的所有节点电压假设都是相同的。对于时间离散化，一个时钟周期被分割成几个时间跨度，并计算每个跨度的典型电压（如平均电压）。

图 2.28 说明了随机变量赋值。在模型中，每个时钟周期的值都被视为不同的样本。在时钟分配网络（CDN）的源时间划分的源点被设置为时钟启动定时。样本被划分为若干个时间跨度，在时间上延长了，以便图 2.28 中发射路径 t_1 和捕捉路径 t_2 的时钟和信号传播都包含在一个样本中。最后，一组统计信息，就得到了 $V_{x,y,t}$的分布和它们的相关性。自然考虑到了连续的时钟周期变量，例如图 2.28 中 $V_{x,y,1}$和 $V_{x,y,4}$之间的相关性。

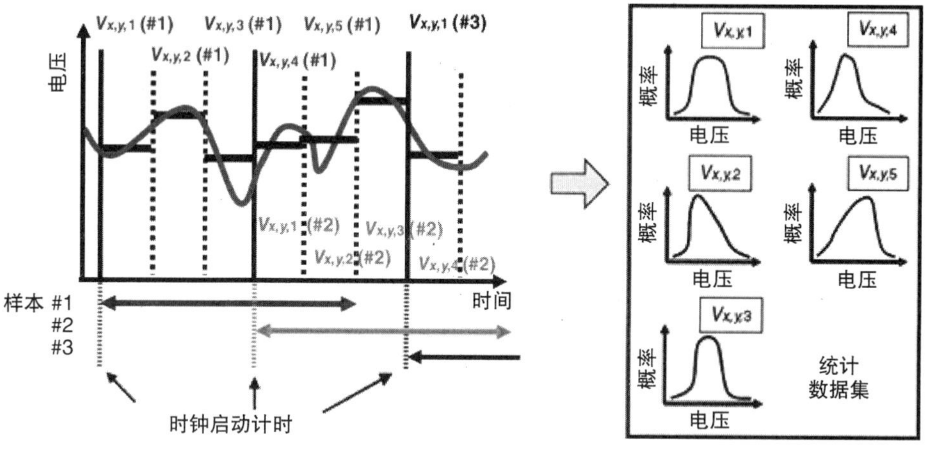

图 2.28　变量赋值统计建模的时钟抖动和歪斜

给定一组变量，为了探索其强相关性，变量被转换以便用 PCA 导出紧凑统计模型。当随机变量之间的相关性很高，原始分布可用少数的主成分（PCs）再生。让我们探讨一个例子，可以通过使用上节中相同的电路减小该例子中的 PCs。假设空间和时间上电源和地分别被划分为 10×10 和 10。目标累积比例被设置为 90%，超过目标的 PCs 的数量被统计出来。只有 6 个 PCs 能到达目标值，即使变量的总数量是 1000。在本例中，超过 99% 的变量减少，这样有助于减少时序分析的计算成本。

2.3.4 个案分析

考虑到动态电源噪声和时钟抖动不是由制造变化引起的，发生时钟抖动因为电源电压水平在连续时钟周期内可以是不同的。统计噪声模型的时序分析可以计算建立和保持松弛，在连续的时钟周期考虑到噪声之间的相关性以及空间和内部时钟周期的时间相关性；因此时钟抖动以及时钟偏差和门延迟变化在时间验证中考虑进来。本节通过一个案例说明由于动态电源噪声引起的时钟抖动和偏差的影响[12]。

实验电路

媒体嵌入式处理器（MeP），是由东芝开发的工业嵌入式处理器，在试验中使用的到。在本节中，MeP 的电源噪声被获取并建模，该噪声模型用于时序分析。图像处理的 C 语言程序实现作为输入程序。时钟门控用在合成电路和静态随机存取存储器（SRAM）宏单元部分中，它包含由门控时钟引起的电源噪声。

在这个案例研究中，三个不同的电源网格分析设置为产生不同的噪声波形做好准备。

波形 A（WA）：丰富的电源网格被设计出来，且抑制了电源噪声。

波形 B（WB）：芯片上的电源网格的线资源相比较波形 A 减少，DC 电压降是非常重要的。

波形 C（WC）：每个实例的电流损耗人为增加，由于 $L \cdot di/dt$ 电压波动进一步加强。

图 2.29 展示了芯片中心前 100 个时钟周期的噪声波形的一个例子。图 2.29 展示了噪声波形的平均 DC 电压降。WB 的平均电压降，V_{DD} 和 V_{SS} 都超过 80mV，直流电压降的空间分布被认为是能够影响时间性能。相反，WC 的噪声级非常大，尽管 DC 电压降很小。周期内和逐周期波动可能会降低时间性能。WA 被认为适用于电源噪声一直很小的高端设计。

平均DC电压降/V

波形	V_{DD}	V_{SS}
A	0.996	0.004
B	0.920	0.082
C	0.980	0.021

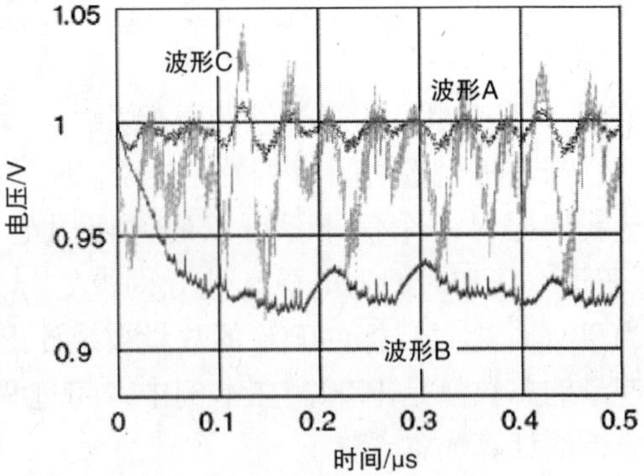

图 2.29 噪声波形的一个例子（芯片中心，前 100 个时钟周期），三种噪声的平均 DC 电压降

双核处理器，另一种工业芯片，也用于本实验。表 2.1 总结了芯片参数。该芯片包含两个嵌入式处理器和许多嵌入式 SRAM。时钟控制适用于本设计。在案例中电源噪声被获得，处理器中执行整数操作，并应用于本实验。不幸的是，芯片门级网表还没揭露，因此一个伪网表类似处理器中执行阶段，根据逻辑深度生成尺寸并用于时序分析。时序分析下的电路尺寸是 102000 个单元。

表 2.1　双核处理器参数

双核处理器	
工艺/电压	90nm　CMOS/1.2V
频率	440MHz
单元数量/存储器数量	280 万个/105 个
芯片尺寸	7.2mm×7.2mm
输入/输出单元	外围设备

分析条件

建立时间和保持时间验证在以下 4 种情况下进行。

条件 1（C1）：考虑组合电路和 CDN 中的动态电源噪声。

条件 2（C2）：只考虑组合电路的动态电源噪声。图 2.29 的 DC 电压降施加于 CDN。

条件 3（C3）：图 2.29 的 DC 电压降施加在组合电路和 CDN 上。

条件 4（C4）：每个区最坏的电压降（最小的 V_{DD}，最大的 V_{SS}）施加在组合电路和 CDN 上。

在统计噪声模型中，10×10 个空间分区和 20 个时间分裂为两个时钟周期。在这个实验中，V_{th}变化标准差是 25mV 也包含在组合电路和所有条件下的 CDN。

设置验证

设置验证的结果要进一步检查。MeP 的时钟周期 WA、WB 和 WC 分别是 4ns、5ns 和 4.5ns。

最坏电压降分析（C4）的比较

CDN 和组合电路（C1）的第一次比较并分析了每个区的最坏电压降（C4）。图 2.30 显示了最坏的时间裕度，定义为 $\mu-3\delta$。

这里的 μ 和 δ 分别是时间裕度的平均值和标准差。水平代表 C1 的预测结果。当 MeP 的 WA、WB、WC 和双核处理器的时钟周期分别是 113.3ps、214.0ps、458.4ps 和 48.2ps 情况下，最坏的时间裕度更不容乐观。结果表明 C4 的分析结果是非常悲观的。

DC 下降分析（C3）的比较

接下来，开始评估 C1 和 C3 的比较结果。C3 的分析没有考虑内部时钟周期

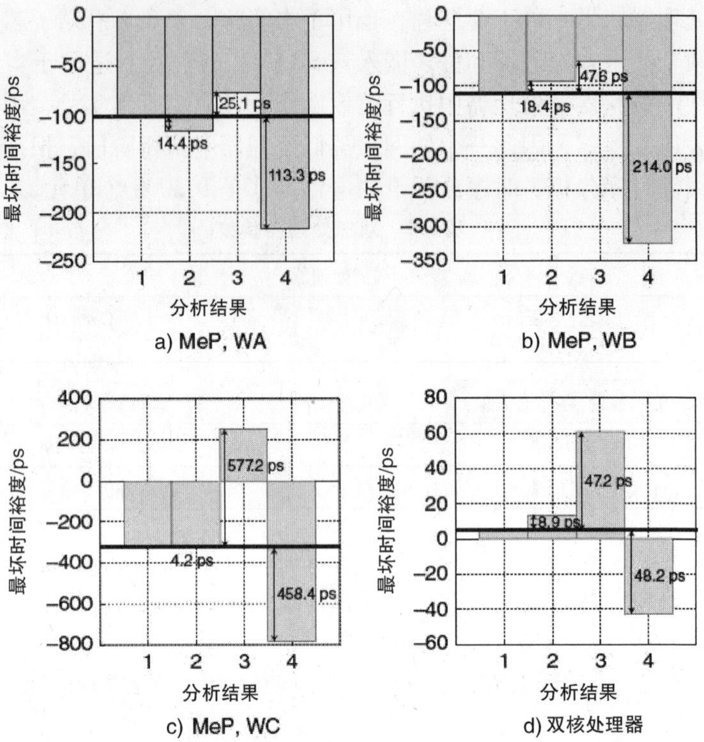

图 2.30　最坏的建立时间裕度

和时钟周期内电压波动，因此当电源噪声的标准偏差很大时，建立时间裕度的估测变得十分悲观，比如 WC。事实上，伴随 WC 的 MeP 和双核处理器的悲观度的预测分别是 577.2ps 和 47.2ps，相比较 C4 的乐观度。没有动态电源噪声的建立时间的验证会导致不准确的结果。

与 C2 相比较

当统计噪声模型用于组合电路时，最坏的时间裕度既是悲观的也是乐观的，如图 2.30 所示。C2 最大的错误是 18.4ps，出现在伴随着 WB 的 MeP。在这个结构中，DC 电压降在空间中分布，使得时钟歪斜增加同时降低了平均建立时间裕度 26.8ps。

通过忽略由于动态电源噪声引起的时钟歪斜和抖动的悲观/乐观的预测是不可忽略的，尽管其量级并不像预期的那样大。一个原因是电源噪声值的两个连续时钟周期是相关的，处理器功耗突然的变化不会发生的如此频繁。事实上，同一时刻功率变量之间的相关性从时钟边缘在伴随着 WA 的 MeP 同一样本中是 0.812。

保持验证

最后，我们描述保持验证的结果。由 C1、C3 和 C4 执行保持时序验证。结果在表 2.2 中列出。

表 2.2　保持裕度约束（ps）

分析情况	多媒体嵌入式处理器						双核处理器	
	WA		WB		WC			
	μ	σ	μ	σ	μ	σ	μ	σ
C1	-99.5	33.0	-91.4	26.0	-93.5	26.8	60.6	10.4
C3	-112.1	32.7	-75.0	26.1	-81.6	27.2	60.3	10.1
C4	-104.3	35.1	-92.1	27.1	-108.1	34.4	64.0	10.2

在保持验证中，C4，给出每个区最不理想的电压降，并不一定给出保持裕度约束。在双核处理器中，C4 的保持裕度约束是最大的。此外，C3 在 WB 下分析的 MeP 的平均保持裕度约束为 16.4ps。

不像建立验证，C4 的估计可能不是最不理想的，这意味着即使时间满足 C4，电路延迟也无法保证，因此需要设置大的时间裕度。考虑到 CDN 和组合电路（C1）的统计分析有望给出一个比 C4 更加精确的估计，所需的裕度有望减小。

2.4　模拟/射频（RF）电路的噪声影响

2.4.1　电源噪声

电源抑制比（PSRR）是描述电路对电源噪声抑制能力的指标。PSRR 这一指标在模拟电路譬如放大器和稳压器中尤为常见。

图 2.31 展示了一个常规电子电路，包括有一个输入、一个输出以及一个电源节点。在两个节点间，可以定义一个电压传输函数。在多数情况下，从输入到输出以及从电源节点到输出节点的转换功能是非常重要的。假设电源节点到输出节点的转换函数为电源增益 A_p，从输入节点到输出节点的转换函数为开环传递函数 A。那么频域上的 PSRR 可定义为[13]

$$\mathrm{PSRR}(s) = \frac{A(s)}{A_p(s)} \tag{2.7}$$

式中，PSRR 的单位是分贝（db）。PSRR 可以定义 V_{DD} 和 V_{SS}。在放大器中，当增益带宽（GBW）增加时，$A(s)$ 也增加，因为当 $f > f_{dominant}$ 时，$A(s) = 2\pi \cdot \mathrm{GBW}/s$。这意味着随着 GBW 增加，PSRR 也增加。从而比较不同的放大器结构，可以将 PSRR 归一化为 $2\pi \cdot \mathrm{GBW}/s$。归一化结果表示为 $1/A_p(s)$，是电源增益的倒数。该倒数称为 PSR。如果函数 $A(s)$ 和 PSRR（s）都是一阶函数，高频下的 PSR 是一个常数（见图 2.32）。所以，较小的 $A_p(s)$（较大的 PSR）的电路结构在电源抑制方面是更好的电路。

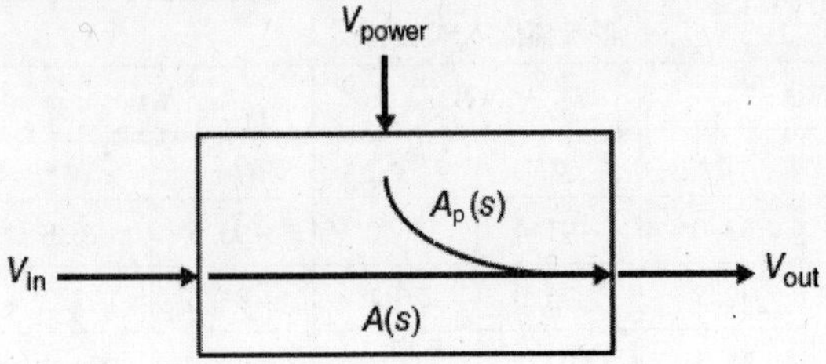

图 2.31 通用电子电路框图

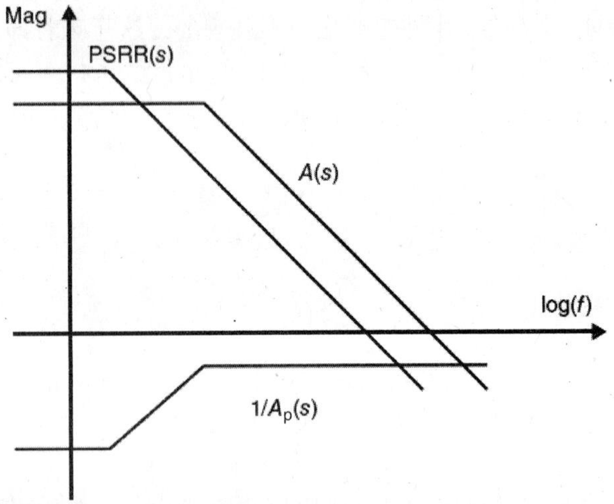

图 2.32 开环增益（$A(s)$）、电源抑制比（PSRR（s））以及电源比($A_p(s)$ 电源增益）

射频放大器的输出频谱受所需性能，比如比特误码率等的限制。另一方面，电源噪声会使输出频谱扭曲。图 2.33 说明了来自电源的频谱能量注入将射频载波向上转换成近带宽频率。如果射频放大器的电源抑制不足，电源噪声会降低系统性能甚至违反频谱规则。参考文献［13］指出低频器件的电源噪声对射频信号是不利的，因为它们会引入有问题的近带宽频率分量。当开关稳压器用于电源的时候，频谱失真必须仔细分析减轻频谱扭曲。

电源噪声对模数转换器（ADC）的影响将在参考文献［14］中分析。一个 130nm 工艺设计的 5 位流水线型 ADC，其有效位数（ENOB）用等效电路模型进行分析，该模型代表芯片和 PCB 的电源分布网络（PDN）。在该案例研究中，当

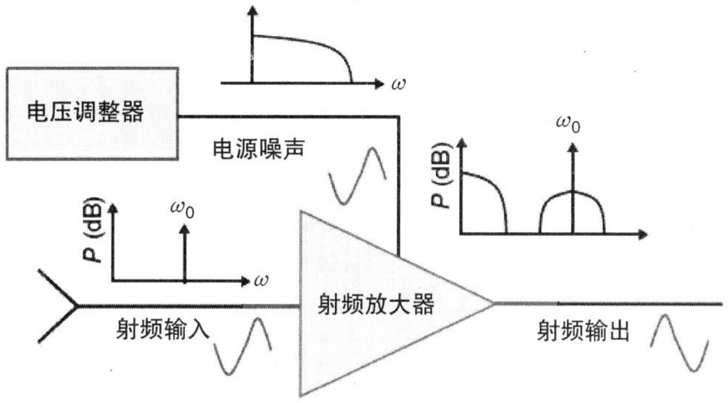

图 2.33　电源噪声对射频放大器输出频谱的影响

频率低于 100MHz 时，ENOB 主要受片上噪声发生器的影响；当频率超过 100MHz 时，ENOB 主要由 PDN 阻抗决定。此外，峰值点是由调制或解调的 PDN 谐振引起的。

2.4.2　衬底噪声

模拟/射频电路通常会受到衬底噪声的影响。噪声信号耦合到模拟/射频电路需要对模拟/射频信号进行频率和振幅调制。这些调制操作会给相应模拟/射频信号以及谐波上引入边带毛刺。此外，噪声信号直接到输出，以直接线性或等比例形式输出，无需频率转换。根据 LC - VCO（电压控制振荡器）调制影响原理可以分为[15]4 个频域：①低频段，边带毛刺由频率调制引起；②中频段，主要影响来自不同的频率到振幅的调制；③高频段，振幅调制占据主导地位；④频率接近 LO 频率时，主要是由牵引和锁定引入扰动。

大量的参考文献测量和分析了 LC - VCOs 衬底噪声的影响。参考文献［16］给出：当频率低于 10MHz 时，LC - VCO 的片上阻抗接地产生的影响占据主导地位；当频率超过 10MHz 时，片上压焊线寄生电感和片上电容均对衬底扰动敏感。毛刺生成机制将在参考文献［17］中讨论。保护环的影响在参考文献［18］中会有介绍。参考文献［19］报道了衬底噪声对毫米级 LC - VCOs 的影响。

衬底噪声对低噪声放大器（LNA）的影响将在参考文献［20］中进行测试和分析。结果表示衬底噪声可以调制 LNA 输入信号并直接耦合到放大器输出端。参考文献［21］给出了衬底的噪声峰值会引起 4 位流水线型 ADC 失真，同时在噪声频率高于 200MHz 时使 SNDR 降低 2dB（10%）。

2.5 习题

对于这些习题，你需要评估晶体管模型是否是适合的 MOSFET 模型。你可以在 http：//ptm. asu. edu/. 找到答案。

2.1 研究不同工艺下电源电压与振动周期时间的关系（见图 2.3）。研究过程中，会用到由反相器、与非、或非等组成的环形振荡器。

2.2 研究不同电源电压下门延迟对电压降的敏感度（见图 2.4）。电源电压应该包含从亚阈值（例如 0.3V）到超阈值（例如 1.2V）范围。

2.3 以图形的方式说明为何 FWHM 是电源电压变化对于数字电路时序的一个合理的包含分析法。

2.4 如何统计时序验证的变化使其与设计的芯片电源（VDD 和 VSS）相匹配，采用全差分结构？

2.6 参考文献

1. M. Khellah, D. Khalil, D. Somasekhar, Y. Ismail, T. Karnik, and V. De, “Effect of Power Supply Noise on SRAM Dynamic Stability,” in *Symposium on VLSI Circuits, Digest of Technical Papers*, 2007, pp. 76–77.
2. M. Khellah, N. S. Kim, Y. Ye, D. Somasekhar, T. Karnik, N. Borkar, G. Pandya, et al., “Process, Temperature, and Supply-Noise Tolerant 45nm Dense Cache Arrays With Diffusion-Notch-Free (DNF) 6T SRAM Cells and Dynamic Multi-Vcc Circuits,” *IEEE Journal of Solid-State Circuits*, vol. 44, no. 4, pp. 1199–1208, April 2009.
3. M. Badaroglu, P. Wambacq, G. Van der Plas, S. Donnay, G. G. E. Gielen, and H. J. De Man, “Evolution of Substrate Noise Generation Mechanisms with CMOS Technology Scaling,” *IEEE Transactions on Circuits and Systems I: Regular Papers*, vol. 53, no. 2, pp. 296–305, February 2006.
4. M. Badaroglu, S. Donnay, H. J. De Man, Y. A. Zinzius, G. G. E. Gielen, W. Sansen, T. Fonden, et al., “Modeling and Experimental Verification of Substrate Noise Generation in a 220-kgates WLAN System-on-Chip with Multiple Supplies,” *IEEE Journal of Solid-State Circuits*, vol. 38, no. 7, pp. 1250–1260, July 2003.
5. C. Soens, G. Van der Plas, M. Badaroglu, P. Wambacq, S. Donnay, Y. Rolain, and M. Kuijk, “Modeling of Substrate Noise Generation, Isolation, and Impact for an LC-VCO and a Digital Modem on a Lightly-Doped Substrate,” *IEEE Journal of Solid-State Circuits*, vol. 41, no. 9, pp. 2040–2051, September 2006.
6. Y. Ogasahara, T. Enami, M. Hashimoto, T. Sato, and T. Onoye, “Validation of a Full-Chip Simulation Model for Supply Noise and Delay Dependence on Average Voltage Drop with On-Chip Delay Measurement,” *IEEE Transactions on Circuits and Systems II*, vol. 54, no. 10, pp. 868–872, 2007.

7. S. Sapatnekar, *Timing*. Springer, 2004.
8. M. Hashimoto, J. Yamaguchi, and H. Onodera, "Timing Analysis Considering Spatial Power/Ground Level Variation," in *Proceedings of International Conference on Computer-Aided Design* (*ICCAD*), 2003, pp. 814–820.
9. T. Okumura, F. Minami, K. Shimazaki, K. Kuwada, and M. Hashimoto, "Gate Delay Estimation in STA under Dynamic Power Supply Noise," in *Proceedings of Asia and South Pacific Design Automation Conference* (*ASP-DAC*), 2010, pp. 775–780.
10. T. Okumura and M. Hashimoto, "Setup Time, Hold Time and Clock-to-Q Delay Computation under Dynamic Supply Noise," in *Proceedings of Custom Integrated Circuits Conference* (*CICC*), 2010.
11. T. Enami, S. Ninomiya, and M. Hashimoto, "Statistical Timing Analysis Considering Spatially and Temporally Correlated Dynamic Power Supply Noise," *IEEE Transactions on Computer-Aided Design of Integrated Circuits and Systems*, vol. 28, no. 4, pp. 541–553, 2009.
12. T. Enami, S. Ninomiya, K. Shinkai, S. Abe, and M. Hashimoto, "Statistical Timing Analysis Considering Clock Jitter and Skew due to Power Supply Noise and Process Variation," *IEICE Transactions on Fundamentals of Electronics, Communications and Computer Sciences*, vol. E93-A, no. 12, pp. 2399–2408, 2010.
13. J. T. Stauth and S. R. Sanders, "Power Supply Rejection for RF Amplifiers: Theory and Measurements," *IEEE Transactions on Microwave Theory and Techniques*, vol. 55, no. 10, pp. 2043–2052, October 2007.
14. B. Bae, Y. Shim, W. Lee, K. Koo, W. Ahn, and J. Kim, "Hybrid Modeling and Analysis of Power Supply Noise Effects on Analog-to-Digital Converter Considering Hierarchical PDNs," in *2010 IEEE Electrical Design of Advanced Package & Systems Symposium*, 2010, pp. 1–4.
15. S. Bronckers, C. Soens, G. Van der Plas, G. Vandersteen, and Y. Rolain, "Simulation Methodology and Experimental Verification for the Analysis of Substrate Noise on LC-VCO's," in *Proceedings of Design, Automation & Test in Europe Conference (DATE)*, 2007, pp. 1–6.
16. S. Bronckers, G. Vandersteen, C. Soens, G. Van der Plas, and Y. Rolain, "Measurement and Modeling of the Sensitivity of LC-VCO's to Substrate Noise Perturbations," in *2007 IEEE Instrumentation & Measurement Technology Conference IMTC 2007*, 2007, pp. 1–6.
17. M. A. Mendez, D. Mateo, X. Aragones, and J. L. Gonzalez, "Phase Noise Degradation of LC-Tank VCOs due to Substrate Noise and Package Coupling," in *Proceedings of the 31st European Solid-State Circuits Conference, 2005. ESSCIRC 2005*, pp. 105–108.
18. N. Checka, D. D. Wentzloff, A. Chandrakasan, and R. Reif, "The Effect of Substrate Noise on VCO Performance," in *RFIC Symposium, Digest of Papers*, 2005, pp. 523–526.
19. S. Bronckers, K. Scheir, G. Van der Plas, and Y. Rolain, "The Impact of Substrate Noise on a 48–53GHz MM-Wave LC-VCO," in *2009 IEEE Topical Meeting on Silicon Monolithic Integrated Circuits in RF Systems*, 2009, pp. 1–4.
20. D. K. Su, D. K. Shaeffer, T. H. Lee, and B. A. Wooley, "Measuring and Modeling the Effects of Substrate Noise on the LNA for a CMOS GPS Receiver," *IEEE Journal of Solid-State Circuits*, vol. 36, no. 3, pp. 473–485, March 2001.
21. P. Nikaeen, B. Murmann, and R. W. Dutton, "Characterizing the Impact of Substrate Noise on High-Speed Flash ADCs," in *Proceedings of International Symposium on Quality Electronic Design* (*ISQED*), 2008, pp. 396–400.

第 3 章　电源完整性中的时钟产生和分布

在时钟分布网络设计中，为了保证时钟信号精确的周期和相位，低抖动和低偏移的时钟分布是最重要的设计指标。特别重要的是，在串行电路中为了保证电路正确的工作状态，设计者必须尽可能地减小时钟偏移。因此设计者许多的努力都是为了实现一个零偏移的时钟分布网络。高性能的微处理器设计同样使得我们必须尽全力减小时钟偏移。更小的时钟偏移不仅可以缩短时钟周期，还可以减少为了满足保持时间限制而插入的延迟电路数目。对于时钟偏移，该限制通常设置为时钟周期的5% ~10%。为了满足时钟偏移的限制条件，需要克服多个障碍：①在制造过程中以及环境变化引起电源噪声、温度变化的影响。②设计过程中的不完美，诸如时钟源和触发器之间走线长度的差别以及触发器布局的不一致性。这些设计障碍并不能被完全消除。因此有必要研究鲁棒性强的时钟分布网络设计机制。为了实现这个目标，后工艺时钟分布网络调整是一个不错的设计选择。

本章主要关注由于电源噪声产生的时钟不确定性。一个完整的时钟分布网络包括多个时钟驱动器，其中时钟驱动器的延时波动就是由电源噪声产生的。时间上的暂时波动会产生时钟抖动，而空间上的波动则会导致时钟偏移；在另一方面，高性能芯片的时钟频率非常之高，因此为了得到低抖动、低偏移的时钟分布网络，我们必须实现低的时钟延迟。而为了设计这样一个时钟分布网络，互连线和建模就成为了重要的设计任务。

本章将讨论电源完整性中与时钟分布相关的问题，描述在电源噪声影响下如何评估时钟偏移，并着重分析了时钟分布网络设计中的互连建模。同时本章还给出一个设计实例，最后回顾了相关的研究成果。

3.1　时钟延时、偏移以及抖动

串行数字逻辑电路包含组合逻辑以及串行电路，比如触发器以及锁存器等。在以下的讨论中我们以边沿触发的触发器作为串行电路的代表进行讨论。

1）在每一个时钟边沿，触发器周期性地获取新的数据，并用以取代上一周期存储的数据。

2）触发器将其存储的数据输出到组合逻辑电路中。

3）基于输入的信号，组合逻辑电路进行逻辑操作。

4）逻辑操作的结果再次输入到触发器中，并且触发器在下一个时钟沿刷新其中存储的数据。

组合逻辑电路包括电路延时。在同一个时钟域中（即在同一个时钟分布的网络中），所有电路的延时值必须小于一个时钟周期。此外，必须考虑为建立时间和保持时间留出裕度。它们之间的关系可以表示为式（3.1）。上半部分的不等式代表建立时间限制，下半部分表示保持时间的限制。

$$\begin{aligned}&\text{时钟周期}-\text{电路延时}>\text{建立时间的裕度}\\&\text{电路延时}>\text{保持时间的裕度}\end{aligned}\qquad(3.1)$$

式中每一个部分的定义如图 3.1 所示。式中要求传输时间 D' 必须位于由保持时间裕度和建立时间裕度决定的边界之间。

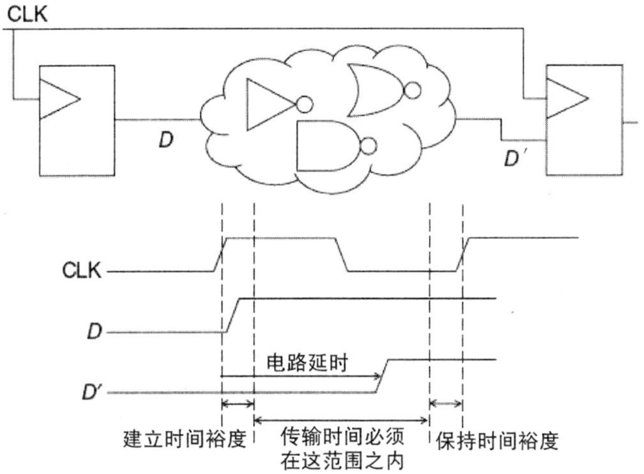

图 3.1　串行逻辑、建立时间裕度和保持时间裕度

在大规模集成电路设计中，我们需要优化电路来满足这些限制条件。在电路中降低最大延时可以提高电路的最高工作频率。在满足式（3.1）的情况下，必须尽可能地降低电路功耗。商用芯片通常被设计为不会有太大的裕度，从而使其具有更高性能竞争力。

在数字串行电路中，这是对时序设计规则的简单描述。这里设计的建立时间裕度和保持时间裕度是由两个设计观点决定的。其中一个是触发器的自然属性。在时钟沿到来之前和之后，触发器电路需要一个稳定输入信号；另一个原因取决于时钟信号到达时间的变化。

一个典型的时钟分布如图 3.2 所示。时钟延时指的是从时钟源到目的触发器的延时。时钟分布网络不可能设计为完美的对称，同时时钟缓冲器位置、扇出数目、互连器件长度等也存在一些物理差别。因此，对于每一个触发器而言，时钟延时都是不同的。不同触发器之间的时钟延迟差别就称为时钟偏移。虽然时钟是一个周期信号，但周期也存在一些变化。即图 3.2 中的 T_n、T_{n+1} 以及 T_{n+2} 都是互不相同的。而这种周期时间的差别就称为时钟抖动。

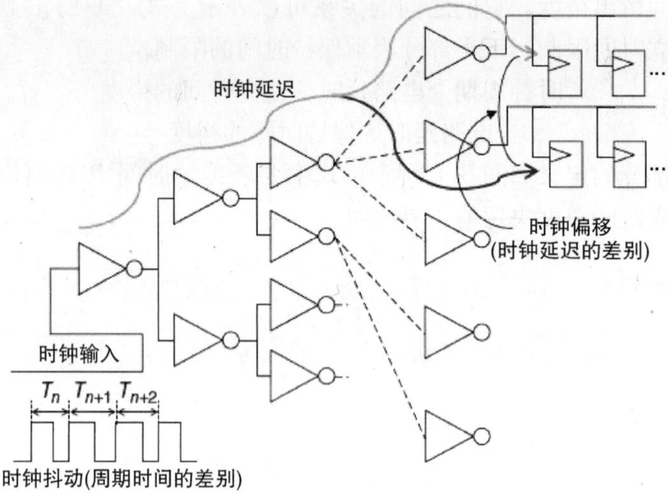

图 3.2 时钟延时、偏移和抖动

时钟分布网络中的一个问题是时钟偏移和抖动都会违反式（3.1），从而导致时序错误。时钟偏移/抖动和建立时间/保持时间裕度的关系如图 3.3 所示。时钟偏移影响了建立时间和保持时间的限制条件，因此在建立时间裕度和保持时间裕度中必须充分考虑时钟偏移。而时钟抖动则只影响建立时间裕度，因此建立施加裕度设计中也需要考虑时钟抖动的影响。

从式（3.1）中看出，当建立时间裕度变大时，我们必须减小电路延时来保持时钟周期。如果不能减小时钟延时，那么时钟频率就会降低。反之，如果降低时钟偏移和抖动，我们就可以提高时钟频率了。所以，时钟偏移和抖动直接影响电路的性能。

在另一方面，决定何时的建立时间和保持时间裕度并不容易，因为在设计的早期很难精确估算时钟的抖动和偏移。一个简单的方法是将时钟偏移和抖动设计为时钟周期的 5% ~10%。当设计成熟时，这些裕度可以再根据时钟分布网络的性能进行调整。

时钟抖动最早出现在锁相环或者时钟发生器产生的时钟分布网络中，这是因为锁相环的输出包含有时钟抖动。此外，动态电源噪声也增加了锁相环的抖动。并且，在时钟分布网络中，时钟抖动由信号的分布进行积累。时钟缓冲器延时受限于供电电压的变化。动态电源噪声则会为不同的时钟缓冲器产生不同的电源电压，因此在不同的周期中，从时钟源到目的元件处的时钟延时都是变化的。在芯

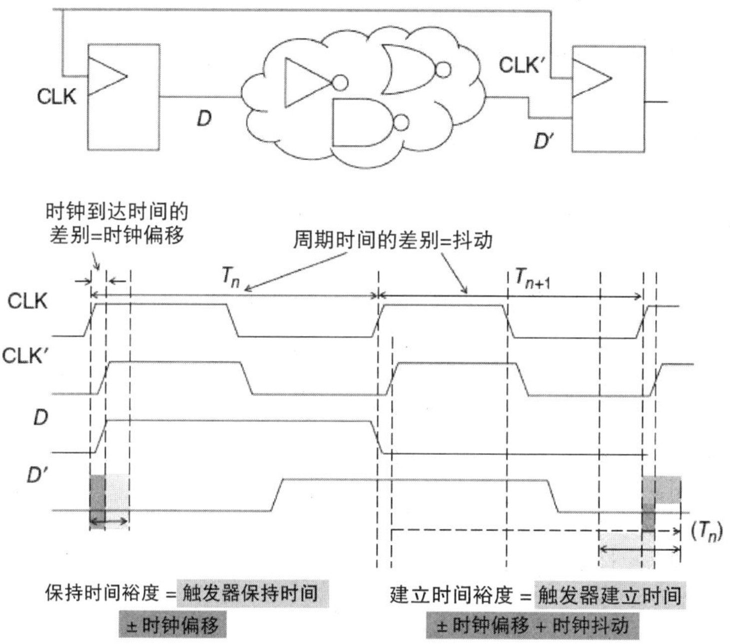

图 3.3　时钟偏移/抖动和建立时间/保持时间裕度的关系

片设计中必须充分考虑时钟分布网络产生的抖动。其中一种设计方法在 2.3 节中进行过讨论。

另一方面，时钟偏移是由时钟分布网络产生的，并且具有低时钟偏移的时钟分布网络应用是十分重要的。一个例子有力的证明了该观点。参考文献 [1] 对硅上的时钟偏移进行了测试，大约在 70ps，这时处理器的工作频率为 1GHz（时钟周期为 1000ps）。这款测试芯片为一款商用的处理器。虽然这款产品已经经过了时钟分布网络优化，但由于时钟偏移产生的时序不确定性，时钟分布网络消耗了 7% 的时钟周期。时钟抖动的典型值为 10ps，这更增加了时序的不确定性，这会导致在非理想的时钟分布网络中至少消耗 10% 的时钟周期。

为了设计低时钟偏移的时钟分布网络，我们必须在设计中精确估计时钟的偏移。在时钟分布网络中，我们经常使用较为宽大的互连元件来实现芯片级的低延时分布。而在互连器件中，除了电阻和电容以外，电感也起着十分重要的作用[1]。3.2 节主要讨论了互连分析和建模，这有助于评估时钟信号的传播特性。

3.2 用于时钟树的互连元件

3.2.1 互连元件的寄生器件

片上互连元件通常用电阻（R）、电感（L）和电容（C）来进行建模。从全局到局部区域，电容对于所有的互连器件都十分重要。如今互连电容与晶体管负载电容已经处于同一数量级，甚至有时候还大于负载电容，因此，它对传播延时和功耗起着重要的影响。电阻使得负载的充电速度变慢，这导致时钟分布网络产生传播延时。在大规模集成电路元件中，我们必须仔细估计和考量电容和电阻。另一方面，在大规模集成电路设计中，在绝对多数情况中我们都忽略了互连电感。因为在大多数大规模集成电路元件中，电感的影响相对较小，因此这种忽略是合理的。然而对于时钟分布网络中较长的互连元件，电感的影响就不能忽略。

3.2.2 电感的定义

最初的片上电感效应是由瞬态电流变化$\frac{\mathrm{d}I}{\mathrm{d}t}$产生的感应电压 V_{ind}引起的。自感值和互感值可以表示为：

$$V_{\mathrm{ind}} = L \cdot \frac{\mathrm{d}I}{\mathrm{d}t},\ V_{\mathrm{ind}} = M \cdot \frac{\mathrm{d}I}{\mathrm{d}t} \tag{3.2}$$

式中，L 为自感；而 M 为互感。在出现互感时，源电流 I 和感应电压 V_{ind}出现在不同的互连元件中。在电源分布网络中，感应电压是最重要的噪声源。

自感和互感的产生都源于安培定律［式（3.3）］和法拉第定律［式（3.4）］：

$$\oint_S \vec{B} \cdot \mathrm{d}\vec{l} = \mu \int_S \vec{j} \cdot \mathrm{d}\vec{S} \tag{3.3}$$

$$\oint_b \vec{E}_{\mathrm{ind}} \cdot \mathrm{d}\vec{l} = \frac{\mathrm{d}}{\mathrm{d}t} \mu \int_b \vec{B} \cdot \mathrm{d}\vec{S} \tag{3.4}$$

$$V_{\mathrm{ind}} = -\int_S \vec{E}_{\mathrm{ind}} \cdot \mathrm{d}\vec{l} \tag{3.5}$$

安培定律和法拉第定律如图 3.4 所示。电流流经导体，在电流周围产生电磁场（安培定律）。变化的磁场在空间的边沿上产生电场（法拉第定律）。感应电流出现在空间边缘，并形成环路，这时可以用电感来定义环路特性。

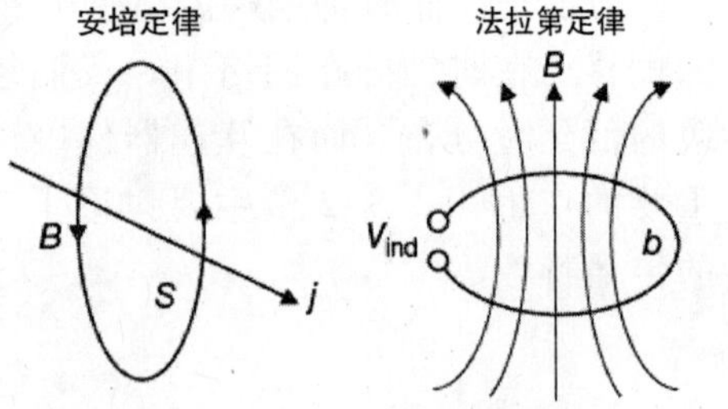

图 3.4　安培定律和法拉第定律

另一方面，芯片上的信号并没有形

成一个环路。然而，互连走线首先连接到一个驱动器，同时驱动器又连接到电源和地上，如图 3.5 所示。考虑电源线和地线，信号与其形成了一个电流环路。这是因为电源和地为信号提供了一个电流回流的通路。此外，在芯片上，这个电流回流通路包含了许多互连元件，这是因为电源分布网格中含有许多并联的网格状元件。

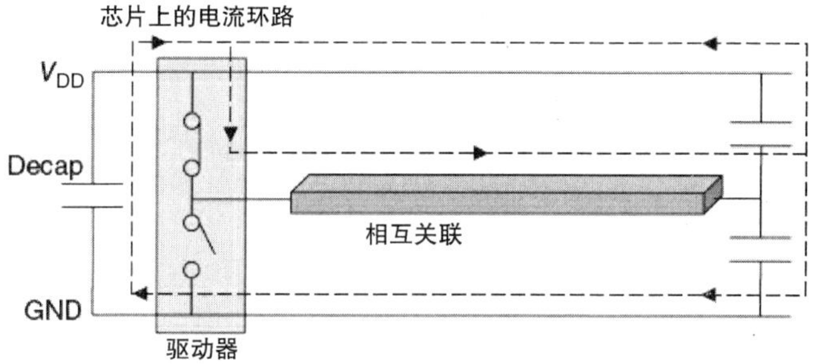

图 3.5　芯片上的电流环路

3.2.3　电感提取

作为构建仿真用途等效电路模型的第一步，我们首先需要计算互连元件的电感值。从互连图形和晶体管结构中计算电阻、电容和电感值的过程就称为提取。从互连元件的阻性和面积中，我们可以很容易的提取电阻，而基于麦克斯韦公式和确定性元件方法，我们也可以提取出电容值[1,2]。此外，基于一定的规则和预特征化，目前的 CAD 软件也可以进行快速的 *RC* 提取。

然而由于必须考虑信号互连形成的电流回流通路，电感提取并不是一件容易的事。在芯片上，回流电流扩散到许多电源线和地线中，并不能简单使用一个定律加以提取。在这种情况中，部分电感提取的思想则更为有效。为了更好的进行区别，在以下的讨论中，环路中电感被称为环路电感。

部分电感

这里我们首先解释一下部分电感的概念。部分电感可以定义为一个互连元件的电感，从而取代环路电感。包含宽度 w、长度 l 和厚度 t（单位为 cm）的互连元件部分自感为

$$L_{\text{part}}(\text{nH}) = 2l \times \left[\ln\left(\frac{2l}{w+t}\right) + 0.5 - k\right] \tag{3.6}$$

式中，k 为与 w 和 l 有关的常数，且有 $0 < k < 0.0025$。同样尺寸时，两个互连元件的部分互感为

$$M_{\text{part}}(\text{nH}) = \frac{\mu l}{2\pi} \times \left[\ln\left(\frac{2l}{D}\right) - 1 + \frac{D}{l}\right] \tag{3.7}$$

式中，D(cm)为两个互连元件间的距离；μ 为磁导率。通过计算所有我们感兴趣区域内互连器件的部分自感，即使在不了解回流电流是如何在电源和地网络中流动的情况下，我们也可以对感应效应进行仿真。接下来我们将对等效电路模型进行解释。

例 3.1 部分自感的计算

芯片中的一个互连元件，长度、宽度和厚度分别为 1mm、1μm 和 0.5μm。部分自感的计算如下：

$$L_{\text{part}}(\text{nH}) = 2\times 0.1\times\left[\ln\left(\frac{2\times 0.1}{0.0001+0.00005}\right)+0.5\right] = 1.539\text{nH}$$

当宽度为 10μm，厚度为 2μm 时，部分自感为

$$L_{\text{part}}(\text{nH}) = 2\times 0.1\times\left[\ln\left(\frac{2\times 0.1}{0.001+0.0002}\right)+0.5\right] = 1.123\text{nH}$$

我们可以看到第二个等式中单位长度的电阻比第一个等式中小了约 40 倍。然而，两个互连器件的部分自感却都是 1nH 左右。这说明电感与互连的横截面积关系不大。互连电感的这种特性对于设计长的互连线而言十分重要。

部分元件等效电路模型（PEEC 模型）

部分元件等效电路模型包括电阻、电容、互连元件的部分自感和互感[3]。部分元件等效电路模型还包括电流回流通路，在电路仿真中也需要计算电流分布。更低阻抗通路中具有更大的回流电流。此外，通路阻抗与频率有关。这些特性都包含在部分元件等效电路模型的仿真中，虽然包含与频率有关的参数会增加模型的复杂性。

使用部分元件等效电路模型的一个难点在于电路仿真的计算复杂度。常规电路仿真器利用稀疏矩阵来进行快速计算。然而，当使用部分元件等效电路模型时，所有的互感都包括在内，这大大增加了电感矩阵的密度。此外，矩阵的本征截断经常会导致不可预料的结果，使得矩阵的精度下降。部分元件等效电路模型则可以提供精确的仿真结果，但对于电源分布网络或者时钟分布网络这样大的网络，则很难利用部分元件等效电路模型进行仿真。

例 3.2 方块和矩形环路的部分元件等效电路模型（互感的影响）

在一个方块互连环路中，互连元件的长度、宽度和厚度分别为 1mm、1μm 和 0.5μm。每个边界上的部分自感和互感可以计算为

$$L_{\text{part}}(\text{nH}) = 2\times 0.1\times\left[\ln\left(\frac{2\times 0.1}{0.0001+0.00005}\right)+0.5\right] = 1.539\text{nH}$$

$$M_{\text{part}}(\text{nH}) = \frac{2\times 0.1}{2\times 3.14}\times\left[\ln\left(\frac{2\times 0.1}{0.1}\right)-1+\frac{0.1}{0.1}\right] = 0.139\text{nH}$$

由于环路是方块状的，邻近垂直边缘的互感为零，以上计算的是两个平行互连元件之间的互感。在方块环路中互感的影响较小。

我们假设一个矩形环路为 1mm × 1μm。这里 1μm 表示大规模集成电路中两个元件中的典型距离。长边缘的互感为

$$M_{\text{part}}(\text{nH}) = \frac{2 \times 0.1}{2 \times 3.14} \times \left[\ln\left(\frac{2 \times 0.1}{0.0001}\right) - 1 + \frac{0.0001}{0.1}\right] = 0.862\text{nH}$$

在这个例子中，互感的影响明显变大了，并且这在大规模集成电路是一种典型的情况。另一方面，短边缘的部分自感和互感分别为

$$L_{\text{part2}}(\text{nH}) = 2 \times 0.001 \times \left[\ln\left(\frac{2 \times 0.001}{0.0001 + 0.00005}\right) + 0.5\right] = 0.00618\text{nH}$$

$$M_{\text{partz}}(\text{nH}) = 2 \times 0.001 \times \left[\ln\left(\frac{2 \times 0.001}{0.001}\right) - 1 + \frac{0.001}{0.001}\right] = 0.00139\text{nH}$$

我们可以看到短边构成了目标互连的剩余部分，当两个长互连元件具有较小的平行距离时，我们可以忽略它的平行电流回流通路。

电感与频率的关系

根据电路理论，电感所产生的影响与信号频率有关。当信号频率较低时，R 远大于 ωL，其中，$\omega = 2 \cdot \pi \cdot f$ 为角频率。在这种情况中，电感的影响较小。此外，在互连元件的横截面中，电流分布于频率有关，主要体现在邻近效应和趋肤效应上。

邻近效应如图 3.6 所示。在两个邻近的平行互连元件中，当频率较高时，电流流向以奇次模的形式集中在两个互连元件的内存，以偶次模形式出现在外侧。在高频段电流趋向于形成更小的横截面环路，这是因为 ωL 此时大于 R，且更小的环路、更小的环路电感使得通路阻抗变小。所以，横截面内的电流分布集中在一个窄的区域内，这就是邻近效应（见图 3.7）；另一方面，在低频段，ωL 并不重要，所以电流分布在整个互连横截面内，由于在横截面内存在更大的有效电

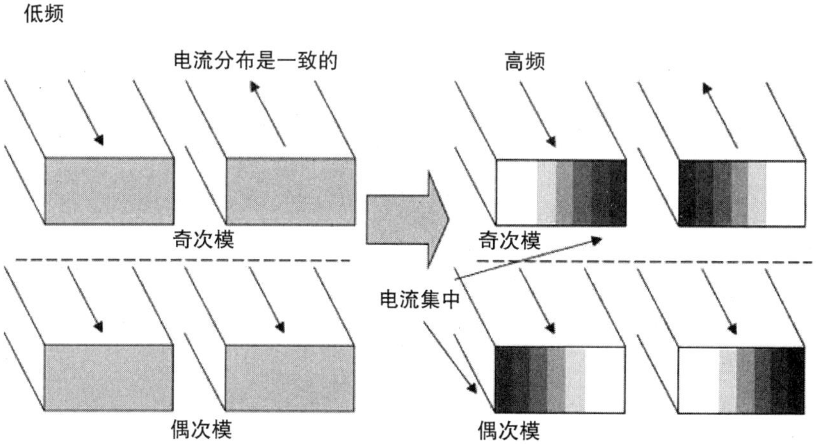

图 3.6　邻近效应

流，所以这会导致产生更小的有效电阻 R。在芯片上，电源分布网络通常是以网格状存在的，电源和地中的回流电流都是平行流动。在低频段，远距离的电源线和地线也包括在回流通路中，而在高频段，邻近的电源线和地线更多的作为回流通路存在。

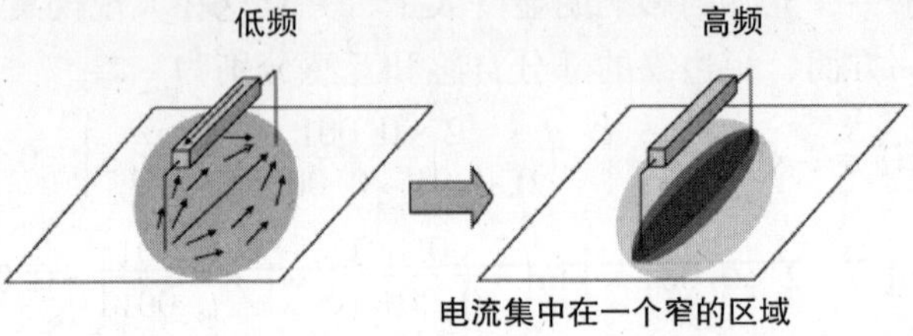

图 3.7　邻近效应和电流环路

趋肤效应类似于邻近效应的偶次模。如图 3.8 所示，在高频段，在单一元件中电流分布趋向于集中在元件表面。

由于趋肤效应，电流集中在元件表面，这会导致自感降低，电阻升高。邻近效应改变了电流回流通路，而环路电感则根据频率相应变化。因此，互连电感的电感提取和仿真需要考虑电感的频率特性。

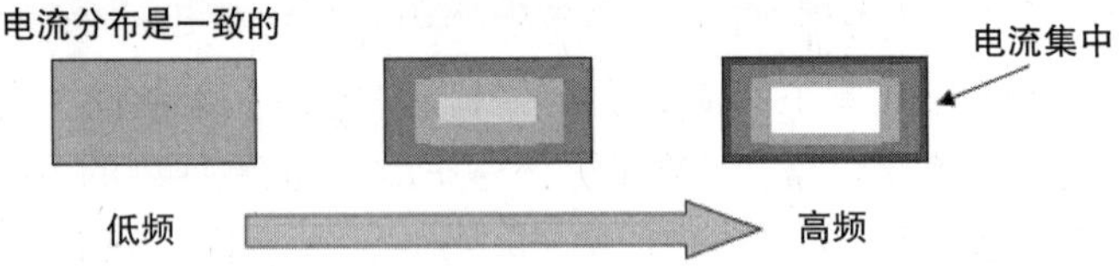

图 3.8　趋肤效应

具有频率特性的环路电感和电阻提取

在充分考虑电流回流通路的情况下，我们可以提取互连中的环路电感。我们可以使用诸如 FASTHENRY（MIT）和 Raphael（Synopsys 公司）等 EDA 软件来进行电感提取、横截面离散化和电流分布计算。这些软件都是采用文本输入来描述互连元件的形态和位置信息，再计算环路或者部分电感。用户不必要了解基于部分元件等效电路模型的电感计算。通过使用提取软件，我们可以提取包含电流回流通路的目标互连元件的环路电感。此外，我们还可以在计算横截面电流分布的基础上计算电阻值。

然而，由于计算成本，我们很难计算数量较大的互连元件。为了仿真邻近效应和趋肤效应，这些软件将互连元件横截面划分为数十个或者数百个部分。我们必须计算这些部分之间由于部分互感产生的相互作用，这会导致计算成本急剧增加。例如，当一个互连元件横截面划分为 25 个部分时，两个互连元件之间就有 1225 个部分，四个互连元件之间就有 4950 个部分，八个互连元件之间就有 19900 个部分。

例 3.3　采用 EDA 软件计算电阻、电容和电感

FASTHENRY（MIT）和 Raphael（Synopsys 公司）软件需要对互连元件进行二维或者三维结构描述，提取出 *RLC* 的值。以下例子是 FASTHENRY 对两个平行互连元件的描述：

```
Nlinea1 x=0 y=0 z=0
Nlinea2 x=0 y=100 z=0
Nlineb1 x=5 y=0 z=0
Nlineb2 x=5 y=100 z=0
Elinea Nlinea1 Nlinea2 w=1 h=0.5
Elineb Nlineb1 Nlineb2 w=1 h=0.5
```

前四行定义了两个互连元件的终端节点以及每个节点的坐标（x，y，z）。接下来的两行定义了互连元件的线宽 w 和 h。通过执行提取程序，我们可以得到目标结构的 *RLC* 值。

电感提取和电源分布网络

正如以上讨论的，在超大规模集成电路芯片中，由于很难确定电流回流通路的分布，我们很难提取片上互连元件的精确电感值。考虑到最近的一组或者两组电源线/地线，存在一种可行的 *RL* 提取方法[2]。这种方法假设所有回流电流集中在最近的电源线和地线中。实际上，即使在数 GHz 频率范围内，回流电流也分布在非常宽的范围内。这种提取忽略了回流电流分布，可能会导致错误的产生。然而，在芯片中存在大量的电源线和地线，由于计算成本的限制，我们不可能考虑数量这么巨大的走线。为了进行精确而快速的提取，我们必须选择必要并且数量足够的电源线和地线。

接下来的段落我们将会具体讨论回流电流的行为状态[4]。回流电流的分布与电源线、地线网络的阻抗有关。同时，回流电流的分布也与频率有关，这是因为电源、地的阻抗随着频率的变化而变化。

回流电流分布与频率有关的特性如图 3.9 所示。当信号线由 1mA 的交流电流源驱动时，*Y* 轴表示每根地线上的回流电流。互连元件结构也展示在图 3.9 中。在同一层上布置有 1μm 宽的信号线和 5 根间距为 10μm 的地线。我们采用 Raphael 来提取电阻和电感。

这里例子中，在低频段，由于每条地线的电阻都是相同的，所以每条地线中的回流电流都是相同的。当频率增加时，因为电抗占电流流经通路阻抗的主要矛盾，所以回流电流集中在最靠近的地线 G1 中。接近 100GHz 时，回流电流的分

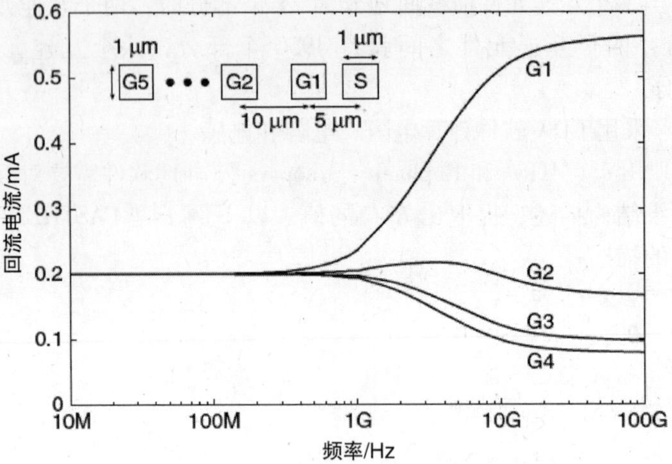

图 3.9　回流电流分布的例子

布趋于饱和，并仅仅由电抗决定。无论在多高的频率段，并不是所有的电流都集中在最近的互连线中。

提取过程中考虑的电源线和地线数量会影响我们推导的电感值。如果仅仅考虑一小部分电源线和地线，回流电流分布与片上实际分布会有较大的差异。在100GHz时，地线数量和提取误差的关系如图 3.10 所示。这里假设采用 25 条地线可以提取正确的值，Y 轴表示与正确值偏差的提取误差。图 3.10 表明仅考虑最近的地线时，提取值会有超过 30% 的误差。回流电流经常被工程师误解，因为他们相信在高频段所有的电流都只在最近的地线上流动。实际中，当信号线靠

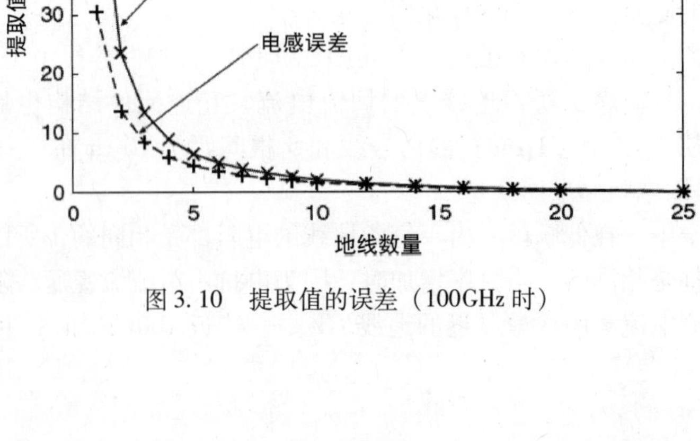

图 3.10　提取值的误差（100GHz 时）

近屏蔽线，我们可以只考虑屏蔽线来进行电感提取，但这也会导致严重的误差。图 3.10 表明即使在 100GHz 时的高频，只考虑最近的地线也会导致提取误差。而在数 GHz 的频段内，这种提取策略则会造成更为严重的误差。考虑到电源、地线数量、提取错误和计算时间之间的关系，我们必须得到一个电感提取的指导准则。同时，在假设电源线和地线都是正常布线时，该指导准则是合理适用的。

3.2.4　互连元件仿真

之前的章节描述了如何获得互连元件的电感值。我们接下来讨论如何采用提取的电感值仿真互连元件。

互连元件建模

互连元件存在多种形式，比如同轴线、PCB 上的互连元件、键合线、片上互连元件等。所以不同互连元件的仿真模型互不相同。我们这里讨论片上走线的互连元件建模。在芯片中，大部分走线都是在局部进行互连。这些走线称为局部互连元件，我们通常采用集总 *RC* 模型来进行建模，如图 3.11 所示。

在另一方面，诸如时钟树、电源线，模块与模块之间互连的较长的互连元件，并不能使用集总 *RC* 模型来建模。图 3.12 和图 3.13 中的 *RC* 梯状模型广泛用于长连线元件的建模中。梯状模型包括电阻 R_{int} 和电容 C_{int}。图 3.12 包含两个 π 形网络，图 3.13 包含三个 T 形网络。

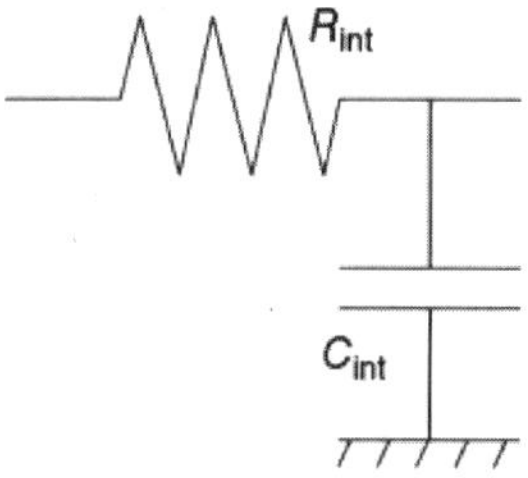

图 3.11　局部互连元件的集总互连模型

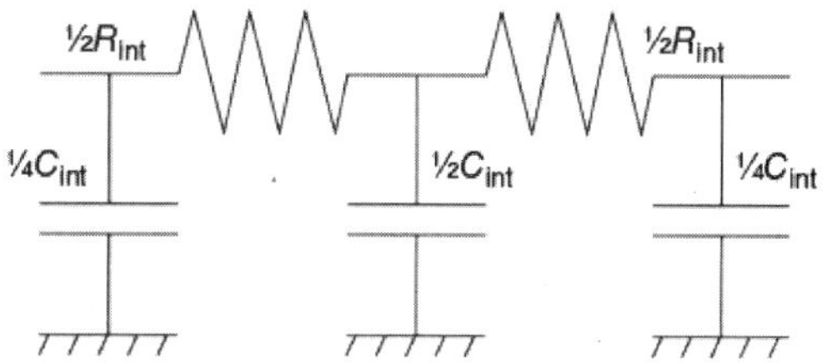

图 3.12　两个 π 形的 *RC* 梯形模型

当互连走线长而宽，并且信号需要高性能传输时，电感也是一个重要考虑的因素。当芯片上包围着许多互连元件时，两个互连元件通过互容会发生耦合，同时也必须考虑互感的影响。包含耦合效应的 *RLC* 梯形模型如图 3.14 所示。互连元件的其他参数包括电导，它表示通过绝缘层的电流泄露。然而，芯片上互连元件的电导值较小，一般可以忽略。

互连元件行为的 EDA 软件仿真

以上描述的互连元件模型可以很容易的采用电路仿真器进行仿真。在超大规模集成电路设计中，SPICE 以及 SPICE 兼容的仿真器都是经常使用的工具。此外，SPICE 仿真器可以为简单电路提供传输线模型。均匀分布的 *RC* 走线模型

（U 元件模型）可以用来描述 *RC* 梯形模型。而有损的传输线模型（O 元件模型）则适用于 *RLC* 梯形模型的描述。

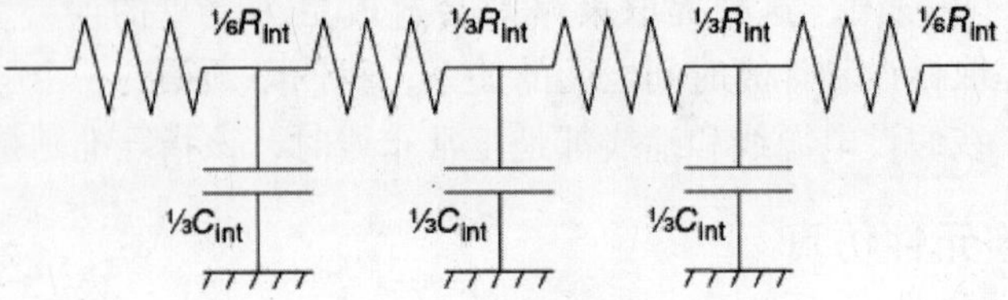

图 3. 13　三个 T 形的 *RC* 梯形模型

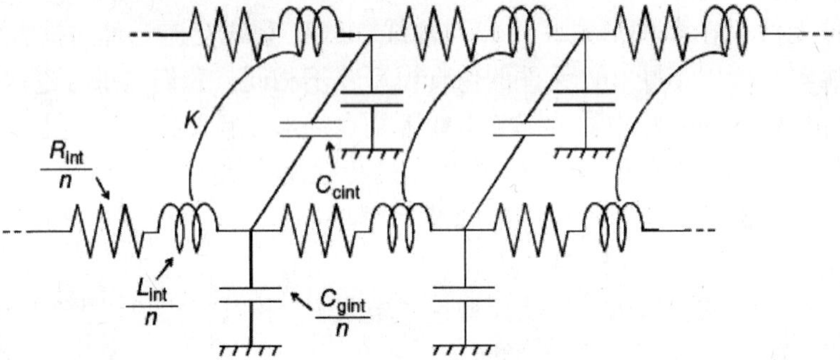

图 3. 14　*RLC* 梯形模型（与频率有关）

这里我们介绍 HSPICE 中的 W 元件模型。W 元件模型可以描述与频率有关的 *RLC* 梯形模型。正如 3. 2. 3 节描述的，由于邻近效应和趋肤效应，电阻和电容都与频率有关。*RLC* 梯形模型、U 元件模型和 O 元件模型都只包含单一的电阻值和电感值，并不适用于描述这种频率关系。而 W 元件模型则包含一个表格，其行和列分别为频率和电阻/电感，可以表示互连元件与频率有关的行为。

例 3. 4　单一互连元件的仿真

我们对例 3. 2 中矩形环路的互连元件进行仿真。在仿真中，我们考虑回流电路的通路，并采用以下的图形。一个上升信号输入到 1mm 长的边沿，互连线的另一端连接到电容上（代表栅电容）。另一个对回流通路有贡献的互连元件连接到驱动器和终端电容中，从而形成一个环路。为了进行比较，我们同时仿真了一个没有包括电流回流通路的模型。

我们通过 50Ω 的驱动器输入一个上升时间为 20ps 的线性信号。包含回流通路和没有包含回流通路时的仿真结果对比显示，在仿真模型中包含合适的回流通路是十分重要的。在芯片中，回流通路通常包括许多电源线和地线，这些都应该包括在模型中。换句话说，电源分布网络设计会严重影响信号传播特性。

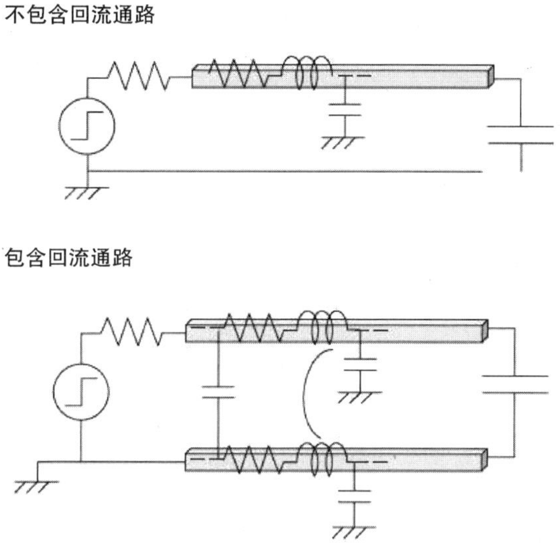

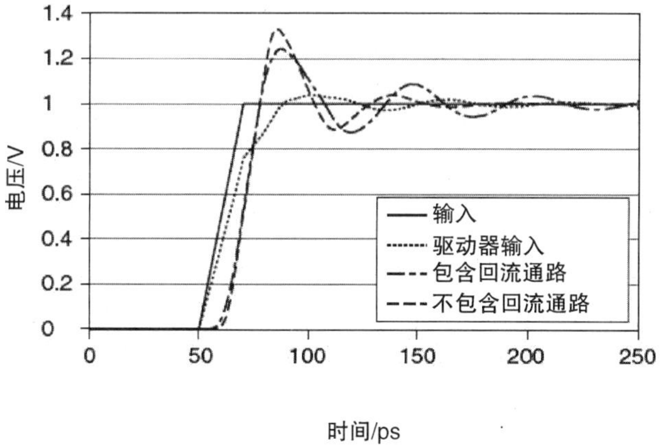

3.2.5　专用的感性互连元件

考虑电感时需要具备的条件

我们需要着重考虑的一个问题是，何时我们需要在仿真中考虑信号互连的电感。电感提取和仿真会产生巨大的计算成本。虽然感性影响较大的互连元件数量有限，但其影响却不容小视。为了减少计算成本，我们必须区分出特定的感性互连元件。

这里我们采用 Deutsch 提出的判别标准[5,6]：

$$
\begin{gathered}
C_L \ll C \cdot l \\
\frac{R \cdot l}{2Z_0} << 1 \\
Z_{\mathrm{DRV}} < n \cdot Z_0
\end{gathered}
\tag{3.8}
$$

式（3.8）表示应该考虑电感时的条件，式中，R、l 和 C 分别为单位长度互连线的电阻、电感和电容；C_{L} 为终端器件的负载电容；Z_0 为互连元件的特性阻抗；Z_{DRV} 为互连驱动器的阻抗；l 为互连线的长度；n 为常数，值为 0.5～1。

式（3.8）中的第一个不等式要求终端电容要远小于整体互连线电容。第二个和第三个不等式表示电阻和驱动器阻抗必须小于互连线的特性阻抗。

我们可以采用下列公式来计算特性阻抗：

$$Z_0 = \sqrt{\frac{R + \mathrm{j}\omega L}{G + \mathrm{j}\omega C}}$$

$$Z_0 = \sqrt{\frac{R + \mathrm{j}\omega L}{\mathrm{j}\omega C}} \quad \text{在芯片中,我们可以忽略 } G \text{ 的影响。}$$

$$Z_0 = \sqrt{\frac{L}{C}} \quad \text{当 } R \ll \omega L \text{ 时} \tag{3.9}$$

式（3.9）中的第一个等式定义了有损传输线的特性阻抗。这里 G 为互连线单位长度的电导。正如之前的讨论的，对于片上互连元件，电导的影响非常微弱，通常可以忽略，所以我们可以得到第二个等式。当电阻远小于感性电感时，特性阻抗与电阻值无关（第三个等式）。

这些标准需要电感在 Z_0 中进行计算，这意味着在识别感性互连元件前我们必须进行电感提取。然而，在大多数情况中，我们通常只是根据长度进行粗略的电感估计。之后再对部分“嫌疑”互连元件进行仔细评估，并考虑回流通路。此外，这些标准都源于传输线理论。在以下段落中我们简要介绍传输线理论作为参考。

传输线理论和特性阻抗

基于物理理论，传输线理论将互连元件视为电磁波的波导，并且认为信号是以电磁波形式进行传播的。所有互连元件中的工作行为都可以通过传输线理论解释，但对于芯片上的绝大多数互连元件而言，传输线效应并不可见。所以，我们通常还是使用集总 RC 和分布 RC 模型进行分析。

一条传输线如图 3.15 所示。当上升或者下降信号输入到传输线中，电磁波开始通过传输线进行传播。如式（3.10）表示的线特性阻抗决定了电压波和电流波的幅度，式中 V_{int} 和 I_{int} 分别为电压波和电流波的幅度。

$$Z_0 = \frac{V_{int}}{V_{int}} \tag{3.10}$$

当电压幅度为 V_{DRV} 的信号通过输出阻抗为 Z_{DRV} 的驱动器输入时（见图 3.16），电压波的幅度为

$$V_{int} = \left. \frac{Z_0}{Z_{DRV} + Z_0} \right| V_{DRV} \tag{3.11}$$

当输入信号注入时，对于驱动器端只知道驱动点的特性阻抗，而互连线长度以及后级互连元件的拓扑结构都是未知。所以，在驱动终端，输入波仅仅由传输线的特性决定。

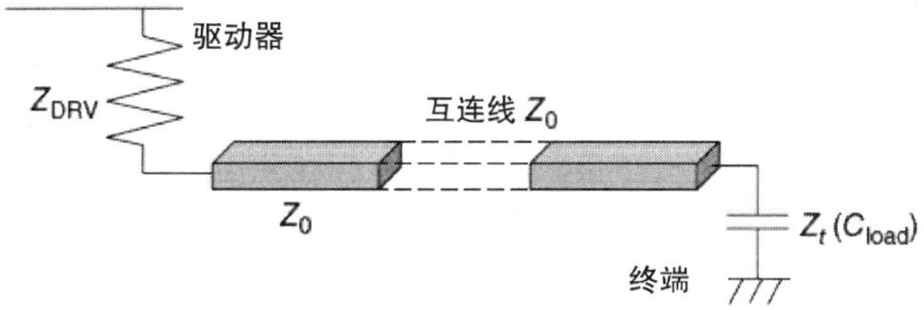

图 3.15　传输线、驱动器及终端

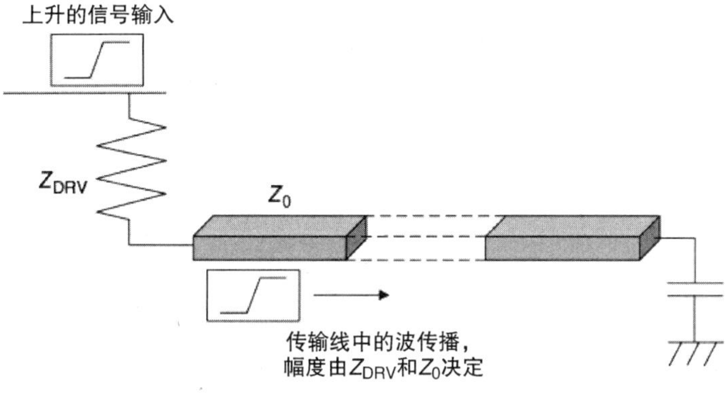

图 3.16　信号输入到传输线以及波的传播

波经过互连元件传输到终端。终端的波反映了终端阻抗，如图 3.17 所示。反射波可以表示为

$$v_r = \frac{Z_t - Z_0}{Z_t + Z_0} \tag{3.12}$$

式中，v_r 为反射电压波；v_i 为入射波；Z_t 为终端的特性阻抗。在芯片上，终端

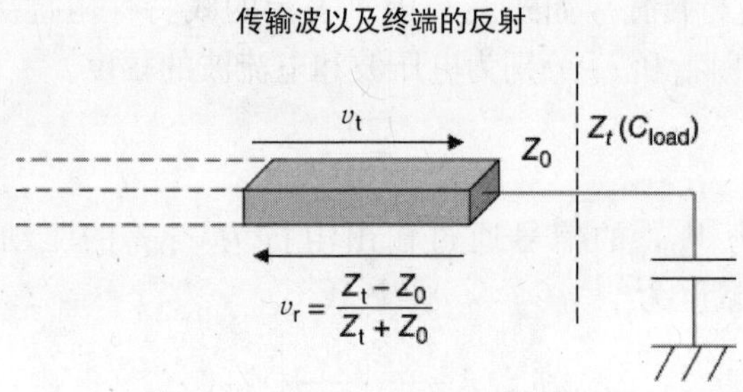

图 3.17　传输波以及终端的反射

通常都为晶体管的栅极，并且可以认为是一个电容。当电容 C_{load} 足够小时，终端阻抗无穷大（$Z_t = \infty$），反射波具有和入射波同样大小的幅度，这称为全反射。在全反射中，在终端可以观测到两倍波的幅度。这时波反向传播，在输入端也会发生反射。这里有 $Z_t = Z_{DRV}$，并且反射根据式（3.12）上升。反射现象持续出现，直到由于互连电阻产生的波衰减使得电压和电流汇聚。在芯片中，由于互连元件窄小的横截面以及相应较高的电阻，会产生较大的衰减值。与 PCB 上的互连相比，芯片内部的反射波数量较小。需要注意的是这些反射波通常都发生在特性阻抗变化的节点。

在一个周期内当信号的上升时间或者下降时间小于传播时间时（比如小于传播时间的两倍），反射效应是可见的，即满足：

$$t_r < 2 \cdot l \cdot \sqrt{LC} \tag{3.13}$$

式中，t_r 为信号上升或者下降时间；l、L 和 C 为互连线的长度、单位长度电感和单位长度的电容。右边代表信号传播时间的 2 倍。当 R 远小于 ωL 时，波的传播速度可以表示为 $1/\sqrt{LC}$。

3.2.6　信号传输时间和电感

本小节主要讨论由于电感引起的信号上升时间优化。式（3.14）表示互连元件的衰减常数。当电抗部分 ωL 超过电阻 R 时，包含电阻的部分可以近似为零，此时，衰减常数也非常接近为零。

$$\gamma = \omega \sqrt{\frac{LC}{2}} \sqrt{-1 + \sqrt{1 + \frac{R^2}{\omega^2 L^2}}} \tag{3.14}$$

当电抗与电阻可比较时，或者当电抗大于电阻时，电感对信号上升时间的影响就不可忽视。5mm 走线的信号上升时间的仿真结果如图 3.18 所示。1V 的满摆幅 V_{dd} 作为输入信号。我们可以很清晰地看到信号上升时间的差别。*RLC* 和 *RC* 模型的上升时间分别为 16.6ps 和 84.4ps。对于电感效应十分重要的长互连元件而言，*RC* 互连模型会导致对信号传输时间过于悲观的估计。1mm 走线的信号上升时间的仿真结果如图 3. 19 所示。当使用 70Ω 的驱动器，*RLC* 和 *RC* 模型的信号上升时间分别为 8. 7ps 和 16. 9ps。为了优化 *RC* 模型的上升时间，我们可以使用 10Ω 的驱动器或者 7 倍驱动能力的驱动器（使用 10Ω 驱动器时，*RC* 模型的上升时间为 9. 1ps）。然而，这并不符合实际的情况，因为互连元件在实际情况中表现为 *RLC* 的模型，而不是 *RC* 模型。而且采用过大尺寸的驱动器会引入新的问题——振铃，所以合适的模型在仿真中是不可或缺的。

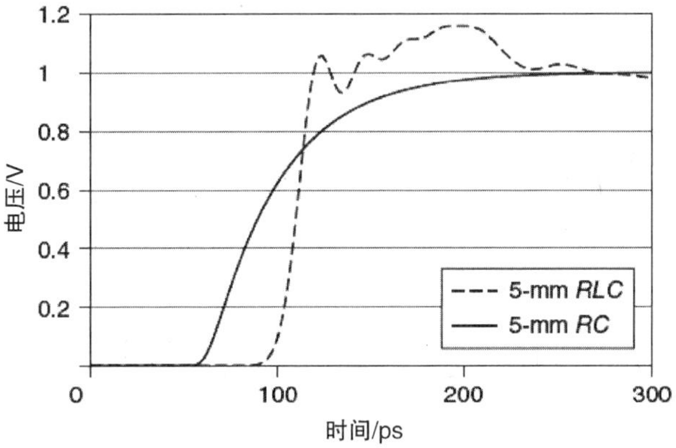

图 3. 18　5mm 走线的信号上升时间的仿真结果

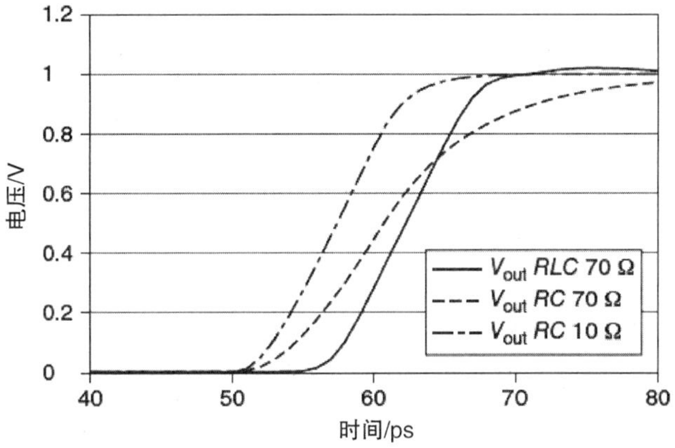

图 3. 19　1mm 走线的信号上升时间的仿真结果

采用 50Ω 驱动器，0. 1mm 和 1mm 走线的信号上升时间仿真结果如图 3. 20 所示。需要注意的是，对于 1mm 走线 *RC* 和 *RLC* 仿真结果存在一定的差别。1mm 走线 *RC* 和 *RLC* 模型的信号上升时间分别为 14ps 和 7. 6ps，它们之间存在 86% 的差值。在另一方面，当走线长度为 0. 1mm 时，*RC* 和 *RLC* 模型的仿真波形几乎相同，同时上升时间也几乎没有差别（8.1ps 和 7.7ps）。图 3.20 还展示了使用 400Ω 驱动器时，1mm 走线的仿真结果。在使用 400Ω 驱动器的例子中，当上升时间较长时，*RLC* 和 *RC* 模型的上升时间差别较小（68.7ps 和 70.6ps）。仅当互连元件和驱动器满足式（3.9）的标准时，电感效应的影响才逐渐明显起来。

归功于电感效应，信号上升时间的改善有利于功耗、能量的消耗以及信号完整性。这里需要重点考虑的一个问题是，采用 *RC* 互连模型的传统时钟分布网络过分估计了上升时间退化，所以过度使用了较大驱动能力的缓冲器，这会导致功耗以及时钟偏移衰减的增加。

3.3　时钟树结构及其仿真

3.3.1　时钟树结构

时钟分布网路将锁相环产生的时钟信号分配到芯片中的每一个触发器。因为传播会产生时钟偏移和时钟抖动，所以从时钟源（锁相环）到目的地（触发器）的传播延时是十分重要的。对于触发器的时钟物理特性而言，时钟在整个芯片上进行分布，不可能是完美对称的，因此时钟到达不同触发器的时间也不相同。降低时钟延时，最小化时钟偏移是我们最主要的设计目标。同时因为时钟分布网络的功耗也是十分重要的，所以降低功耗也是另一个重要的设计目标。时钟信号的压摆率会传递到触发器的输入端，也会导致时钟时序的不确定性，我们将在 3.4.3 节讨论这个问题。

代表性的时钟分布网络拓扑结构为树形结构和网状结构。由于网状结构具有更好的鲁棒性，所以网状结构通常在高性能的芯片中使用。而树形结构由于其使用的灵活性，所以得到了更为广泛的应用。

H 树形结构

H 树形结构的时钟树如图 3.21 所示，其目的是为了最小化对称互连结构中的时钟偏移。每一个节点都负责为相应位置的触发器提供时钟。H 树形结构的一个应用挑战是需要处理触发器密度空间上的变化，因为这会改变时钟树的负载，从而改变时钟缓冲器级数。

让我们来构建一个包括驱动器、互连元件以及触发器的 H 树形结构电路模型。用等效电容来代替触发器可以有效减少仿真时间。根据互连的几何图形，我们从集总 *RC*、*RC* 梯形以及 *RLC* 梯形模型中挑选出互连模型。对于 H 树形结构的前几级，互连元件通常设计为宽而长，所以这时提取电感是十分必要的。然而，考虑电源线和地线的环路电感提取会耗费巨大的计算资源。首先，由于相互垂直走线之间的互感几乎为零，所以我们忽略这些相互垂直走线。在标准单元中，大量窄的电源线和地线分布在第一层金属上，我们将这些窄线整合减小走线的数量，当然这也会降低一些提取准确度。在另一方面，如图 3.9 和图 3.10 所示，在较高层中较宽的电源线和地线需要在一个较宽的频段内进行考虑。此外，全局时钟线通常都有屏蔽线进行保护，避免其与邻近的走线发生容性和感性耦合。在设计验证中，这些耦合效应也可以忽略。

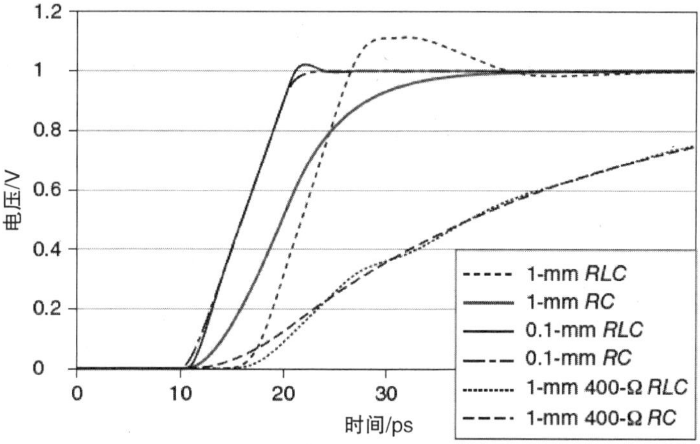

图 3.20　H 树形结构的时钟树

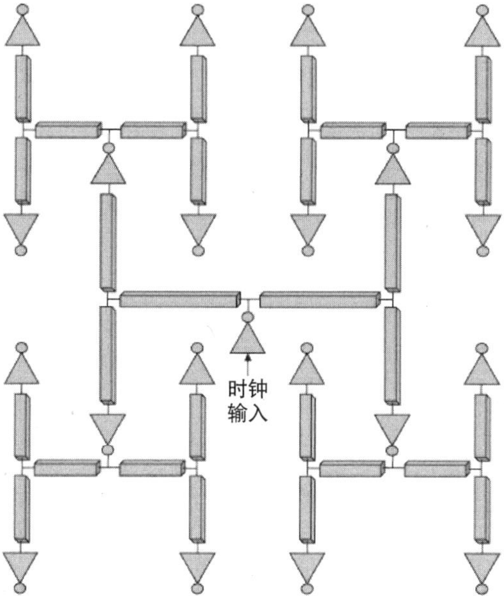

图 3.21　H 树形结构

网状结构

网状结构如图3.22所示，整个网格是由多个驱动器进行驱动的。触发器连接到最近的网格中。与H树形结构相比，网格结构可以降低触发器空间密度变化引起的时钟偏移，这得益于时钟驱动器具有较短的输出距离。此外，由于工艺变量、电源噪声和温度变量引起的时钟偏移也可以得到一定程度的降低。时钟偏移降低的有效性取决于时钟网格的设计。采用宽走线的高密度网格结构可以有效降低时钟偏移。同时，增加时钟缓冲器尺寸、降低时钟压摆率也有利于降低时钟偏移[7]。然而，这也会消耗更多的互连资源，增大功耗。所以，要在时钟偏移和功耗设计中取一个折中。

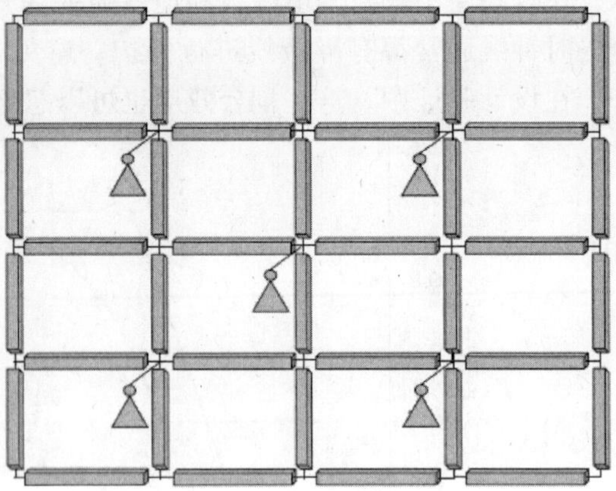

图3.22　网状结构

例3.5　网状时钟分布网络和时钟偏移的仿真　这个例子将展示网状结构的仿真结果。假设网状结构的面积为3000μm×3000μm，间距为300μm。时钟驱动器的间距为600μm。触发器均匀分布。互连元件采用图3.14中的*RLC*梯形模型，忽略互感的影响。

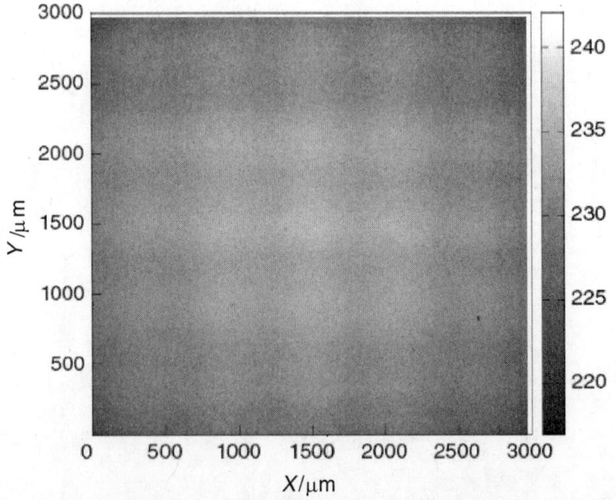

上图展示了从时钟源到目的地的时钟延时。即使触发器均匀分布，时钟结构也是对称的，我们也可以观测到13ps的时钟偏移。网格驱动器在空间中离散分布，而且从网格单元到触发器的距离根据每一个触发器的位置发生变化，这会产

生一定的时钟偏移。然而，这里的时钟偏移会远小于树形结构。此外，参考文献［7］指出网状结构具有更好的鲁棒性。

下图为 750μm 间距的网状结构仿真图。由于分布更稀疏，我们观测到时钟偏移增大为 24ps。

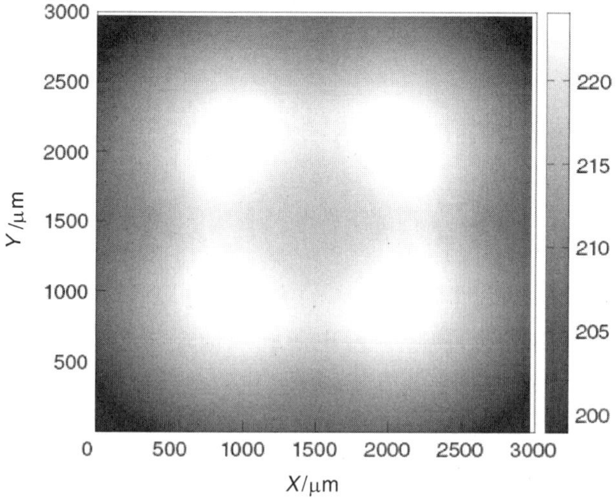

3.3.2 工业级时钟分布网络应用

本小节将回顾一下工业级时钟分布网络的应用。为了处理电感效应，DEC Alpha 21264 处理器采用网状时钟分布结构[8]。参考文献［9］估计了走线图形，并对网状时钟分布网络进行了波形仿真。我们可以从仿真结果中清晰地看到电感效应。这颗处理器芯片一个重要的特点是采用两层铝互连层来作为地平面，用于减小电感效应。仿真结果也证明了这种地平面设计有效减小了电感效应。当使用宽走线时，在更为稀疏的网状网络中也观测到了电感效应。当网格较为稀疏时，走线形成的电流回流通路的距离加大，电感效应则不能被很好的降低。在另一方面，参考文献［10］提出了一种厚而且密度大的网状结构，与参考文献［8］相比，通过采用铜连线可以降低网格电阻。这种大密度的设计策略可以形成电路环路，从而减小电感，并最终降低电感效应。

参考文献［11］和［12］采用 H 树形的时钟分布网络。在第一个例子中，时钟树的第一级将时钟分布到 580 个子模块的时钟端口。为了减小时钟偏移，使用了低阻金属层，同时平衡了电容，并考虑走线的 *RLC* 特性。由于子模块的尺寸互不相同，在尺寸较大的模块中使用多个时钟端口，从而降低了模块内部的时钟偏移。参考文献［11］还测量了硅片上的时钟波形。在第一级终端的时钟偏移为 20ps。

在 Intel P6 处理器中采用了蜿蜒形结构，而奔腾 4 处理器则采用了与树形结构类似的结构[14]。每一个负载都由单一的点对点走线驱动，通过采用蜿蜒结构使得走线匹配。参考文献［13］也采用了一种消除时钟偏移的电路。时钟信号由多个中心进行分布，并且时钟信号以它们各自到达目的地的时间进行比较。两个时钟之间的时间差反馈回嵌入在时钟线中的可变延时电路，通过调整可变延时电路来最小化时钟偏移。通过使用这种时钟偏移消除电路，时钟偏移可以从60ps 下降至 15ps。

3.4 电源噪声引起的时钟偏移

3.4.1 串行电路中的电源噪声

IR 降和 $L \cdot \mathrm{d}I/\mathrm{d}t$ 是片上电源噪声的主要组成部分。电路工作会产生功耗，由于电源线和地线的电阻，电流流经电源线和地线时会产生电源和地电压的波动。电阻噪声主要由片上的电源线和地线产生。电感噪声主要由封装管壳和键合线中的电感产生。

数字串行电路由时钟信号控制，它们的操作具有周期性。当时钟沿到来时，触发器输入数据并消耗电流。因为这是一个同步行为，大的电流峰值出现在时钟信号边沿。触发器的输出信号启动组合电路。在整个芯片中组合电路的逻辑门数量不同。当逻辑通路停止工作时，电流消耗逐渐降低。

典型的电源线噪声波形如图 3. 23 所示（在正常值附近定期下降的黑线表示电源波形）。观察周期内的波动，在时钟信号的上升沿会出现大的下降。当时钟上升沿出现时，电源突然下降，之后再回复到正常值，这种现象必须在下一个上升沿到来之前出现。需要注意的是，在时钟信号到达所有的触发器之后，电源大的下降并不是必须出现的，这是因为时钟分布网络自身会消耗大的电流。因为时钟偏移的存在，在时钟到来的时间上会有区别，所以在每一个触发器位置上，时钟分布网络在周期内的噪声会有所不同。

此外，正如第 2 章中讨论的，根据输入信号类型的不同，电路工作状态随着周期的变化而变化。为了节约功耗，我们对触发器的时钟进行门控。在第 8 章中我们将讨论门控时钟对电源噪声的影响。这些方面不仅影响周期内电源噪声的变化，还影响了控制周期的变化。控制周期的变化会产生时钟抖动和时钟偏移。在第 2 章中我们讨论涵盖这种变化的统计性方法；另一种方法则是在时钟偏移中区别最坏情况噪声。在时钟分布网络中，最大的电压降往往和最大的时钟偏移有着直接的联系，这是我们面临的最大设计困难。

因为电路功耗的不同，电源和地电压的变化在不同芯片中并不相同。大的电流会流经高活动性的电路模块，在这些区域也会出现大的电源和地电压波动。

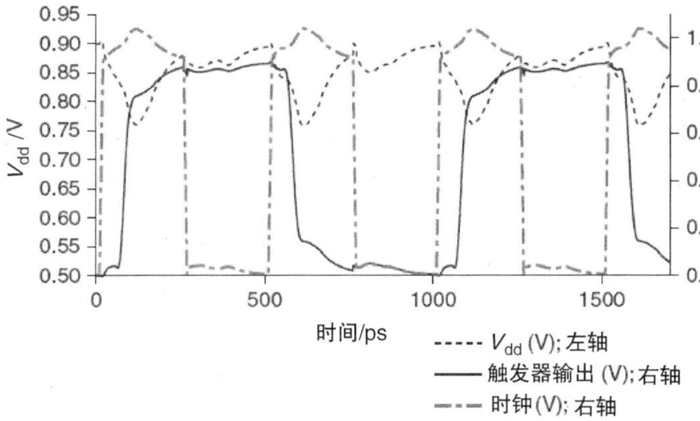

图 3.23　电源噪声、时钟和触发器输出波形

电源和地噪声的空间分布直接影响着时钟偏移，这是因为时钟缓冲器的传播延时与其所处的位置有关。当时钟缓冲器位于大电压降的区域时，传播延时将会显著增加。这种依赖于位置的延时变化会产生时钟偏移，即使当时钟分布网络设计为对称结构时。第一种弥补方式是降低芯片内电压降的波动，并最小化它的幅度。在第 9 章中我们将分析一个工业实例。例如，我们在 DC 电压降较大的区域内加入网格单元，并加入具有高瞬态滚降的去耦合电容。对于高端芯片，我们为电源分布网络定制厚的金属层，从而最小化芯片级的电压降。当然，这些电源完整性措施也是以布线资源和硅面积作为交换的。

与内在数量巨大的电源网格相比，片上电源网格通过有限的连接点连接到片外电源上。信号、功耗和地节点和焊盘的布置高度影响到片上芯片电源噪声的空间分布，所以最小化空间噪声变化有利于降低时钟偏移。

3.4.2　噪声敏感的时钟分布网络仿真

为了评估电源噪声瞬态分布和空间对时钟偏移的影响，一种直接的方法就是对整个电路进行仿真，这其中包括时钟分布网络、电源分布网络和所有其他的辅助电路。但是这种方法会消耗大量的计算机资源，并不实际。此外，由于内部电源噪声的存在，时钟偏移的仿真需要经历许多个周期，才能包含最坏情况。

为了完成噪声敏感时钟分布网络的仿真，我们通常将评估分解为三步：电流仿真、噪声仿真和偏移估计。时钟网络的仿真加入了噪声波形，我们采用简化电路模型可以得到详细的施加了电源噪声波形的时钟网络信息。

在大规模电路中有许多种方法可以得到电源噪声波形。其中一种方法是将电流源用于电源和地噪声的仿真中。这种方法将各个门电路分组，并用一个电流源来取代一组门电路。根据给定的电流波形，代表开关电流的电流源从电源分布网络中驱动电流。我们可以从快速 SPICE 仿真器或者波形综合器中得到电流波形。波形综合方法包括所有单元的电流波形特征，这些特征可以通过静态时序分析或者逻辑分析得到。得到电流源波形之后，我们可以采用电源分布网路等效模型和电流源来仿真电源噪声。但是当开关电流依赖于电源电压时，在用确定电流源取代开关负载的情况中并没有包括这种关系。其中一个解决办法是用电容和可变电阻组成开关电流模型，这样就可以将这种依赖关系包含到仿真中[15]。

获得了电源噪声的信息后，我们就可以对时钟分布网络进行仿真了。电源和地噪声作为独立的电压源也包括在仿真中，其中，时钟分布网络可以由互连的 *RLC* 和晶体管模型来建模。

3.4.3 在电压 *V* 和温度 *T* 变化的情况下，时钟偏移分析的实例

本节将讨论一个在电压 *V* 和温度 *T* 变化的情况下，时钟偏移分析的实例[16]。一个 0.18μm 工艺，面积 10mm × 10mm 的四级 H 树形时钟分布网络芯片如图 3.24 所示㊀。为了简化，我们假设触发器均匀分布在芯片中、驱动器放置在每一个节点处：

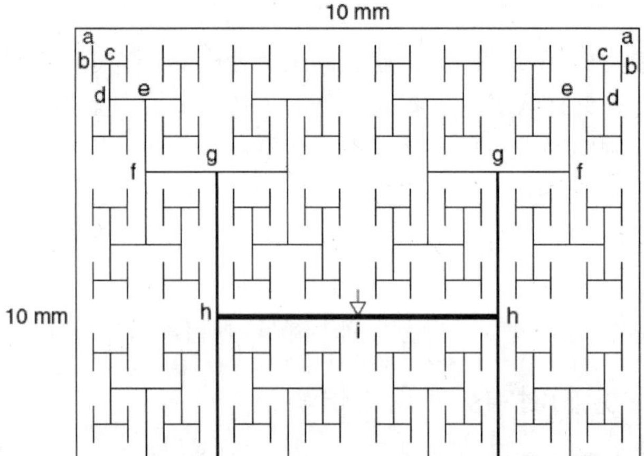

图 3.24 用于分析的 H 树形时钟分布网络

㊀ 事实上，我们这种假设的技术已经有些过时了（当本书出版时，工艺节点已经发展到了 16nm 阶段）。无论我们是否考虑本章中研究的电感效应，但是在先进工艺节点中讨论传输时间控制仍然是非常重要的。在 1999 年 2000 年，对于 180nm 工艺 GHz 级别布线设计中电感效应的进一步研究，产生了参考文献［28］中的时钟分布网络保护和多路径方法。

b，c，…，i 以及 a 处。芯片的一半面积都被触发器占据。在时钟树的设计中，缩小线尺寸是一种通用的技术，在这个实验中我们在 g 和 i 之间设置 8 倍的走线，e 和 g 之间为 4 倍走线，而 c 和 e 之间为 2 倍走线，最后在 a 和 c 之间为 1 倍走线。

在时钟树的设计中，由于必须在功耗和时钟偏移之间取折中，因此决定最大的传输时间对于时钟偏移控制和功耗都是十分重要的。本节将对最大传输时间、功耗和时钟偏移进行量化的分析。该分析将采用参数 $\lambda = C_{out}/C_{in}$ 来控制传输时间，其中，C_{in} 为驱动反相器的输入电容；C_{out} 为它的负载电容。C_{out} 包括接收端栅级的输入电容、线电容和驱动器的扩散电容。

分析实例的 λ 从 3 变化到 7，并在这种变化下评估时钟偏移、传输时间和功耗。在每一个节点和位置的驱动器尺寸都由位置参数 a 以及源 i 综合决定，使其满足给定的 λ 限制。从源 i 到位置 a 的 λ 和传播延时的关系如图 3.25 所示。当 $\lambda = 4$ 时，延迟靠近最小值。图 3.25 中也展示了时钟信号传输时间。传输时间正比于 λ。当时钟频率为 250MHz 时，功耗如图 3.26 所示。当 λ 值较小时，功耗增加。对于不同的 λ 值，图 3.26 中对应上半部分的驱动器消耗的功耗也不同。图 3.26 中下半部分（虚线以下部分）代表位置电容和线电容产生的功耗。

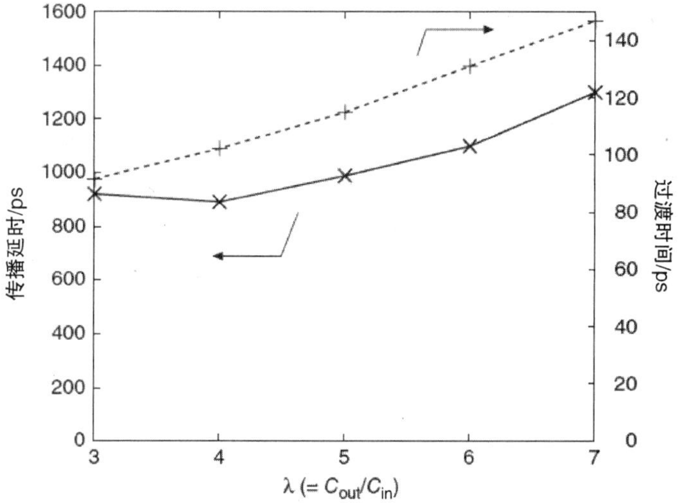

图 3.25　传播延时和 λ

在这个例子中，假设电源和温度随着空间而变化，图 3.27 展示了 6 种空间变量。在空间变量中最大和最小电压分别为 1.98V 和 1.62V。最大和最低温度为 90℃和 40℃。此外，电源电压变量包括标准差为 0.1V 的归一化分布所产生的随机变化。

当 λ 为 4、5 和 7 时，随机电源电压变量的直方图如图 3.28 所示。我们可以

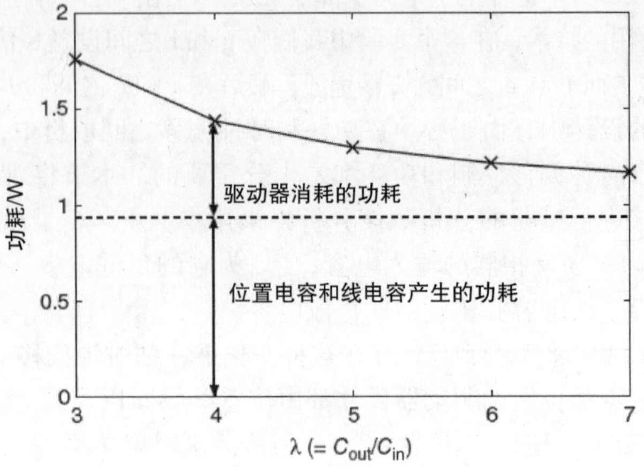

图 3.26　功耗和 λ

看出当 λ 增加时，分布向右移动，这意味着时钟网络对电源波动十分敏感。当 λ 为 3 时，平均时钟偏移为 208ps，当 λ 为 7 时，时钟偏移为 288ps。

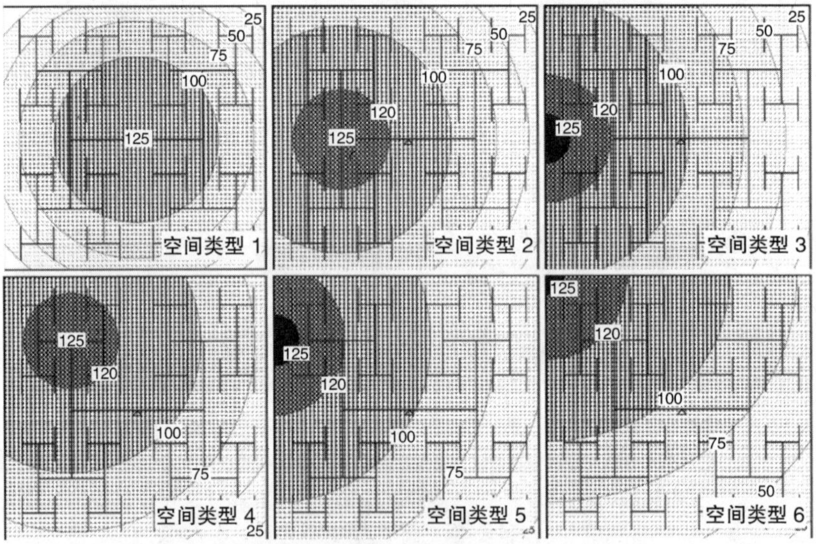

图 3.27　电源噪声和温度梯度的六种空间类型

接着我们在电源电压空间波动的情况下评估时钟偏移。在所有的例子中，当 λ 增加，时钟偏移也随之增加。在时钟树设计中，由于可以通过设置一个较小的 λ 值来降低电源噪声，所以时钟偏移可以不用考虑随机的空间变化。

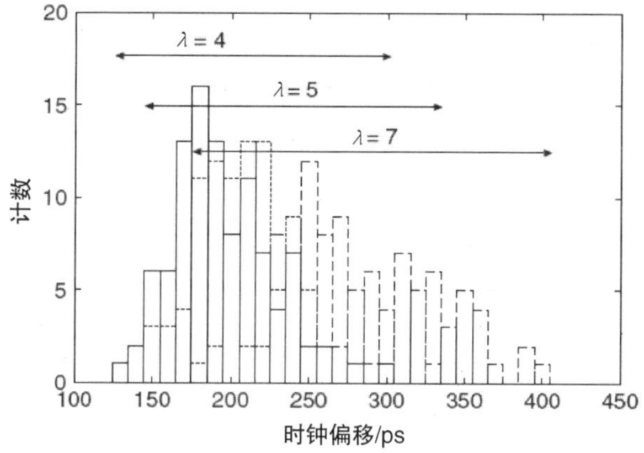

图 3.28　电源电压随机波动时的时钟偏移

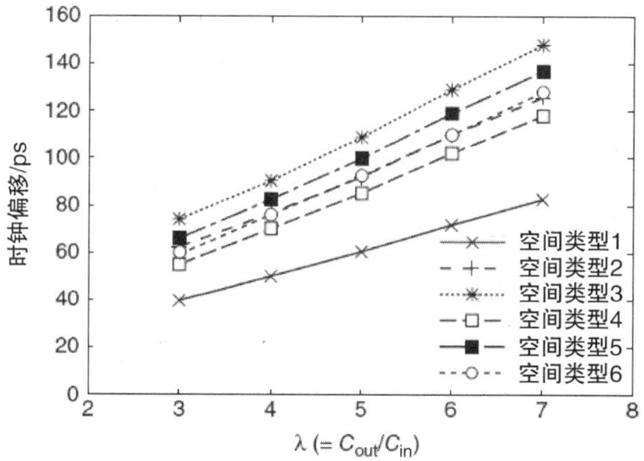

图 3.29　空间电源电压波动时的时钟偏移

温度变量对 MOS 晶体管特性和线电阻都会产生影响。我们将在第 7 章中重点讨论温度的影响。在接下来的讨论中，由 MOS 晶体管产生的时钟偏移和对线电阻的评估将分开进行讨论。之后再将 MOS 晶体管和线变量结合起来进行考量。

当 MOS 晶体管只受到温度变量影响时，时钟偏移和 λ 的关系如图 3.30 所示。可以看到小的 λ 值的限制也会对时钟偏移压缩有所贡献。当线电阻受到温度梯度影响时，时钟偏移如图 3.31 所示。在这个例子中，时钟偏移和 λ 的关系与之前讨论有所不同。当 λ 从 3 变化到 7 时，时钟偏移降低到原值的 1/3。λ 值越大，越能降低时钟偏移。接下来我们来讨论这种差别产生的原因。栅延迟和互连延迟各占 50% 比例的延时可以表示为

$$T_{50\%} = R_{tr}(0.693C_{int} + 0.693C_L) + R_{int}(0.377C_{int} + 0.693C_L) \qquad (3.15)$$

式中，R_{int}和C_{int}为互连线的电阻和电容；R_{tr}为驱动器输出电阻；C_L为连接到终端的负载电容。当选择较小值λ时，由于强驱动器具有更大的输入电容，所以驱动器电阻R_{tr}就会变小。在式（3.15）中，第一项的影响相对小，而第二项则会成为延时的主要因素。在这种情况下，互连电阻R_{int}的变化将会严重影响延时。相反的，当λ和R_{tr}值较小时，R_{int}的影响也会降低。

最终，时钟偏移评估必须综合考虑MOS晶体管变量、线变量以及温度梯度的影响。此时，时钟偏移和λ的关系如图3.32所示。我们可以看到存在一个λ的最优值，它能够最小化时钟偏移，这是因为MOS晶体管和走线有着相反的变化趋势，如图3.31和图3.32所示。在这种情况中，$\lambda=5$对于温度梯度而言是一个最优值（这里需要注意的是，分析并没有考虑电感的影响。如果考虑电感的影响，当维持较小的级间延时和较好的传输时间时，缓冲器的尺寸可以大幅度降低，这时可以设置更大的λ值）。

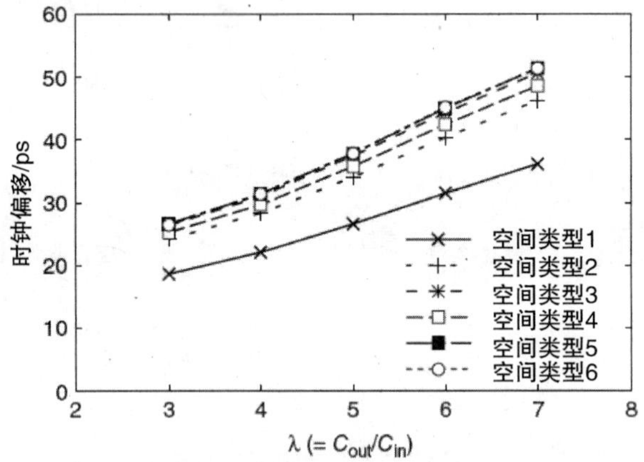

图3.30　当MOS晶体管只受到温度变量影响时，时钟偏移和λ的关系

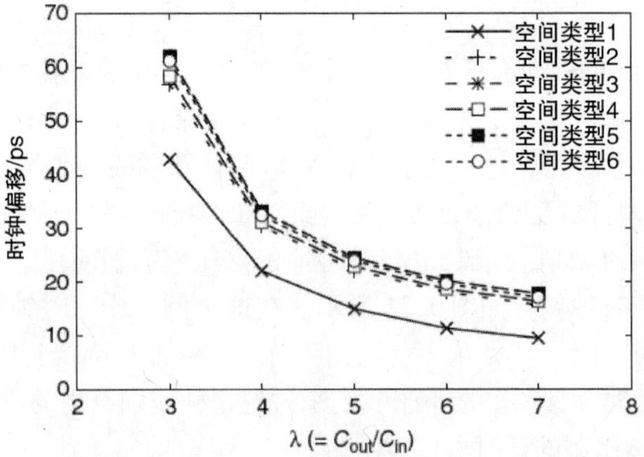

图3.31　当线电阻受到温度梯度影响时的时钟偏移

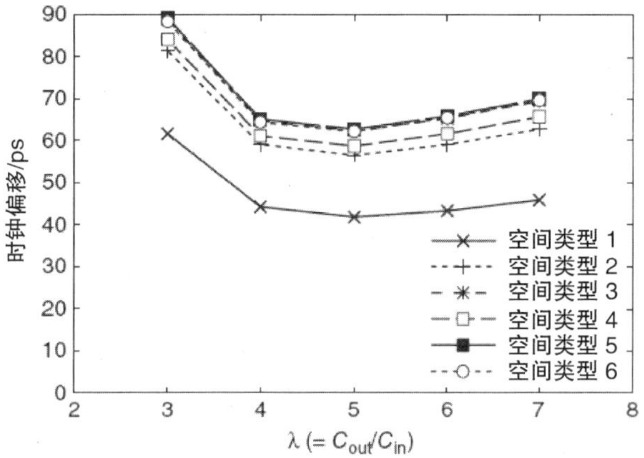

图 3.32　综合考虑 MOS 晶体管和走线时，温度梯度变化时的时钟偏移

3.4.4　与时钟偏移和电源噪声有关的其他工作

参考文献［17］研究了电源噪声和工艺的影响。随着工艺技术的发展，栅延时对电源的敏感性降低。这会导致时钟偏移由于电源噪声而增加，而在先进工艺节点中，电源噪声对于时钟分布网络更为重要。

参考文献［18］讨论了在奔腾 4 处理器中，电源噪声对工作频率的影响。据报道，时钟的不确定性严重降低了工作频率，这已经在同步电路设计中得到证明。在这项研究中，硅片上测试的电源噪声被用于分析工作，其中当电源电压为 1.8V 时，最大的电压降为 63mV，仅占了 3.5% 的比例。基于延迟模型，我们可以用线性公式计算整体的时钟偏移。参考文献［18］还指出由于电源噪声和时钟偏移在内的影响，导致工作频率下降了 8%。

第 2 章中，我们采用统计噪声模型分析统计静态时序，在掌握有限噪声信息时，这是一种可行的方法。这种方法可以在电源噪声产生时钟偏移和抖动时，有效处理建立时间和保持时间的检查。

3.5　时钟产生

如今大部分的集成电路芯片内部都集成了大量的时钟电路。举个例子，一颗芯片在 PCB 上放置了一个 100MHz 的参考时钟，而内部时钟的工作频率可能是 1GHz 或者更高。这种差异就使得在芯片内部必须进行时钟倍乘。时钟倍乘通常都是由芯片内部的锁相环来完成的。锁相环在大多数芯片中构成了时钟产生系统的主要部分。

比如上个例子中 100MHz 外部参考时钟，通常都会包括频率调制，以最小化电路工作时产生不必要的电磁干扰。这种技术被称为扩频时钟。我们通常用一个小数频率或者确定的调制频率将时钟频谱能量从峰值频率扩散到周边的频带内，从而减小信号幅度。但这种技术会产生周期抖动的问题，即使得时钟周期发生变化，改变参考时钟的频率。这个时钟周期变化会加入到参考时钟边沿的随机变化中，加重接收这个时钟信号作为输入的时钟产生电路的负担。在其他例子中，输入信号是周期性的，幅度和时钟边沿也周期性的降低，这使得电路需要具有较好的输入噪声和抖动抑制能力。在进行时钟产生电路设计时需要考虑非理想信号输入以及非理想电源环境，其中电源中可能包括芯片 PI 退化产生的噪声频谱。电源轨和衬底上的噪声会通过偏置电压、信号传输线延迟、信号传输检测阈值等因素，导致时钟产生电路输出发生抖动。这种抖动会引入周期性抖动，对周期性噪声产生响应并改变时钟周期。或者通过电源通路，在输出频谱上转换为尖峰或随机抖动——即不可预期的输出时钟边沿变化，并使得时钟频谱的噪底上升。我们接下来将讨论时钟产生器中子电路对 PI 退化的敏感性，最小化电源噪声引起输出恶化设计技术以及最小化时钟产生电路电源噪声的设计技术。

3.5.1 对与电源完整性有关的锁相环和延迟锁相环的讨论

当芯片中同时包含锁相环和延迟锁相环以及其他简单电路模块时，它们之间重要的区别体现在锁相环电压到频率的转换的集成函数中，而不是在延迟锁相环中。锁相环中的集成函数是由压控振荡器实现的，使其更容易受到 PI 退化的影响。既然压控振荡器集成了一个输入控制电压，噪声就会耦合到控制电压中，并导致输出频率发生变化，直到锁相环的反馈环路校正了这种变化。锁相环在每个周期中产生的相位错误也会发生积累，直到被校正为止。而锁相环校正噪声引起频率变化的能力受限于自身带宽。因此，这会导致输出周期抖动持续数个时钟周期，这种抖动正比于输出频率除以环路带宽[19]。

另一方面，延迟锁相环通过延时单元链检测信号传输延迟以及输出相位。这样控制电压中的噪声将会调整延时单元的工作状态。对于延迟锁相环的噪声输入，抖动体现为瞬态周期响应。同样，反馈环路也会校正延迟锁相环的控制电压。而在延迟锁相环中，更大的环路带宽以及频率倍乘的缺乏，可以最小化噪声引入抖动积累的周期数。

所以与锁相环相比，当收到电源/地噪声影响时，延迟锁相环具有更好的输出时钟品质。此外，压控振荡器在时钟产生器中是一个典型的噪声敏感电路，并且贡献大部分的输出抖动。因此包含压控振荡器的锁相环更容易受到 PI 退化的影响。参考文献［19］比较了双环路延迟锁相环和锁相环，表明由于双环路延迟锁相环具有更小的环路滤波电容，地噪声耦合到控制电压中，并与电源轨产生相关性，结果产生了更大的抖动。因为更小的环路滤波电容意味着对于诸如电流噪声具有的更大阻抗，这会导致在延迟锁相环控制线上产生瞬态噪声。因此将高阻抗、敏感节点与噪声隔离，对于设计鲁棒性强的时钟产生电路是十分必要的。在一些特殊的应用中，双环路延迟锁相环中众多的子电路也会产生更高的输出抖动[19]。

3.5.2　锁相环结构

锁相环电路按照电压域划分为数字子电路和模拟子电路两部分，电路框图如图 3.33 所示。标准锁相环电路包括标记为 10、11、5、4 和 3 的五个部分，它们分别是鉴相器（PFD）、分频器、电荷泵（CP）、环路滤波器（LF）和压控振荡器（VCO）。图 3.33 中标记为“REF”的输入时钟信号与从压控振荡器和分频器中输出的反馈时钟信号进行比较，从而控制环路工作。其余参考时钟和输出缓冲器、差分转单端电路、周期校正电路、锁定和启动电路都没有在图中显示。其中一些电路直接存在在信号通路中，对电源完整性会产生一定的影响。

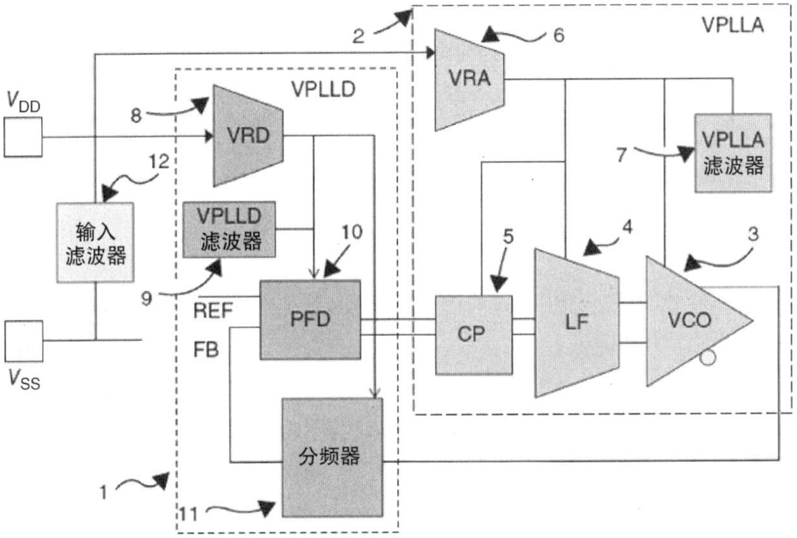

图 3.33　锁相环电路框图（包括数字电压域、模拟电压域和电压调节器）

锁相环环路函数描述和噪声影响

典型的数字相位频率比较器（PFC）包括两个具有设置和复位端口的触发器，这两个触发器具有共同的复位控制信号。数字相位频率比较器输出由两个触发器输出经过一个与非门共同决定。根据两个输入时钟信号（图 3.33 中的 REF 和 FB），该电路产生短的输出脉冲信号。脉冲信号称为 UP 和 DN，控制电荷泵跟随数字相位频率比较器。UP 和 DN 脉冲指示电荷泵从输出中抽取或者输出电荷，而电荷在环路滤波器中形成压控振荡器的控制电压。当 REF 和 FB 在传输函数特性中避开“死区”时，典型的数字相位频率比较器输出短脉冲的 UP 和 DN，否则死区会造成跟踪抖动。其中，REF 时钟信号为锁相环的输入参考时钟，而 FB 时钟信号为压控振荡器经过分频器后输出的时钟。所以压控振荡器输出时钟频率可以为 REF 乘以 N，N 为分频器输入信号和输出信号的分频比。压控振荡器设计为能够覆盖锁相环所要工作的频率范围，并且在这个频率范围内控制电压和输出频率呈线性关系。因此压控振荡器在其线性工作范围内存在一个增益，该增益可能为 1GHz/V 或者更高。因此锁相环的输出对输入控制电压十分敏感。当压控振荡器工作频率为 1GHz 时，仅仅 1mV 的噪声电压注入到控制电压中，就可能转换为 1MHz 的频率变化或者 1ps 的周期变化，而且这种变化经过几个周期的积累会在输出端产生严重的抖动。

需要注意的是，在不同的工作频率上，等量噪声会对压控振荡器产生不同的影响。比如，当电路工作频率为 0.5GHz 时，当输入 1mV 噪声使得频率从 500MHz 变化到 499MHz 时，在数个周期之后会导致周期产生 4ps 的变化。即使将周期变化的比例归一化，这时周期的变化率也是压控振荡器工作在 1GHz 时的 2 倍。所以锁相环中的 PI 退化与频率有着极大的关系（$\Delta T_2/\Delta T_1$ 或者周期抖动比例几乎正比于 f_1^2/f_2^2，其中 f 为压控振荡器的工作频率），而由于噪声产生的压控振荡器频率的线性变化对时钟周期具有极大的影响。对于锁相环的性能，它的环路带宽通常“追踪”工作频率，或者说工作频率与环路带宽之比保持为一个常数[19]。所以不考虑压控振荡器工作频率，周期抖动积累需要的周期数保持为一个常数，这在低频段会恶化抖动的影响。而保持不变的环路带宽有助于在一定程度上缓解这个问题。

设计小贴士

贴士 1：在其他条件相同的情况下，当出现电源噪声时，我们需要更高的压控振荡器频率来获得更低的抖动。

与压控振荡器不同，锁相环其他的子电路，如数字相位频率比较器、电荷泵或者分频器等，虽然它们的信号传播延时和输出信号传输都会受到电源噪声的影响，但这些电路对电源完整性下降都不敏感。锁相环子电路功能详细的讨论，读者可以参考文献［20，26，27］进行进一步的学习。

在之前的小节中，我们主要关注量化的讨论，对增强锁相环和时钟产生电路鲁棒性进行了经验性的分析。

3.5.3 准则 1：将锁相环与噪声进行隔离

这个准则遵循一个简单的认知，锁相环中的低电源和低衬底噪声可以保证更低的输出抖动。我们将电源噪声加入到采用 0.18μm 逻辑 CMOS 工艺的自偏置锁相环电路中，其抖动仿真结果如图 3.34 所示。如仿真结果所示，当 11MHz 的正弦波噪声信号改变幅度时，会对输出抖动产生直接的影响，抖动随着噪声幅度而线性增加。在 49MHz 时，锁相环对噪声更不敏感，而且输出抖动也要小于 11MHz 工作频率时，但抖动也会随着噪声幅度的增加而增加。

将锁相环子电路与噪声隔离在实际应用时会随着不同的应用而变化，最简单

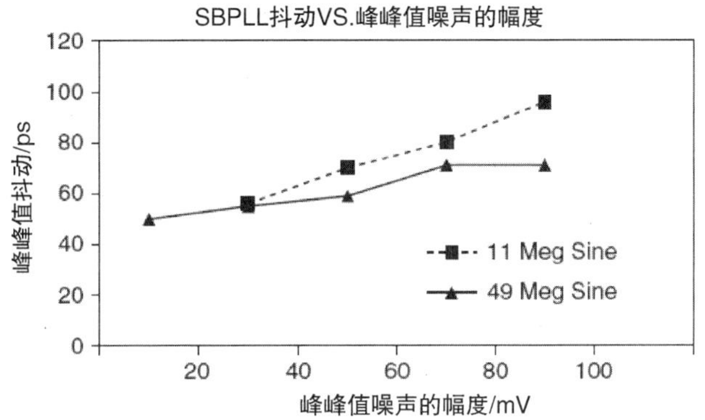

图 3.34　当电源噪声的幅度和频率变化时，自偏置锁相环的峰峰值抖动

的方法就是在芯片封装管壳中，将锁相环的电源引脚（地引脚）与噪声较大的数字电路隔离开。因为锁相环需要持续的电流供给，并且具有很低的开关电流，在忽略封装管壳电感以及芯片外部、内部的去耦合电容时，一对电源/地引脚就能满足锁相环的电流需求。在这种结构中，保证局部衬底或者锁相环所在区域衬底通过低阻通路连接到电源（通常是地线）上是十分重要的。这可以保证衬底噪声不会影响到偏置电压，或者对锁相环的工作状态产生体效应有关的变化。参考文献［20］详细讨论了电源线隔离的实例，其中详细阐述了衬底通过低阻连接到物理阱隔离重要节点的电源上的重要性（特别是注意控制电压注入到压控振荡器的节点）。参考文献［20］还展示了“三阱”工艺，这种工艺有利于将噪声敏感电路隔离在深阱中，然后将其连接到隔离的电源上。

当无法使用独立的封装引脚时，如参考文献［21］表述，我们可以使用电压调整器或者独立的电压域进行设计。在一些特殊的应用中，采用 0.18μm 逻辑 CMOS 工艺的锁相环电路设计为可以工作在 250MHz 到 2.5GHz 的频段内。电源隔离策略需要将锁相环电路分为模拟域和数字域。如图 3.33 所示，虚线框内标记为 1 的区域为数字域，采用电压调整器 VPLLD 供电，区域 2 为模拟域，由电压调整器 VPLLA 进行供电。这种隔离策略极大的降低了经过电源通路的馈通，这也是在主载波频率周边任一边带上产生毛刺的最重要原因。参考文献［21］中的两个电压调整器共用一个地，或者说由于 CMOS 工艺具有一个低阻衬底，所以两个电压调整器具有同一个 V_{ss} 输入。需要注意的是，电压调整器能够在芯片上产生更高的电源电压，根据调整器结构（如源跟随器）和注入噪声的不同，电压调整器中未调整电压和调整后电压的裕度或者差值都会有所区别。因此，诸如源跟随器结构的稳定调整器技术需要使用大的输出去耦合电容，滤除高频噪声，如图 3.33 中的 9 和 7 模块。同时，结合本地参考偏置电压、电压调整器的噪声抑制能力以及大的输出滤波电容就可以提供良好的宽带电压调整以及被供电电路与调整电压之间良好的噪声隔离。

当调整期的电压裕度较小时，我们采用低压降、宽带电压调整器[22,23]来对工作在0.8~3GHz的0.18μm工艺锁相环进行1.8V供电。在这个设计中，稳定性设计考虑会限制调整器的输出去耦合电容数量，而参考文献［23］指出为锁相环对电源噪声的抑制能力提高10dB或者20dB，对于这类电压调整器只需要具有40dB的电源抑制比就足够了。在低电压环境下，虽然采用了40dB电源抑制比的电压调整期，但由于锁相环电路具有更高的电源噪声敏感性，这还是在一定程度上降低了锁相环电路所带来的电路益处。

设计小贴士

贴士2：将宽带锁相环设计和宽带分离电压调整技术结合起来，有利于增强锁相环对电源噪声的鲁棒性。

贴士3：使用任何可用的封装（引脚）、电路（电压调整器、滤波器）以及工艺（深阱、SOI）技术将锁相环与噪声隔离开。

贴士4：在隔离的电源域，检查有源或者无源元件引入的振荡、拍频或者谐振。使用电源去耦合技术最小化或者移动谐振频率，使其不会对电路造成影响。

3.5.4 准则2：将单端电路以及物理版图设计为差分形式

从电源传输网络和互连走线开始，只要具有可行性，将差分设计具有的噪声容忍优势设计到时钟产生器中，将其单端电路形式转换为差分形式。差分形式增强了锁相环中所有电路的共模抑制比。共模抑制比定位为$20\log(A_d/A_c)$，其中A_d为电路的差分增益，而A_c为共模增益。这些努力的结果是在输入端，噪声经过一阶抵消，并且降低了噪声对输出信号的影响。当单端转双端的方案不可行时，诸如简单的数字信号缓冲器，可以使用诸如电压跟随器以及低抖动缓冲器中的标准缓冲驱动器等技术来降低时钟抖动[24]。这些缓冲器电路采用源跟随器强制输出跟随输入信号，从而降低时钟抖动。这也会使得输出信号周期性的依赖输入传输时间，而减小对电源/地的依赖。使用这些缓冲器的一个缺点是它们增加了输出信号的传输时间和电路功耗，不过电路的时钟抖动性能确实得到了改善，典型的改善系数达到了2。低抖动缓冲器电路也可以通过最小化调制接收伪差分数字信号输入（从独立逻辑通路中输出的真实信号和互补信号）。

电源传输网络

为了最小化电源瞬态电流流动产生的噪声，我们必须使用差分物理互连设计，使得电源通路具有低的电感值。地（V_{SS}）通路与电源（V_{DD}）通路会产生相应的反应，所以在所有层级的电源分布互连中，电源和地都是一对耦合通路。此外，我们还必须保证将电源传输网络设计为网格状，以充分利用电路版图内部可用的电容。还要保证有足够高带宽的去耦合电容通过短走线连接到电路输出

（抽取）电流的节点上。通过以上技术以及在物理版图时使用平行电源通路，我们可以降低电源通路上的电阻。

在锁相环电路使用隔离的电源后，噪声源来自于开关、数字电路（鉴相器、分频器、输入和输出缓冲器）产生的瞬态电流。无论是否可能，通过采用有源（电压调整器）或者无源（*LC* 滤波器）的电路方案，我们都要保证噪声产生电路与噪声敏感电路隔离开[21,23]。同时评估电源传输网络可能产生的谐振频率，通过去耦合电容的分布来改变或者降低谐振。

相位频率比较器和电荷泵

相位频率比较器或者鉴相器通常采用简单的数字触发器和门电路进行设计。根据输入信号情况以及电源噪声，它们对于延时变化十分敏感[23]。在一个简单的鉴相器（PFD）中，门延时的对称失配会产生 UP 和 DN 信号。之后，在单端输出的电荷泵中，这个失配会使其在环路滤波器产生输出或者抽取电流，从而在鉴相器的参考时钟和反馈时钟中产生静态相位差。但是电荷泵或者环路滤波器电容也可能产生这种静态相位差。在这种情况下，鉴相器容易受到电源噪声的影响而改变延时，进而改变 UP 和 DN 信号的脉冲。这会导致控制电压产生变化，从而产生噪声。这时产生的电压变化要大于鉴相器只是由于静态相位差产生的最小周期 UP 和 DN 信号。因为最小周期脉冲只和复位通路中的延时元件有着直接的关系，这种变化会等效的反映在 UP 和 DN 的输出脉冲中。

为了避免出现以上问题，我们可以采用匹配的差分鉴相器结构。该结构利用差分的 REF 和 FB 信号来产生 UP 和 DN 信号，以及它们的互补信号$\overline{\mathrm{UP}}$和$\overline{\mathrm{DN}}$。这样输出脉冲就具有匹配的延时输入到差分的电荷泵电路中[19]。这种设计需要使用简单鉴相器和电荷泵 2 倍的逻辑门，但是通过仔细的版图、器件和延时匹配，我们可以降低对称相位差，提高鉴相器和电荷泵对电源噪声的鲁棒性。

然而，要仔细证明该差分设计可以满足时序和幅度方面的性能要求，这是非常重要的。例如，任何电源噪声对称的改变 UP 和 DN 脉冲宽度，也同样互补对称的改变$\overline{\mathrm{UP}}$和$\overline{\mathrm{DN}}$，最终的结果是对所需差分电荷泵的输出产生最小的影响。因为 UP 和 DN 信号都为逻辑高电平，由于电源瞬态下降时，这两个信号的幅度都会降低，这种现象会使得输出驱动产生变化。而对于互补的$\overline{\mathrm{UP}}$和$\overline{\mathrm{DN}}$信号，则会产生瞬态的地弹，这时地弹只要不超过驱动晶体管的阈值电压，就不会对电路功能产生影响。这时差分电荷泵中特有的现象[19]。所以虽然我们采用了差分电路设计，但噪声仍不时的产生单边效应。这使得我们必须仔细验证电路的鲁棒性和电源抑制比性能，并保证电路设计确实采用互补驱动开关。

设计小贴士

贴士 5：当无法采用差分、高电源抑制比的鉴相器（PFD）时，采用最简单的鉴相器结构，使用最小的晶体管尺寸以减小输入到输出的延时。

环路滤波器和压控振荡器

接下来小节讨论的电路都有一个明显的特点，就是它们对PI退化十分敏感。简单的压控振荡器采用数字环振或者类似的振荡器结构，利用反相器和或者电流控制的反相器，以及可调节的电容负载进行设计，但一般没有包括电压调整器。这些电路的电源抑制比较低，并不经常使用。模拟和高速的压控振荡器采用高电源抑制比的电流源和负载电阻控制进行差分设计。在压控振荡器中，我们常常使用包含可变电容器调节的 *LC* 谐振电路来获得高的品质因数。虽然这些电路具有出色的电源抑制比性能，但由于它们需要极大的面积，并受限于频率调节范围，所以也不是经常使用。环路滤波器由电容或者电容、电阻构成，输出电压以其中一个工作的电源参考电压作为基准（通常为 V_{DD}）。

设计小贴士

贴士6：差分、互补信号走线要尽量靠近，长度和延时都要匹配。（比如UP和$\overline{\text{UP}}$、DN和$\overline{\text{DN}}$）

贴士7：确保注入到锁相环中的任何噪声信号都是共模信号，即以任何偏置电压或者节点作为参考时，都是共模信号。

分频器和时钟缓冲器

虽然分频器和时钟缓冲器也可以设计为差分结构，但差分结构会消耗更大的面积和功耗。因为这些子电路在锁相环中并不是输出抖动的主要来源，所以低功耗数字设计是一种较为常见的设计。在3.5.3节我们讨论过，将这些数字、噪声产生电路采用隔离的电源域供电，可以最小化它们与锁相环其余噪声敏感电路的相互影响。

3.5.5 准则3：环路滤波器、偏置产生电路和压控振荡器的电源抑制比、噪声设计

作为电荷泵型锁相环的核心电路，压控振荡器以及它的偏置电路、集成到电荷泵中的环路滤波器是锁相环中用于检验电源完整性的敏感性和鲁棒性性能的最为重要的子电路。正如之前讨论的，通过合理设计这些子电路的环路带宽和带宽追踪有助于获得较低的输出抖动。

环路带宽

典型的锁相环采用恒定电荷泵电流、压控振荡器增益和环路滤波器 *RC* 来产生恒定的阻尼系数和环路带宽，从而在较低的参考频率输入时保持电路的稳定性。参考追踪型电荷泵锁相环通过将追踪的环路带宽视为工作频率的小数分频，来获得较宽的工作范围。通过这种分数关系（典型值为十分之一），我们可以保证锁相环的稳定性。这种结构的另一个好处是，虽然工作频率增加后，在一定的周期内，周期抖动由于在其控制电压输入时会积累在压控振荡器中，但该结构可以在这种情况下有效降低输出抖动。此外，由于频率追踪保证了锁相环的稳定性，在所有的工作频率范围内，锁相环环路带宽（阻尼因子）可以设计得比较激进（对环路带宽而言要设计得比较大，而对阻尼因子而言要设计得比较小），从

而最小化输出抖动积累。这时因为更大的环路带宽减小了校正周期。在电源噪声环境中，增加环路带宽对于输出抖动的益处在参考文献［20］中得到了硅验证。

设计小贴士

贴士 8：采用参考频率设计带宽追踪，以及在稳定性和工艺/工作频率条件下最小化锁相环环路带宽，这两种设计都受限于抖动性能提高的设计。

所有采用 0.18μm CMOS 工艺的全数字锁相环（包括开关式鉴相器、数字环路滤波器、delta - sigma 调制器和数字控制环振，工作在 1.25GHz 频率）[25] 使用可调带宽控制来最小化抖动。在这个全数字应用中，与电荷泵模拟锁相环相反，电荷泵电流、压控振荡器增益和分频比都会影响带宽。

压控振荡器和偏置电路

在数字设计中，当电源噪声出现时，快速的开关会产生更小的输出时序变化。这种现象属于 PI 退化产生的延时变化。而 PI 退化又是由于信号传输阈值变化以及反相器、逻辑门输出端驱动能力变化造成的。但如果输入和输出信号具有较大的压摆率，那么对 PI 退化的影响就会减小。然而，在例如低抖动缓冲器[24] 等特定的混合电路中，这种现象并不准确，这是因为在这些电路中虽然输出信号的输出压摆率较低，但低的电源噪声也会产生更低的抖动。

压控振荡器是典型的差分输入、差分输出电路，它的尾电流源和负载电阻由作为输入的偏置电压进行控制。这些差分电路的输出信号摆幅随着工作频率的变化而变化。在这些电路中，相位噪声或者从差分输入到差分输出的延时变化，都与这些控制电压的噪声有关。

所以最大化这些偏置节点的电源抑制比，对于最小化由电源、衬底、信号或者辐射相关（比如粒子碰撞等）噪声电荷注入产生的抖动是十分重要的。因此我们需要在所有的工作条件下，当电源和地噪声注入时，对所有相关节点的设计、寄生电感和阻抗进行建模，并对包括偏置电路的闭环电路进行仿真，从而分析这种效应。所有物理结构（包括低通滤波器、差分压控振荡器缓冲器、偏置电路、隔离环以及去耦电容等邻近电路）完整、工艺精确的提取和仿真，对于揭示偏置节点中的噪声问题是十分重要的。正如参考文献［20］描述的，在共衬底工艺中，电源和地线隔离的锁相环会导致在同一个衬底区域内有噪电路会产生更高的抖动。

偏置电路的电源抑制比和输出阻抗也具有同样的重要性。在自偏置锁相环中[19]，阻尼系数正比于有效环路滤波器电阻 R 和环路滤波器电容 C 的平方根，而环路带宽正比于 R，同时反比于 C。所以当降低 R，在这个设计中作为辅助电荷泵，有助于更有力的保持偏置点电压。增加 C 可以直接对阻尼因子产生影响，也就是降低环路带宽、以及锁相环快速校正自身和最小化抖动的能力。通过闭环、完全提取和最优化仿真，是进行锁相环抖动优化的最有效手段。此外，通过选择电路结构可以提高电源抑制比。并且，在偏置节点加入衬底/信号噪声抑制技术是我们设计的起点。

设计小贴士

贴士 9：在选择 $n-1$、n、$n+1$ 级压控振荡器链时，我们不仅要检查其覆盖的频率范围和功耗，还要考虑其在重要偏置节点产生的寄生效应，因为这些寄生效应会产生电源/衬底噪声相关的抖动。

例 3.6：一个敏感的锁相环电路面积为 0.2mm^2，附近布置一个噪声同步的数字模块，其面积为 1mm^2。两个电路在一个方块电阻为 10Ω 的低阻衬底上，假设锁相环和有噪逻辑电路由各自独立的电源域供电。

如果工艺提供三阱工艺，哪一个功能模块应该放置在深阱中，使其与锁相环子电路具有最佳的噪声隔离？请问为什么？

3.6 数据通信的时钟提取

锁相环的另一个应用是在通信链路的时钟提取方面。当链路没有传输与数据同步的时钟时，这时需要在数据通路中嵌入一个时钟。我们经常使用 8b 或者 10b 编码机制。所以在这类系统中，我们经常利用锁相环从通道衰减的数据信号中提取时钟信息，并对数据重新进行时钟标定，从而消除边沿时序误差（抖动）和幅度衰减。在这个应用中，窄带滤波器是锁相环中的重要函数。因为窄带滤波器用于提取载波和时钟信息，消除输入信号的衰减。考虑到对于振荡系统而言，载波可以提供一个高有效的 Q 值，所以通过仔细的设计锁相环环路带宽，我们可以实现这个功能。这方面详细的设计读者可以参考文献［26］。文中讨论了当 PI 退化时，为了保持输出品质，锁相环作为时钟恢复电路的一些应用。

3.6.1 开关式鉴相器

在锁相环和延迟锁相环中，线性鉴相器根据参考时钟和反馈时钟的输入边沿差，输出正比于相位差的脉冲宽度调制输出信号。传输的二进制或者脉冲幅度调制数据与常规的时钟信号不同，这是因为对于相位比较，在数据传输沿的可用性上没有常规性。线性鉴相鉴频器需要周期性的输入，所以不适用于这类系统中，所以只能采用非线性的鉴相器。这些鉴相器提供二进制信号（或者脉冲相位输出）来表示接收到的数据边沿是否早于或者晚于时钟边沿。这类脉冲输出驱动电荷泵，使其输出确定数量的电荷到环路滤波器中，所以 Alexander 和 Hogge 鉴相器是其中的典型代表，这类鉴相器也称为开关式鉴相器。由于环路中校正动作的二进制特性，该类鉴相器会在锁相环中引入较大的抖动。

较小的环路带宽（通过减小电荷泵输出电流，降低压控振荡器增益，增加环路滤波电容等）有助于减小时钟恢复电路输出的系统级抖动。在这种低环路带宽要求下，压控振荡器对噪声以及电源（衬底）中的电压差不太敏感是一个十分重要的条件。因此例如 LC 谐振压控振荡器以及具有较高电源抑制比的电路，因为其具有很高的频率稳定性和较低的相位噪声，所以适用于该类系统中。同时，高

数据率以及高 Q 值集成电感的发展也使得这类电路得到了更为广泛的应用。

3.6.2 数据恢复延迟锁相环和相位插值器

延迟锁相环主要用于对数据进行时序重标定，而锁相环则可以对必要的时钟信号进行综合，同时移除数据抖动。在源同步数据通信链路中，当同步时钟信号在多个数据通道中传输时，我们通常会使用这类延迟锁相环电路。在数据恢复应用中，延迟锁相环不仅具有较低的抖动，而且能够驱动相位插值器（在功耗允许的情况下）为每一个数据通道提供最优的数据采样边沿。在 PI 退化的系统中，这类数据恢复系统具有良好的鲁棒性。

3.7 总结

具有同步时钟的芯片的鲁棒性强烈依赖芯片上时钟的可靠性和分布。正如本章讨论的，电源完整性对时钟产生和部分电路具有极其重要的影响。

3.8 参考文献

1. P. J. Restle, T. G. McNamara, D. A. Webber, P. J. Camporese, K. F. Eng, K. A. Jenkins, D. H. Allen, et al., "A Clock Distribution Network for Microprocessors," *IEEE Journal of Solid-State Circuits*, vol. 36, no. 5, pp. 792–799, May 2001.
2. K. Gala, D. Blaauw, J. Wang, V. Zolotov, and M. Zhao, "Inductance 101: Analysis and Design Issues," *Proceedings of IEEE/ACM Design Automation Conference*, 2001, pp. 329–334.
3. P. A. Brennan, N. Raver, and A. E. Ruehli, "Three-Dimensional Inductance Computations with Partial Element Equivalent Circuits," *IBM Journal of Research and Development*, vol. 23, no. 6, pp. 661–668, November 1979.
4. A. Tsuchiya, M. Hashimoto, and H. Onodera, "Return Path Selection for Loop Rl Extraction," *Proceedings of Asia and South Pacific Design Automation Conference*, 2005, pp. 1078–1081.
5. A. Deutsch, G. V. Kopcsay, P. J. Restle, H. H. Smith, G. Katopis, W. D. Becker, P. W. Coteus, et al., "When are Transmission-Line Effects Important for On-Chip Interconnections?," *IEEE Transactions on Microwave Theory and Techniques*, vol. 45, no. 10, pp. 1836–1846, October 1997.
6. A. Deutsch, H. Smith, G. A. Katopis, W. D. Becker, P. W. Coteus, C. W. Surovic, G. V. Kopcsay, et al., "The Importance of Inductance and Inductive Coupling for On-Chip Wiring," *Proceedings of IEEE Topical Meeting on Electrical Performance of Electronic Packaging*, pp. 53–56, October 1997.
7. S. Abe, M. Hashimoto, and T. Onoye, "Clock Skew Evaluation Considering Manufacturing Variability in Mesh-Style Clock Distribution," *IEICE Transactions on Fundamentals*, vol. E91-A, no. 12, pp. 3481–3487, December 2008.
8. B. A. Gieseke, R. L. Allmon, D. W. Bailey, B. J. Benschneider, S. M. Britton, J. D. Clouser, H. R. Fair, III et al., "A 600 MHz Superscalar RISC Microprocessor with Out-of-order Execution," *Digest of Technical Papers of IEEE International Solid-State Circuits Conference*, pp. 176–177, February 1997.

9. P. J. Restle and A. Deutsch, "Designing the Best Clock Distribution Network," *Digest of Technical Papers of Symposium on VLSI Circuits*, pp. 2–5, 1998.
10. D. Edelstein, J. Heidenreich, R. Goldblatt, W. Cote, C. Uzoh, N. Lustig, P. Roper, et al., "Full Copper Wiring in a Sub-0.25 pm CMOS ULSI Technology," *Proceedings of IEEE International Electron Devices Meeting*, pp. 773–776, December 1997.
11. C. F. Webb, C. J. Anderson, L. Sigal, K. L. Shepard, J. S. Liptay, J. D. Warnock, B. Curran, et al., "A 400MHz S/390 Microprocessor," *IEEE Journal of Solid-State Circuits*, vol. 32, no. 11, pp. 1665–1675, November 1997.
12. P. J. Restle, K. A. Jenkins, A. Deutsch, and P. W. Cook, "Measurement and Modeling of On-Chip Transmission-Line Effects in a 400 MHz Microprocessor," *IEEE Journal of Solid-State Circuits*, vol. 33, no. 4, pp. 662–665, April 1998.
13. G. Geaimopoulos and X. Dai, "An Adaptive Digital Deskewing Circuit for Clock Distribution Networks," *Digest of Technical Papers of IEEE International Solid-State Circuits Conference*, pp. 400–401, February 1998.
14. N. A. Kurd, J. S. Barkarullah, R. O. Dizon, T. D. Fletcher, and P. D. Madland, "A Multigigahertz Clocking Scheme for the Pentium® 4 Microprocessor," *IEEE Journal of Solid-State Circuits*, vol. 36, no. 11, pp. 1647–1653, November 2001.
15. Y. Ogasahara, T. Enami, M. Hashimoto, T. Sato, and T. Onoye, "Validation of a Full-Chip Simulation Model for Supply Noise and Delay Dependence on Average Voltage Drop with On-Chip Delay Measurement," *IEEE Transactions on Circuits and Systems II: Express Briefs*, vol. 54, no. 10, pp. 868–872, October 2007.
16. M. Hashimoto, T. Yamamoto, and H. Onodera, "Statistical Analysis of Clock Skew Variation in H-Tree Structure," *IEICE Transactions on Fundamentals of Electronics, Communications and Computer Sciences*, vol. E88-A, no. 12, pp. 3375–3381, December 2005.
17. A. H. Ajami, K. Banerjee, A. Mehrotra, and M. Pedram, "Analysis of IR-Drop Scaling with Implications for Deep Submicron P/G Network Designs," *Proceedings of International Symposium on Quality Electronic Design*, pp. 35–40, March 2003.
18. M. Saint-Laurent and M. Swaminathan, "Impact of Power-Supply Noise on Timing in High-Frequency Microprocessors," *IEEE Transactions on Advanced Packaging*, vol. 27, no. 1, pp. 135–144, February 2004.
19. John G. Maneatis, "Low-Jitter Process-Independent DLL and PLL Based on Self-Biased Techniques," *IEEE Journal of Solid State Circuits*, vol. 31, no. 11, November 1996.
20. Patrik Larsson, "Measurements and Analysis of PLL Jitter Caused by Digital Switching Noise," *IEEE Journal of Solid State Circuits*, vol. 36, no. 7, July 2001.
21. Raj Nair, Regulated supply phase-locked loop, USPTO Patent Application Publication Number 20080111646, May 15, 2008.
22. Arakali, A., Talebbeydokthi, N., Gondi, S., Hanumolu, P. K., *Supply-Noise Mitigation Techniques in Phase-Locked Loops*, IEEE, 2008.
23. Arakali, A., Gondi, S., Hanumolu, P. K., "Analysis and Design Techniques for Supply-Noise Mitigation in Phase-Locked Loops," *IEEE Transactions on Circuits and Systems*, vol. 57, no. 11, November 2010.
24. Raj Nair, Low jitter external clocking, U.S. Patent 6411151, September 2004.
25. Chao-Ching Hung, I-Fong Chen, Shen-Iuan Liu, *A 1.25GHz Fast-Locked All-Digital Phase-Locked Loop with Supply Noise Suppression*, IEEE, 2010.
26. Dan H. Wolaver, *Phase-Locked Loop Circuit Design*, Prentice Hall Advanced Reference Series, 1991.
27. B. Razavi, *Monolithic Phase-Locked Loops and Clock Recovery Circuits*, IEEE Press, 1996.
28. Nair, R., Borkar, N.Y., Browning, C.S., Dermer, G.E., Eriaguntla, V., Govindarajulu, V., Pangal, A., et al., "A 28.5 GB/s CMOS Non-blocking Router for Terabits/s Connectivity between Multiple Processors and Peripheral I/O Node between Multiple Processors and Peripheral I/O Nodes," International Solid-State Circuits Conference, ISSCC 2001.

第 4 章　I/O 电路中的信号及电源完整性设计

4.1　引言

在一些高端应用中，在很短的时间内我们需要很大的系统带宽来处理海量的数据。在 CMOS 大规模集成电路芯片中，随着电路集成度的增加，I/O 电路的速度和吞吐率也随之增加。此外，在不远的将来，在 3D 系统的垂直互联中，通过使用硅通孔技术可以大幅度提高总线宽度。

由于先进的 CMOS 器件和系统具有更小的噪声裕度，因此信号完整性是一个突出的设计难点。同时，在高速系统中总线宽度较大，我们也应该充分考虑电源完整性问题。目前存在两种类型的 I/O 驱动电路：在存储器界面上使用的单端 I/O 电路；在各种高速串行接口中使用的差分 I/O 电路。这些 I/O 电路由芯片、封装以及板级电源分布网络的阻抗进行支撑。在一个高频范围内，电源分布网络中的阻抗必须控制在一个较低的水平，这样才能尽可能的压低电源噪声。然而，对于片上和片外电容平行谐振产生的芯片—封装管壳反谐振现象，由于缺乏足够的片上信息，我们很难对其进行估计。这种平行谐振会导致高速信号的衰减，并产生较大的电源/地电位波动。此外，从芯片外很难用仪器观测到反谐振峰值。因为反谐振峰值严重影响信号完整性和电源完整性，因此邻近与 I/O 工作范围时的这个峰值必须通过建模、仿真以及测量的手段进行仔细估计。通过一个重构信号完整性和电源完整性的完整模型，我们可以对信号和电源完整性进行联合仿真。完整的等效电路模型包括电源分布网络中板级、封装管壳以及芯片上的三个阻抗，还有连接到邻近芯片上的信号传输线。特别的是，在高速电子系统中，我们必须检查电源分布网络的设计以提高系统的抖动性能。

在本章中，我们首先通过测量和仿真来讨论同步开关输出噪声。我们以一个 QFP 封装的 FPGA 为实例进行研究。通过建立等效电路模型，我们可以重构电源降低以及地弹现象。之后，我们对电源/地网络中振铃频率与合成反谐振峰值频率的相关性进行分析。接下来，通过引入电源谱 $I(\omega)$，我们定义了 DDR3 存储器系统中与频率有关的阻抗 $Z_{tar}(\omega)$。紧接着，我们对从芯片中观测到的整个电源分布网络阻抗中的反谐振峰值进行讨论。我们深度分析了反谐振峰值与封装电感和片上电容的关系。通过结合与电源、信号相关的网络，我们建立了一个信号完整性和电源完整性的联合仿真模型。基于这个联合仿真模型，我们可以估算眼图的衰减率，并且检测目标阻抗 Z_{tar} 和电源分布网络阻抗峰值的交叠程度。

4.2 单端 I/O 电路设计

4.2.1 同步开关输出噪声[1-11]

典型的 CMOS 单端输出缓冲器电路和多路开关缓冲器如图 4.1 所示。CMOS 输出缓冲器在高电平和低电平、对电容充电和放电的过程中传输信号。由于封装管壳上的寄生电感，这些瞬态电流在电源和地端口会产生电压波动。此外，当多路输出缓冲器同时工作，在信号的两个边界上，都会产生相对于参考平面的巨大波动。这种现象称为同步开关输出噪声，有时也称为 delta 噪声。我们可以通过一个简单的公式计算电压变化：

$$\Delta V = N \cdot L_{eff} \cdot \frac{di}{dt}$$

式中，N 为开关缓冲器的数目；L_{eff} 为电源传输网络中的有效电感，电流会强制流经这个电感。

芯片封装直接决定了 L_{eff}。因此 L_{eff} 是同步开关输出噪声中的重要因素。QFP 封装中包含了长而窄的间隔包引线，所以存在着较大的自感和互感。此外，由于“邻近开关”效应，随着时间的变化，封装框架中的有效电感也会随之变化。

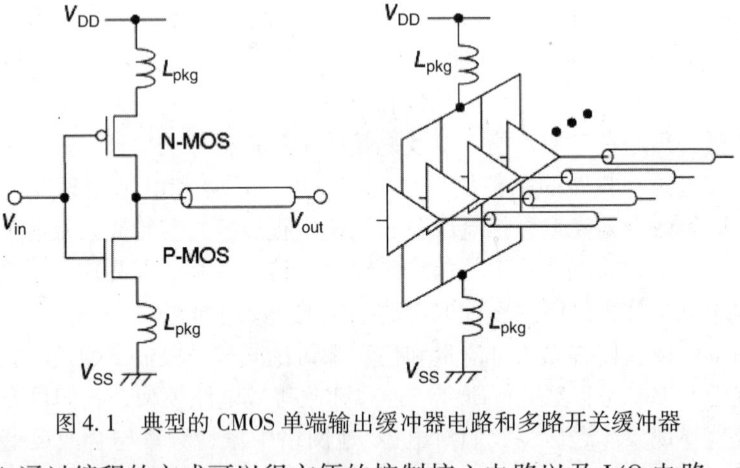

图 4.1 典型的 CMOS 单端输出缓冲器电路和多路开关缓冲器

FPGA 通过编程的方式可以很方便的控制核心电路以及 I/O 电路。并且 QFP 封装也广泛应用于各种 CMOS 大规模芯片中。因此，这种组合为测试同步开关输出噪声提供了一种有效的方法。一种 QFP 封装的 FPGA 芯片如图 4.2 所示。FPGA中的核心逻辑电路可以通过 JTAG 信号重新写入。芯片的尺寸为 32mm × 32mm。为了提取寄生参数，我们首先用 X 光照射获取框架结构。从 X 光图像中，我们可以获得框架以及键合线的长度和宽度。接下来，我们使用 Q3D 软件提取框架 1∶8 模型中的寄生参数，如图 4.2 所示。图 4.3 展示了一个 16×16 的电感矩阵，这个矩阵是一个 30×30 矩阵的一部分。对角线元素表示每一个引线的自感值，而非对角元素表示多个引线之间的互感值。最短引线的电感值为 15.9nH，电阻值为 0.23Ω。最长引线的电感值为 21.5nH，电阻值为 0.25Ω。基于这些数据，我们可以建立封装管壳的电路模型。

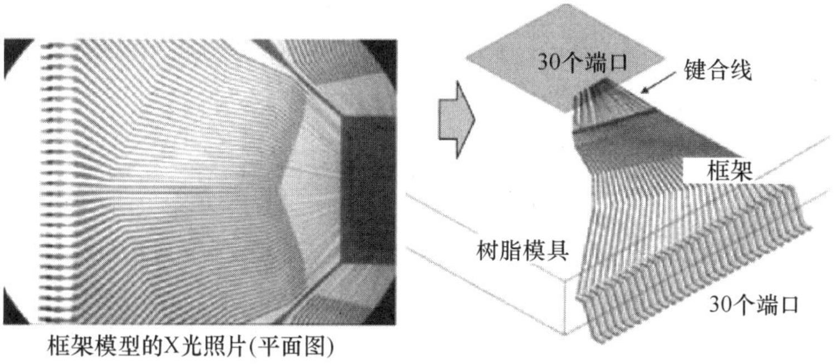

图 4.2　3D 框架中的框架 1∶8 模型

	pin213 VCCN_213	pin214 IO0	pin215 VSS_215	pin216 IO1	pin217 IO2	pin218 IO3	pin219 IO4	pin220 VCC_220	pin221 IO5	pin222 VSS_222	pin224 IO6	pin225 VCCN_225	pin226 IO7	pin227 VSS_227	pin228 VCC_228	pin229 VSS_229
pin213 VCCN_213	15.75	11.11	9.39	8.28	7.46	6.89	6.38	5.95	5.61	5.28	4.74	4.50	4.33	4.13	3.95	3.77
pin214 IO0	11.11	15.88	11.12	9.45	8.26	7.54	6.90	6.39	6.01	5.63	5.02	4.76	4.57	4.36	4.16	3.98
pin215 VSS_215	9.39	11.12	15.79	11.13	9.37	8.30	7.51	6.87	6.41	5.99	5.30	5.01	4.81	4.58	4.37	4.17
pin216 IO1	8.28	9.45	11.13	16.02	11.17	9.52	8.36	7.54	6.97	6.46	5.67	5.34	5.11	4.86	4.63	4.41
pin217 IO2	7.46	8.26	9.37	11.17	15.88	11.21	9.48	8.32	7.56	6.95	6.02	5.66	5.39	5.11	4.86	4.63
pin218 IO3	6.89	7.54	8.30	9.52	11.21	16.26	11.36	9.52	8.48	7.66	6.53	6.10	5.79	5.48	5.19	4.93
pin219 IO4	6.38	6.90	7.51	8.36	9.48	11.36	16.22	11.39	9.58	8.50	7.05	6.54	6.17	5.82	5.50	5.21
pin220 VCC_220	5.95	6.39	6.87	7.54	8.32	9.52	11.39	16.37	11.53	9.77	7.75	7.12	6.66	6.26	5.88	5.56
pin221 IO5	5.61	6.01	6.41	6.97	7.56	8.48	9.58	11.53	16.73	11.72	8.67	7.84	7.28	6.78	6.35	5.97
pin222 VSS_222	5.28	5.63	5.99	6.46	6.95	7.66	8.50	9.77	11.72	16.75	9.86	8.70	7.94	7.34	6.82	6.38
pin224 IO6	4.74	5.02	5.30	5.67	6.02	6.53	7.05	7.75	8.67	9.86	17.13	12.05	10.16	9.05	8.19	7.52
pin225 VCCN_225	4.50	4.76	5.01	5.34	5.66	6.10	6.54	7.12	7.84	8.70	12.05	17.28	12.22	10.40	9.16	8.27
pin226 IO7	4.33	4.57	4.81	5.11	5.39	5.79	6.17	6.66	7.28	7.94	10.16	12.22	17.74	12.52	10.53	9.28
pin227 VSS_227	4.13	4.36	4.58	4.86	5.11	5.48	5.82	6.26	6.78	7.34	9.05	10.40	12.52	17.85	12.63	10.58
pin228 VCC_228	3.95	4.16	4.37	4.63	4.86	5.19	5.50	5.88	6.35	6.82	8.19	9.16	10.53	12.63	18.07	12.78
pin229 VSS_229	3.77	3.98	4.17	4.41	4.63	4.93	5.21	5.56	5.97	6.38	7.52	8.27	9.28	10.58	12.78	18.23

VCCN: I/O 电源
V_{CC}: 核心电路电源
V_{SS}: 地

图 4.3　16×16 的电感矩阵

一个大规模芯片从封装管壳经过框架后测量电源和地之间的电源阻抗如图 4.4 所示。片上电容值和片上电阻可以通过曲线拟合的方法得到。当电源关闭时，片上电容值为 650pF，而当电源打开时，电容值增加到 1100pF。在两种情况下，片上电阻值都为0.4Ω。

图4.5展示了完整的等效电路模型，该模型包含片上电源分布网络，封装管壳、基板以及信号走线。通过激励I/O电路，我们可以对输出信号波形和同步开关输出噪声进行仿真。

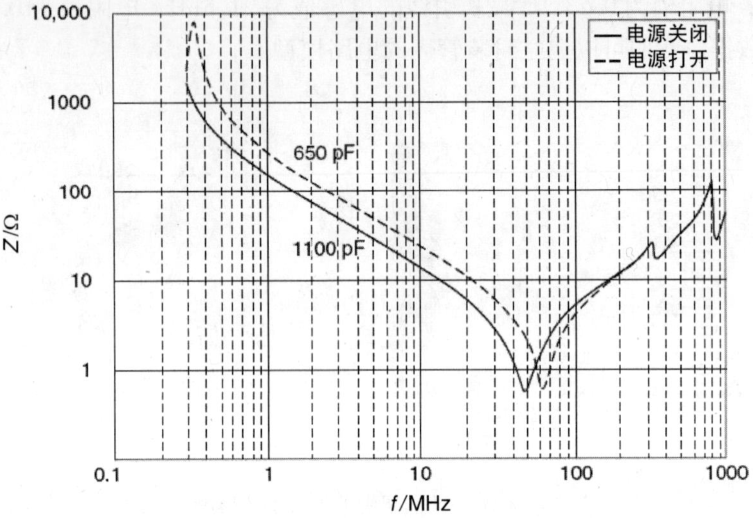

图4.4 当电源打开以及关闭时，从QFP封装外部端口测量的电源阻抗

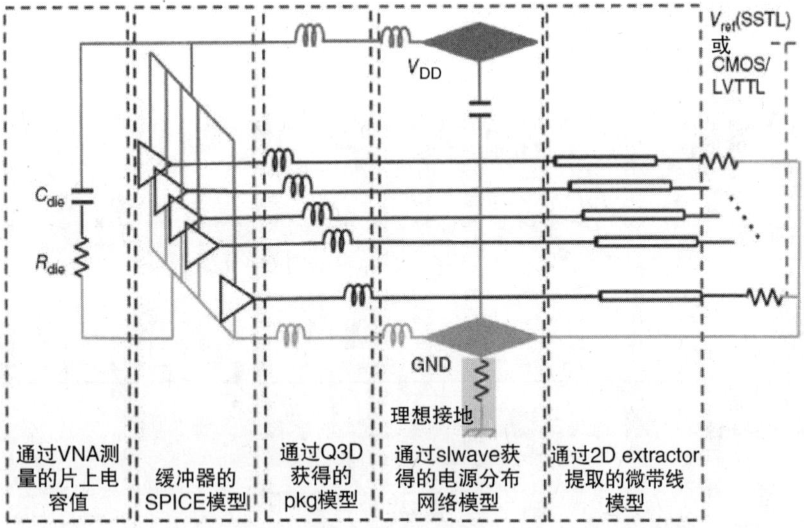

图4.5 完整的等效电路模型，该模型包含片上电源分布网络，
封装管壳、基板以及信号走线

4.2.2　测量的同步开关输出噪声与仿真值的相关性

我们采用安捷伦 DSO81204 示波器和 InfiniiMAX1124A 高阻探头来测试信号和噪声波形。图 4.6 展示了传输线远端的信号波形。

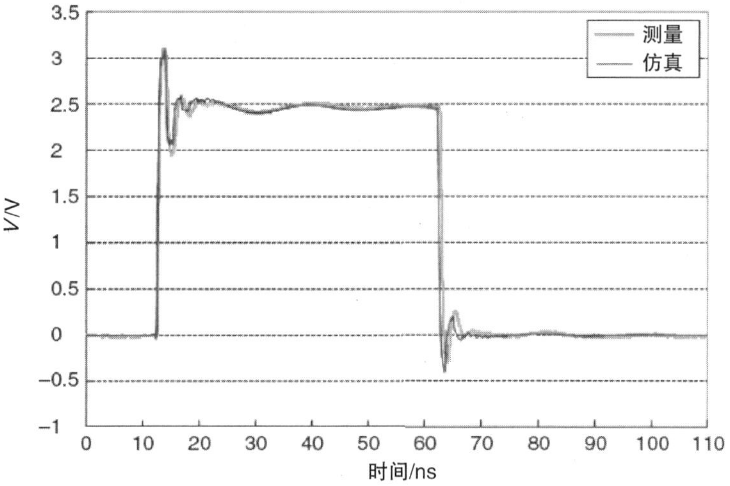

图 4.6　测量与仿真输出信号波形的相关性

电源波动和地弹分别如图 4.7 和图 4.8 所示。测量的振铃周期为 18.5ns。当电源关闭和打开时，仿真的振铃周期分别为 14.9ns 和 19.4ns。在电源打开时，测量结果与仿真结果十分接近。所以，片上电容必须在电源打开时候进行测量，才能得到精确的仿真结果。

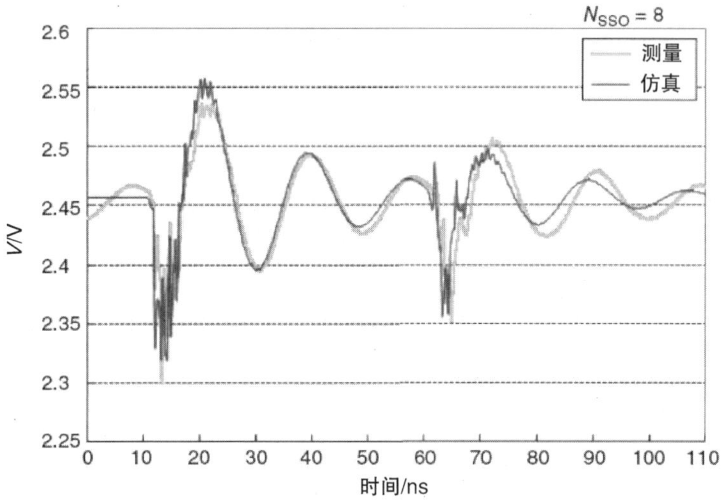

图 4.7　电源波动仿真值与测量值的相关性

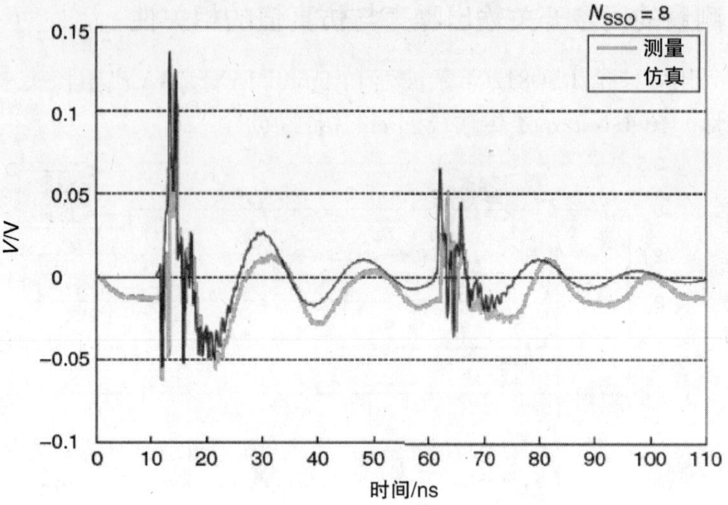

图 4.8　地弹的仿真值与测量值的相关性

在一款大规模集成电路芯片上，我们通过交流仿真观测焊盘上的电源分布网络如图 4.9 所示。在图 4.5 的模型中，电源关闭和打开时的反谐振频率分别为 72.8MHz 和 56MHz。有关的谐振频率功率与测量的时域波形频率的相关性良好。当然我们还应该注意电源和接地噪声波形的差分特性。

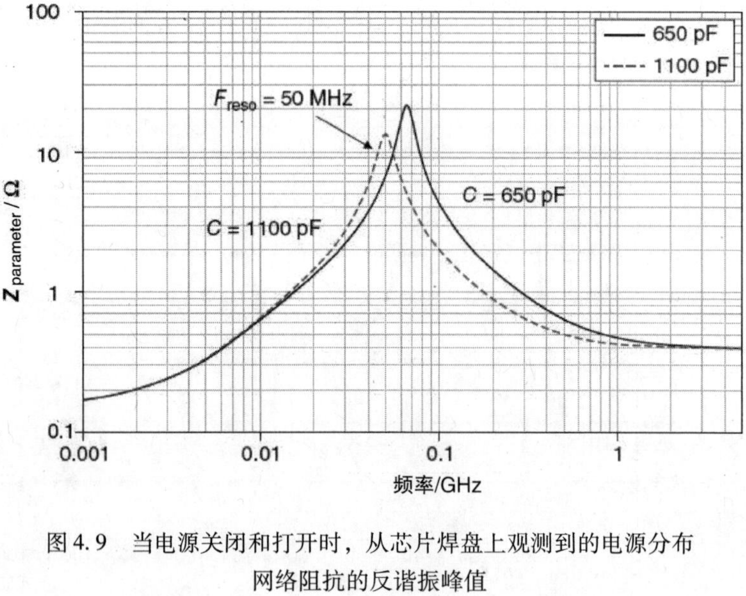

图 4.9　当电源关闭和打开时，从芯片焊盘上观测到的电源分布网络阻抗的反谐振峰值

4.2.3　片上电源分布网络的测量以及全局电源分布网络中的反谐振峰值

对于特定的具有腔体封装结构的片上电源分布网络，有时直接接触进行测量是可行的。图 4.10 展示了一个芯片上键合焊盘上的特写镜头。我们采用矢量网络分析仪和高频探头对片上电源分布网络的阻抗进行测量。对于不同的片上电源分布网络结构，我们测量了三款芯片的片上电源阻抗值，如图 4.11 所示。芯片 A 没有包含任何片上集成电容。芯片 B 集成了金属 - 绝缘层 - 金属电容（MIM 电容），而芯片 C 集成了片上电容和片上电阻。芯片 A 和其余两款芯片的电容差值为 0.63nF。这个值与设计的电容值 0.58nF 非常接近。

三款测试芯片的反谐振峰值测量值比较如图 4.12 所示。在三款芯片中，芯片 A 的反谐振峰值最大。它的峰值阻抗值为 12Ω。此外，芯片 C 的反谐振峰值被大量压缩，而且它的峰值频率向低频移动，它的阻抗值降低为 3Ω。

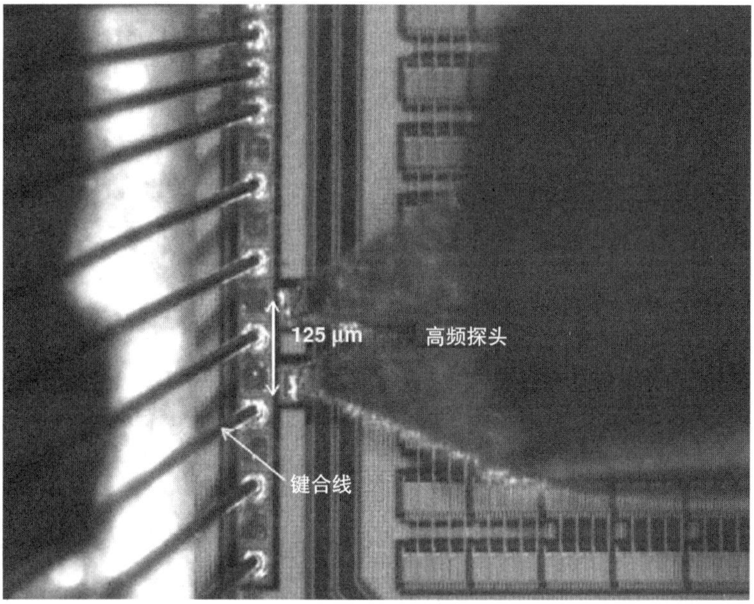

图 4.10　高频探头与大规模集成电路芯片上焊盘的直接接触

4.2.4　信号完整性和电源完整性的联合仿真

包含有存储器控制器以及 DDR3 - 1333 存储器的 DDR3 存储系统测试板如图 4.13 所示。该专用集成电路具有 32bit 存储器数据总线。完整的 16bit 数据通过点对点连接到每一个存储器芯片上。每 8 位数据线的一个选通信号也被连接在一起。测试板包含 4 个导电层。两个内部层（L2 和 L3）指定为电源层和地层。两

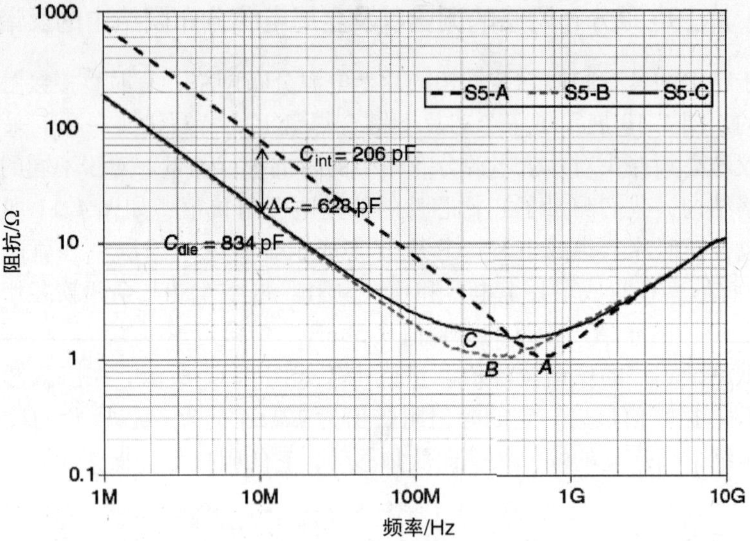

图 4.11　三款芯片片上电源分布网络的测量实例

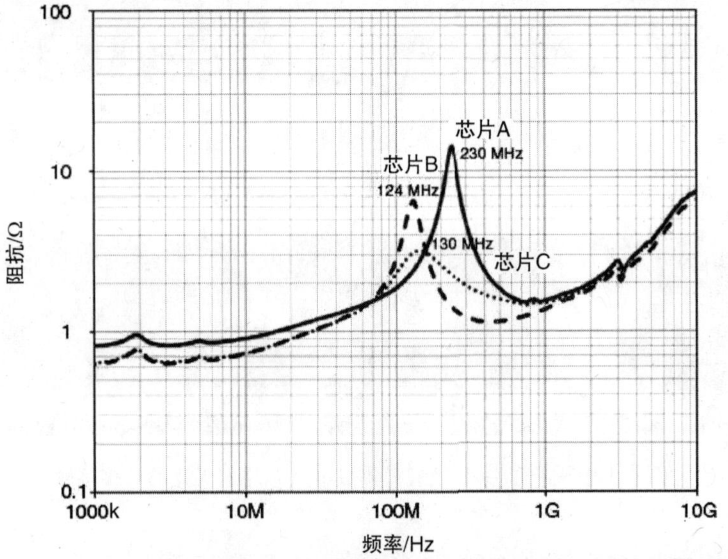

图 4.12　从三款芯片焊盘上观测的电源分布网络的反谐振峰值

个表面层（L1 和 L4）作为信号层。时钟频率为 667MHz，由板级振荡器提供。数据信号（DQ7）的测量眼图如图 4.14a 所示。图 4.14b 显示测得的选通信号和数据信号（DQ7）。选通信号有一个半周期信号的偏移。

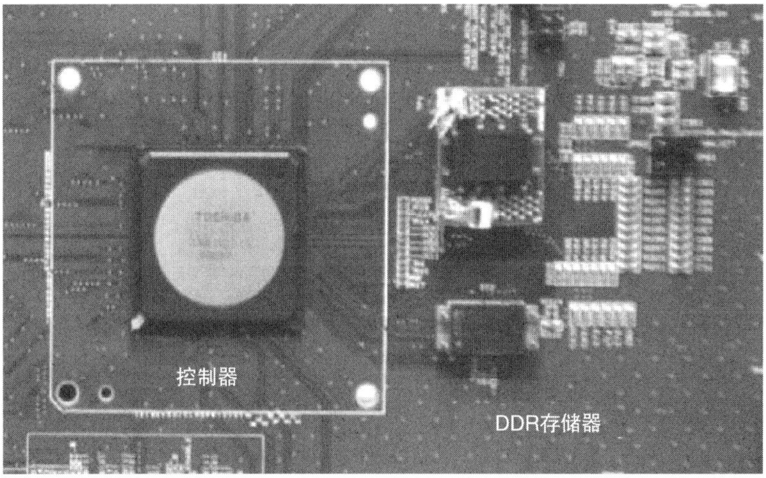

图 4.13　包含有存储器控制器以及 DDR3 - 1333 存储器的 DDR3 存储系统测试板

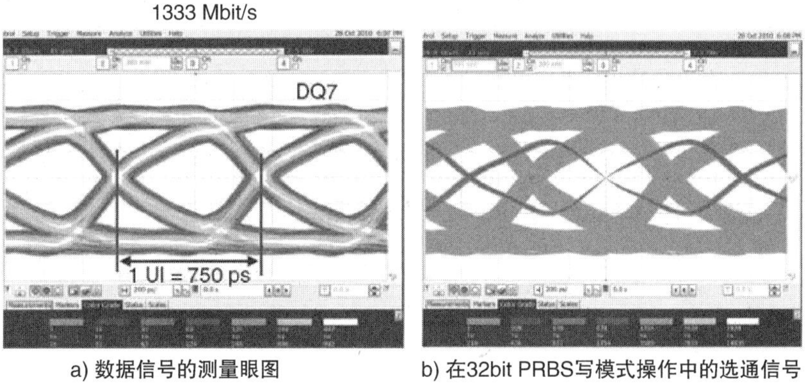

图 4.14　数据信号的测量眼图和在 32bit PRBS 写模式操作中的选通信号

联合仿真模型

包含专用集成电路封装管壳以及测试板的电源分布网络联合仿真模型如图 4.15 所示。专用集成电路 I/O 驱动器模型和信号传输线模型连接到 DDR3 存储器芯片的接收器模型中。在这个模型中加入了封装电感和 5pF 的输入电容。我们可以用芯片电源模型软件（CPM）提取专用集成电路芯片的电源分布网络。接收器模型为公开的 IBIS 模型。我们使用 HSPICE 来分析写操作中的突发模式。在这种模式中，数据线和数据选通都是连续驱动的，而在突发写操作中地址线都只是保证最小驱动的。所以在 HPSICE 仿真中只使用数据线和数据选通信号。

测试板上，我们使用电磁场工具建立了专用集成电路封装管壳周围的 3D 模型，如图 4. 16 所示。计算的测试板上的电源分布网络阻抗如图 4. 17 所示。在板级电源分布网络 S 参数的提取过程中，我们也考虑了板级去耦电容的影响。

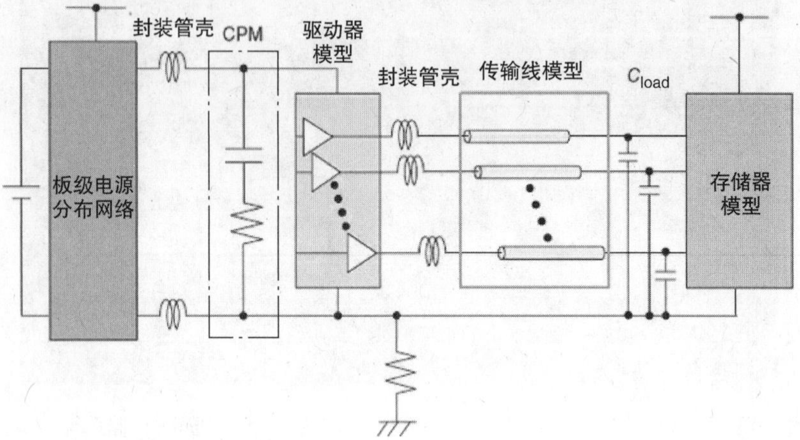

图 4. 15　包含封装管壳电感以及接收器电容的信号完整性和电源完整性联合仿真模型

图 4. 16　板级专用集成电路封装附近的 3D 模型

我们可以采用芯片电源模型来提取片上电源分布网络中专用集成电路芯片的阻抗。提取的芯片电源模型包含 RC 电路，如图 4. 18a 所示。这个模型可以转换为简化的等效电路模型，如图 4.18b 所示。图 4.19 展示了两个电路模型的阻抗比较。既然这两个电路模型基本一致，那么在接下来的仿真中我们就可以采用简化的片上模型，而不采用提取的芯片电源模型。需要注意的是，既然我们将芯片抽象到这样简化的模型，那么集总的 $RC+I(t)$ 网络仅仅用于反映特定子系统（诸如同步开关 I/O）之间的相互作用，而并不能作为通用的模型来评价芯片内部所有区域内的电源完整性。

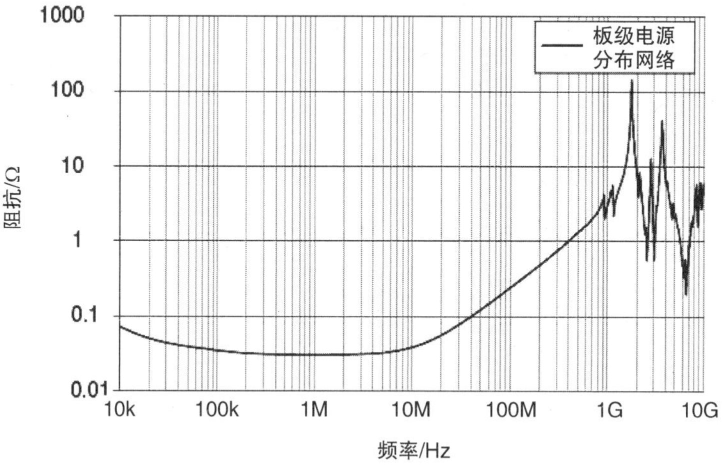

图 4.17　包含板级去耦电容的测试板电源分布网络阻抗的仿真结果

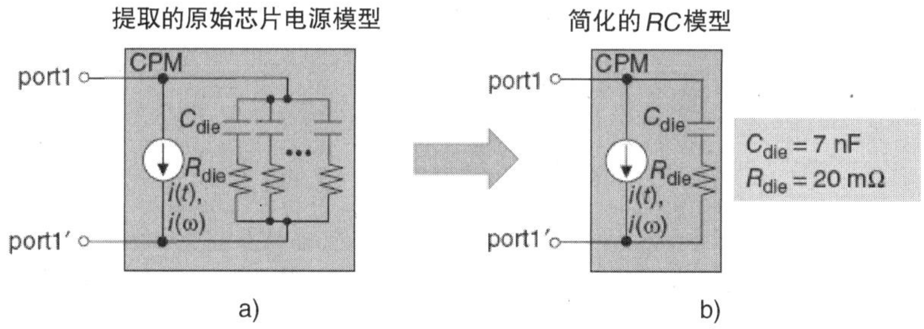

图 4.18　采用芯片电源模型的简化的片上电源分布网络模型

4.2.5　从专用集成电路芯片中所见的整体电源分布网络阻抗

接下来，我们分析从专用集成电路芯片中所见的整体电源分布网络阻抗，从而进一步讨论由于板级电源分布网络和片上电源分布网络同时引起的反谐振峰值，如图 4.20 所示。图 4.21 展示了当两个阻抗相互作用时，在 100MHz 附近的

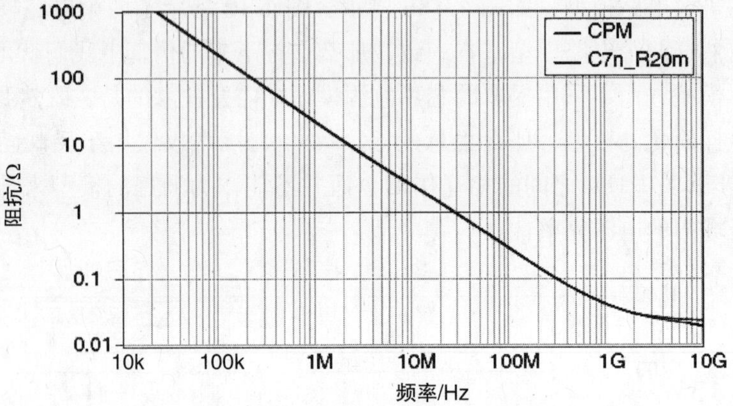

图 4.19　专用集成电路芯片中仿真的片上电源分布网络

反谐振峰值的综合结果。

图 4.21 为当两个阻抗相互作用时，在 100MHz 附近的反谐振峰值的综合结果。

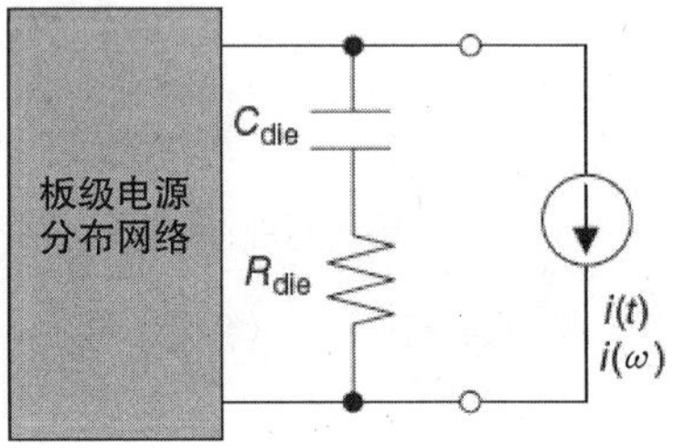

图 4.20　从专用集成电路芯片中所见的整体电源分布网络阻抗

我们在之前讨论的模型中并没有包含封装管壳电感。包括封装管壳电感（$L = L_{Loop}$）的专用集成电路芯片中的电源分布网络阻抗如图 4.22 所示。综合后的反谐振峰值如图 4.23 所示。由于增加了封装管壳电感，反谐振峰值将会向低频移动。即使只在模型中加入 1nH 的有效封装管壳环路电感，与无电感

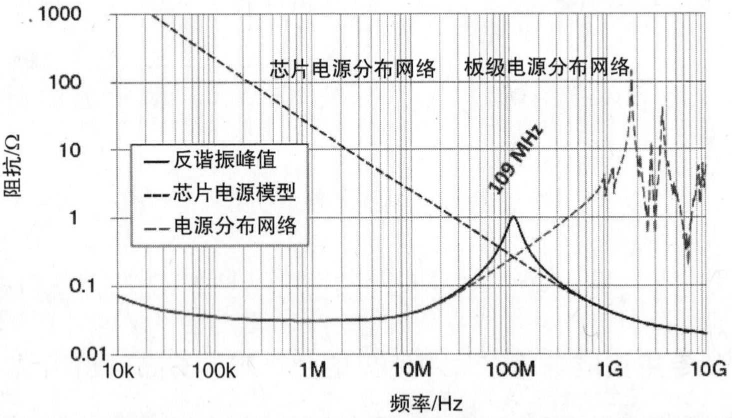

图 4.21　由于芯片和板级电源分布网络阻抗并联产生的综合反谐振峰值

时相比反谐振峰值也几乎会下降一半。所以电感值对于峰值阻抗的点起着重要的作用。这也意味着我们需要考虑片上电感效应，这同样会改变反谐振峰值的特性。

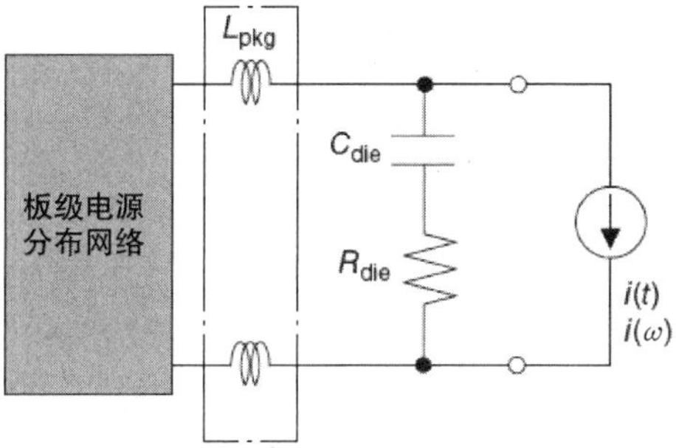

图 4.22　包括封装管壳电感的专用集成电路芯片中的电源分布网络阻抗模型

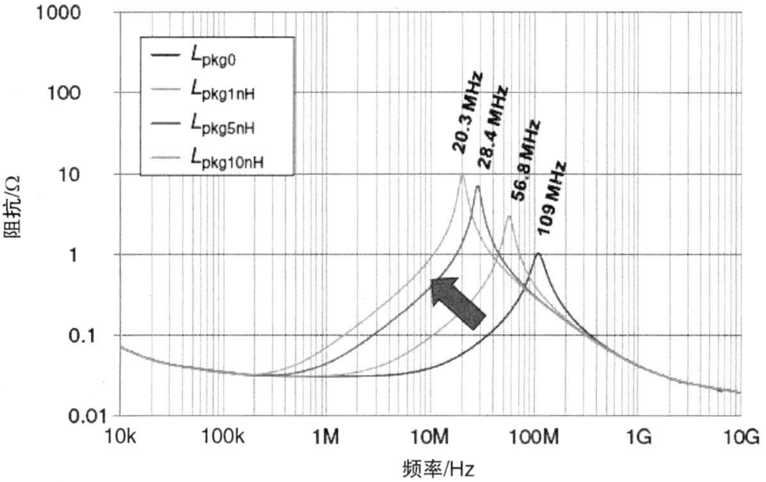

图 4.23　由于封装管壳电感造成的反谐振峰值移动

接下来，我们分析包含片上电容的专用集成电路芯片中所见的整体电源分布网络阻抗，如图 4.24 所示。图 4.25 展示了综合后的反谐振峰值。随着片上电容的降低，反谐振峰值向高频方向移动。

4.2.6　频域内的目标阻抗

依赖于频率的目标阻抗推导

传统的核心电路的目标阻抗 Z_{tar} 在一个很宽的频率范围内定义为一个常数值：

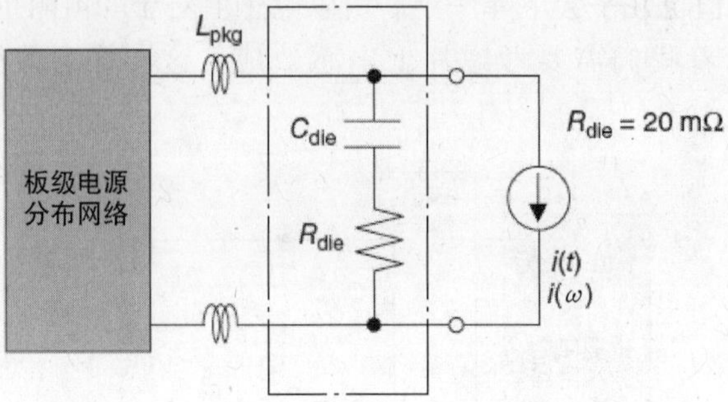

图 4.24　包含片上电容的专用集成电路芯片中所见的整体电源分布网络阻抗模型

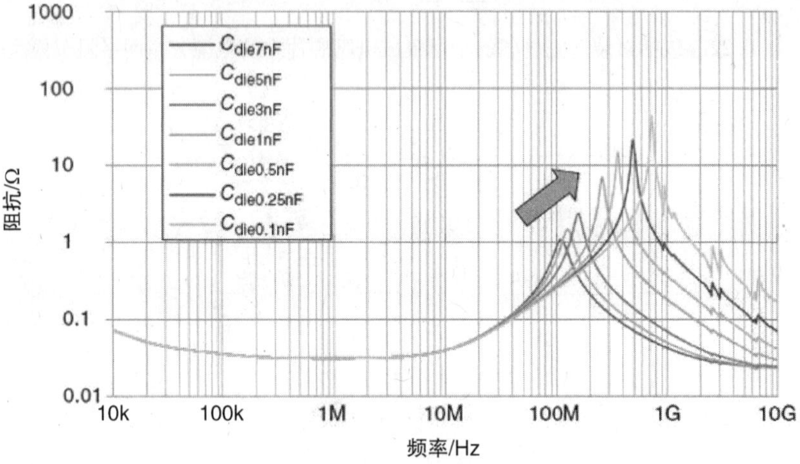

C_{die} 值	峰值频率
C_{die7nF}	110 MHz
C_{die5nF}	126 MHz
C_{die3nF}	157 MHz
C_{die1nF}	261 MHz
$C_{die0.5nF}$	361 MHz
$C_{die0.25nF}$	493 MHz
$C_{die0.1nF}$	732 MHz

图 4.25　随着片上电容的降低，反谐振峰值向高频方向移动

$$Z_{tar} = \text{可以接受的电压波动值（±5\%之内）/电流}$$

这个定义对于板级和封装级阻抗，以及电源传输网络都是适用的。然而，这个定义并不能准确适用于诸如 I/O 电路、差分 I/O 电路等精确电路中。所以对于目标阻抗的定义必须进行调整。

芯片中开关电流的交流分量会产生电源和地噪声。如图 4.15 所示，我们一且得到系统模型中的瞬态开关电流 $i(t)$，那么我们就可以使用傅里叶变换将其转换到频域 $I(\omega)$。使用电源开关电流的频谱，我们可以定义 Z_{tar} 为

$$\Delta V(\omega) = Z_{PDN}(\omega) \cdot I(\omega)$$

$$Z_{tar}(\omega) < Z_{PDN}$$

假设可以接受的电源电压 V_{ripple} 纹波为 5%，且为了简化，我们再假设 V_{ripple} 为常数值。

$$\Delta V(\omega) = V_{ripple}$$

$$Z_{tar}(\omega) < V_{ripple}/I(\omega)$$

那么我们可以从典型的工作模式中推导出开关电流的频谱，比如常用的伪随机二进制序列（PRBS）数据类型。

当 32bit 信号输入时，开关电流的频谱如图 4.26 所示。我们可以采用不同的伪随机二进制序列信号来激励 32bit 信号。为了减少计算时间，我们使用更少的信号 bit。一旦我们得到 8bit 开关的电流 $i(t)$ 和转换结果 $I(\omega)$，那么我们就可以利用以下公式计算 32bits 信号的 Z_{tar}：

$$Z_{tar-32bits} = \frac{V_{dd} \times 5\%}{4 \times I(\omega)_{8bits}}$$

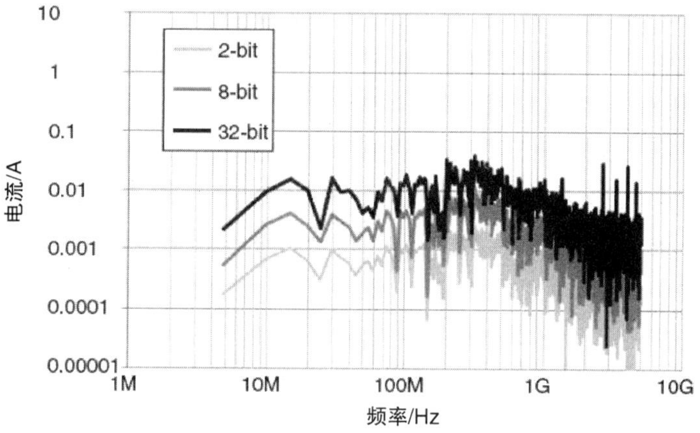

图 4.26　当 32bit 信号输入时，开关电流的频谱

从以上的公式中我们也可以推导出依赖于频率的目标阻抗 Z_{tar}。不同长度信号的依赖于频率的目标阻抗 Z_{tar} 如图 4.27 所示。在这个计算中，时钟频率设置为 666MHz。我们可以采用这个目标阻抗的定义来推导电源分布网络和信号完整性之间的关系。如果电源分布网络阻抗的反谐振峰值与依赖于频率的目标阻抗 Z_{tar} 重合，那么眼图以及电源上的噪声将会被极大的衰减。

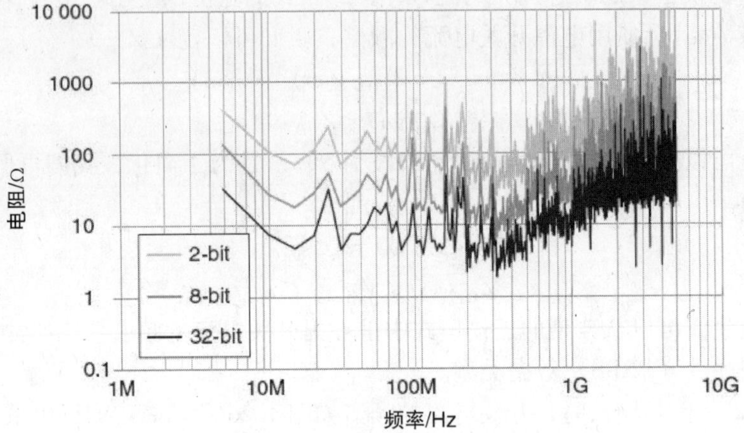

图 4.27　不同长度信号的依赖于频率的目标阻抗 Z_{tar}

4.2.7　采用依赖于频率目标阻抗的信号衰减估计

如图 4.28 所示，由于芯片电容 C_{die} 与片上尺寸、电源/地版图以及去耦电容的应用有关，我们观测了 3 个例子中的反谐振峰值。第 1 个例子中的 C_{die} 为 7nF，第 2 例子中的 C_{die} 为 0.1nF，第 3 个例子中的 C_{die} 为 0.5nF。反谐振峰值的计算与之前章节相同。图 4.29 展示了 3 个例子的仿真眼图。反谐振峰值与依赖于频率的目标阻抗交叠越多，就会产生更大的电源噪声。

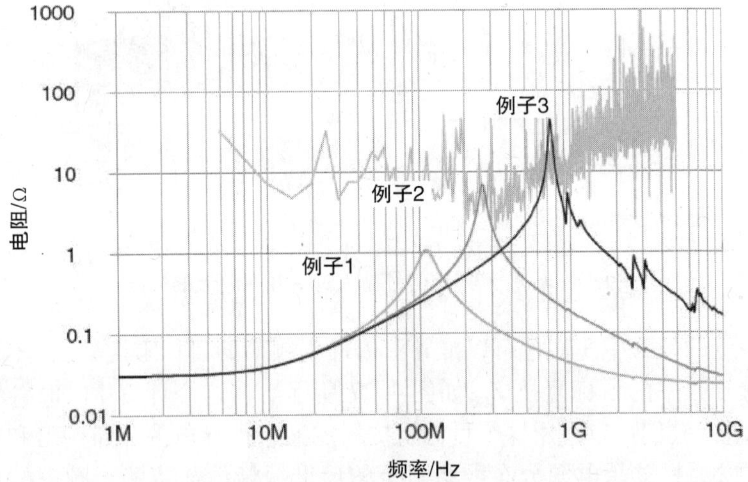

图 4.28　不同反谐振峰值时的目标阻抗重叠

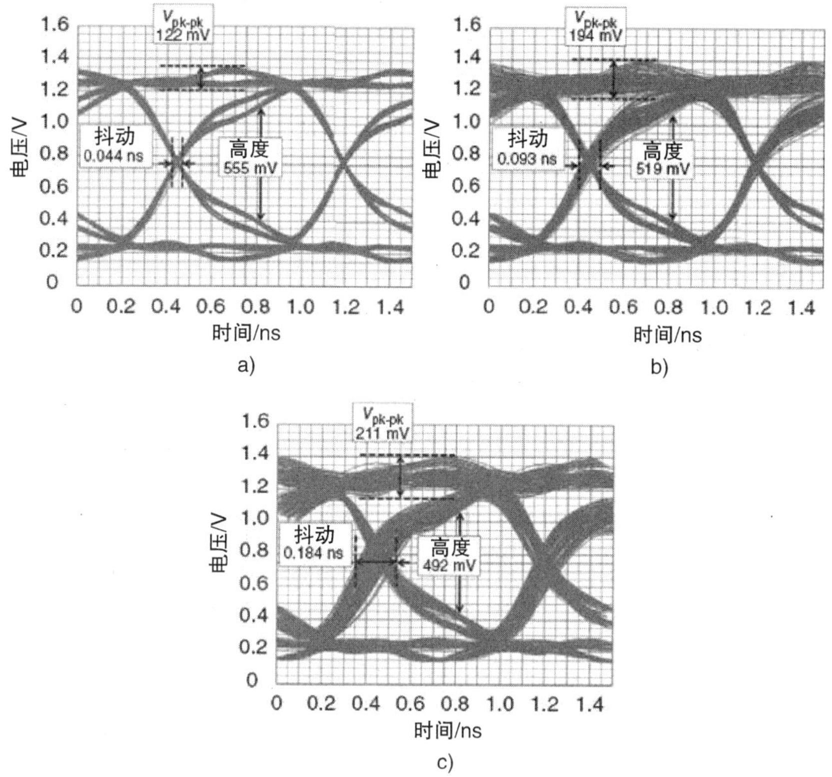

图 4.29　不同反谐振峰值时的眼图

4.3　差分 I/O 设计

在一些需要更高吞吐率和带宽的应用中，通常都会采用包含有数 GHz 通道总线的高速串行接口。如图 4.30 所示，这些数 GHz 通道总线都包含有单向或者双向的 I/O 电路[12,13]。

为了保持数 GHz 频率范围内的信号传输的信号完整性，我们必须在板级设计时充分考虑诸如介质损失等电磁效应以及高频段的趋肤效应等。并且相对于基板的生产，由于通孔产生的结构不连续性效应、板级和封装管壳之间传输线的不连续阻抗都应该优先考虑。

4.3.1　差分 I/O 电路的信号完整性建模

板级数 GHz 总线的一条通路的互联模型如图 4.31 所示[14]。这些总线都是从大规模集成电路芯片到接收芯片的点对点互连，包括差分传输线和片上终端

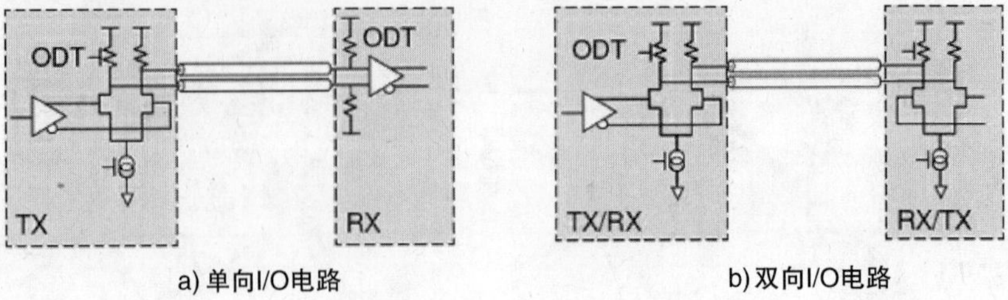

图 4.30　差分 I/O 电路

(ODT)。我们采用 2 维求解方式来提取 PCB 上传输线以及封装模型中的必要参数。PCB 上传输线的长度假设为 30cm。我们同时使用 2 维的传输线横截面模型。典型的线宽 W 和差分传输线的内部总线空间（S1）分别为 90μm 和 120μm。差分阻抗设计为 100Ω。差分通孔与频率有关的特性可以用 S 参数来表示。驱动电路包含了行为级模型，而接收器则被描述为片上终端电阻和片上静电释放电路（ESD）电容的组合。最终，我们将这些模型连接起来，并输入伪随机比特序列信号驱动驱动器，最后使用 HSPICE 仿真接收器的眼图。我们可以通过时序抖动和接收器的眼图张开程度来估计信号完整性。

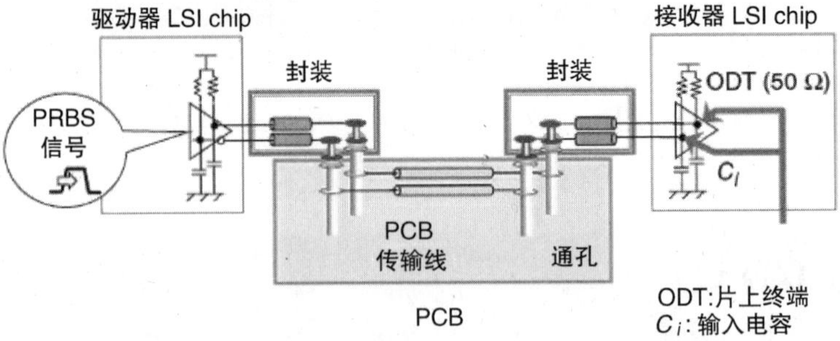

图 4.31　差分 I/O 电路模型

4.3.2　差分传输线、串扰噪声和通孔的影响

两种类型的三线对差分传输线如图 4.32 所示。差分传输线的对线是为了检测串扰噪声对信号波形的影响。带状线结构的介质损失要高于微带线，这是因为带状线完全由介质包裹。此外，带状线的信号波形由于通孔影响也更容易衰减；另一方面，微带线的信号波形会受到前向（或近端）串扰噪声的影响，而由于在多个传输线中传播分散的影响，我们也无法进行精确的时序控制。对于带状线而言，通孔必不可少。在整个等效电路模型中，仿真得到的通孔 S 参数可以应用

于 PCB 传输线和封装管壳传输线之间。

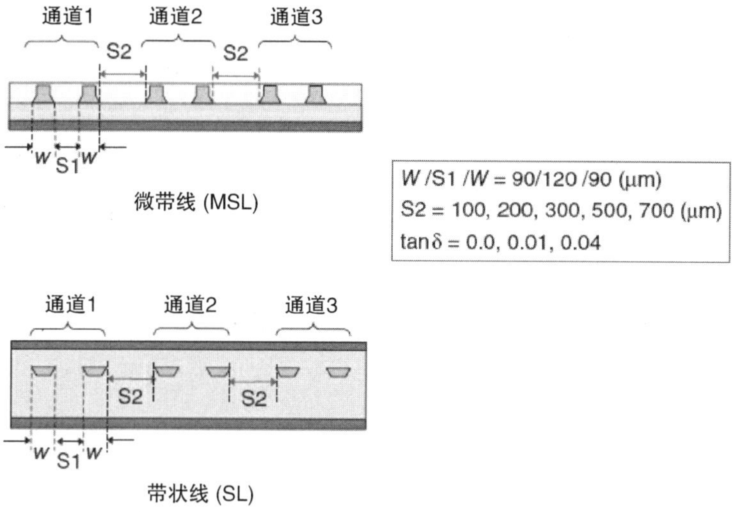

图 4.32　两种类型的三线对差分传输线

三种类型的通孔结构如图 4.33 所示。图 4.33a 中是一种穿通的微带线通孔，4.33b 为带状线中的短通孔，而 4.33c 为带状线中的长通孔。每一个通孔结构的差分衰减特性 S_{dd21} 的仿真结果如图 4.34 所示。带状线中的长通孔在 17GHz 附近有大的衰减，而且伴有强的谐振现象。

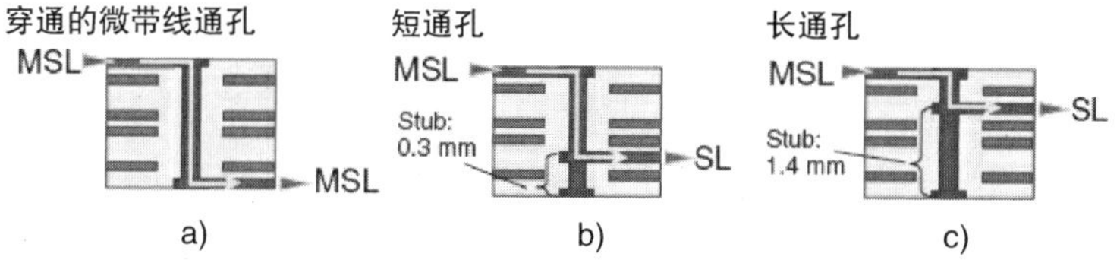

图 4.33　三种类型的通孔结构

时序抖动和电压眼图的仿真结果如图 4.35 所示。如图所示，在带状线中没有明显的串扰噪声影响。然而，当微带线的通道间隙 S2 小于 500μm 时，我们可以看到时序抖动在增加，而由于串扰噪声的影响，眼图张开程度下降。此外，我们还可以清楚地看到，当沟道间隙 S2 足够大时，带状线与微带线相比，介质损耗使得电压眼图恶化。

4.3.3　机织玻璃纤维的共模转换

PCB 中典型的绝缘材料 FR4 包含机织玻璃纤维和环氧树脂。玻璃纤维的介

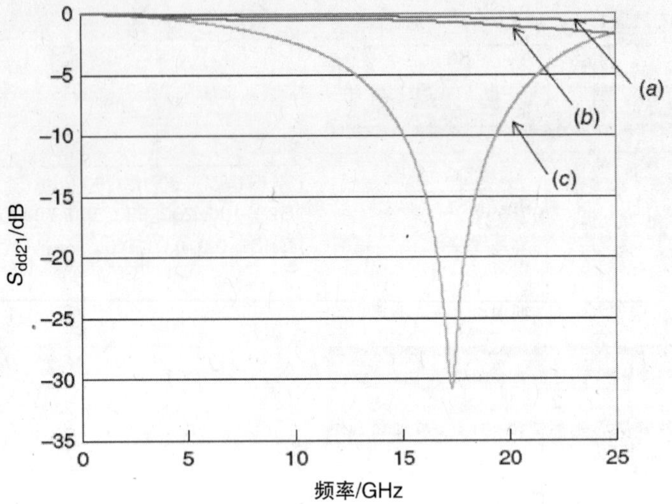

图 4.34　三种通孔的插入损耗

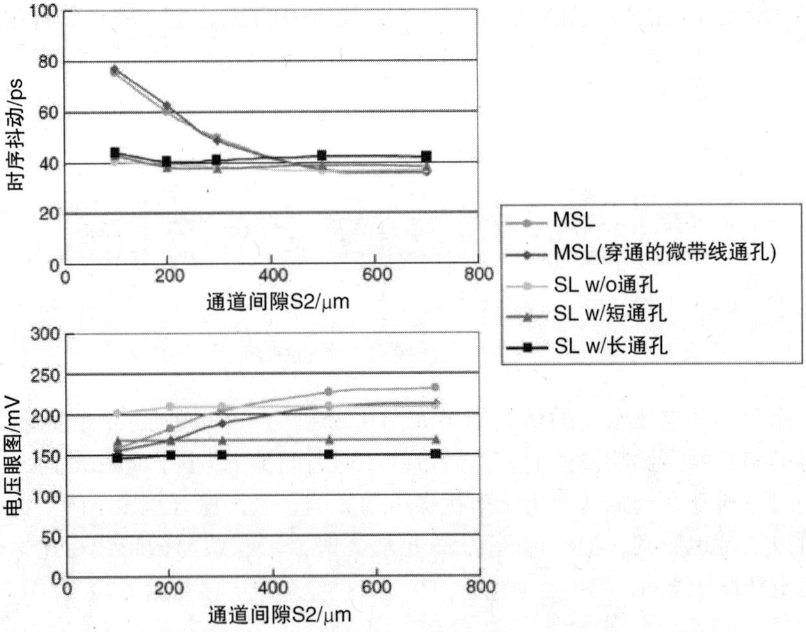

图 4.35　时序抖动和电压眼图的仿真结果

电常数近似为 6，而环氧树脂的介电常数近似为 3。所以，FR4 是一种不均匀的材料。这会导致差分传输线产生共模转换。换句话说，电源噪声会以共模噪声的形式耦合到差分对的走线中，并沿着互连的 PCB 通路转换为差分噪声，降低信噪比。

两种类型的差分传输线如图 4.36 所示：一种信号线对齐，垂直于编织玻璃纤维；另一种信号线与编织玻璃纤维成 45°角。图 4.37 展示了两种情况下差分带状线的 S 参数。它们在 S_{dd21} 上没有太大的差别，但是对于倾斜的信号线 S_{cd21} 有大约 10dB 的增加。

图 4.38 显示了机织玻璃纤维和 FR4 板 SEM 截面图像，在这个基板上生产了一对差分带状线。左侧的铜线位于环氧树脂中部，右侧铜线靠近高介电常数的玻璃纤维。这会导致差分线之间的不平衡，造成阻抗和信号传播速度的差异。右图展示了一个三维的带状线电磁模型。我们可以用 HFSS 软件来仿真模式转换。图 4.39 展示了 40GHz 以内的 S 参数仿真结果。通过倾斜信号线，S_{cd21} 提高了超过 10dB。图 4.40 显示了没有任何任何玻璃纤维和 S_{cd21} 模拟结果的均质模型。我们可以看到 S_{cd21} 有了极大的提高。

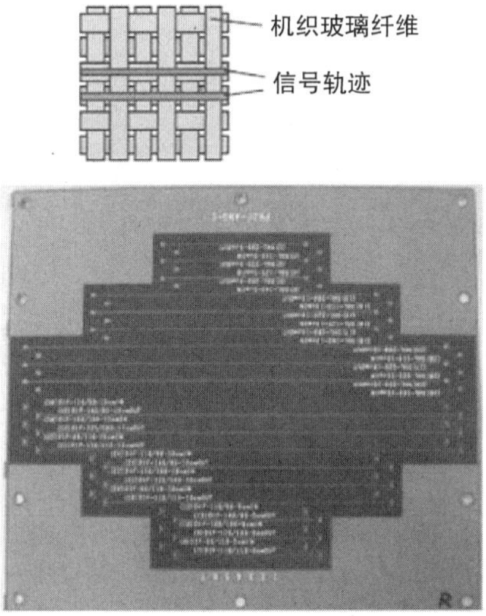

a) 0°

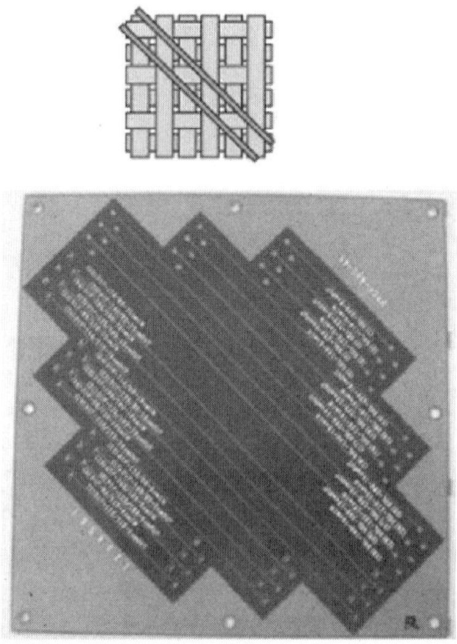

b) 45°

图 4.36　差分传输线评估板

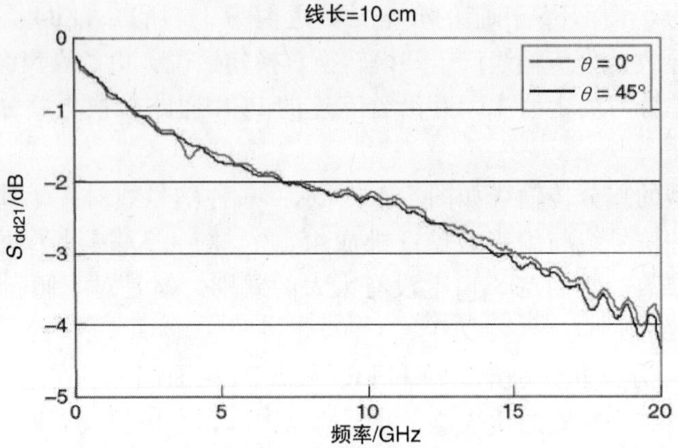

a) S_{dd21}

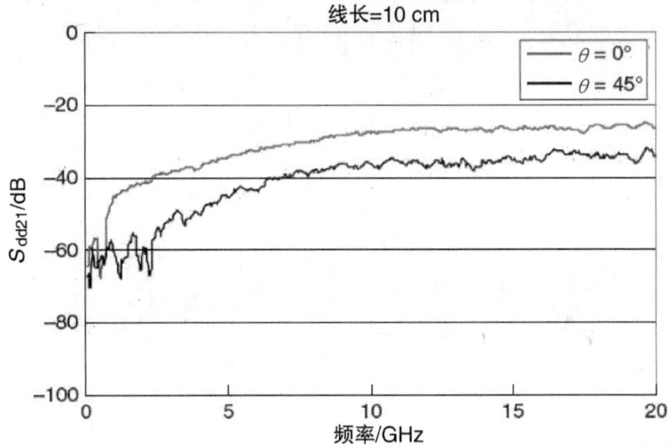

b) S_{cd21}

图 4.37　不同角度走线下 S 参数的测量结果

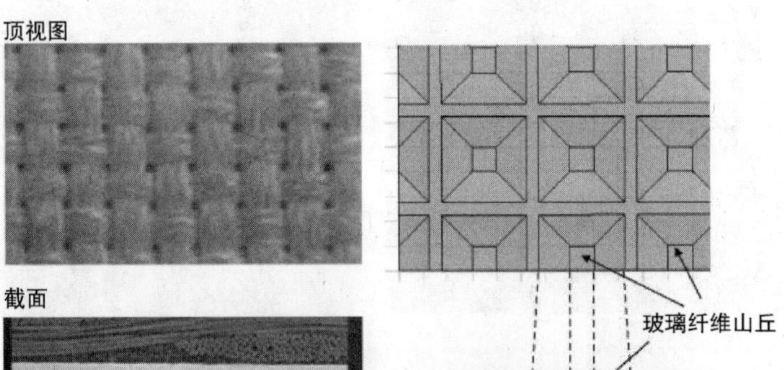

图 4.38　机织玻璃纤维和 FR4 板 SEM 截面图像

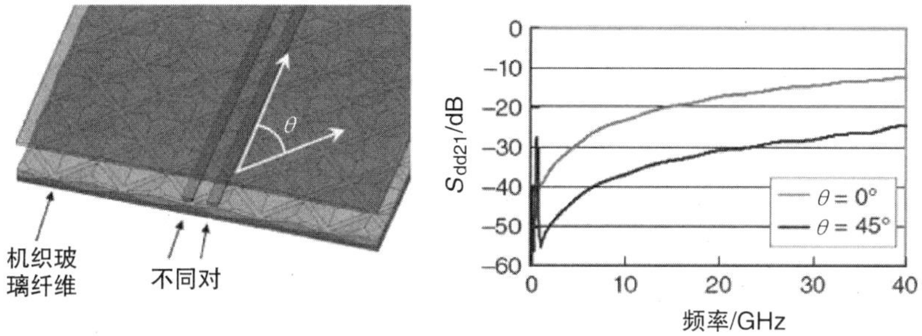

图 4.39　不同角度走线的 S 参数仿真结果

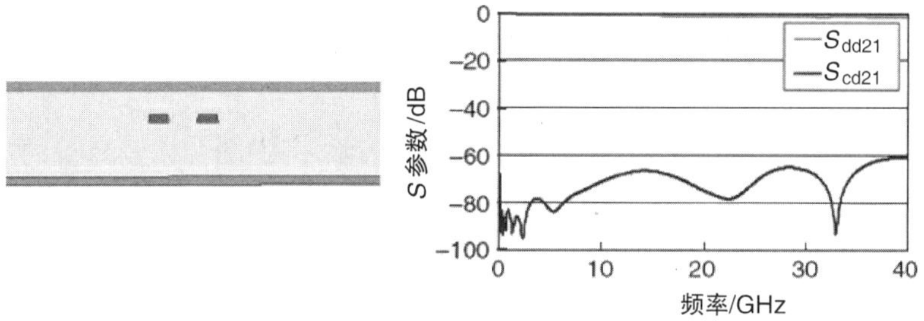

图 4.40　均匀绝缘层中转化模式的提高

4.4　三维系统级封装中的电源完整性设计和评估

近年来，三维层叠系统级封装（SIP）得到了快速发展，并广泛应用于高密度的系统中[15]。层叠芯片技术最早在手机中通过键合线得到应用，因为传统的二维基板会占据大量空间。然而，层叠芯片的互连也会受限于周围芯片的空间，并且从电气性能的角度看，由于键合线会产生大的引线电感，所以键合线也不是特别的适用。基于三维系统级封装的硅通孔被认为是具有更好电气性能以及更高带宽的技术，因为硅通孔可以布置在芯片的任何位置，并且进行垂直的短距离互连[16-18]。

图 4.41 展示了典型的二维和三维互连结构。二维互连结构是一种高速串行结构，具有较窄的总线宽度；而三维层叠芯片结构可以降低芯片间的电容负载，从而降低结构电路的功耗。因此，每个比特信号传输所需要的能量也就降低了。通过在三维系统级封装中使用硅通孔，我们可以获得更宽的总线结构，但同时也

要对开关噪声仔细评估，将其控制在允许的范围之内。然而，目前还没有太多文献讨论三维系统级封装中电源分布网络的设计技术[19-20]。

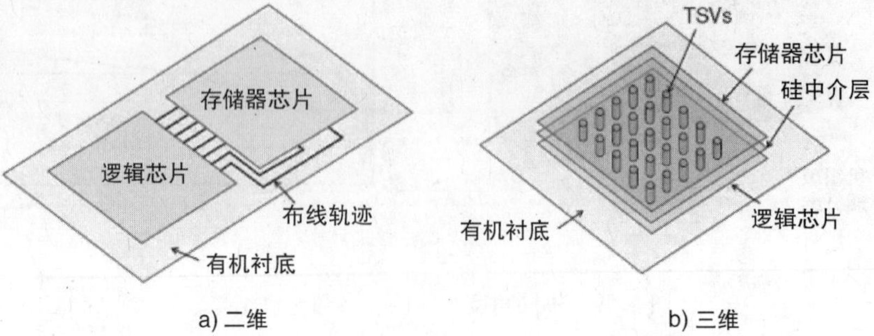

图 4.41　典型的二维和三维互连结构

4.4.1　宽总线结构的优势

在未来的应用中，宽总线结构可以处理高分辨率的图片以及海量的数据。图 4.42 展示了对于不同的总线带宽，带宽（BW）和数据速率之间的关系。通过将总线带宽从 64bit 增加到 4096bit，我们可以获得更高的吞吐率，而数据通信速度可以最低达到 200Mbit/s。对于具有 64bit 总线宽度的 1.6Gbit/s 串行接口，典型的吞吐率为 6.4Gbit/s。此外，通过引入宽总线结构，在 4096bit 总线配置时，吞吐率可以达到 102Gbit/s，同时串化和去串化的延迟也可以得到缓解。

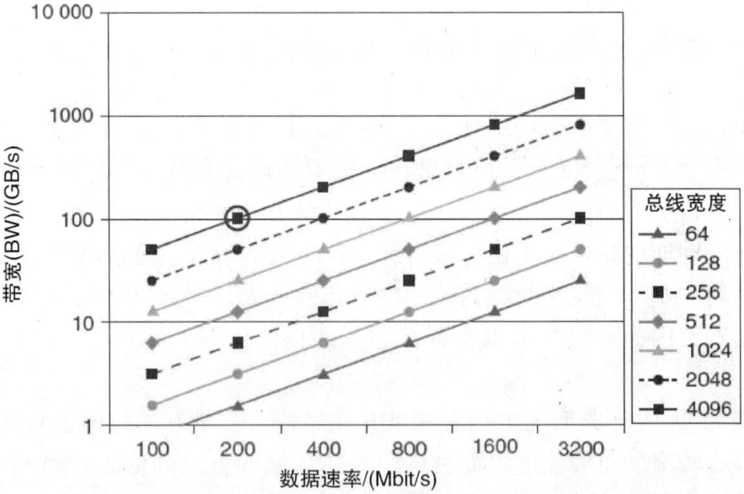

图 4.42　宽总线结构获得的带宽（吞吐率）

4.4.2　三种层叠芯片和三维系统级封装配置

逻辑芯片、存储器芯片和硅介质层图片如图 4.43 所示。逻辑芯片和存储器芯片采用 8 层金属 90nm CMOS 工艺。硅介质层采用四层金属 0.35μm 工艺。对应于宽数据应用的 8 组 512 个 I/O 引脚放置在芯片的中部，其他控制信号则布置在芯片周边。硅介质上硅通孔的间距为 50μm，直径为 20μm。包括电源和地引脚在内，芯片上有超过 6000 个连接点。

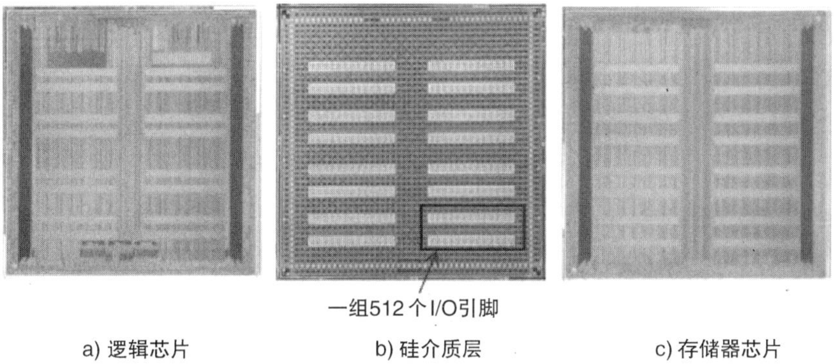

图 4.43　逻辑芯片、硅介质层和存储器芯片图片

包含三个芯片和有机衬底的三维层叠系统级封装如图 4.44 所示。三个芯片分别为逻辑芯片、存储器芯片和硅介质。每一个芯片尺寸为 9.93mm × 9.93mm。硅通孔生长在硅介质中和逻辑芯片中，并且连接到每一个微接口上。硅介质插入到逻辑芯片和存储器芯片之间，用于灵活的调整焊盘间距。

层叠芯片的框图如图 4.45 所示。完整的 4096bit 数据可以通过硅介质从存储器芯片传输到逻辑芯片中。逻辑芯片具有存储器类型的发生器，并且可以通过双向 4096bit 宽度的数据总线产生、发送并存储数据。接口电路是一个标准的 1.2V 低压最小化 I/O 电路，具有不同的电流驱动能力。总线的数据率可以达到 200MHz。可以通过宽度总线和系统控制信号来控制时序。存储器芯片和逻辑芯片使用 JTAG 和 BIST 进行测试。噪声观测电路用于观测电源/地噪声波形，当大量 I/O 电路同时导通时。

片上噪声观测电路在逻辑芯片中用于观测同步开关输出噪声。图 4.46 展示了片上噪声观测电路及其位置。在每一个宽总线中都布置了总共 8 个观测点观测同步开关输出噪声。图 4.47 展示了宽总线接口中的最小化 I/O 电路。最小化 I/O 电路工作在 1.2V 电源电压下。输出缓冲器的电流驱动能力从 0.25mA、0.5mA、1.0mA 到 2mA。

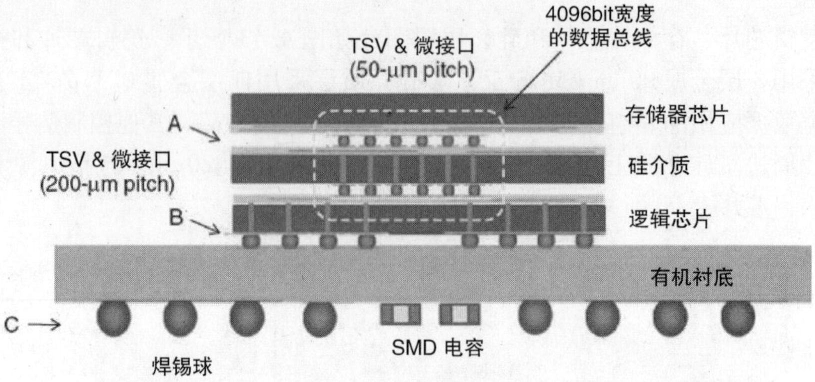

连接点	总互连	信号#	V_{DD}/地	冗余 & NC
A	7332	4633	2006	693
B	729	277	452	—
C	530	—	—	—

图 4.44　三维系统级封装配置，并连接到 A、B 和 C 点

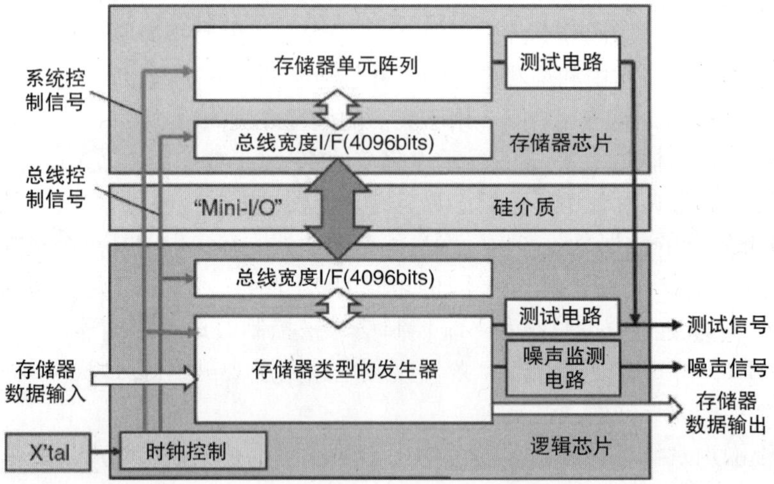

图 4.45　三个层叠芯片框图

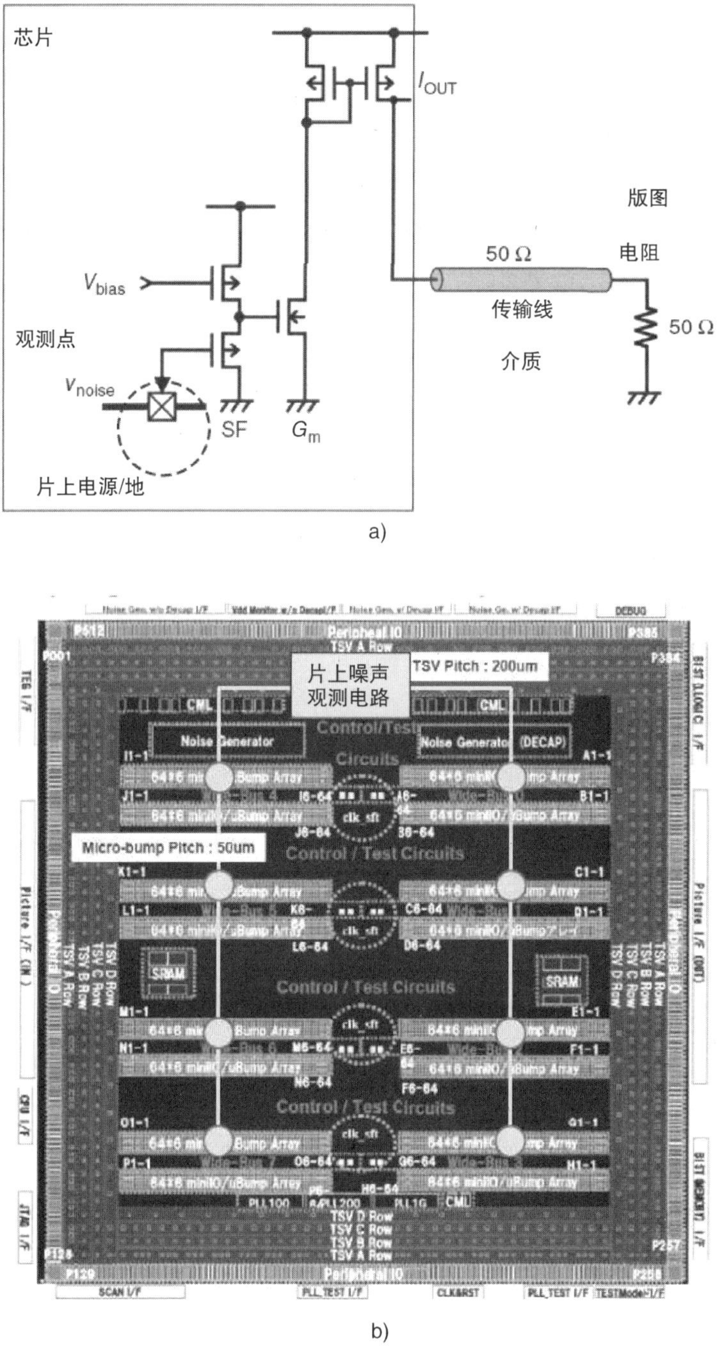

图 4.46 片上噪声观测电路及其位置

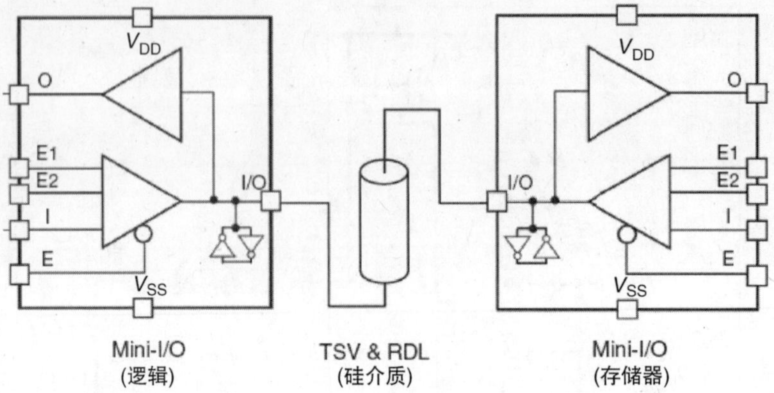

图 4.47　具有不同电流驱动能力的最小化 I/O 电路

宽总线信号中的硅通孔区域特写如图 4.48 所示。电源和地的硅通孔均匀布置。在硅介质层和有机介质层中的硅通孔横截面如图 4.49 所示。硅通孔的电子模型可以用电感 L_{via}、电容 C_{via}和电阻 R_{via}来表示，如图 4.50 所示。

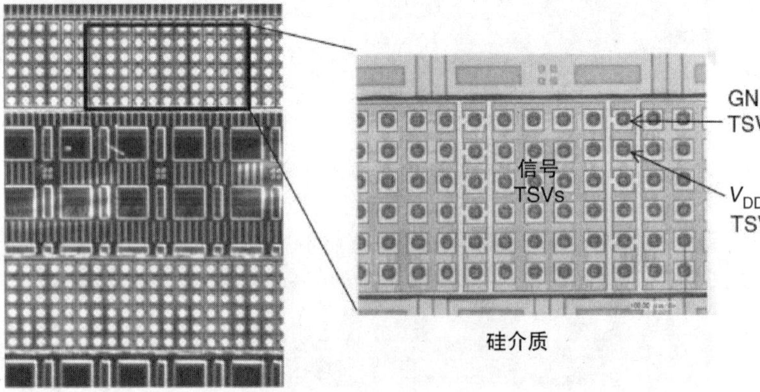

图 4.48　宽总线信号中的硅通孔和微连接区域

我们设计一种有机介质来放置三种芯片。它包含 8 个导电层，尺寸为 26mm×26mm。图 4.51a 展示了用多个探头测试 S 参数的前视图。在有机衬底上层叠芯片连接到间距为 200μm 的节点上。多个贴片电容放置在背面，如图 4.51b 所示。贴片电容的尺寸为 0.6mm×0.3mm，值为 0.1μF。包括和不包括贴片去耦电容的有机衬底的电源分布网络阻抗的测试和仿真结果如图 4.52 所示。我们也可以使用 SI wave 软件来计算电源分布网络的阻抗。

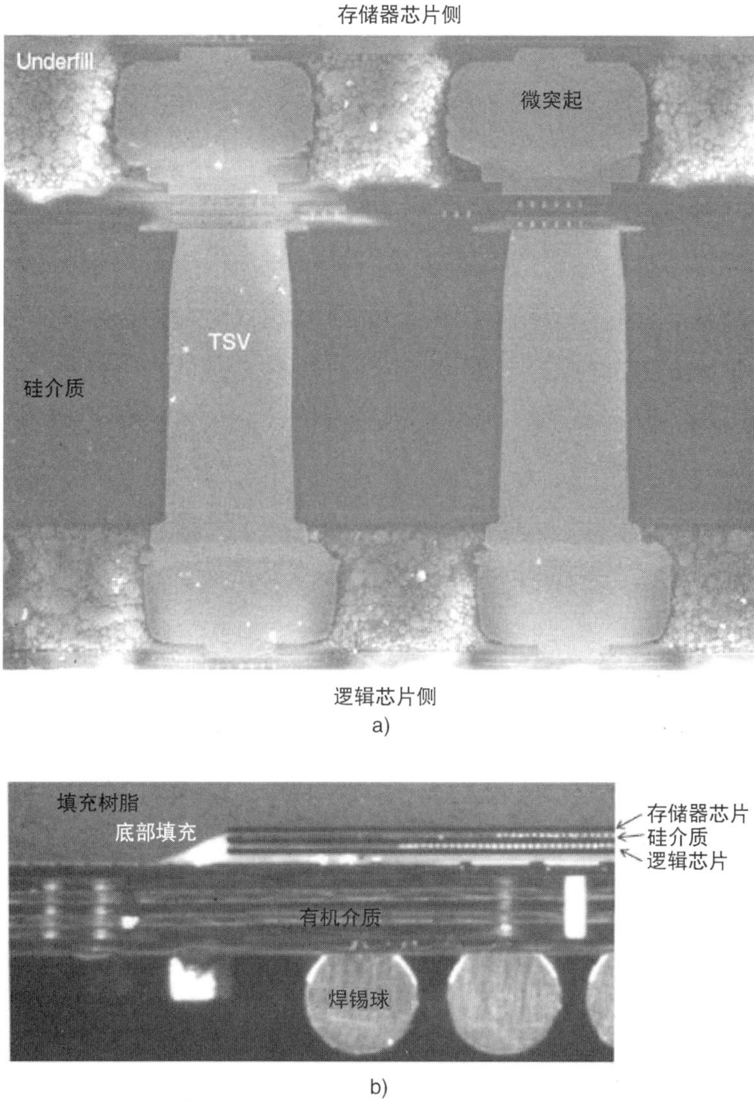

图 4.49　在硅介质层和有机介质层中的硅通孔横截面

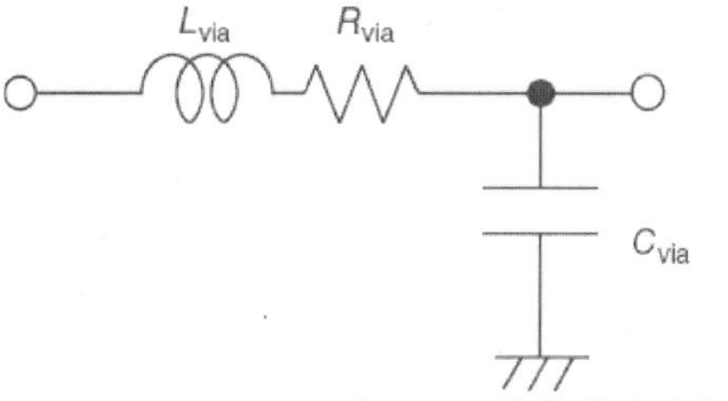

L_{via}	30.76 pH
R_{via}	1.91 mΩ
C_{via}	0.075 pF

图 4.50　简化的硅通孔电路模型

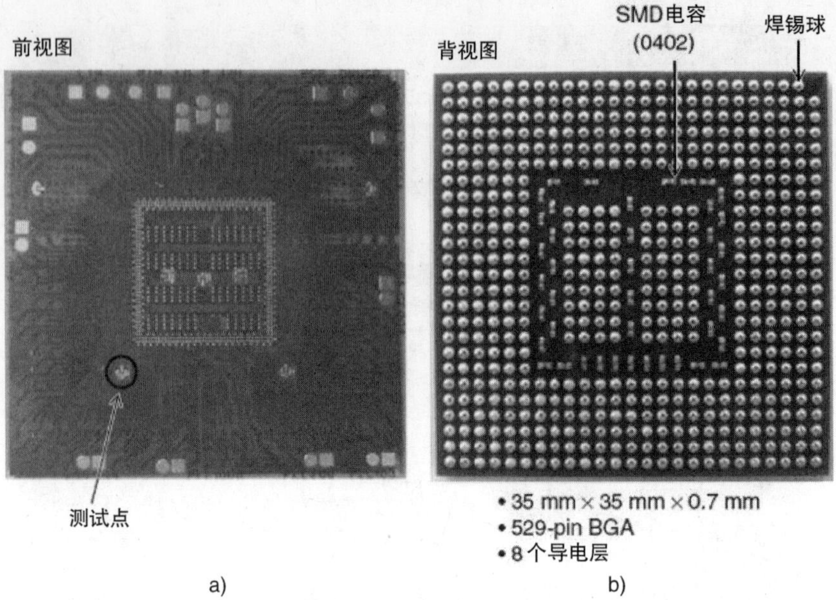

图 4.51　有机介质层衬底

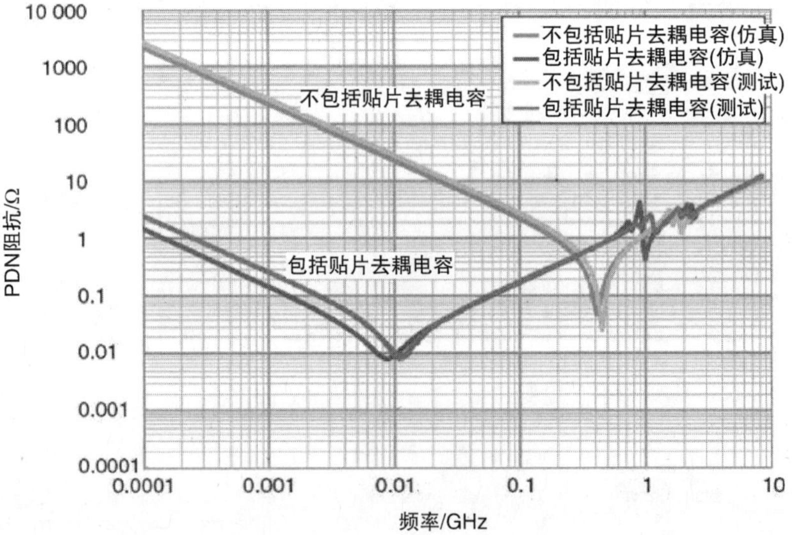

图 4.52　包括和不包括贴片去耦电容的有机衬底的电源分布网络阻抗的测试和仿真结果

4.4.3　完整的电源分布网络阻抗及其对同步开关输出噪声的影响

我们采用矢量网络分析仪来测试三款芯片的电源分布网络阻抗。高频探头直接放置在裸露芯片的焊盘上。我们采用商用的软件工具 Redhawk 来仿真电源分布网络阻抗。

逻辑芯片的测试和仿真结果如图 4.53 所示，从这些数据中，当电源关闭的时候，逻辑芯片的 C_{die} 为 9.44nF，R_{die} 为 1.3Ω。当电源上升到 1.2V 时，C_{die} 增加到 25.6nF。仿真和测试结果几乎一致。存储器芯片的测试和仿真结果如图 4.54 所示，存储器芯片的 C_{die} 为 9.42nF，R_{die} 为 1Ω。仿真和测试结果也非常一致。硅介质层的电源分布网络阻抗中，C_{die} 为 3.54nF，R_{die} 为 0.9Ω，如图 4.55 所示。我们发现在 1GHz 的范围内，片上电源分布网络阻抗可以用简单的等效电路来表示，但对于高频段这种集总近似就不再适用了，或者在芯片上可以观测到随着空间变化的噪声行为。

整体电源分布网络阻抗需要综合考虑三个芯片的电源分布网络阻抗、有机封装管壳衬底以及评估板，如图 4.56 所示。每一个芯片的电源分布网络阻抗仿真结果如图 4.57 所示。封装电感和层叠电容并联产生的反谐振峰值出现在 80MHz 附近。

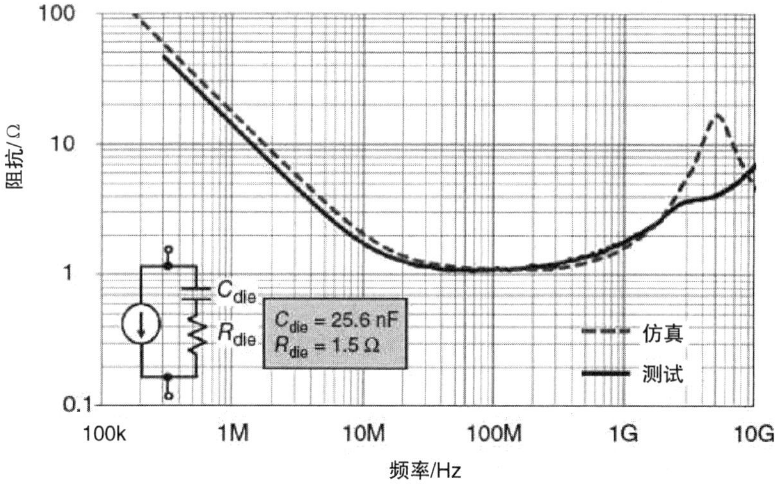

a) 电源关闭时

图 4.53　逻辑芯片电源分布网络阻抗的测试和仿真结果

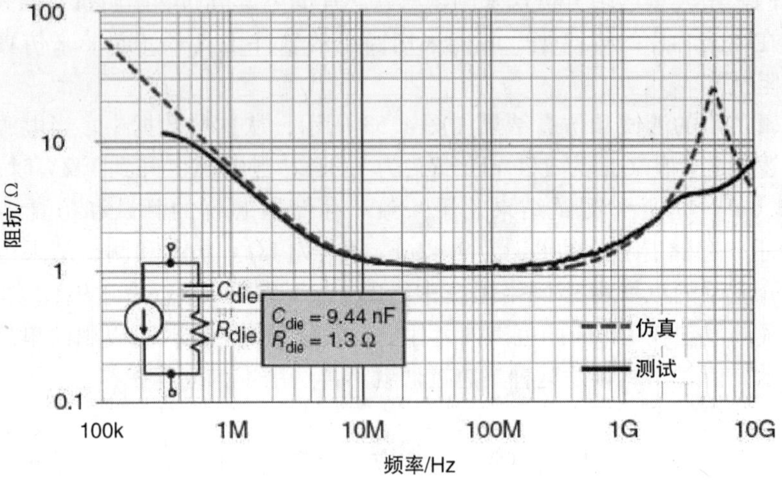

b) 电源接通时

图 4.53　逻辑芯片电源分布网络阻抗的测试和仿真结果（续）

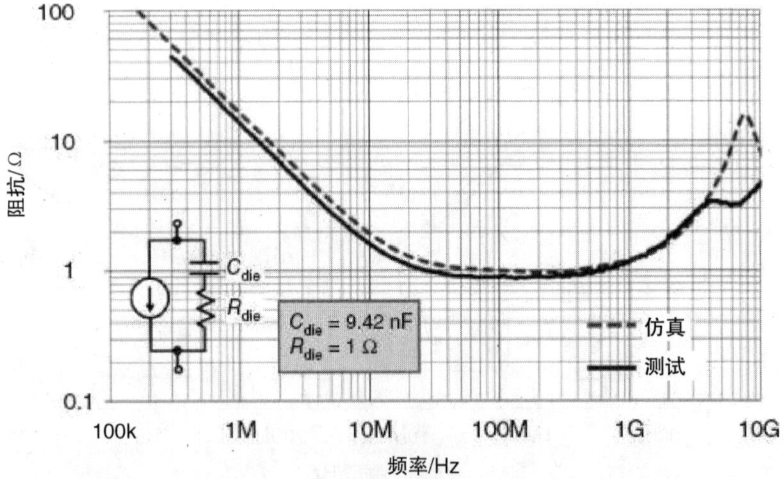

a) 电源关闭时

图 4.54　存储器芯片电源分布网络阻抗的测试和仿真结果

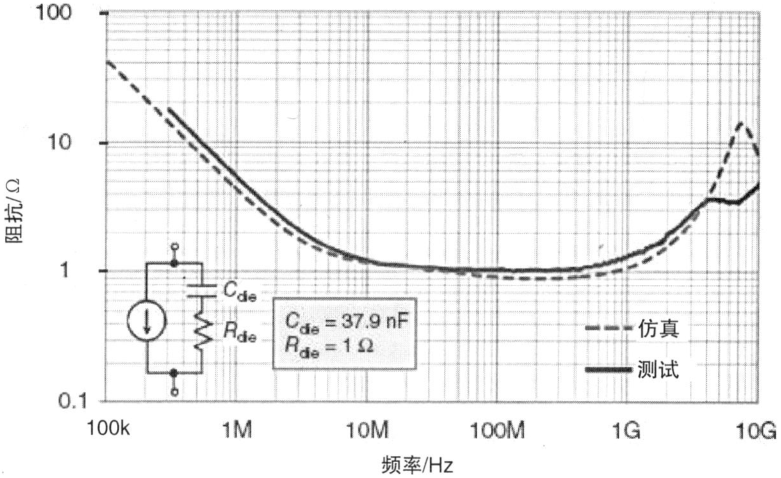

b)电源接通时

图 4.54　存储器芯片电源分布网络阻抗的测试和仿真结果（续）

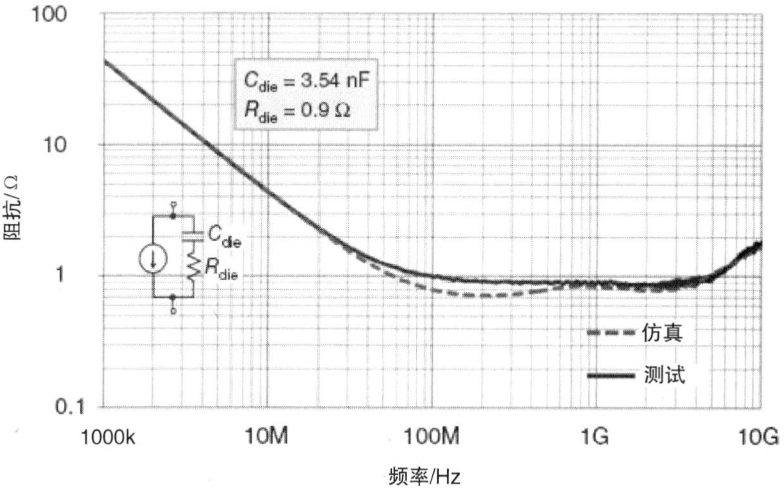

图 4.55　硅介质层电源分布网络阻抗的测试和仿真结果

通过刻意移动开关时序来降低电源噪声的相移时钟电路如图 4.58 所示。512bit 信号被划分为 16 组，每组包含 32bit 信号。每组具有独立的时钟，时钟延时控制为 0.1ns，同时每组的延迟时间都可以通过电脑软件来编程。

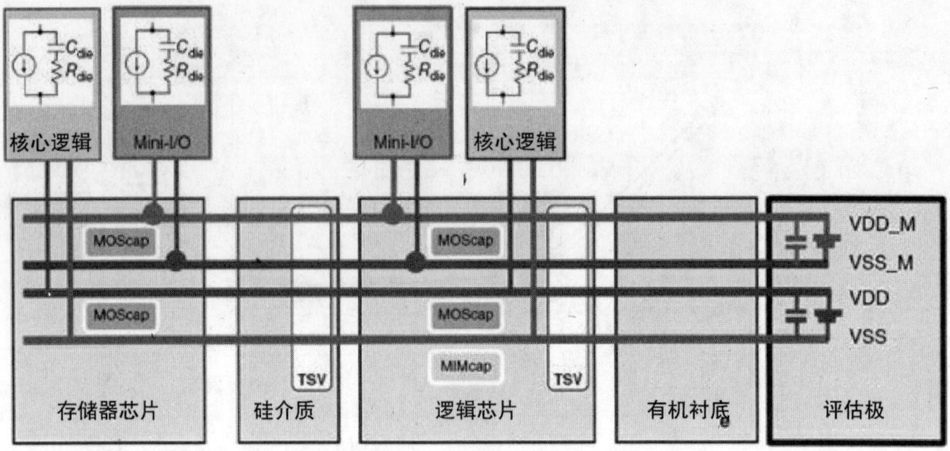

图 4.56　最小化 I/O 电路的整体电源分布网络

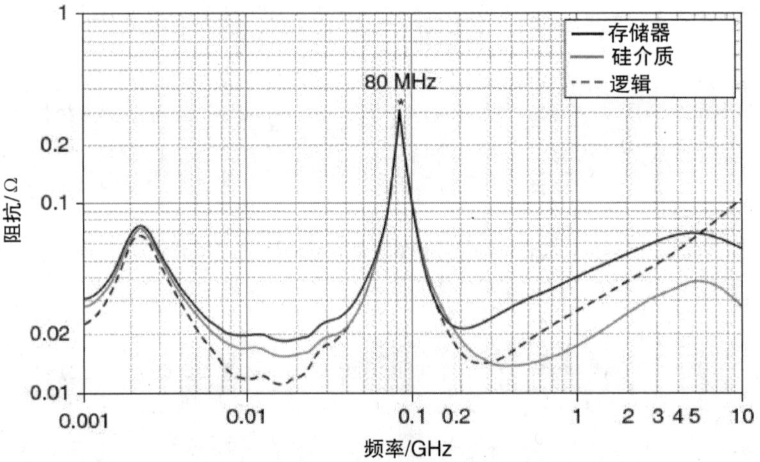

图 4.57　芯片中仿真和测试的电源分布网络阻抗

用于测试同步开关输出噪声的完整的三维系统级封装如图 4.59 所示。在 4096bit 宽度总线操作中，对于突发写操作，同步开关输出噪声的幅度如图 4.60 所示。其工作频率分别为 50MHz、75MHz、100MHz 和 200MHz。在 75MHz 时，最大峰峰值噪声为 45mV，与完整电源分布网络阻抗的反谐振峰值一致。通过引入相移时钟电路可以将同步开关输出噪声峰值噪声水平降低 30%，如图 4.61 所示。

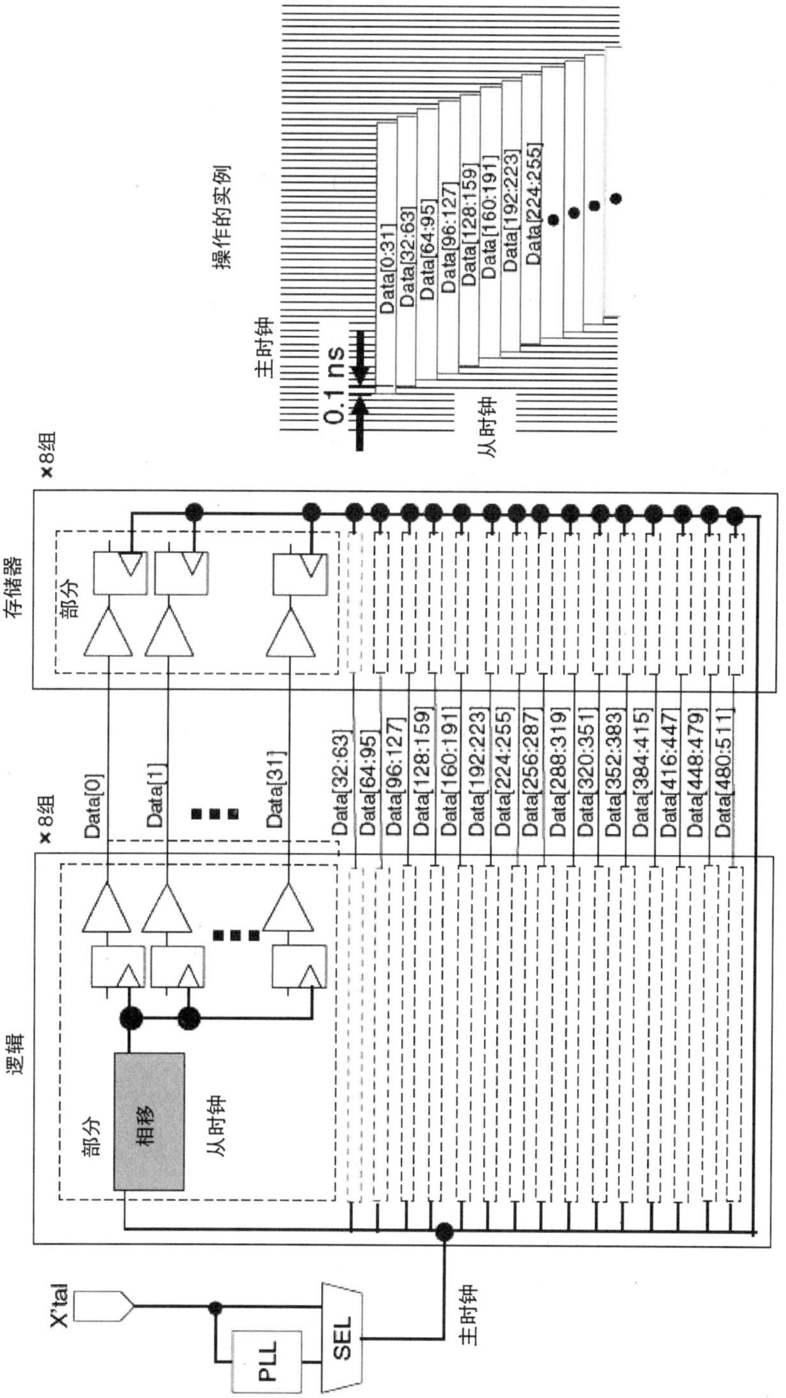
X'tal
PLL
SEL
主时钟
逻辑
部分
相移
从时钟
×8组
Data[0]
Data[1]
Data[31]
存储器
部分
×8组
Data[32:63]
Data[64:95]
Data[96:127]
Data[128:159]
Data[160:191]
Data[192:223]
Data[224:255]
Data[256:287]
Data[288:319]
Data[320:351]
Data[352:383]
Data[384:415]
Data[416:447]
Data[448:479]
Data[480:511]
主时钟
0.1 ns
从时钟
操作的实例
Data[0:31]
Data[32:63]
Data[64:95]
Data[96:127]
Data[128:159]
Data[160:191]
Data[192:223]
Data[224:255]

图 4.58　相移时钟电路

图 4.59　用于测试同步开关输出噪声的完整的三维系统级封装

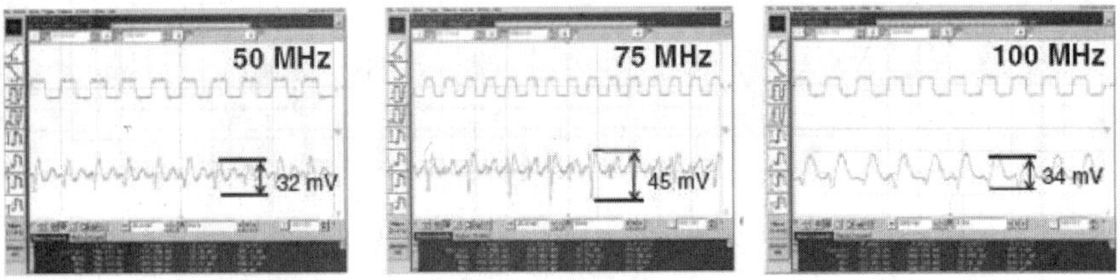

图 4.60　无相移时钟时，4096bit 宽度总线操作时测试的同步开关输出噪声

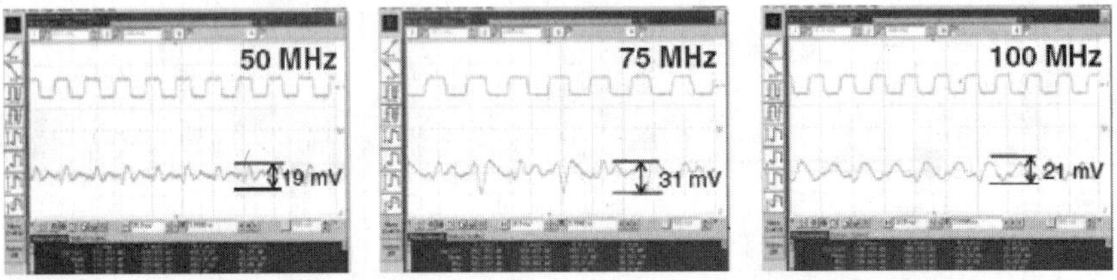

图 4.61　包含相移时钟时，4096bit 宽度总线操作时测试的同步开关输出噪声

4.5　总结

在本章中，我们讨论单端和差分的 I/O 电路，也分析了单端 CMOS 驱动器产生的同步开关输出噪声。在精确的电源分布网络模型中，我们将电源噪声和地弹

的测试和仿真结果进行了对比。我们采用 $I(\omega)$ 定义了 DDR3 存储器系统中依赖于频率的目标阻抗 Z_{tar}。我们还综合分析了完整电源分布网络阻抗中的反谐振峰值。在此基础上，我们进一步讨论了封装管壳电感和片上电容与反谐振峰值的关系。紧接着我们结合与电源、信号有关的网络建立了信号完整性和电源完整性的联合仿真模型。

差分 I/O 电路设计及其信号/电源完整性也进行了讨论。我们通过仿真和测试的方法对差分传输线模型、串扰噪声以及通孔对信号完整性的影响进行了分析。之后通过非齐次机织玻璃纤维对信号传输模式转换进行了仿真和实测。

我们设计了一款三维系统级封装，其中包括了逻辑芯片、硅介质、存储器芯片和有机衬底。通过矢量网络分析仪测试了三款芯片和有机封装衬底中的电源分布网络阻抗，同时也测试了宽总线操作中的开关噪声。这些仿真都是采用商用仿真软件执行的。最后我们对电源分布网络阻抗进行了综合和仿真，用以评估开关噪声和阻抗反谐振峰值的影响。

4.6　参考文献

1. B. D. McCredie and W. D. Becker, “Modeling, Measurement and Simulation of Simultaneous Switching Noise,” *IEEE Transactions on CPMT*, Part B, vol. 19, no. 3, pp. 461–472, August 1996.
2. J. P. Libous and D. P. O’Connor, “Measurement, Modeling and Simulation of Flip-Chip CMOS ASIC Simultaneous Switching Noise on a Multilayer Ceramic BGA,” *IEEE Transactions on CPMT*, vol. 20, no. 3, pp. 266–271, August 1997.
3. D. Herrrell and B. Becker, “Modeling of Power Distribution Systems for High-Performance Microprocessors,” *IEEE Transactions on CPMT*, Part 2, vol. 22, no. 3, pp. 240–248, August 1999.
4. T. Sudo, “Radiated Emission Characterization of CMOS Test Chip with On-Chip Decoupling Capacitance,” *IEICE Transactions on Communication*, vol. E88-B, no. 8, pp. 3195–3199, August 2005.
5. T. Sudo, “Behavior of Switching Noise and Electromagnetic Radiation in Relation to Package Properties and On-Chip Decoupling Capacitance,” *Proceedings of EMC Zurich in Singapore*, pp. 568–573, 2006.
6. H. R. Cha and O. K. Kwon, “An Analytical Model of Simultaneous Switching Noise in CMOS Systems,” *IEEE Transactions on Advanced Packaging*, Vol. 23, no. 1, pp. 62–68, 2000.
7. Yungseon Eo, “New Simultaneous Switching Noise Analysis and Modeling for High-Speed and High-Density CMOS IC Packaging Design,” *IEEE Transactions on CPMT*, Part B, vol. 23, no. 2, pp. 303–312, May 2000.
8. L. Smith, R. E. Anderson, and T. Roy, “Chip-Package Resonance in Core Power Supply Structure for a High Power Microprocessor,” InterPack 2001, 15730, 2001.
9. W. Kim, “Estimation of Simultaneous Switching Noise from Frequency-Domain Impedance Response of Resonant Power Distribution Networks,” *IEEE Transactions on CPMT*, vol. 1 no. 9, pp. 1359–1367, September 2011.
10. P. Larsson, “Resonance and Damping in CMOS Circuits with On-Chip Decoupling Capacitance,” *IEEE Transactions on Circuits and Systems*—I, vol. 45, no. 8, pp. 849–858, August 1998.

11. T. J. Gabara, W. C. Fischer, J. Harrington, and W. W. Troutman, "Forming Damped LRC Parasitic Circuits in Simultaneously Switched CMOS Output Buffers," *IEEE Journal of Solid-State Circuits*, vol. 32, pp. 407–418, March 1997.
12. W. T. Beyene, H. Shi, N. Cheng, and Y. Xingchao, "Design, Modeling and Hardware Correlation of a 3.2 Gb/s/Pair Memory Channel," *IEEE Transactions on Advanced Packaging*, vol. 27, no. 1, pp. 34–44, February 2004.
13. R. Schmitt, C. Yuan, and W. Kim, "Modeling Correlation of Supply Noise for a 3.2GHz Bidirectional Differential Memory Bus," *Proceedings of DesignCon*, pp. 65–68, October 2005.
14. T. Tokiwa, T. Sudo, K. Ito, N. Tsuruta, Y. Nishida, and Y. Sato, "Design and Characterization of Cell Reference Board with Multi-GHz Differential Buses," *Proceedings of 56th ECTC, 2006*.
15. K. Takahashi, H. Terao, Y. Tomita, Y. Yamaji, M. Hoshino, T. Sato, T. Morifuji, et al., "Current Status of Research and Development for Three-Dimensional Chip Stack Technology," *Japanese Journal of Applied Physics*, vol. 40, pp. 3032–3037, 2001.
16. G. Huang, M. Bakir, A. Naeemi, H. Chen, and J. D. Meindl, "Power Delivery for 3D Chip Stacks: Physical Modeling and Design Implementation," *Proceedings of IEEE EPEPS, 2007*, pp. 205–208.
17. J. SoPak, J. Kim, J. Cho, K. Kim, T. Song, S. Ahn, J. Lee, et al., "PDN Impedance Modeling and Analysis of 3D TSV IC by Using Proposed P/G TSV Array Model Based on Separated P/G TSV and Chip PDN Models," *IEEE Transactions on CPMT*, vol. 1, no. 2, pp. 208–219, 2011.
18. N. H. Khan, S. M. Alam, and S. Hassoun, "Power Delivery Design for 3-D ICs Using Different Through-Silicon Via (TSV) Technologies," *IEEE Transactions on VLSI Systems*, vol. 19, no. 4, pp. 647–658, 2011.
19. Y. Oizono, Y. Nabeshima, T. Okumura, T. Sumo, A. Sakai, S. Uchiyama, and H. Ikeda, "PDN Impedance and Noise Simulation of 3D SiP with a Widebus Structure," *Proceedings of 62nd ECTC*, 2012.
20. Y. Tanaka, H. Takatani, H. Fujita, Y. Oizono, Y. Nabeshima, T. Sudo, A. Sakai, et al., "Measurement of SSO Noise and PDN Impedance of 3D SiP with 4k-IO Widebus Structure," *Proceedings of IEEE 21st Electrical Performance of Electronic Packaging and Systems*, October 2012.

第 5 章　电源完整性退化及建模

本章重点讨论了频域和时域内的电源完整性退化。我们首先介绍了电源网络建模技术。之后对频域内的电源噪声频谱及时域内的最坏情况噪声进行了研究。同时我们探索了频域和时域之间的电源完整性退化关系。然而，目标阻抗是频域中的一个重要约束，而实际中的最坏情况噪声是在时域中进行测量的。因此，我们在考虑目标阻抗的情况下，探索了最坏情况噪声的关系。我们以一个简化的 *RLC* 模型来对电源网络进行处理，并以 *RLC* 模型品质因数的形式对该模型与电源网络的关系进行了推导。

5.1　背景

为芯片提供充足的电源供应是一个非常巨大的挑战。一个设计优良的电源传输网络具有足够的鲁棒性来维持整个芯片的性能，同时又不会因为过设计而降低产品的利润率。对于电源网络设计而言，要同时满足这两者要求的解决方案并不容易。一方面，不足的电源分布网络会导致测试失效、性能目标缺失以及功能错误等问题；另一方面，直接改善电源分布网络，诸如增加片上电容、封装内的去耦合电容或者更多的封装层，会大幅度增加芯片和封装尺寸，从而使得每条产品线多耗费数百万美元。因此，开发一套电源分布网络分析工具来指导产品开发到产品通过测试和验证的全流程，是十分重要的。

一个典型的电源分布网络如图 5.1 所示。供电电压由 PCB 上的电源模块输出，首先经过衬底电容滤波，再经过顶层和底层的电容进行滤波。电源电压从 PCB 传输至封装管壳后，在使得晶体管开始逻辑及模拟功能运作前，又进一步通过封装内电容以及芯片外围布置的电容进行滤波处理。电容作为局部电荷存储器，被放置在靠近硅逻辑栅的地方。因为在 PCB 上和封装管壳上的连线和通孔都是感性的，它们会阻止电源电流的快速充电，所以这些滤波电容是十分必需的。例如，背面电容的感性通路穿过 PCB 上的通孔和封装管壳上的通孔，而芯片上电容的感性通路只穿过封装管壳上的通孔，而不经过 PCB 上的通孔。因此，对于高频负载，芯片上电容比背面电容的滤波效果更好。

因为必须将尽可能多的电容布置在靠近硅材料的位置，所以电容数量会受限于靠近芯片的空间。最终可供布置的电容数量会由于 x、y、z 轴上的限制而有所减少。

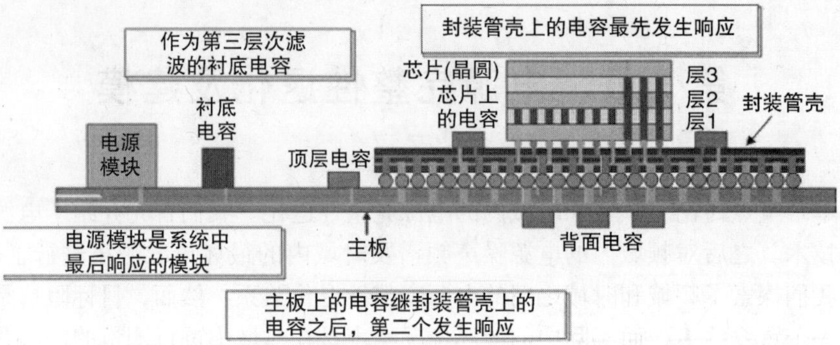

图 5.1　一个典型的电源分布系统，该系统包含了电源模块（VRM），PCB 上的衬底电容、顶层电容（TSCs）和背面电容（BSCs），以及芯片封装管壳上的电容（DSCs）

靠近芯片放置的电容值一般最大不超过数百纳法。而芯片上的电容虽然占据客观的芯片面积，但电容值却要更小得多。去耦电容、滤波器和隔离器件通常占据了芯片 75% 的面积，而逻辑器件却仅仅占据了 25% 的面积。值得注意的是，近年来发展的深沟道工艺改变了这个状况。这是因为 DRAM 存储器工艺技术可以将片上电容密度提高 25 倍以上[1]。我们将在第 9 章的 IBM POWER7 + 中具体讨论该技术实现的例子。

电源分布网络由于硅材料上电流突然增加而产生的响应如图 5.2 所示。由于封装管壳上的感性通路，存储在片上电容中的电荷首先得到释放，这会导致供电电压的快速下降。这种现象被称为“一次下降”。由于通路上的电感与去耦电容组成了一个 LC 网络。我们也可以将这种电压下降解释为 LC 网络反共振现象所导致的。当芯片侧电容、背面电容以及顶层电容中的电荷到达硅材料时，供电电压又会恢复。但是当这些电容中的电荷耗尽时，供电电压又会再次下降。这种现象被称为“二次下降”。当 PCB 衬底电容中的电荷传输到硅材料时，供电电压随之再次恢复，同样的，当这些电荷耗尽，而电源模块还未响应时，供电电压则会发生第三次下降。一旦电源模块对系统电流增加的需求进行响应时，供电电压达到一个稳定的水平。当然，此时流经电源模块和 PCB、封装管壳、芯片通路上的电阻也会产生微小的电压降。由于反共振原因，这三次电压降响应后产生的三次阻抗尖峰如图 5.2 中下侧的图例所示。

图 5.2 中的电压降将会直接影响硅材料的性能。逻辑门的传播延时是电压水平的函数。正如第 2 章中讨论的，更高的电压会产生更快的逻辑响应和更高的工作频率。在稳态工作阶段，逻辑门需要更高的电压。大的瞬态变化是电压降的主要原因。最低的电压水平通常决定了芯片的工作性能。

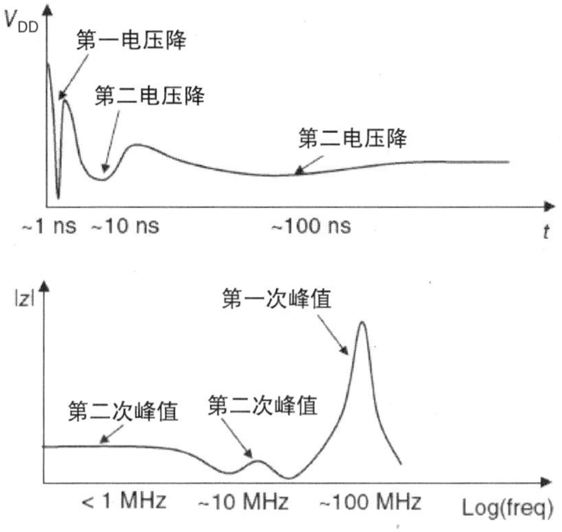

图 5.2　上侧图展示了电源分布网络对于芯片电流增加而产生的时域响应。下侧图展示了电源分布网络在频域的阻抗变化。由于三个阻抗尖峰产生的三次电压降也被称为反共振或者平行共振

5.2　电源完整性建模

一个电源传输网络贯穿于系统中的电源模块、PCB、封装管壳以及芯片中。建立电源分布网络模型的难点在于：

1）网络中器件的物理尺寸跨度较大。如 PCB 上的器件通常为几个厘米，而芯片上器件的尺寸仅仅为几个微米。

2）由于系统分布特性以及非一致特性产生的建模难度。

以下的章节我们将在 PCB 的板级、封装级以及硅材料级层面，对各类设计问题进行探讨。

5.2.1　板级电源完整性

PCB 上包含了电源模块、去耦电容以及各类封装组件。PCB 上重要的布线资源通常也用于电源模块到芯片的电源传输。

电源模块

在电源模块的输出端通常都包含有一个衬底电容和多层次的陶瓷电容，这些电容用于稳定输出端的电压。电源模块对于瞬态电流需求有一个有限的响应延迟。电源传输系统的这部分响应频率通常在几百 Hz 左右。陶瓷电容会产生更快的响应，因此它们改善了系统在带载情况下，面对快速、瞬态变化的供电完整性

能力。

电源模块与封装管壳之间的布线

在电源分布网络设计中，电源模块与封装管壳之间的距离是一个重要的参数。这两个重要模块之间的连线电阻会产生 *IR* 压降。由于板级布线资源的限制，电源模块在物理上和电气上都可以远离芯片。另一个值得注意的方面是，当 PCB 上的电源平面接近芯片时，封装引脚上隔离焊盘和通孔周围的空隙会严重损害金属的连续性，而隔离焊盘上的孔会使得电源网络产生更高的电感和电阻值。所以，在设计封装引脚图时应该特别注意，才不会造成严重的 PI 退化。

去耦电容

我们将多层陶瓷电容放置在靠近芯片电源引脚的位置上用于保存供电电荷。经过电容、封装管壳引脚直至封装管壳衬底中电源模块通路的等效串联电感和等效串联电阻，会影响这些电容的有效性。这些去耦电容或者布置在 PCB 顶层直接靠近芯片封装管壳的位置，或者放置在封装引脚的 PCB 背面（见图 6.1）。在 PCB 的顶层，虽然我们尽可能地将去耦电容放置在靠近芯片的位置，但这仍然在电容终端到封装管壳的电源引脚之间增加了几个毫米的距离。而在 PCB 背面的电容将通过 PCB 通孔与芯片电源引脚相连，这同样增加了几个毫米的高度距离。同时这些通孔都带有一定的寄生电感。因此，虽然电容紧挨着芯片的背面，但这些寄生电感仍然降低了背面去耦电容的有效性。

5.2.2 封装管壳的电源完整性

芯片封装管壳是电源分布网络的重要器件。封装技术发展的一个重要趋势是强调最小的形式因子和最高的封装集成度。而另一个发展趋势则是为了满足高层次计算水平的要求，而需要更高性能的封装内核，诸如在智能手机以及移动互联网设备的应用中。这些内核所需的稳态电流和瞬态电流要比其他子系统的要求高。为了避免产生系统性能瓶颈，同时满足高性能应用的需求，我们必须采用更加有效的电源分布网络设计方法。

5.2.3 片上电源网格完整性

片上电源分布网络的网格占据了一定的布线资源和硅面积。所以，在进行芯片底层规划时必须着重考虑电源网格的规划。电源分布网络设计随着设计工艺的发展而不断进步。为了保持电源完整性，片上电源网格的有效性反馈必须在设计早期就能得到，这样才能最小化设计问题。否则，在芯片设计的其他阶段将会花费更多的成本。片上电源分布网络设计需要考虑一下几个方面：

1）当芯片具有多个模拟和数字电源域时，我们通常会遇到多个隔离的电源分布网络和电源岛。当设计没有考虑均匀的供电体系时，可能会造成某些电源域内的芯片供电不足。

2）对于硬宏模块，在一些低模块密度的区域内，设计者可能会遇到一些分裂或者隔离的分布层（高层次金属互连）布线。采用梳状结构、双层线以及双向重分布层布线技术可以极大地缓解这些局部热点问题。

3）对于输入、输出单元，有效布置好电源分布网络模块的分布和布线，可以缓解同步开关噪声的影响。设计好一个模块阻抗布置网络可以潜在地指导最优化布局。

在系统底层规划和模拟电路设计中，以上提到的设计挑战都对电源分布网络的分析反馈提出了更高的需求。

5.3 电源完整性分析

电源分布网络模型涵盖了板级到芯片级多个层面，其复杂性至少包含了以下几个方面：

1）特征尺寸跨度较大产生的问题。电源分布网络的尺寸变化较大，板级尺寸可能有数百毫米，封装管壳内电源网络尺寸大约为数百微米，而硅上电源分布网络尺寸可能仅仅为几个纳米。而电源网络的节点可能有数以百万计。

2）全耦合系统：在单一系统中，电源分布网络是全耦合的。对于系统设计，板级、封装管壳之间以及芯片上的电源分布网络模型是十分重要的。

3）异构模型：芯片上的电容和电流负载分布并不一致，而且具有很强的电压依赖性。

电源分布网络是一个包含了同步器件的线性时变互连系统。精确的电源分布网络系统建模工具需要具有处理高度分布板级、封装级以及硅级器件和互连的能力。

5.4 频域分析

电源分布网络的频域分析会受到共振阻抗现象的影响。频域内的电源分布网络分析也可以用来指导时域分析，重构最坏电流激励来找到系统共振点（这些共振点会导致最坏情况下的电压降）。在之前的讨论中，我们对整个电源网格网络的阻抗进行了归纳，主要包括了电源模块到芯片电源网格上的通路。

电源分布网络的时域和频率分析流程如图 5.3 所示。分析开始时，电源分布网络的输入需要包含一个电源模块，并要以 *RLC* 器件提取出板级和封装级为模型，还需要提取出片上电源网格模型。该模型需要在频域内计算从直流到 GHz 频率范围内的网络阻抗。时域分析展现出了动态电压降以决定电源分布网络的下冲响应和过冲响应。电源分布网络设计者遵循目标阻抗来决定该网络是否符合设计规范。时域的电压降也决定了电路工作的有效电压。在一些感兴趣的区域中，电源分布网络阻抗和电压降可以在频域作为补偿。通过改善电压调整器反馈环路性能和增加更多的衬底电容可以在几百 Hz 到兆 Hz 的范围内进行低频补偿。而在兆 Hz 范围内进行补偿可以通过改善板级和封装管壳布线来降低电感，或者通过增加更多的板级和片上电容来实现。降低高频阻抗可以通过降低金属电阻和片上电源网格的电感、优化底层规划、增加片上电容来实现。

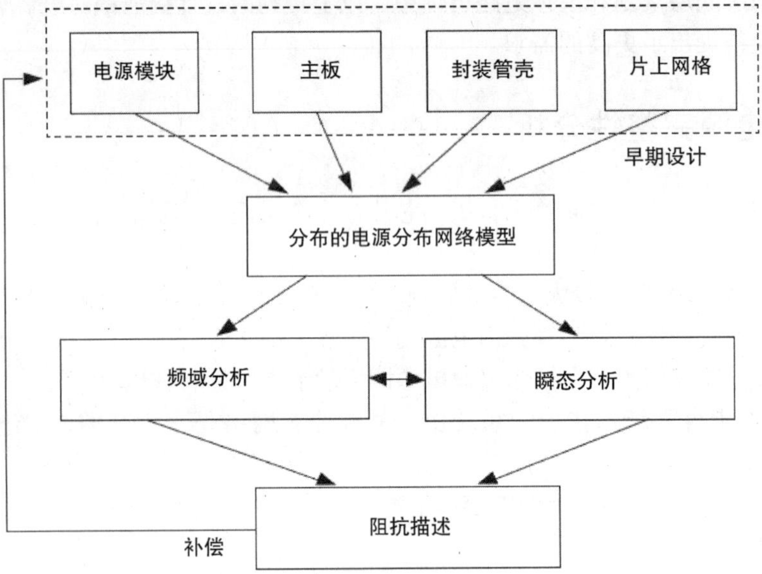

图 5.3　基于时域和频域的电源网格分析流程

电源分布网络是一个宽带系统，它的设计和分析跨越了从直流到上兆 Hz 的频率范围。频率采样点决定了计算的复杂性。在计算花费方面，一个精确的采样设置会造成巨大的花费。而一个粗略的采样设置又会丢失许多共振频率点。频域分析的优点在于高层次的抽象和并行化。我们对采样频率进行分割处理是一种可能的方式。分割/组合这些采样频率，并将它们提供给分布的计算系统，同时这些采样点或者采样组计算又是相互独立的，这种方式可以有效的提高计算速度。

频域分析流程如图 5.4 所示。首先我们对电流源进行转化，它们可以代表从时域到频域的晶体管开关特性。其次，我们用修改后的复杂的诺顿分析矩阵来计算频域响应。最后，频域响应的解通过反傅里叶变换转换到时域。

输入激励

输入激励可以通过测试模式来进行建模。对于测试模式，我们假设输入激励 $I(t)$ 是用一个精确的线性形式进行描述。为了转换时域激励，我们应用拉普拉斯

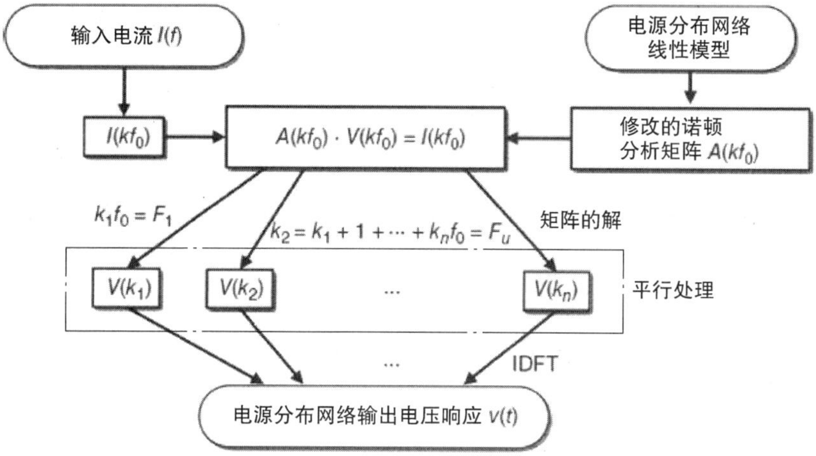

图 5.4　频域分析流程

变换来得到 $I(s)$。

给定测试模式，我们将电流负载分解为斜坡函数的组合：

$$R(t) = t \cdot u(t) \tag{5.1}$$

式中，$u(t)$为单位阶跃函数，斜坡函数的拉普拉斯变换为

$$R(s) = \frac{1}{s^2} \tag{5.2}$$

当 $t \geqslant T$ 时，我们可以用斜坡函数来表示时域的负载电流：

$$f(t) = \sum_i a_i R(t - t_i) \qquad\qquad f(t) = 0 \tag{5.3}$$

式中，a_i 为当前曲线与之前曲线的斜率差；常数 T 为电流源的时间周期。我们采用拉普拉斯变换将函数$f(t)$转换到 s 域：

$$F(s) = \sum_i \frac{a_i \cdot \mathrm{e}^{-s \cdot t_i}}{s^2} \tag{5.4}$$

在设计的早期阶段，我们对于负载电路及其瞬态特性所知有限。这时，设计者对模块的功耗进行一阶估计的时域分析，假设其具有一致的电流分布，并遵循功耗定律分布。对于功耗定律模型，我们假设功耗负载时面积 A 的函数[2]：

$$I = kA^r \qquad 0 \leqslant r \leqslant 1 \tag{5.5}$$

式中，k 为将功耗归一化到某一模块的系数；而 r 为［0，1］范围内的功耗定律常数。r 代表了一个设计的活动性系数，而 k 代表了电路的设计特性[2]。k 和 r 的值与模块结构有关，并且随着模块的不同而变化。当常数 $r=0$ 时，该模型等效为单一的电流情况，而当 $r=1$ 时，该模型等效于统一的电路情况。

修改后的诺顿分析

修改后的诺顿分析可以用来处理电压源以及流控、压控电路器件。电源分布网络的节点电压可以计算为

$$\begin{bmatrix} Y_{\mathrm{R}} & B^{\mathrm{T}} \\ C & D \end{bmatrix}\begin{bmatrix} V(s) \\ J(s) \end{bmatrix}=\begin{bmatrix} I(s) \\ E(s) \end{bmatrix} \tag{5.6}$$

其中，向量 $V(s)$描述了注入电流源 $I(s)$后的诺顿电压；而向量 $J(s)$表示分支电压源 $E(s)$中的电流；导纳矩阵 Y_{R} 是诺顿矩阵的一个简化形式。在考虑电流变量 $J(s)$的情况下，事件矩阵 B^{T} 包含了基尔霍夫电流公式中的特征值 ±1[3]。考虑到电压源 $E(s)$，矩阵 C 和 D 用来表示基尔霍夫电压公式。需要注意的是，除了一些非可逆因子，C 的归零 - 非归零模式与 B^{T} 基本相同。输入激励作为系统激励包含在向量 $I(s)$和 $E(s)$中。我们将不完全 LU[5] 作为一个迅速解决复杂矩阵的预条件加以应用，并采用迭代求解广义极小残余方法[4]。与其他可用的迭代求解器和直接求解器相比，采用迭代求解广义极小残余方法提供了快速的收敛性。

5.5 时域分析

时域分析是电源分布网络分析计算中最具挑战的工作。在时域中采用多种函数和测试模式分析一个完整电源分布网络中数以百万计的元件，是一项非常复杂的计算任务。时域中芯片电源分布网络分析是以所有元件和电源网络的电压降为中心展开的。

电源分布网络的动态电压噪声分析采用高性能的瞬态 SPICE 引擎进行仿真，并仔细观测了芯片上所有器件的电压噪声。在瞬态仿真中产生了封装器件的电流波形和所有流经电源和地网络的电流流向。时域动态分析验证了器件级设计时序收敛时的电源电压假设、电源传输网络的鲁棒性以及电源分布网络的频域分析结果。

一个时域分析流程需要输入设计输入数据，并且使其适用于底层 - 顶层设计应用。时域分析遵循从底层规划到最终完成设计的设计应用流程，该分析通常用于芯片电源网络应用与优化、C4 模块分配、芯片封装分析以及封装与 PCB 的联合设计中。

在瞬态仿真中，设置仿真时间步长和时间间隔是十分重要的。时间步长必须能够覆盖模块工作和传输的细节，而时间间隔必须足够长，才能展示出低频的共振现象。在时域中，低频共振幅度会比高频共振幅度小得多。然而，由于低频共振具有长时间的跨度，其对于电源噪声的影响几乎可以忽略。

5.6 目标阻抗背景

电源分布网络的设计目标是保证输出电压噪声小于地弹，例如，仅有归一化电源电压的5%。一种主流的电源分布网络设计方法是从 PCB 电源传输网络分析中得到的，它定义了电源分布网络的目标阻抗，并且使得电源分布网络在整个所需频率范围内的输出阻抗不大于这个目标阻抗[6-8]。该目标阻抗计算为[7]

$$Z_{\text{target}}=\frac{(\text{电源电压})\times(\text{允许脉动})}{\text{电流}} \tag{5.7}$$

其中，电流为需要流经电源分布网络的电流。

采用 $V_{\max}$、$Z_{\max}$ 和 $I_{\max}$ 来表示最坏情况电源分布网络电压噪声 $v(t)$ 的幅度，$Z(\omega)$ 表示电源分布网络输出阻抗的最大幅度，$i(t)$ 表示时域输入电流的最大幅度。

$$\begin{aligned} V_{\max} &= \max_{t}|v(t)| \\ Z_{\max} &= \max_{\omega}|Z(\omega)| \\ I_{\max} &= \max_{t}|i(t)| \end{aligned} \tag{5.8}$$

提取的函数的振幅，可以是负的，或者是复数。式（5.7）隐含的假设为 $V_{\max}$ 小于 $Z_{\max}$ 和 $I_{\max}$ 的乘积，即其比例小于 1：

$$\gamma=\frac{V_{\max}}{Z_{\max}I_{\max}} \tag{5.9}$$

然而，阻抗为频域特性，而电压噪声和输入电流是在时域中测量的。$v(t)$、$Z(\omega)$ 和 $i(t)$ 的关系为

$$v(t)=\text{IFT}(Z(\omega)\times\text{FT}(i(t))) \tag{5.10}$$

式中，FT（ ）和 IFT（ ）分别表示傅里叶变换和反傅里叶变换。

因此，这样的假设根据欧姆定律不一定成立。实际上，正如 5.10 节和 5.11 节讨论的，γ 的值也可能大于 1。而频域设计方法可能导致电源分布网络设计比预期产生更大的电源噪声，导致电路出现不稳定状态。例如，如果电源分布网络设计所允许的噪声为归一化电源电压的 5%，且 γ 值等于 2，那么实际设计的最大电源分布网络噪声可能达到归一化电源电压的 10%，这在设计中是不能容忍的。

设计者付出了许多努力来研究线性系统时域和频域的响应[9-12]。参考文献［13］提出了一种基于阶跃响应叠加的最坏情况电源分布网络电压噪声产生方法。参考文献［12］研究了零点和极点位置对于线性系统阶跃响应极值位置及幅度的影响。而参考文献［9，11］又对零点位置对于阶跃响应中极值数量的影

响进行了探讨。参考文献［14］对最大最坏情况下电源分布网络电压噪声与频率响应幅度峰值的关系进行了量化分析。

5.7 问题公式化

正如5.6节讨论的，明确电源分布系统中比例γ的值是十分重要的。基于目标阻抗规范，通过明确比例γ的最大值，设计者可以知道他们设计电源分布网络的最坏情况噪声。所以，我们的目标是找出比例γ的最大值。不失一般性，I_{max}设置为1。所以，我们将该问题进行公式化：

$$\text{Max}\ \ \gamma = \frac{V_{max}}{Z_{max}} \tag{5.11}$$

$$\text{s.t.}\ I_{max} = 1 \tag{5.12}$$

在以上的公式中，输入电流$i(t)$假设为正值。输出阻抗$Z(s)$可以分为两类：不具有被动性约束的$Z(s)$和具有被动性约束的$Z(s)$。通常电源分布网络可以通过*RLC*器件来建模，这是一个无源网络。然而，如果电源分布网络包含一个电源调整模块，那么$Z(s)$在大多数情况下是无源的。

5.8 最坏情况电源分布网络输出电压噪声

为了得到比例γ的最大值，我们必须产生电源分布网络的最坏情况电压噪声。参考文献［13］归纳了不等式来体现V_{max}和I_{max}的关系以及系统的冲击响应。

$$V_{max} \leqslant I_{max} \| z(t) \|_{L1} \tag{5.13}$$

式中，$z(t)$为系统的冲击响应，而$\| z(t) \|_{L_1}$为$z(t)$在L_1时的值，可以作为系统的阶跃响应。我们假设输入电流$i(t)$大于零，而又小于1。我们知道一个系统的输入和输出关系可以表示为

$$v(t) = \int_0^t z(t-\tau) i(\tau) \mathrm{d}\tau \tag{5.14}$$

从式（5.13）中可以看出，当$z(t-\tau)$大于0零时，使得$i(\tau)=1$以及当$z(t-\tau)$小于0零时，使得$i(\tau)=0$，这两种情况都可以产生最坏电压响应。例如：

$$v_{max}(t) = \sum_{i=0} \int_0^t z(t-\tau)[u(\tau-t_i) - u(\tau-t_{i+1})]\mathrm{d}\tau \tag{5.15}$$

式中，$u(t)$为单位阶跃输入；t_i为当$z(t)$为零时的时间点。

参考文献［10］提出了一种产生最坏情况电源分布网络噪声的方法。该方法基于阶跃响应叠加，与之前讨论的基于脉冲响应的最坏情况产生方法对应。我

们首先假设电源分布网络的单位阶跃响应为 $v_u(t)$。需要注意的是,在电源分布网络中经常忽略直流电源电压。这个想法是要覆盖所有 $v_u(t)$ 和逆 $-v_u(t)$ 的局部极大值，来产生最坏输出噪声。所得到的输入模式是许多反向时间偏移阶跃输入和逆阶跃输入的叠加。输入的值 1 包括阶跃响应的增加周期，而输入的值 0 包括阶跃响应的递减周期。我们可以证明参考文献［13］中的方法产生了最坏输出电压噪声。

阶跃响应推导定理

假设输入电流不小于零，最坏的是电压噪声是通过阶跃反应的叠加产生的。用 V_{M1}、$V_{M2}\cdots V_{MN}$ 来表示 $v_u(t)$ 的局部极值。再用 V_{m1}、$V_{m2}\cdots V_{mN}$ 来表示 $v_u(t)$ 的局部极值。根据参考文献［13］，最大最坏电压噪声可以表示为

$$V_{max} = V_{M1} - V_{m1} + \cdots + V_{MN} - V_{mN} \tag{5.16}$$

上面的定理可以证明，通过观察，输入电流不小于零，而脉冲响应是阶跃响应的导数。阶跃响应的增加对应于脉冲响应的正值，反之亦然。还应该注意到，片上单元驱动电流从电源流向地。因此，对于实际的电源分布网络，我们假设输入电流不小于零是正确的。

5.9　无可实现性限制的阻抗

在没有受到由无源元件实现的 $Z(s)$ 的限制下，本节分析了输出阻抗 $Z(s)$ 的最大比例。这对于 $Z(s)$ 极点和零点位置没有限制。虽然一个稳定的网络不允许有右半平面极点，但如果该网络中包含反馈系统，那么该网络可能含有右半平面零点。在电源分布网络中，一个典型的反馈系统就是电源调整器的反馈电路。所以，在本节中我们主要关注左半平面极点和右半平面零点的阻抗。

定理 5.1

如果 $Z(s)$ 的极点在左半平面，而 $Z(s)$ 的零点在右半平面，那么阶跃响应推导假设下，$Z(s)$ 存在 $\gamma = 2.405$ 的情况。

在阶跃响应中，右半平面零点可能产生下冲现象。根据阶跃响应推导的假设，每个下冲表示一个局部最大值和最小值对，并对最大的最坏情况下输出电压噪声有所贡献。如果 $|Z(s)|$ 在整个频率范围内保持较小值，那么 γ 可能变得大于 1。

我们以 $Z(s)$ 二阶传输函数为例：

$$Z(s) = \frac{s^2 - 6s + 12}{s^2 + 6s + 12} \tag{5.17}$$

我们可以计算其阶跃响应为

$$v_u(t)=1-4\sqrt{3}\mathrm{e}^{-3t}\sin\sqrt{3}t \tag{5.18}$$

我们将式（5.18）应用在图5.5中。我们用指数包络 $4\sqrt{3}\mathrm{e}^{-3t}$ 调制正弦波 $\sin\sqrt{3}t$。在开始阶段正弦波包络表现出大的过冲，之后强制正弦波波形变得非常小。在图5.5中很难看见正弦波振荡。

为了进行证明，在阶跃响应中我们首先计算局部极值。设置式（5.18）的导数为0，并解方程，于是我们得到局部极值的时间点为

$$t_k=\frac{(1/6+k)\pi}{\sqrt{3}} \tag{5.19}$$

我们进一步得到这些极值为

$$V_{\mathrm{ek}}=1-2\sqrt{3}\mathrm{e}^{-\sqrt{3}(1/6+k)\pi}(-1)^k,\ k=0,1,2,\cdots \tag{5.20}$$

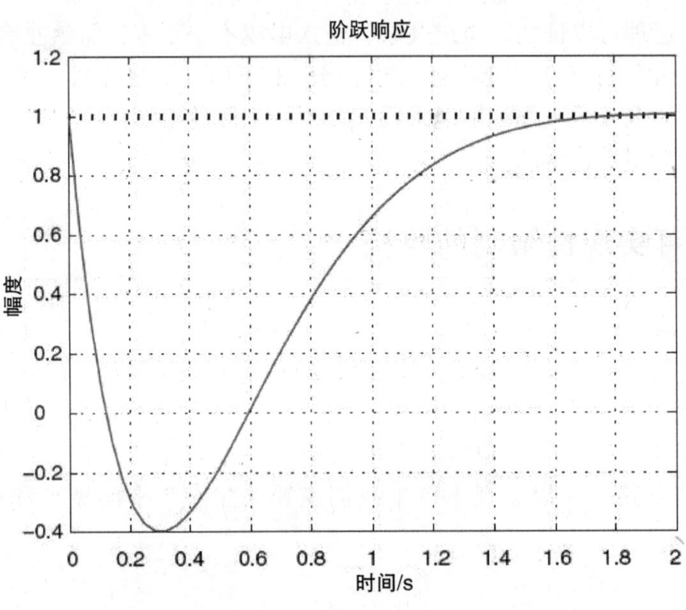

图5.5　二阶全通 Padé 延迟函数的阶跃响应[14]

我们采用式（5.16）来计算最大最坏情况下的输出电压噪声：

$$V_{\max}=1+2\sqrt{3}\sum_{k=0}^{\infty}\mathrm{e}^{-\sqrt{3}(1/6+k)\pi}\approx 2.405 \tag{5.21}$$

因为在整个频带内 $Z(s)=1$，所以比例如下：

$$\gamma\approx 2.405 \tag{5.22}$$

5.10　具有可实现性限制的阻抗

在本节中，在 $Z(s)$ 可由无源网络实现的限制条件下，我们讨论 $Z(s)$ 的最大比例值。当且仅当 s 为一个有理的正实函数，函数 $Z(s)$ 作为阻抗具有无源可实现性。如果满足以下的条件，函数 $F(s)$ 是一个正实函数。

（1）当 s 为正时，$Z(s)$ 为正，并且在 s 中是一个多项式的比例值。

（2）对于所有的 ω，$\mathrm{Re}[Z(\mathrm{j}\omega)] \geqslant 0$。

（3）$Z(s)$ 的所有极点都在左半平面。

第一个条件可以理解为所有无源网络都是由 RLC 网络组成的。RLC 网络的阻抗函数分别为 R、sL 和 $1/sC$。所以，$Z(s)$ 是 s 中多项式的一个比例值。因为 RLC 为正实数，当 s 为实数时，$Z(s)$ 也为实数。第二个和第三个条件可以解释为无源网络的功耗为非负值。

在接下来的章节中，我们将讨论具有无源实现性限制条件的一阶和二阶 $Z(s)$。

5.10.1　一阶阻抗

定理 5.1　对于无源网络的一阶 $Z(s)$，γ 值始终为 1。

证明：一阶 $Z(s)$ 可以表示为

$$Z(s) = \frac{k}{s-p} \tag{5.23}$$

或者：

$$Z(s) = \frac{s-z}{s-p} \tag{5.24}$$

式中，k 为常数；z 和 p 分别为零点和极点。为了满足稳定性条件，需要有 $k \geqslant 0$，$z \leqslant 0$ 和 $p \leqslant 0$。

（a）对于式（5.23），$Z(s)$ 与频率相关的幅度为

$$|Z(\omega)| = k\sqrt{\frac{1}{\omega^2 + p^2}} \tag{5.25}$$

它的阶跃响应可以表示为

$$v_{\mathrm{u}}(t) = -\frac{k}{p}(1 - \mathrm{e}^{pt})u(t) \tag{5.26}$$

因为 $p \leqslant 0$，所以 $v_{\mathrm{u}}(t)$ 随着 t 的增加而增加，而 $|Z(\omega)|$ 随着 ω 的增加而下降。我们可以得到 $V_{\max} = Z_{\max} = -k/p$。

(b) 对于式（5.24），$Z(s)$与频率相关的幅度为

$$|Z(\omega)| = \sqrt{1 + \frac{z^2 - p^2}{\omega^2 + p^2}} \tag{5.27}$$

它的阶跃响应可以表示为

$$v_u(t) = \left[\frac{z}{p} + \left(1 - \frac{z}{p}\right)e^{pt}\right]u(t) \tag{5.28}$$

我们可以看到$|Z(\omega)|$和$v_u(t)$随着ω和t的变换单调地增加或下降。$|Z(\omega)|$和$v_u(t)$的最大值都取1和z/p之间的最大值，即$V_{max} = Z_{max} = \max(1, z/p)$。

总的来说，在两种情况下都有$V_{max} = Z_{max}$，所以比例值为

$$\gamma = 1 \tag{5.29}$$

5.10.2 二阶阻抗

在无源可实现性限制下，所有的极点和零点都在左半平面，分子和分母多项式的最高或者最低的权重最大为1[15]。所以二阶$Z(s)$可以表示为

$$Z(s) = \frac{s - z_1}{(s - p_1)(s - p_2)} \tag{5.30}$$

式中，极点p_1、p_2可能为实数或者共轭复数对，而零点z_1只能是实数。

二阶$Z(s)$也可以表示为

$$Z(s) = \frac{(s - z_1)(s - z_2)}{(s - p_1)(s - p_2)} \tag{5.31}$$

式中，零点z_1、z_2和极点p_1、p_2可能为实数或者共轭复数对。为了满足可实现性限制，z_1、z_2和p_1、p_2的实数部分不大于0。即有$\mathrm{Re}[z_{1,2}] \leqslant 0$和$\mathrm{Re}[p_{1,2}] \leqslant 0$。

对于二阶$Z(s)$只有一个零点的情况，即如式（5.30）中表示的那样，我们可以得到以下定理：

定理5.2

对于二阶$Z(s)$只有一个零点的情况，在无源可实现性限制条件下，存在一种情况使得$\gamma = 1.062$。我们经验性认为，对于z_1和p_1、p_2在足够大范围内，γ不大于1.062。

定理5.2可以通过解一个非线性问题来得到，这与接下来我们对具有复数极点的二阶$Z(s)$分析类似。

在本小节中，我们主要讨论具有两个零点的二阶$Z(s)$，即式（5.31）中表示的。我们根据s平面中零点和极点位置划分了四类$Z(s)$：①极点和零点都为实数；②极点为实数，而零点为共轭复数对；③极点为共轭复数对，而零点为实数；④极点和零点都为共轭复数对。我们分别对每类$Z(s)$的最大比例值进行讨论。

实数极点和实数零点

定理 5.3 对于具有两个实数极点和两个实数零点的二阶 $Z(s)$，在无源可实现性限制下，γ 可以任意接近 2。我们经验性认为，对于 z_1、z_2 和 p_1、p_2 在足够大范围内，γ 不大于 2。

对于两个实数极点和两个实数零点，$Z(s)$ 的阶跃响应可以表示为

$$v_u(t)=K_1+K_2e^{p_1t}+K_3e^{p_2t} \tag{5.32}$$

其中：

$$K_1=\frac{z_1z_2}{p_1p_2}$$

$$K_2=\frac{(p_1-z_1)(p_1-z_2)}{p_1(p_1-p_2)}$$

$$K_3=\frac{(p_1-z_1)(p_1-z_2)}{p_2(p_2-p_1)}$$

我们设式（5.32）的导数为 0，并求解 t，我们得到 $v_u(t)$ 在时间点 t_0 有一个局部极值点，t_0 为大于 0 的实数：

$$t_0=\frac{1}{p_1-p_2}\ln\left[\frac{(p_2-z_1)(p_2-z_2)}{(p_1-z_1)(p_1-z_2)}\right] \tag{5.33}$$

首先我们设 $z_1z_2=p_1p_2$，并且 $|p_1|\leqslant|z_1|\leqslant|z_2|\leqslant|p_2|$。我们有 $|Z(0)|=1$ 和 $|Z(\infty)|=1$，根据极点和零点的相对位置，我们可以得到：

$$Z_{\max}=1 \tag{5.34}$$

我们把式（5.34）的证明作为习题留给读者。

在这种情况中，我们发现阶跃响应 $v_u(t)$ 存在一个局部最小值。采用式（5.16），我们可以得到最大的最坏情况电压噪声为

$$V_{\max}=v_u(0)-v_u(t_0)+v_u(\infty) \tag{5.35}$$

其中 $v_u(0)$、$v_u(t_0)$ 和 $v_u(\infty)$ 可以从式（5.32）中得到。需要注意的是，在一些情况下零时刻时的阶跃响应也必须包含在最坏情况噪声计算中，这取决于什么条件会产生更大的 $V_{\max}$。因为零点和极点都为实数，我们设 $z_1=kp_1$，$p_2=mp_1$，其中 $1\leqslant k\leqslant\sqrt{p_2/p_1}$，且 $m\geqslant1$。采用式（5.34）和式（5.35），对于确定的 m 值，当 $k=\sqrt{p_2/p_1}$时，γ 值最大。设 $k=\sqrt{p_2/p_1}$，γ 可以由 m 表示为

$$\gamma=1+\frac{(\sqrt{m}-1)^2}{1-m}\left(m^{\frac{m}{1-m}}-m^{\frac{1}{1-m}}\right) \tag{5.36}$$

从它的导数中我们可以看到，对于 $m\geqslant1$，式（5.36）的右半边函数是一个递增函数。当 m 趋向无穷时，它的极限为 2。

$$\text{Max}\ \gamma=2 \tag{5.37}$$

对于大多数情况，我们需要在足够大范围内求解 z_1、z_2 和 p_1、p_2。我们可以首先设定 p_1、p_2 的值，然后求解 z_1、z_2。对于每一个（p_1，p_2）对，都有一个 γ

的局部最大值。对于不同 p_1、p_2 值的局部最大值 γ，如图 5.6 所示。从图 5.6 中我们可以看到，γ 不大于 2。

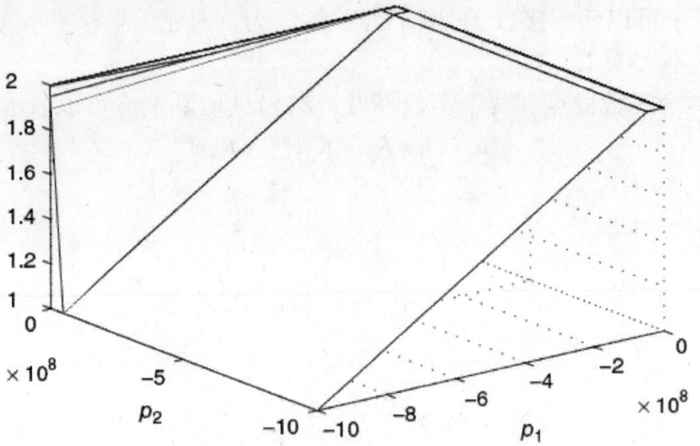

图 5.6 具有实数极点和零点的二阶 $Z(s)$ 最大比例值[14]

$\gamma \approx 2$ 的情况可以由无源网络来实现。例如，使得 $p_1 = -1$，$p_2 = -10000$，同时 $z_1 = z_2 = -100$，可以得到 *RLC* 网络如图 5.7 所示。在这种情况中，$\gamma = 1.978$，已经非常接近于 2。

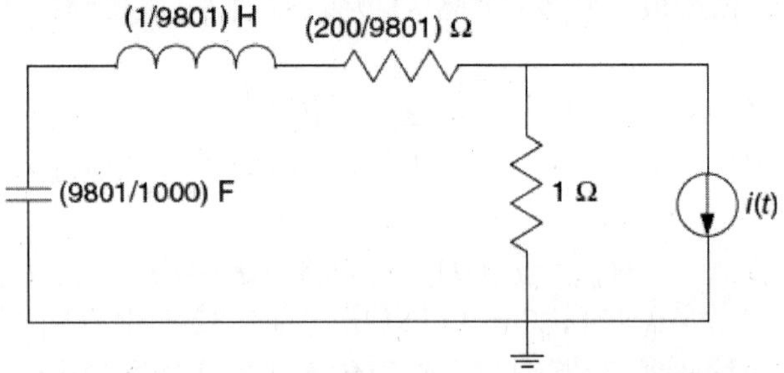

图 5.7 具有实数极点和零点的最大比例值无源网络

实数极点和复数零点

定理 5.4 对于具有实数极点和复数零点的二阶 $Z(s)$，在无源可实现性限制下，γ 可以任意接近 2。我们经验性认为，对于 z_1、z_2 和 p_1、p_2 在足够大范围内，γ 小于 2。

对于复数零点，我们设 $z_{1,2} = a \pm bj$，其中 $a \leqslant 0$，且 $b > 0$。式（5.32）阶跃响应中的系数 K_1、K_2、K_3 可以表示为

$$K_1 = \frac{z_1 z_2}{p_1 p_2}$$

$$K_2 = \frac{(p_1 - z_1)(p_1 - z_2)}{p_1(p_1 - p_2)}$$

$$K_3 = \frac{(p_1 - z_1)(p_1 - z_2)}{p_2(p_2 - p_1)}$$

我们得到 $v_u(t)$ 在时间点 t_0 有一个局部极值点，t_0 为大于 0 的实数：

$$t_0 = \frac{1}{p_1 - p_2}\ln\left(\frac{p_2^2 - 2ap_2 + a^2 + b^2}{p_1^2 - 2ap_1 + a^2 + b^2}\right) \tag{5.38}$$

同样的，设 $a^2 + b^2 = p_1 p_2$，根据极点和零点的相对位置，我们可以得到：

$$Z_{max} = 1 \tag{5.39}$$

在这个情况下，阶跃响应 $v_u(t)$ 具有一个局部最小值，而且 V_{max} 可以通过式（5.35）进行计算。我们设 $p_2 = mp_1$，其中 $m \geqslant 1$（并假设 $|p_1| \leqslant |p_2|$）。对于确定的 m 值，当 $a = 0$ 时，γ 达到它的最大值。所以设 $a = 0$ 时，我们用 m 来表示 γ 为

$$\gamma = 1 + \frac{m+1}{1-m}\left(m^{\frac{m}{1-m}} - m^{\frac{1}{1-m}}\right) \tag{5.40}$$

对于 $m \geqslant 1$，式（5.40）的右半边函数是一个递增函数。当 m 趋向无穷时，它的极限为 2。

$$\text{Max}\ \gamma = 2 \tag{5.41}$$

对于大多数情况，我们需要在足够大范围内求解 a、b 和 p_1、p_2。我们可以首先设定 p_1、p_2 的值，然后求解 z_1、z_2。对于每一个（p_1，p_2）对，都有一个 γ 的局部最大值。对于不同 p_1、p_2 值的局部最大值 γ，如图 5.8 所示。从图 5.8 中我们可以看到，γ 不大于 2。

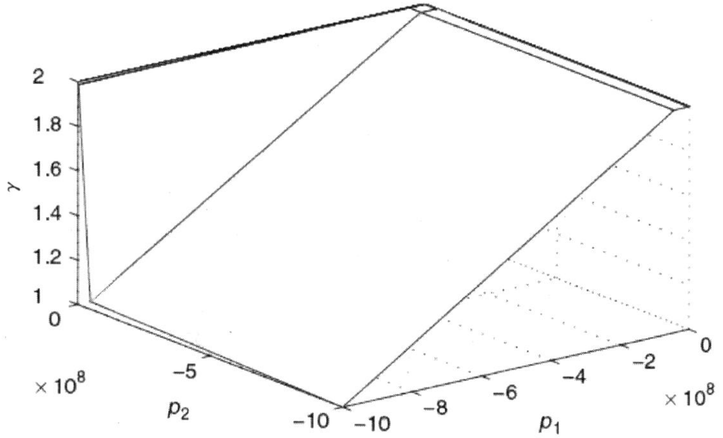

图 5.8　具有实数极点和复数零点的二阶 $Z(s)$ 最大比例值[14]

复数极点和实数零点

定理 5.5 对于具有复数极点和两个实数零点的二阶 $Z(s)$，在无源可实现性限制下，$\gamma=1.047$。我们经验性认为，对于 z_1、z_2 和 p_1、p_2 在足够大范围内，$\gamma\leqslant 1.047$。

我们设复数极点 $p_{1,2}=\alpha\pm\beta\mathrm{j}$，其中 $\alpha\leqslant 0$，$\beta>0$。这个非线性问题可以通过方程来解 γ 的最大值。

$$\mathrm{Max}\quad \gamma=\frac{V_{\max}(z_1,z_2,\alpha,\beta)}{Z_{\max}(z_1,z_2,\alpha,\beta)} \tag{5.42}$$

其中有

$$\begin{aligned} z_1&\leqslant 0\\ z_2&\leqslant 0\\ \alpha&\leqslant 0\\ \beta&>0 \end{aligned} \tag{5.43}$$

我们可以采用一种循序二次规划方法来解决这个问题[16]。在非限制优化条件下，该方法采用与牛顿方法同样的方法解决了限制优化问题。该方法采用拟牛顿方法来产生一个逼近值。之后该逼近值又可以产生二次规划的子问题，该子问题的解可以为线性搜索程序形成一个查找方向。此时 γ 的最大值为

$$\mathrm{Max}\ \gamma=1.047 \tag{5.44}$$

对于 γ 的最大值，其中的参数值分别为 $z_1=-7.02\times10^6$，$z_2=-8.38\times10^5$，$\alpha=-2.89\times10^5$ 以及 $\beta=2.89\times10^5$。

对于不同 z_1 和 z_2 的局部 γ 最大值如图 5.9 所示。从图 5.9 中我们可以看到 γ 最大值在 1.047 附近。

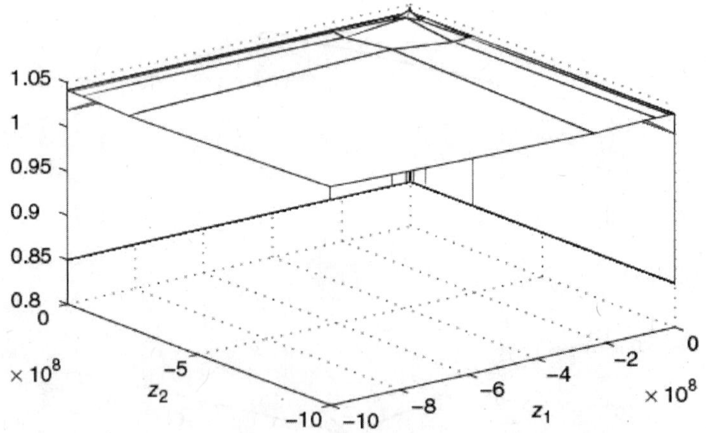

图 5.9 具有复数极点和实数零点的二阶 $Z(s)$ 最大比例值[14]

复数极点和复数零点

定理 5.6 对于具有复数极点和复数零点的二阶 $Z(s)$，在无源可实现性限制下，

$\gamma=1.815$。我们经验性认为，对于 z_1、z_2 和 p_1、p_2 在足够大范围内，$\gamma\leqslant1.815$。

与之前的例子相同，我们设复数极点 $p_{1,2}=\alpha\pm\beta\mathrm{j}$，$z_{1,2}=a\pm b\mathrm{j}$。该问题方程可以写为

$$\mathrm{Max}\quad \gamma=\frac{V_{\max}(a,b,\alpha,\beta)}{Z_{\max}(a,b,\alpha,\beta)} \tag{5.45}$$

其中有

$$\begin{aligned} &a\leqslant0\\ &b>0\\ &\alpha\leqslant0\\ &\beta>0 \end{aligned} \tag{5.46}$$

通过解这个非线性问题。我们可以得到此时 γ 的最大值为

$$\mathrm{Max}\ \gamma=1.815 \tag{5.47}$$

对于 γ 的最大值，其中的参数值分别为 $a=-1.43\times10^7$，$b=5.88\times10^7$，$\alpha=-2.03\times10^7$ 以及 $\beta=2.03\times10^7$。

对于不同 a 和 b 的局部 γ 最大值如图 5.10 所示。从图 5.10 中我们可以看到 γ 最大值在 1.815 附近。

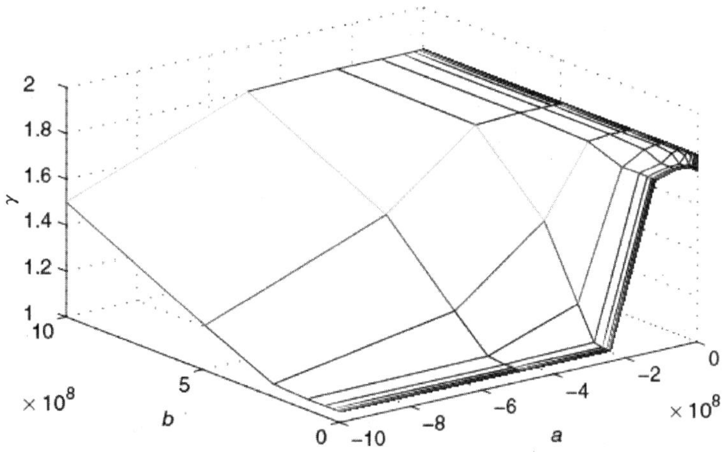

图 5.10　具有复数极点和复数零点的二阶 $Z(s)$ 最大比例值[14]

总的来说，对于可实现性无源网络，γ 的最大值为 2。

然而具有最大 γ 值的无源网络未必适合实际的电源分布网络。在下一节中，我们将讨论实际电源分布网络中的比例值。

5.11　实际电源分布网络

在本小节中，我们将分析实际电源分布网络结构的最大比例值。首先我们讨论两种 *LC* 结构。其中第一种结构是一种含有不同类、集总以及理想器件的典型

结构。第二种结构含有等效串联电阻以及电容。之后我们会继续讨论完整的电源分布网络通路。

5.11.1 无等效串联电阻的理想 *LC* 结构

一个理想的 *LC* 结构如图 5.11 所示。这里 *R* 和 *L* 用来等效电源分布网络互连产生的寄生电阻和电感。*C* 代表耦合电容，在这种情况中，电容 *C* 没有包含等效串联电阻。

阻抗概述

图 5.11 中 *LC* 结构的输出阻抗可以写为

$$Z(s)=\frac{sL+R}{s^2LC+sRC+1} \tag{5.48}$$

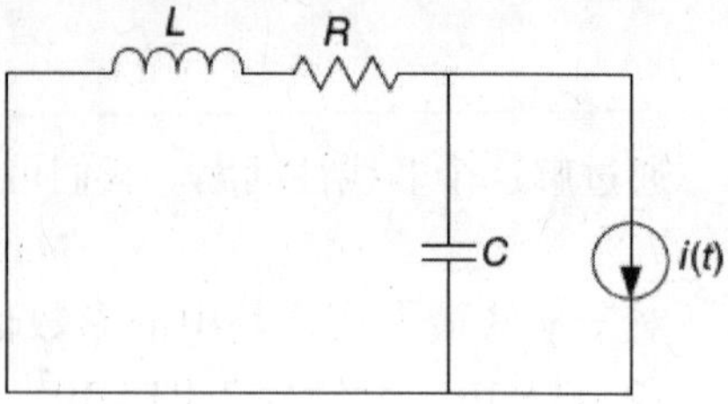

图 5.11 无等效串联电阻的 *LC* 结构

我们用 *Q* 来表示 *LC* 结构的品质因子，从式（5.48）中我们可以将 *Q* 表示为

$$Q=\frac{1}{R}\sqrt{\frac{L}{C}} \tag{5.49}$$

阻抗及其相关参数如图 5.12 所示。其中峰值阻抗 $Z_{\max}$ 可以写作品质因子 *Q* 的函数，当 $Q>0.6436$ 时有：

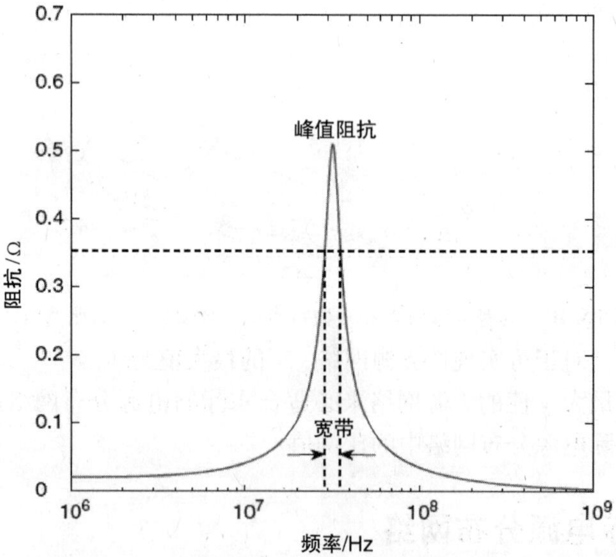

图 5.12 无等效串联电阻的标准 *LC* 结构的阻抗图

$$Z_{max} = RQ^2 \sqrt{\frac{1}{2Q\sqrt{Q^2+2}-2Q^2-1}} \tag{5.50}$$

当 $Q \leqslant 0.6436$ 时，$Z_{max} = R$。

在本征频率为 f_0 时，我们可以得到最大的阻抗，f_0 表示为

$$f_0 = \frac{1}{2\pi\sqrt{LC}}\sqrt{\frac{-1}{Q^2}+\sqrt{1+\frac{2}{Q^2}}} \tag{5.51}$$

当阻抗幅值大于其峰值的 0.707 倍时所处的频率范围称为 3dB 带宽，可以表示为

$$\Delta f_0 \approx \frac{f_0}{Q} = \frac{1}{2\pi Q\sqrt{LC}}\sqrt{\frac{-1}{Q^2}+\sqrt{1+\frac{2}{Q^2}}} \tag{5.52}$$

最坏情况噪声和比值

定理 5.2　对于图 5.11 中的 LC 结构，最大比例值 $\gamma = 1.041$。

证明：根据 $Z(s)$ 值，该电路可以通过以下三类进行分析。

(a) $Q \leqslant 0.5$

$Z(s)$ 具有实数极点，并且随着频率单调降低。正如 5.5.1 节讨论的，我们可以推出 $Z_{max} = R$ 和 $V_{max} = R$，所以比例值：

$$\gamma = 1 \tag{5.53}$$

(b) $0.5 < Q \leqslant 0.6436$

$Z(s)$ 具有复数极点，并且随着频率单调降低。所以有 $Z_{max} = R$，正如 5.5.2 节讨论的，最大的最坏电压噪声可以通过计算得到，所以比例值：

$$\gamma = 1 + Q\frac{\exp\left(-\frac{\pi - \arctan\sqrt{4Q^2-1}}{\sqrt{4Q^2-1}}\right)}{1-\exp\left(-\frac{\pi}{\sqrt{4Q^2-1}}\right)} \tag{5.54}$$

(c) $\lambda \leqslant 1+\sqrt{2}$

在这种情况下，$Z(s)$ 具有复数极点和一个局部极大值，所以比例值：

$$\gamma = \frac{1 + Q\frac{\exp\left(-\frac{\pi - \arctan\sqrt{4Q^2-1}}{\sqrt{4Q^2-1}}\right)}{1-\exp\left(-\frac{\pi}{\sqrt{4Q^2-1}}\right)}}{Q^2\sqrt{\frac{1}{2Q\sqrt{Q^2+2}-2Q^2-1}}} \tag{5.55}$$

从式 (5.53) ~ 式 (5.55)，我们可以得到当 $Q = 0.687$ 时，最大比例值为

$$\text{Max } \gamma = 1.041 \tag{5.56}$$

比例值 γ 作为 $1/Q^2$ 的函数，如图 5.13 所示。

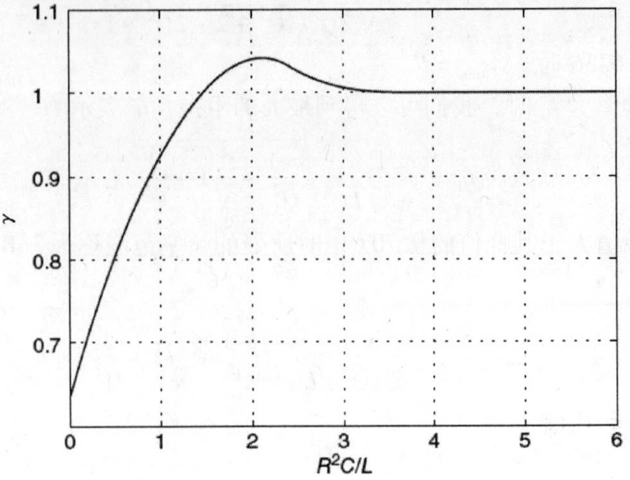

图 5.13　无等效串联电阻 LC 结构的比例值[14]

5.11.2　具有等效串联电阻的标准 LC 结构

在本小节中，如图 5.14 所示，我们在 C 中加入一个串联电阻来考虑等效串联电阻效应。

阻抗概述：

图 5.14 中 LC 结构的输出阻抗可以表示为

$$Z(s)=\frac{s^2LCR_2+s(R_1R_2C+L)+R_1}{s^2LC+s(R_1+R_2)C+1} \tag{5.57}$$

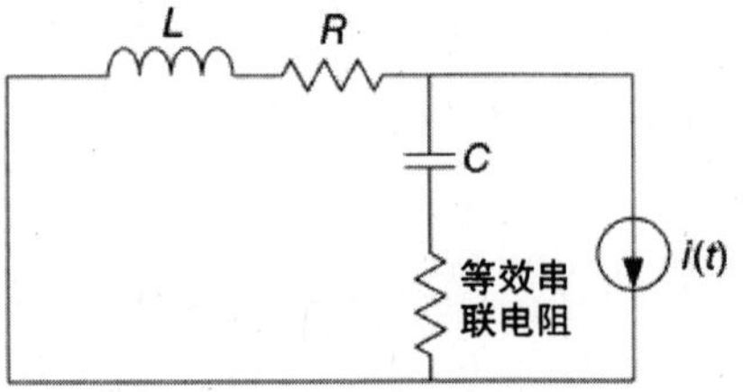

图 5.14　具有等效串联电阻的标准 LC 结构[14]

此时的品质因子可以表示为

$$Q=\frac{1}{R_1+R_2}\sqrt{\frac{L}{C}} \tag{5.58}$$

对于峰值阻抗和 3dB 带宽封闭形式的方程是不可用的。我们将品质因子、峰值阻抗和 3dB 带宽作为等效串联电阻的函数表示出来，如图 5.15 ~ 图 5.17 所示。

最坏情况噪声和比例值

我们将峰值阻抗、最坏情况噪声和比例值表示为等效串联阻抗的函数，如图 5.18 所示。

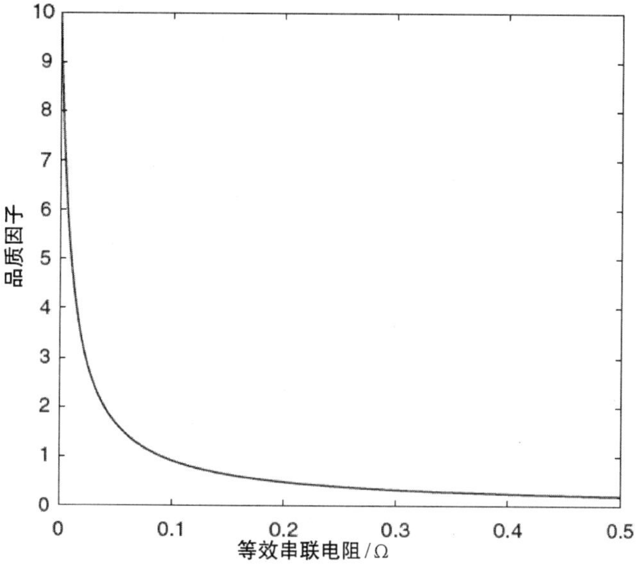

图 5.15　品质因子作为等效串联阻抗的函数

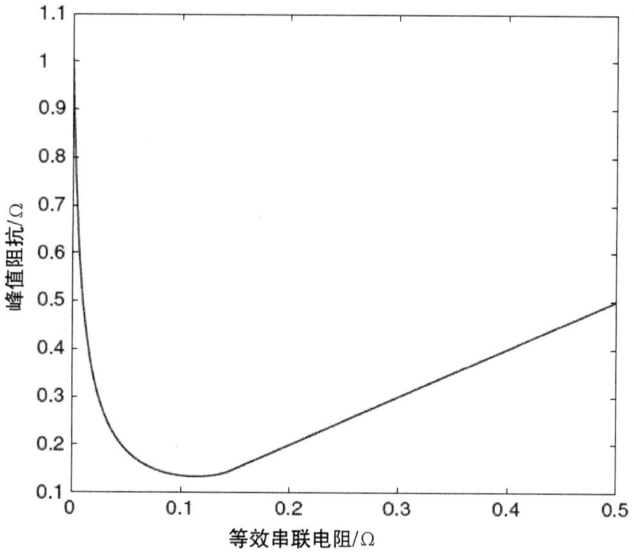

图 5.16　峰值阻抗作为等效串联阻抗的函数

定理 7　对于图 5.14 中的 *LC* 结构，存在 $\gamma=1.5$ 的情况。根据经验公式，在电路参数的特定范围内有 $\gamma\leqslant1.5$。

该非线性问题可以用方程表示：

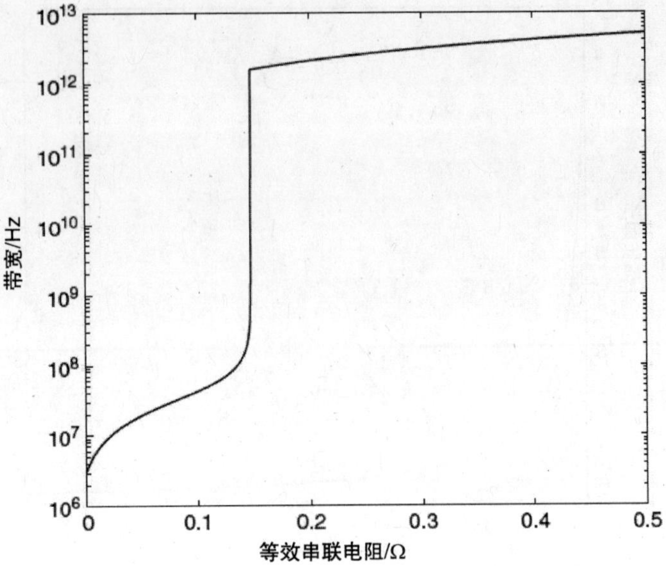

图 5.17　3dB 带宽作为等效串联阻抗的函数

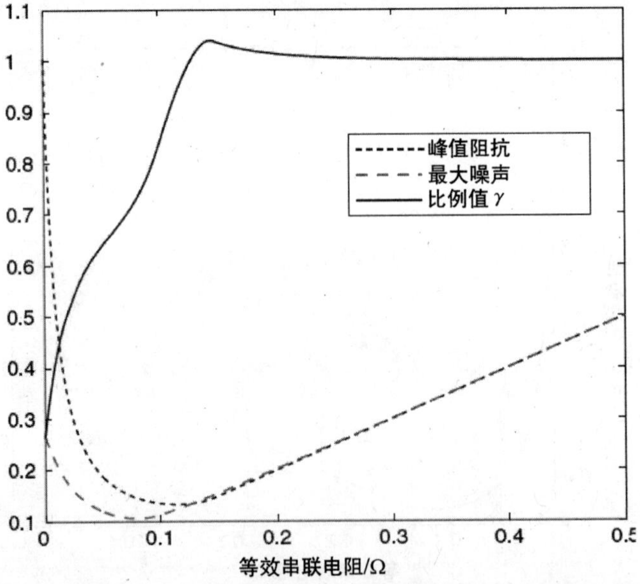

图 5.18　峰值阻抗、最坏情况噪声和比例值表示为等效串联阻抗的函数

$$\text{Max}\ \gamma = \frac{V_{\max}\ (L,\ C,\ R,\ ESR_{\text{C}})}{Z_{\max}\ (L,\ C,\ R,\ ESR_{\text{C}})} \tag{5.59}$$

$$10^{-10} \leqslant L \leqslant 10^{-6}$$

$$10^{-10} \leqslant C \leqslant 10^{-6}$$
$$10^{-3} \leqslant R \leqslant 1$$
$$10^{-3} \leqslant ESR_C \leqslant 1 \tag{5.60}$$

其中，ESR_C 为 LC 结构的等效串联阻抗。参数约束主要根据典型电源分布网络的合理参数范围来选择[7]。解该非线性问题可以得到最大比例值为

$$\text{Max}\ \gamma = 1.5 \tag{5.61}$$

当 γ 达到最大值时，$L=0.1\text{nH}$，$C=1\mu\text{F}$，$R=0.52\Omega$，$ESR_C=0.52\Omega$。

5.11.3　完整的电源分布网络通路

在本小节中，我们将讨论图 5.19 中的实际电源分布网络。这是一个完整的电源分布网络通路，包含电源模块、PCB、封装管壳、片上电源分布、去耦电容[17]。片上电源网格模型可以用封装模型来表示。电源分布网络模型中的 RLC 器件值如图 5.19 所示。电源模块可以用具有反馈环路的传输函数来表示。

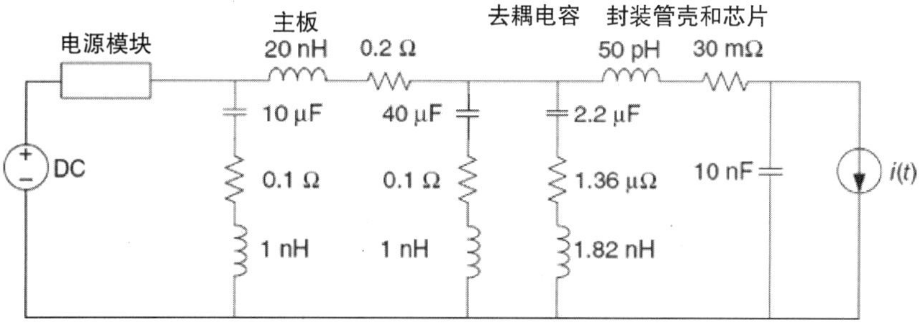

图 5.19　完整的电源分布网络通路

电源分布网络的输出阻抗如图 5.20 所示。输出阻抗在 30kHz 和 160MHz 频率上展现出两个反共振峰值。阻抗的最大幅度为

$$Z_{\max} = 0.232 \tag{5.62}$$

在电源分布网络阶跃响应中，这些反共振峰值会产生相应的低频和高频波动。通过应用式（5.14），我们可以得到阶跃响应的最大值和最小值。我们可以计算出最大的最坏情况电压噪声：

$$V_{\max} = 0.368 \tag{5.63}$$

电源分布网络中的最大 γ 为

$$\gamma = 1.585 \tag{5.64}$$

在阶跃响应的上升阶段，我们赋值为 1；在阶跃响应的下降阶段，我们赋值为 0。通过这种方式可以产生输入模式。相应的输入模式如图 5.21 所示。如图 5.22 所示，在最坏情况输入模式下，电源分布网络最坏情况下的噪声电压响应可以模拟出来。

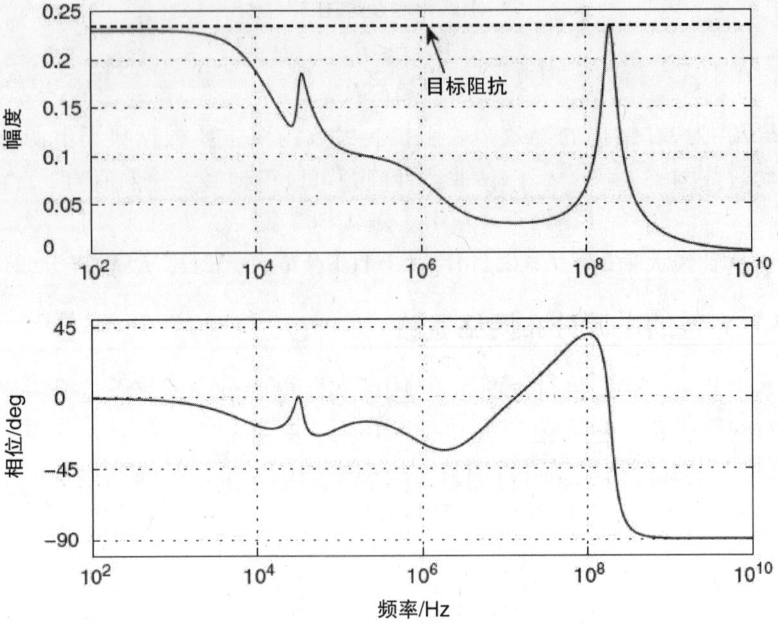

图 5.20　完整电源分布网络通路上的输出阻抗[14]

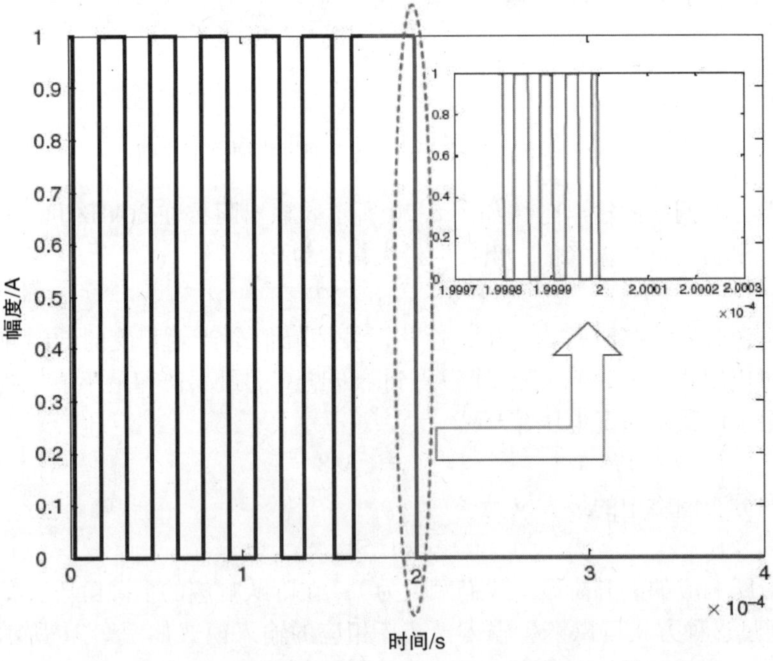

图 5.21　完整电源分布网络通路上的最坏情况电压噪声[14]

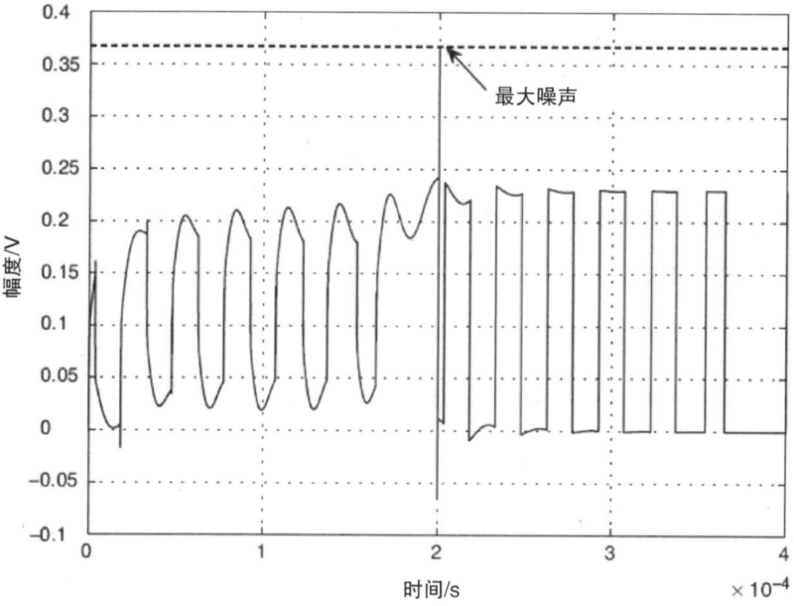

图 5.22 完整电源分布网络通路上最坏情况下的电压噪声的输入模式

5.12 总结

在本章中，我们讨论了产生最坏情况下电源分布网络噪声的方法。基于最坏情况下的噪声分析，我们分析了最大电源分布网络输出电压噪声与最大输出阻抗的比值（γ）。对于二阶 $Z(s)$，γ 的最大值为 2。完整电源分布网络通路的 γ 最大值为 1.585。给定电源分布网络的最大 γ 值，基于阻抗分析，设计者可以明确知道电源分布网络的最坏情况噪声。这些分析也说明即使具有相同的最大阻抗，电源分布网络也具有不同的最坏情况噪声。因此，设计者在鲁棒性强的电源分布网络设计中要十分注意频域阻抗和时域噪声评估。

5.13 参考文献

1. J. Warnock, Y. Chan, S. Carey, H. Wien, P. Meaney, G. Gerwig, H. H. Smith, et al., “Circuit and Physical Design Implementation of the Microprocessor Chip for the zEnterprise System,” *IEEE Journal of Solid-State Circuit*, pp. 151–163, 2012.
2. Kwangok Jeong and A. B. Kahng, “Toward PDN Resource Estimation: A Law of General Power Density,” *System Level Interconnect Prediction Workshop*, 2011.
3. L. M. Wedepohl and L. Jackson, “Modified Nodal Analysis: An Essential Addition to Electrical Circuit Theory and Analysis,” *Engineering Science and Education Journal*, vol. 11, no. 3, pp. 84–92, June 2002.

4. Y. Saad and M. H. Schultz, "GMRES: A Generalized Minimal Residual Algorithm for Solving Non-Symmetric Linear Systems," *SIAM Journal on Scientific and Statistical Computing*, vol. 7, pp. 856–869, 1986.
5. Y. Saad, *Iterative Methods for Sparse Linear Systems*, 2d ed., Society for Industrial and Applied Mathematics; April 30, 2003.
6. M. Popovich, and E. G. Friedman, "Impedance Characteristics of Decoupling Capacitors in Multi-power Distribution Systems," *IEEE International Conference on Electronics, Circuits and Systems*, pp. 160–163, 2004.
7. L. D. Smith, R. E. Anderson, D. W. Forehand, T. J. Pelc, and T. Roy, "Power Distribution System Design Methodology and Capacitor Selection for Modern CMOS Technology," *IEEE Transactions on Advanced Packaging*, vol. 22, pp. 284–291, 1999.
8. M. Swaminathan, J. Kim, I. Novak, and J. P. Libous, "Power Distribution Networks for System-on-Package: Status and Challenges," *IEEE Transactions on Advanced Packaging*, vol. 27, pp. 286–300, 2004.
9. B. A. Leon de la Barra S, "On Undershoot in SISO System," *IEEE Transactions on Automatic Control*, vol. 39, pp. 578–581, 1994.
10. V. Drabkin, Chris Houghton, Isaac Kantorovich, and Michael Tsuk, "Aperiodic Resonant Excitation of Microprocessor Power Distribution Systems and the Reverse Pulse Technique," *IEEE Electrical Performance of Electronic Packaging*, 2002.
11. M. El-Kfoury and R. Longchamp, "Influence of Zero Locations on the Number of Extrema in the Step Response," *American Control Conference*, pp. 1192–1194, 1991.
12. Dr. J. H. Mulligan, "The Effect of Pole and Zero Locations on the Transient Response of Linear Dynamic Systems," *Proceedings of the IRE*, vol. 37, pp. 516–529, 1949.
13. K. Zhou, J. C. Doyle, and K. Glover, *Robust and Optimal Control*, Prentice Hall, Englewood Cliffs, N.J., 1995.
14. X. Hu, W. Zhao, P. Du, Y. Zhang, A. Shayan, C. Pan, A. E. Engin, et al., "On the Bound of Time-Domain Power Supply Noise Based on Frequency-Domain Target Impedance," *ACM/IEEE System Level Interconnect Prediction*, pp. 69–76, 2009.
15. Franklin F. Kuo, *Network Analysis and Synthesis*, John Wiley & Sons, Inc., New York, 1962.
16. M. C. Biggs, "Constrained Minimization Using Recursive Quadratic Programming," *Towards Global Optimization*, pp. 341–439, 1975.
17. D. J. Herrell and B. Beker, "Modeling of Power Distribution Systems for High-Performance Microprocessors," *IEEE Transactions on Advanced Packaging*, vol. 22, pp. 240–248, 1999.

第 6 章 电源完整性的集总、分布和三维建模

在本章中，我们对传统和三维集成电路中的电源分布网络进行建模和分析。我们提出了一种片上电源网格分布模型。我们证明分布模型可以识别三维电源分布网络独特的噪声行为。我们还引入一种集总模型来简化分布模型。集总模型不同层之间的特征互连阻抗有利于我们理解三维电源分布网络的系统级影响。基于这些模型，我们还提出了频域和时域内的三维电源分布网络分析流程，在这个流程中，我们系统地研究了三维电源分布网络的电气特性。三维电源分布网络的全局、局部共振现象与二维电源分布网络有所不同，因此我们还展现了频域的分析方法。之后本章还探索了共振现象背后的物理机制。在分布电流限制条件下，我们讨论了时域分析方法，从而可以预测最坏情况电源噪声。最后，本章引入了“流浪波”概念来阐述三维电源分布网络中空间和时间维度上的最坏情况片上噪声。

6.1 三维电源分布网络建模

在本章中我们将研究两个叠层的三维电源分布网络。我们以一个两个芯片面对背连接的倒装芯片技术为例[1]。在这种结构中，第一个叠层（T1）的重分布层（RDL）通过可控制折叠芯片连接模块（C4）来连接到芯片的封装管壳上，第二个叠层（T2）的重分布层（RDL）通过层与层互连（T2T）来连接到 T1 的低层金属上，如图 6.1 所示。

6.1.1 分布电源网格模型

在二维电源分布网络分析中采用的粗糙电源网格模型已经不适用于三维电源分布网络的分析中，其中一个主要的原因是，在三维电源分布网络中，电源网格的层可能在其正面、反面上都连接到其他的层（或封装管壳）上。高层金属层和低层金属层在其各自的层级上具有不同的电气特性，这对电源分布网络的噪声有着重要影响；另一个原因是，层与层互连比 C4 模块具有更小的互连间距。所以，为了对层与层互连进行建模，我们必须保证低层金属层具有一定的间隔尺寸。在 6.3 节中，我们可以通过详细的电源网格模型来展现三维电源分布网络中独特的共振现象。

在分布电源网格模型中，特别是对于大尺寸的芯片，计算复杂度的提取和仿

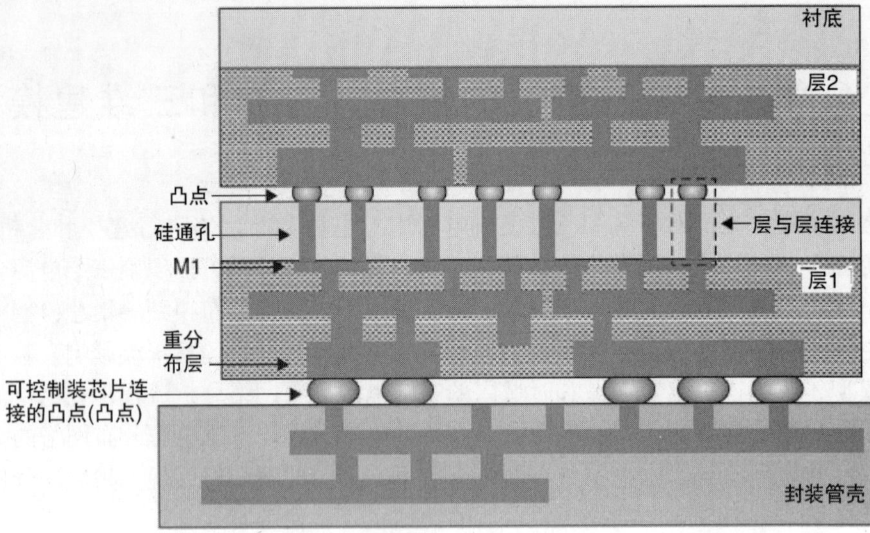

图 6.1　采用面对背连接以及倒装芯片封装技术的两层三维集成电路芯片

真是一个重要的限制。在以下的例子中，我们忽略金属层之间的电磁耦合。之后我们采用提取工具 Q3D 对每一个金属层分别提取足够数量的导线，以准确地表示其电磁行为[2]。提取后的矩阵再进行离散化，用以表示电源网格结构中的 *RLC* 具体值。金属层都是通过阻性通孔进行连接。去耦电容都均匀地分布在第一层金属上。

一个典型的层与层互连包含一个或多个硅通孔。在我们的分析中，我们只考虑硅通孔的 *RLC* 值。硅通孔可以建模为 *R* 与 *L* 串联，而 *C* 连接到衬底上，其中衬底即为该模型的地平面。采用参考文献［5］中的硅通孔分析模型，基于硅通孔的电气特性（长度、直径、介电线厚度），我们可以计算出 *RLC* 的值。

只有包含了封装模型的电源分布网络模型才是完整的。封装管壳上的电感与片上电容相互作用，并且在电源分布网络共振中起着重要作用[6]。在接下来的分析中，每一个 C4 模块都建模为串联的 *RL* 电路，用以表示封装管壳上的寄生参数。在集总 *RLC* 模型中还包括一个电源调制模块，用以研究电源分布网络的低频特性[7]。

我们提出的分布模型用于研究三维电源网格的噪声行为，并且还可以用其开发三维集成电路芯片的电源网格设计方法。在接下来讨论的三维电源分布网络模型并不是为了建立高准确度的模型。为了获得高准确度的提取结果，我们还会用到三维电磁场提取工具 HFSS[8]。在计算 *RLC* 值时，这些提取工具还充分考虑到了互感、寄生电容等耦合效应。对于较大尺寸的芯片，我们采用诸如 XcitePI[9]，以及更新的 Voltus 和 Redhawk[10]来得到更为精确的结果。参考文献［11］描述了采用这些提取工具的三维电源分布网络建模流程。

6.1.2　电流激励模型

在频域中我们采用一种启发式的电流分布模型，该模型基于参考文献［12］中提出的电源模型。在传统的频域电源分布网络分析中，在一个电源网格的节点上仅布置单一的电流源[13,14]。这种结构并不能反映片上负载电流的分布特性。这种模型假设当芯片面积降低时，片上电源功耗密度增加。但是基于参考文献［12］中的电源模型，片上电源功耗作为芯片面积的函数，可以表示为

$$P = kA^{\gamma} \tag{6.1}$$

式中，变量 P 和 A 分别为功耗和面积；系数 k 和 γ 为常数。不同的 γ 代表不同的空间电流分布。$\gamma=0$ 代表单一的电流负载；$\gamma=1$ 表示统一的电流分布。

为了应用空间变化电流分布模型，第一层金属层上每个节点都连接到电流源上。基于式（6.1）我们给每一个电流源都赋值。我们还选择了一个电流分布的中心点，这样除了当 $\gamma=1$ 的情况，中心点的电流都是最大的。因为除了第一层金属，其他节点都远离中心点，所以这些节点的电流值都要小一些。在一个特定区域内围绕中心点的电流值都遵循式（6.1）。当 $\gamma=1$ 时，所有电流节点的值都相同；当 $\gamma=0$ 时，除了中心节点，其他节点的电流值都为零。

6.1.3　集总模型

我们开发了一套集总模型用于系统级的三维电源分布网络分析。在二维电源分布网络分析中，*RC* 串联模型是片上电源网格分析中应用最为广泛的集总模型[15]。在考虑片上电源作为单端口网络时，*RC* 串联模型是一种重要的诺顿等效模型。其中该模型端口集总了所有电源（地）的 C4 模型。在集总模型中的电容代表了所有的片上的电容。集总模型中的电阻代表了从 RDL 端看进去的有效串联电阻。在三维电源分布网络模型中，对于顶层这个集总模型是十分有效的，因为顶层仅仅连接到它的邻近层。然后，对于其他层级，这个模型就不太准确了，这是因为该模型并没有包含这些层与第一层金属之间的互连。

三维电源分布网络中间层的集总模型必须考虑层两侧的阻性互连。该模型的推导可以考虑将诺顿等效模型拓展到两端口网络。层的分布模型可以作为一个双端口网络进行处理。一个端口代表集总节点，这些集总节点将电源重分布层上的电源（地）连接节点短路；另一个端口代表将电源（地）节点短路到第一层金属的集总节点。

这个集总模型包含端口处的无源 *RLC* 元件和电流源。为了推导集总模型中的无源器件，我们将分布模型中的电流源移除。双端口网络的无源器件可以表示为

$$\begin{bmatrix} V_1(s) \\ V_2(s) \end{bmatrix} = \begin{bmatrix} Z_{11}(s) & Z_{12}(s) \\ Z_{21}(s) & Z_{22}(s) \end{bmatrix} \begin{bmatrix} I_1(s) \\ I_2(s) \end{bmatrix} \tag{6.2}$$

式中，$Z_{12}=Z_{21}$。通过匹配阻抗矩阵，即确定 Z_{11}、Z_{22}、Z_{12}，我们可以确定集总模型的结构，并推导出 *RLC* 器件的值。为了推导两端口处的电流源信号，我们在分布模型中还包含了本征电流源。我们将电源网格两侧的两个端口短路，并使得电流流向这两个端口。如图 6.2 所示，在集总模型的两端，激励电流作为电流源的信号出现。在这种情况中，我们忽略了片上电感。

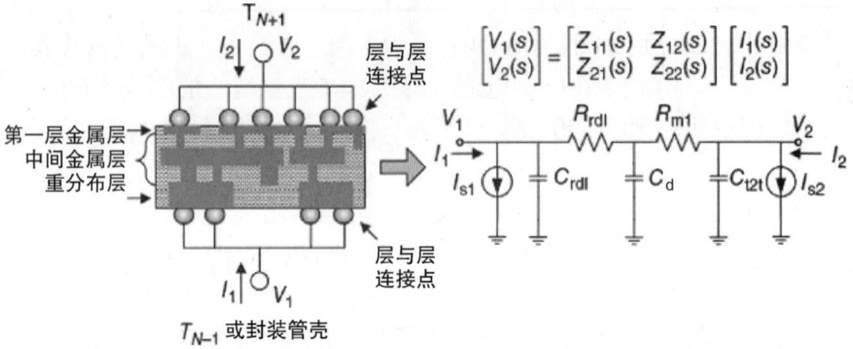

图 6.2　三维电源分布网络中的互连层叠双端口集总模型

三维电源分布网络中的中间层级的集总模型如图 6.2 所示。在该模型中，R_{rdl}表示从重分布层到去耦电容所有通路上的有效电阻；R_{m1}表示第一层金属层上所有互连层到去耦电容的有效电阻；C_{t2t}表示在第一层金属层上所有互连层的总电容；C_{rdl}表示在重分布层一侧层与层互连的所有电容；C_d 表示剩余的片上电容，即 $C_d=C_{total}-C_{t2t}-C_{rdl}$，其中，$C_{total}$表示所有的片上电容。在大多数情况下，由于层与层互连以及 C4 模块的数量有限，所有 C_{t2t}和 C_{rdl}的值都较小，都可以忽略。在这个模型中片上电感也可以忽略不计。我们将在 6.1.4 节中讨论电感效应。I_{s1}和 I_{s2}分别表示流经重分布层和第一层金属层的电流。由于第一层金属层的高阻性，I_{s2}在低频段比 I_{s1}要小得多。在高频段，因为局部电容，I_{s1}和 I_{s2}都趋近于零。

集总和分布电源网格模型的端口阻抗对比如图 6.3 所示。我们假设统一的幅度为 1 的交流电流源分布在电源网格中。在整个有效的频率范围内我们可以看见端口阻抗具有相似性。角频率（阻抗特性发生变化的频率点）处的差异是由分布 *RLC* 效应引起的，这种效应并没有包含在集总模型中。为了验证电流源的准确性，我们将集总模型和分布模型都连接到相同的外部电路上，并且在各自的端口比较频域电压。比较结果如图 6.4 所示。

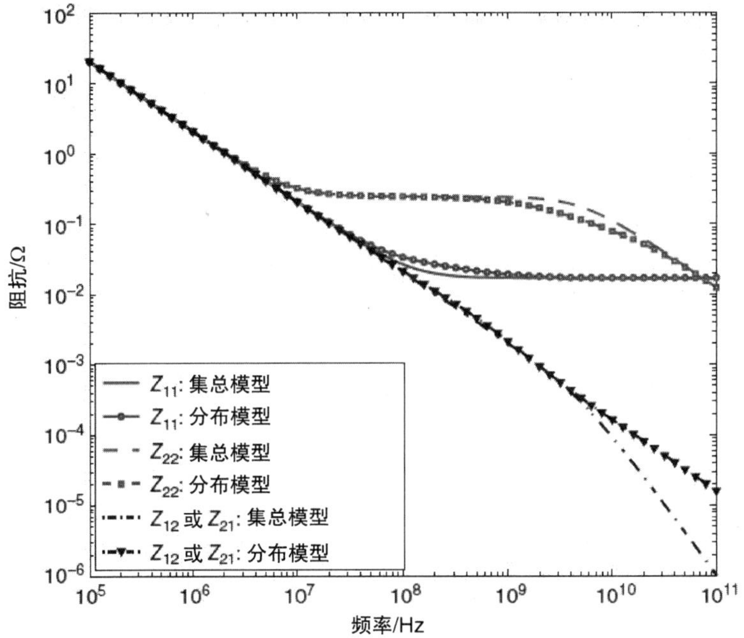

图 6.3　集总和分布电源网格模型的端口阻抗对比

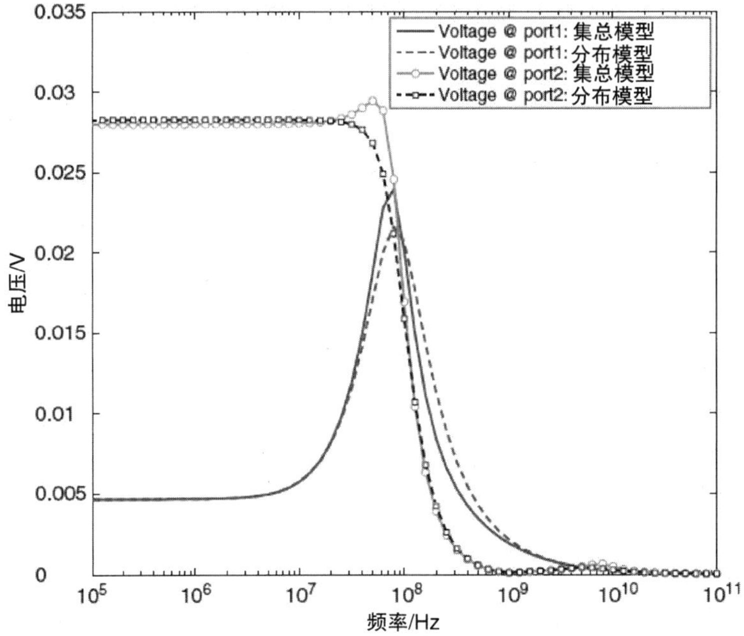

图 6.4　将集总模型和分布模型都连接到相同的外部电路上，在各自的端口比较频域电压的结果

三维集成电路芯片的整个电源分布网络可以由本节中的集总模型进行建模。一个具有两个叠层、电源调整模块、PCB 以及封装管壳的三维电源分布网络集总模型如图 6.5 所示。

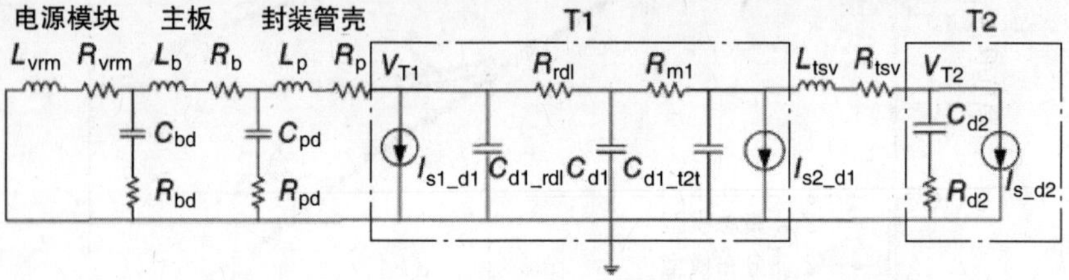

图 6.5　具有两个叠层的整体三维电源分布网络集总模型

6.1.4　片上电感效应

在之前的小节中我们研究了三维电源分布网络模型中的片上电感影响。一个包括电感的中间叠层集总模型如图 6.6 所示。与电阻 R_{rdl} 和 R_{m1} 串联的电感 L_{rdl} 和 L_{m1}，分别代表从重分布层和第一层金属层侧看进去的等效片上电感。因为分布模型中具有穿过阻性通孔、从端口到去耦电容的通路，所以我们增加了并联电阻 R_{rdl_via} 和 R_{m1_via}。如果该阻性通路不存在，那么我们可以设置 R_{rdl_via} 和 R_{m1_via} 的阻值为无限大。

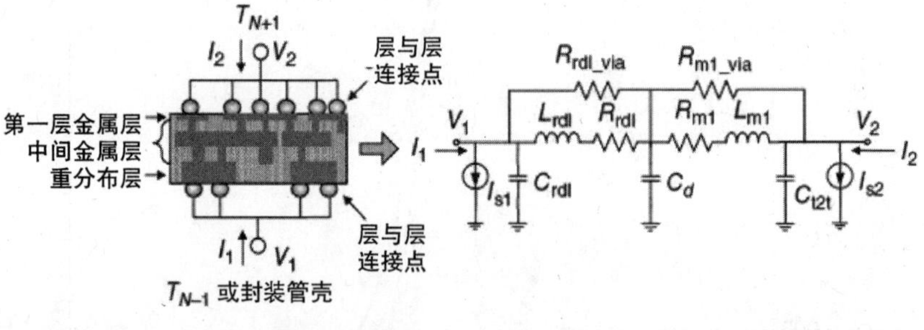

图 6.6　在包含电感三维电源分布网络的单一芯片中，互连层的双端口集总模型

包括电感的集总模型的端口阻抗与分布模型的对比如图 6.7 所示。与没有电感的情况类似，主要的差异出现在角频率附近，特别是在重分布层侧的端口阻抗（Z_{11}），其中，电感的影响占主要因素。除了角频率处的差异，集总模型的端口阻抗与分布模型端口阻抗相同。

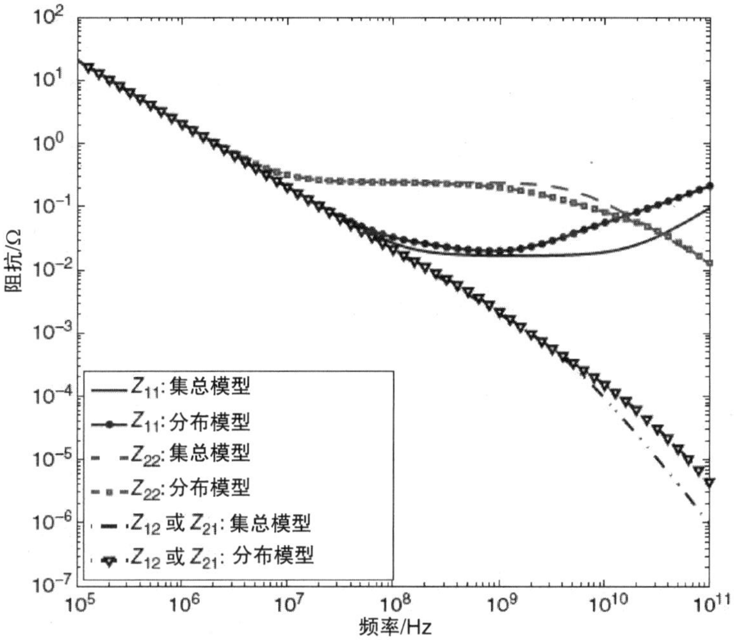

图 6.7 包括电感的集总模型端口阻抗与分布模型端口阻抗的对比

之前的一些成果表明随着时钟频率的增加，片上电感对电源噪声的影响也在增加[16]。我们发现片上电感效应与电容和电流负载分布十分相关。为了阐述该效应，我们采用一个具有不同电流分布以及两个叠层的三维电源分布网络来说明。我们假设去耦电容均匀地分布在第一层金属层和第二层金属层中，它们的密度分别为 5nF/mm^2 和 50nF/mm^2。这里假设第二层金属层中没有噪声。在第一层金属层中，我们将第一层金属层中（$\gamma=0.025$，1）具有不同电流分布的同一节点的频域电压进行比较，如图 6.8 所示。从图 6.8 中可以看出在我们感兴趣的频率范围内（比如 100GHz），仅当 γ 值非常小时，片上电感才会影响电源噪声。当片上电流的分布更一致时（即 γ 变大时），去耦电容协助降低了一部分片上电感效应。在典型集成电路芯片应用中，芯片面积较大时，γ 值非常小的情况很难出现。基于以上假设，片上电流的分布基本一致，而片上电容的分布也基本一致，并且在三维电源分布网络建模和分析中，我们并没有对片上电源网格中的电感加以考虑。

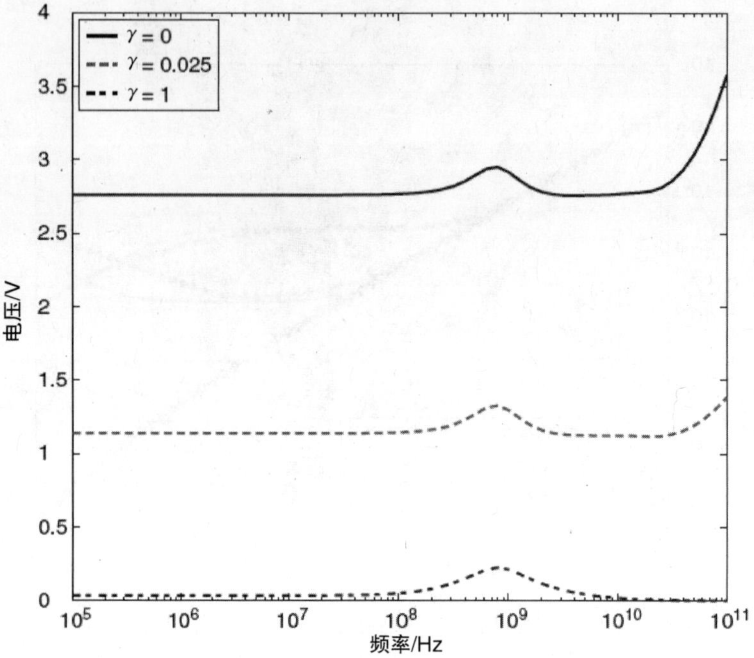

图 6.8　我们假设去耦电容均匀的分布在第一层金属层和第二层金属层中，它们的密度分别为 $5nF/mm^2$ 和 $50nF/mm^2$。这里假设第二层金属层中没有噪声。在第一层金属层中，我们将第一层金属层中（$\gamma=0.025$，1）具有不同电流分布的同一节点的频域电压进行比较

6.2　三维电源分布网络分析流程

我们提出的三维电源分析网络分析流程包括频域和时域的分析方法如图 6.9 所示。该流程的输入是考虑到电源分布网络结构和电流激励的相关信息。与电源分布网络相关的参数包括每个层级的尺寸、布线的几何图形（如间距、宽度等）、硅通孔的几何图形和分布以及去耦电容的密度和分布。基于互连线的物理参数，电源网格中的每个层级都可以通过 Q3D 软件提取为 *RLC* 器件的组合。而封装模型都是以 SPICE 网表进行表示的。同时包含去耦电容分布、硅通孔分布等其他相关信息，整个电源分布网络模型可以以 SPICE 网表的形式构建起来。该网表可以同时应用于频域和时域的分析中。

在频域分析中，对于三维电源分布网络的交流分析需要考虑负载电流信息。对于小尺寸的芯片，该仿真可以在 HSPICE 中进行。而对于大尺寸的芯片，我们需要采用参考文献［17］中的仿真引擎。该仿真引擎采用修正诺顿分析将电源分布网络网表转换为频域矩阵，最终在 MATLAB 中解方程处理。因为在仿真中每一个频率点都是独立的，所以我们可以采用平行处理方式。值得注意的是，在

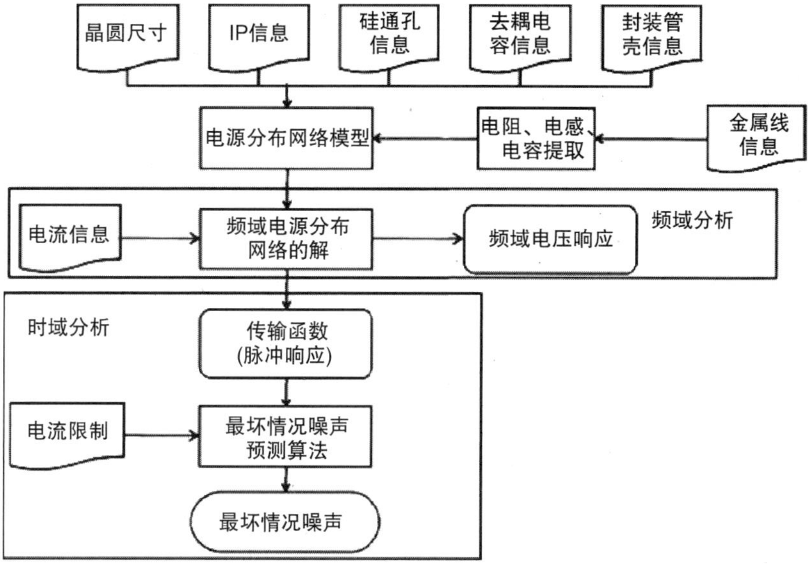

图6.9 三维电源分布网络分析流程

参考文献［17］中电源分布网络具有150万个节点，仿真引擎利用8个处理器，花费半小时就可以得到电源分布网络的阻抗。频域分析的输出为电源分布网络中每个节点的频域电源噪声。

对于时域分析，我们主要关注实际片上最坏情况下的电源噪声。基于电流限制，该流程预测了最坏情况下的时域噪声波形。其中电流限制包含了最大幅度和最小传输时间（最大压摆率）。该方法是参考文献［18］中提出算法的拓展，并且能够有效处理多个电流源。最坏情况噪声计算将在6.3.5节中进行讨论。

6.3 实验结果

实验中测试的对象为两层电源分布网络，其中每层的芯片面积为500μm×500μm。电源分布网络中的每个层级都由第一层金属、第三层金属、第六层金属和重分布层构成。线间距和每个金属层宽度见表6.1。在我们的分析中，我们假设硅通孔的长度、直径和介电线厚度分别为50μm、5μm和0.12μm。采用参考文献［5］中的硅通孔分析模型，硅通孔模型中的*RLC*值分别为47mΩ、34pH和88fF。层与层互连之间的间距在第一层金属和第三层金属方向上分别为170μm和100μm。我们假设去耦电容是均匀分布的。电流源布置在第一层和第三层金属的交点处。C4电源模块之间的间距为400μm。每一个C4模块都用*RL*串联的模型来表示，其中，*R*和*L*的值分别为0.02Ω和0.3nH，代表了封装中的寄生参数。因为电源调整器和PCB不会对电源分布网络的低频特性造成影响，且与片上电源网格隔离得较远，所以我们忽略电源调整器和板级的模型。因此用于三维电源分布网络测试的集总模型如图6.10所示。因为在重分布层和第一层金属层中的局部电容（C_{d1_rdl}和C_{d1_t2t}）较小，所以这部分电容也可以忽略。

表6.1 三维电源分布网络的线间距和每个金属层宽度

M1		M3		M6		RDL			
						T1		T2	
间距	宽度	间距	宽度	间距	宽度	间距	宽度	间距	宽度
2.5	0.2	8.5	0.25	30	4	400	30	8.5	3

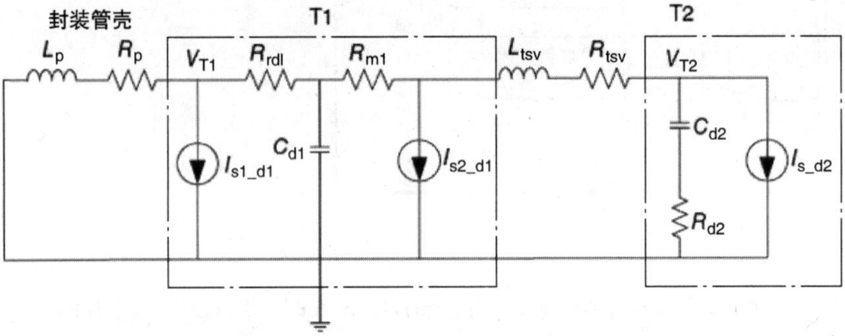

图6.10 包括封装在内的具有两个叠层电源分布网络的集总模型

6.3.1 电流分布模型

我们在实验中研究了电流模型对电源噪声的影响。去耦电容在第一层金属、第二层金属上的分布密度为$5nF/mm^2$和$50nF/mm^2$。我们在每一个叠层上分别设置一个1A的交流电流源。不同的γ值表示不同的电流分布。电流分布的中心点设置为我们的观察点。

在第一层金属层的观察点上，具有不同电流分布的频域噪声比较如图6.11a所示。而在第二层金属层的观察点上，具有不同电流分布的频域噪声比较如图6.11b所示。图中也展示了相应的集总模型噪声响应。从图6.11a和图6.11b中我们可以看出，不同的γ值会产生不同的电压响应。对于单一的电流源（$\gamma=0$），噪声响应会超乎现实的大。

电流分布直接作用于片上噪声分布。我们选择1GHz作为频率观察点，并且研究这个频率点上的第一层金属层噪声分布。这是因为该频率差不多处于封装管壳和芯片共振频率之间。在第一层金属层的1GHz频率点上，具有不同负载电流分布的片上噪声图如图6.12和图6.13所示。在第一层金属层上，噪声峰值点与电流峰值点重合。因为第一层金属层上的电流源均匀分布，所以其噪声也均匀分布。第二层金属层上的噪声分布不会受到第一层金属层上电流分布的影响。

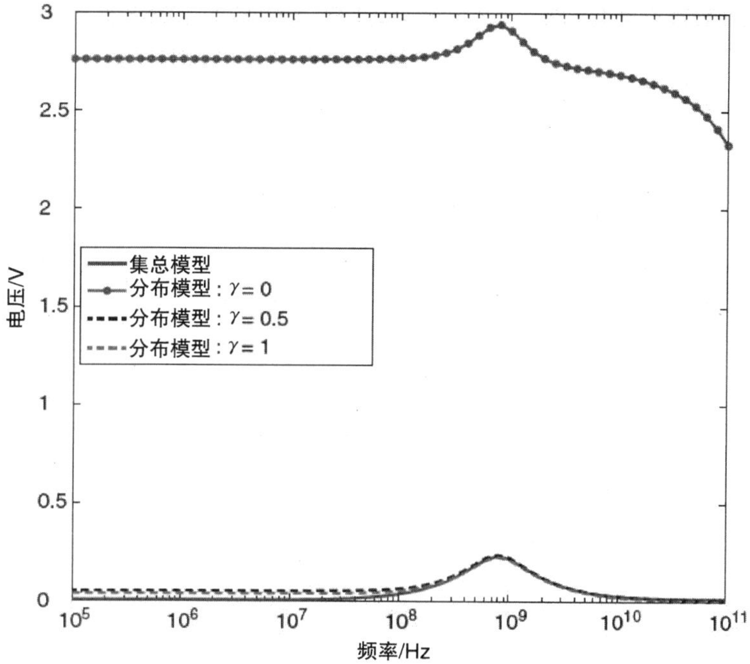

a）第一层金属层的观察点上，具有不同电流分布的频域噪声比较

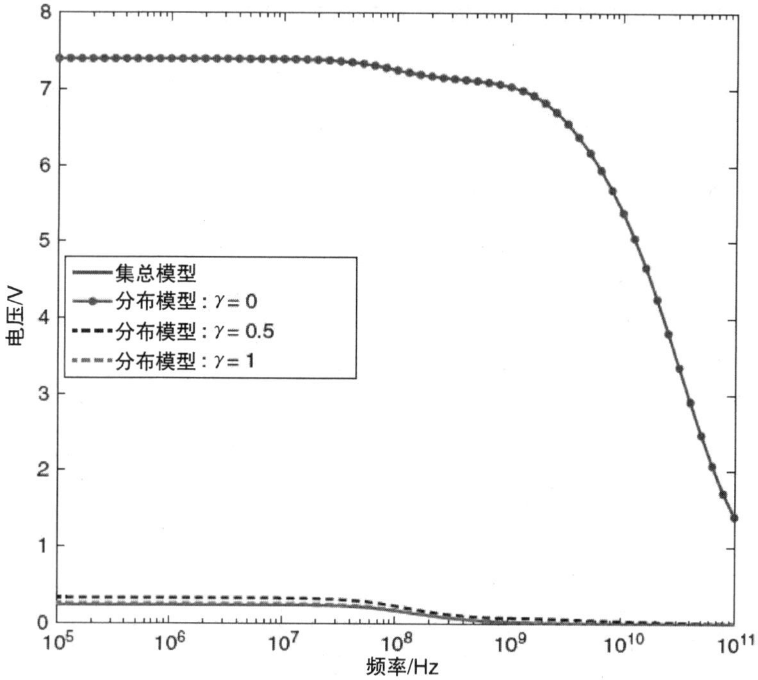

b）在第二层金属层的观察点上，具有不同电流分布的频域噪声比较

图　6.11

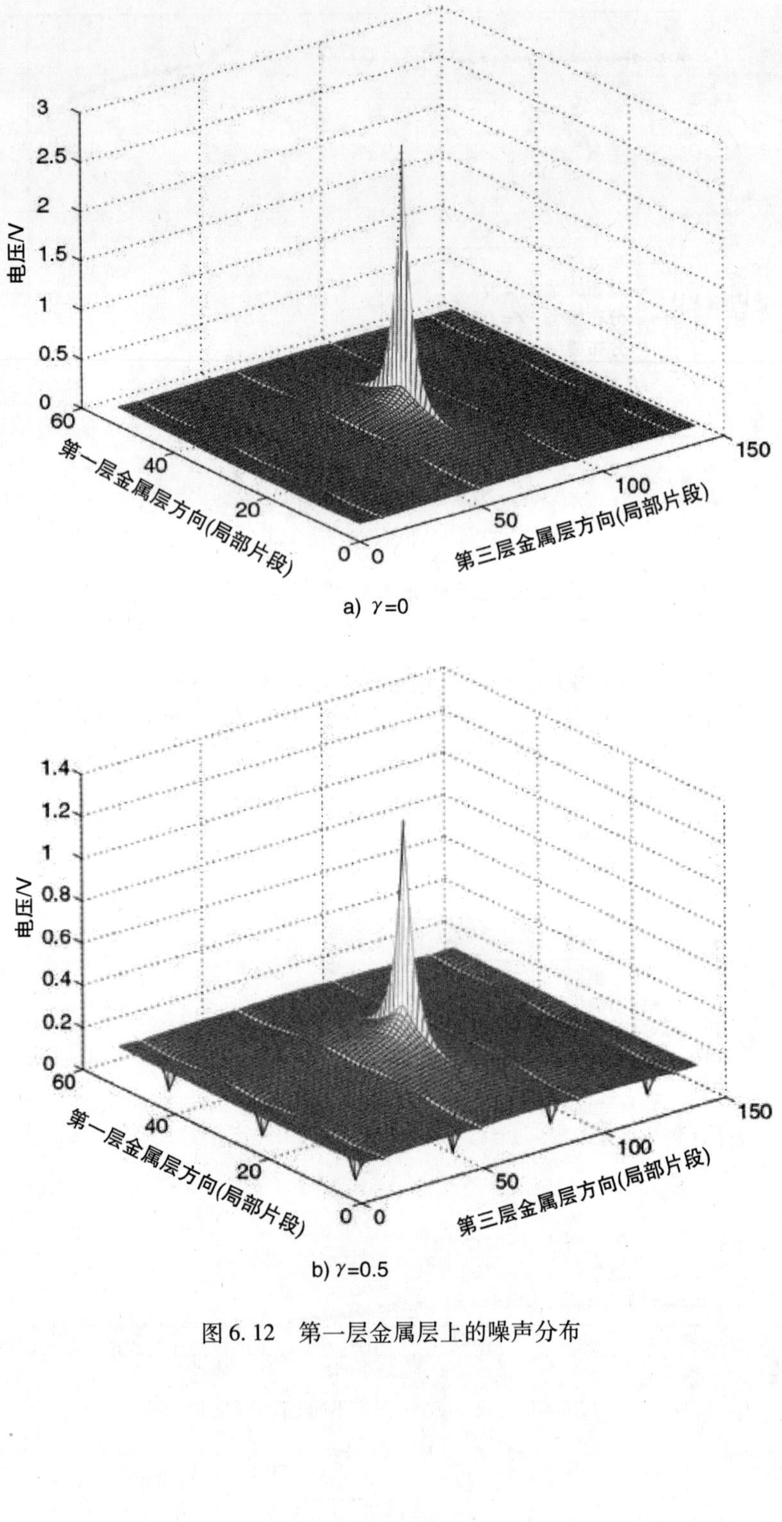

图 6.12　第一层金属层上的噪声分布

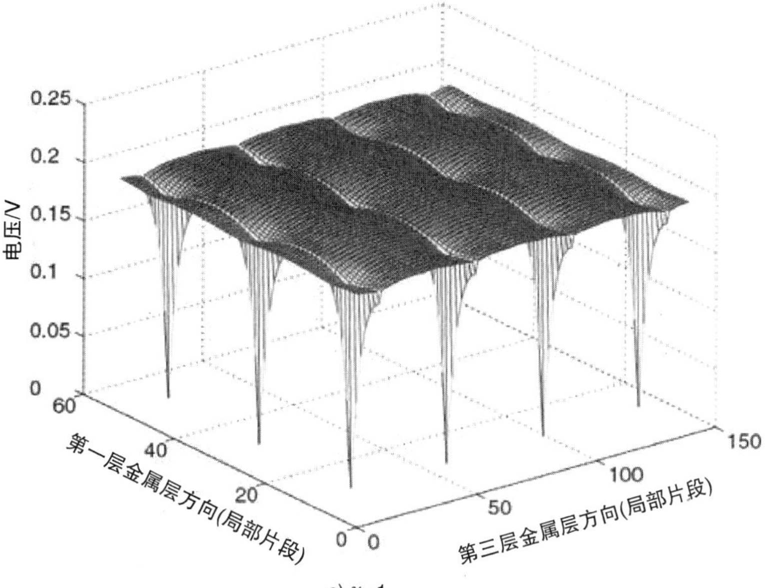

c) $\gamma=1$

图 6.12　第一层金属层上的噪声分布（续）

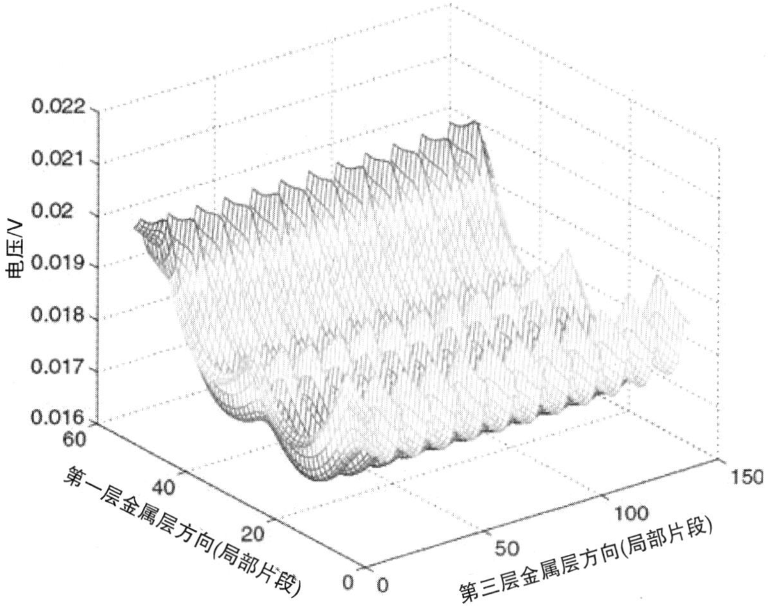

a) $\gamma=0$

图 6.13　第二层金属层上的噪声分布

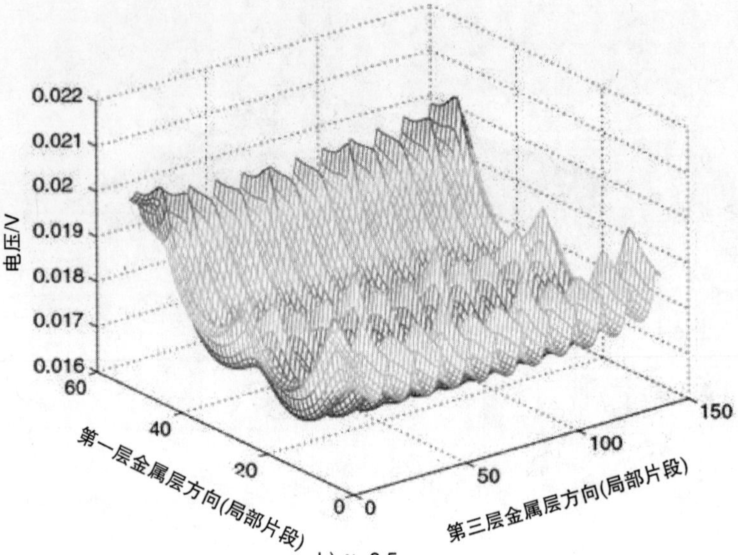

b) $\gamma=0.5$

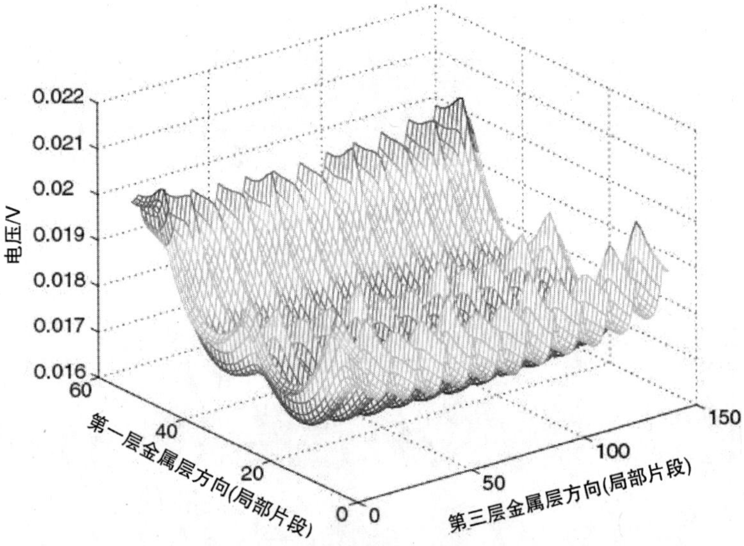

c) $\gamma=1$

图 6.13 第二层金属层上的噪声分布（续）

这是因为大部分第一层金属层的电流流向封装管壳或者从封装管壳流入，而不是流向第二层金属层。在第二层金属层的 1GHz 频率点上，具有不同电流分布的片上噪声图如图 6.14 和图 6.15 所示。在这种情况中，我们观察到噪声峰值出现在第一层金属层上的层与层互连处。这是由于第二层金属电流通过层与层互连处流向封装管壳。从图 6.14a ~ 图 6.14c 中，我们可以看出当 γ 值较小时，第一层金属层上的噪声峰值出现在第二层金属层电流分布的中心点附近。当 $\gamma=0$ 接近于 1 时，因为在第二层金属层中电流更加均匀分布，所以噪声峰值出现在第一层金属层中的所有层与层的连接点处。

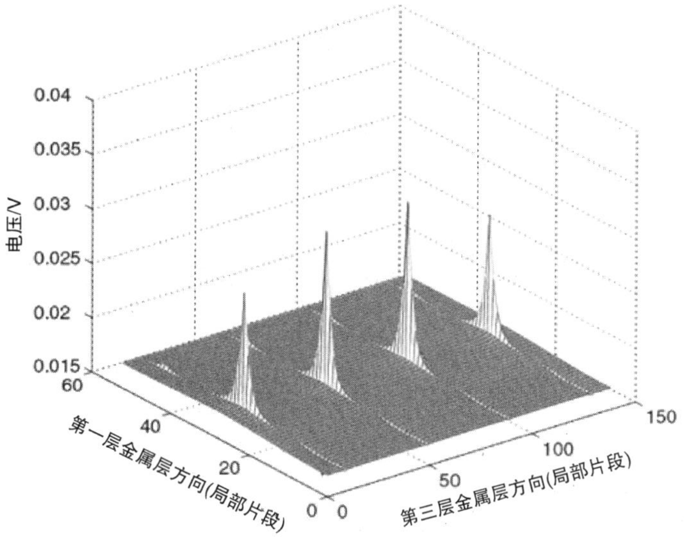

a) γ=0

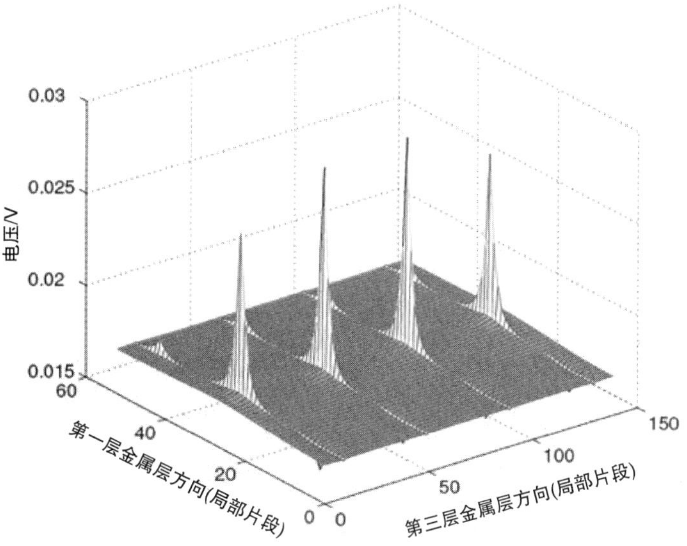

b) γ=0.5

图 6.14　当电流源分布在第二层金属层上时，在 1GHz 频率点上，两层电源分布网络中第一层金属层的噪声分布

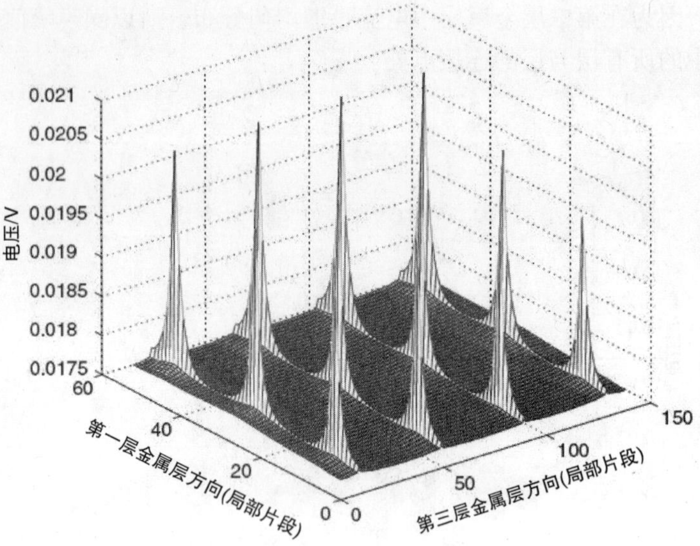

c) $\gamma=1$

图 6.14 当电流源分布在第二层金属层上时，在 1GHz 频率点上，两层电源分布网络中第一层金属层的噪声分布（续）

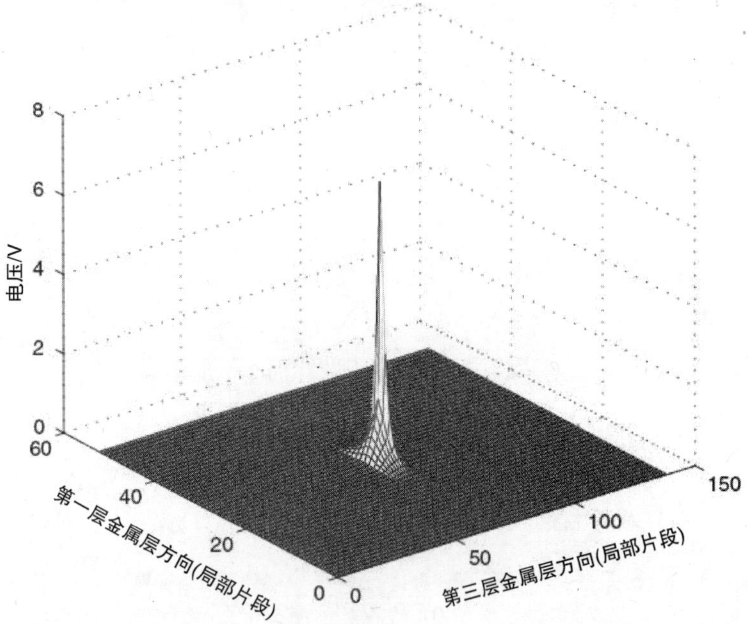

a) $\gamma=0$

图 6.15 当电流源分布在第二层金属层上时，在 1GHz 频率点上，两层电源分布网络中第二层金属层的噪声分布

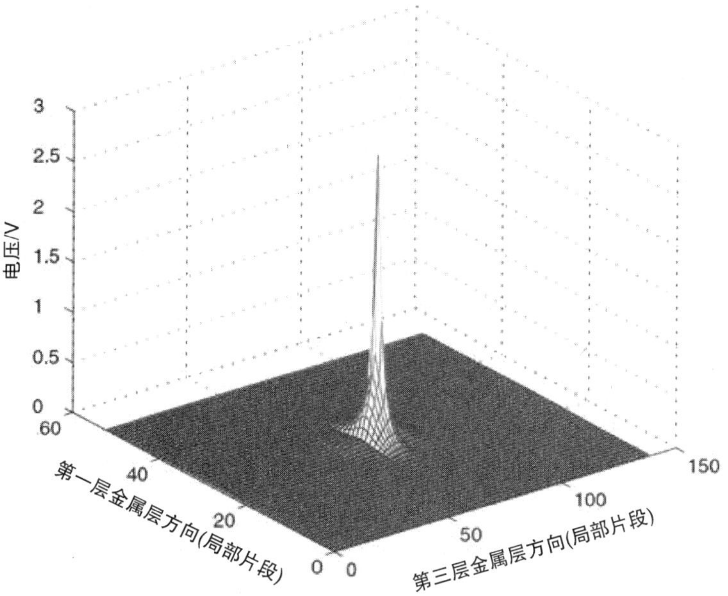

b) $\gamma=0.5$

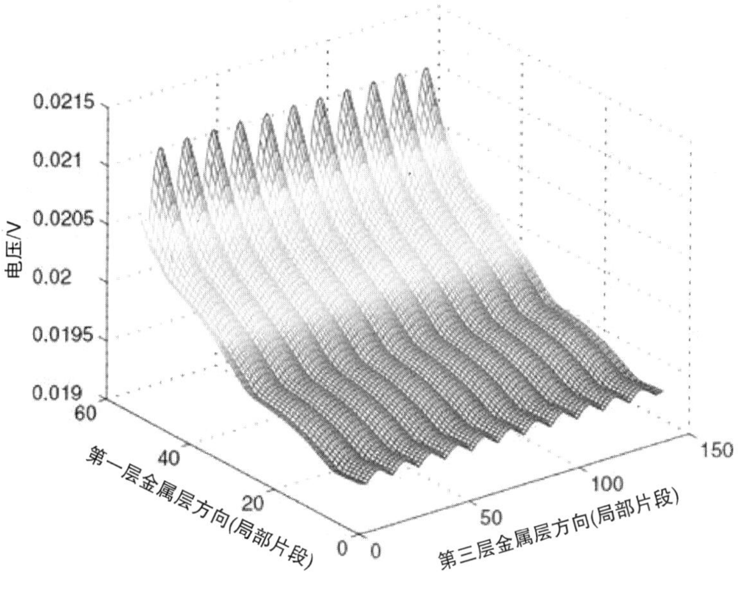

c) $\gamma=1$

图 6.15　当电流源分布在第二层金属层上时，在 1GHz 频率点上，两层电源分布网络中第二层金属层的噪声分布（续）

6.3.2 共振现象

在本小节中，我们将研究三维电源分布网络中独特的共振现象。首先，我们考虑6.3.1节中电源分布网络的例子。我们将电流源布置在第一层金属层和第二层金属层上，进行交流仿真，并且观察频域响应。因为在一个叠层上的电源噪声是由本层的电流源决定的，因此我们主要关注本层的噪声响应。从图6.11b中可以看出，在第二层金属层上没有出现共振峰值。需要注意的时候，即使是由封装电感和片上电容产生的，共振“中频”峰值也没有出现。这种现象可以由图6.10中的集总模型来解释。共振“中频”峰值消失的主要原因在于R_{m1}。因为第二层金属层上的电容远大于第一层金属层上的电容，所以第一层金属层上的电容可以忽略，并且R_{m1}与封装电阻R_p串联共同产生了作用。因此，封装电感的等效串联电阻潜在增加了，消除了共振“中频”峰值。如图6.11a所示，设置电流源在第一层金属层上，可以观察到第一层金属层上会出现共振峰值。这个共振峰值与二维电源分布网络中的中频共振峰值类似。这是由于封装电感和第一层金属层上的片上电容（C_{d1}）共振产生的。需要注意的是，由于R_{m1}的存在，封装电感和第二层金属层电容并不会产生共振。

图6.11a中的中频共振实际上是一种“伪”全局共振。因为这种共振发生在第一层金属层的大多数区域，所以我们称之为“伪”全局共振。图6.16展示了在第一层金属层不同区域内的频域响应（具有统一的负载电流分布）。从图6.16中可以看到，共振发生在第一层金属层的所有区域中，除了层与层连接的区域内。在层与层连接的区域内，我们观测到一个波谷的出现。这个波谷是由硅通孔电感（L_{tsv}）和第二层金属电容（C_{d2}）的共振产生的。需要注意的是，波谷产生的根本原因是由于R_{m1}的存在，它决定了在我们感兴趣频率范围内的$R_{m1}L_{tsv}C_{d2}$阻抗值。在图6.12a～图6.12c的噪声图中我们也可以看到层与层连接处的波谷现象。

不同的电源分布网络设计参数（去耦电容、线宽、间距）、片上电感以及层与层互连的结构，都会产生不同的共振现象。在第二层金属层上不同去耦电容引起的共振峰值变化如图6.17所示。不同的共振现象也可以用集总模型来解释。当第二层金属层的电容远小于第一层金属层时，有效的硅通孔电感和第二层金属层电容会形成一个高频LC网络，这个高频LC网络独立于其他LC网络。在这种情况下，由封装电感和第一层电容引起的中频共振如图6.17a和图6.17b所示。此外，高频共振峰值也可以在第二层金属层中观测到，如图6.17b所示。因为第二层金属层中的电容足够小，使其满足第一层金属层与第二层金属层之间LC网络的衰减条件，所以我们也可以观测到高频峰值，如图6.10所示。

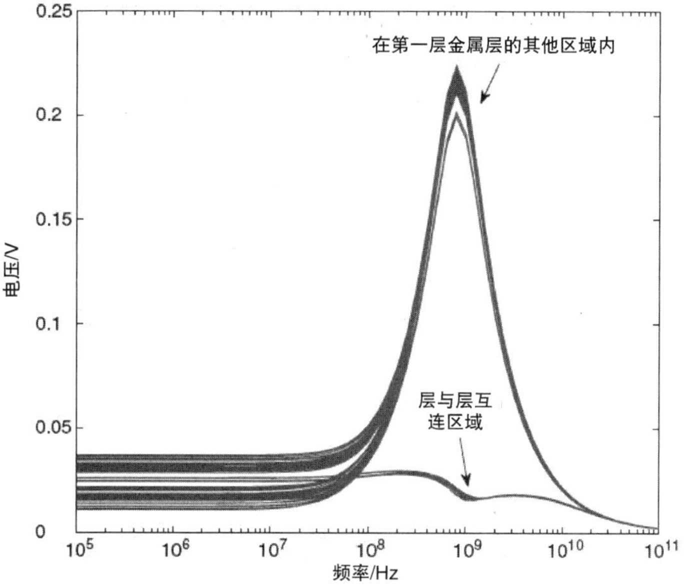

图 6.16　在第一层金属层不同区域内的频域响应（具有统一的负载电流分布）

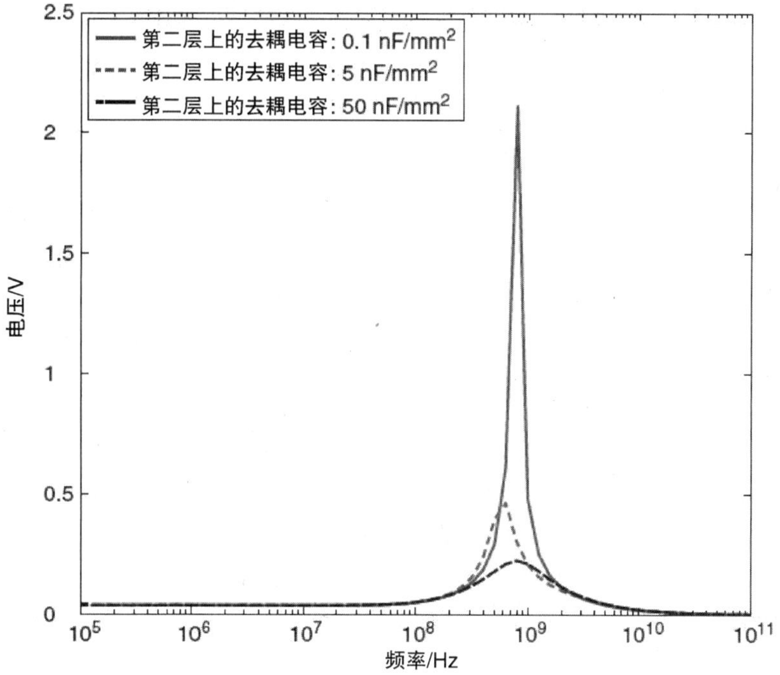

a）在第一层金属层上具有均匀的电流源，第一层金属层上非层与层连接位置处的频域电压

图　6. 17

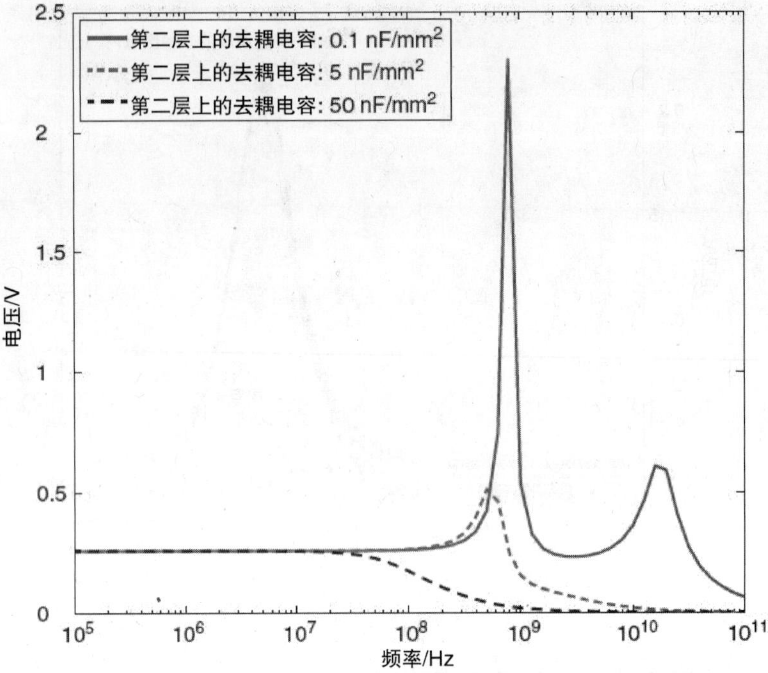

b）在第二层金属层上具有均匀的电流源，第二层金属层上的频域电压

图　6.17（续）

$$R_{m1}+R_{tsv}+R_{d2}\leqslant 2\sqrt{\frac{L_{tsv}}{C_{d2}}} \tag{6.3}$$

当第二层金属层电容增加，高频共振峰值消失，而中频峰值移动到低频，如图6.17a和图6.17b中的虚线所示。当式（6.3）中的条件不满足时，高频共振峰值消失。此时高频 *LC* 网络不是独立存在的，它与中频 *LC* 网络结合到一起。所以，由于第二层金属层电容的影响，中频共振峰值向低频移动。当第二层金属层电容值远大于第一层金属层电容时，第二层金属层上的高频和中频共振峰值都消失了。而且中频共振峰值移动回更高频的区域中，如图6.17a和图6.17b中的虚线所示。其原因在于，在这种情况中，正如之前讨论的，R_{m1} 在第二层金属层的 *LC* 网络阻抗中占主要地位。共振现象随电容值的变化见表6.2。

表6.2　图6.10中具有不同T2电容值的三维电源分布网络的共振频率

T2 电容（C_{d2}）	实例条件	共振频率	
		T1	T2
$C_{d2} \ll C_{d1}$	$R_{m1}+R_{tsv}+R_{d2}\leqslant 2\sqrt{\frac{L_{tsv}}{R_{d2}}}$	$f_{mid}=\frac{1}{2\pi\sqrt{L_p C_{d1}}}$	$f_{mid}=\frac{1}{2\pi\sqrt{L_p C_{d1}}}$ $f_{high}=\frac{1}{2\pi\sqrt{L_{tsv} C_{d2}}}$

（续）

T2 电容（C_{d2}）	实例条件	共振频率	
		T1	T2
$C_{d2} \sim C_{d1}$	$R_{m1}+R_{tsv}+R_{d2}>2\sqrt{\frac{L_{tsv}}{R_{d2}}}$	$f_{mld}=\frac{1}{2\pi\sqrt{L_p(C_{d1}+C_{d2})}}$	$f_{mld}=\frac{1}{2\pi\sqrt{L_p(C_{d1}+C_{d2})}}$
$C_{d2} >> C_{d1}$	$R_{m1}+R_{tsv}+R_{d2}>2\sqrt{\frac{L_{tsv}}{R_{d2}}}$	$f_{mld}=\frac{1}{2\pi\sqrt{L_pC_{d1}}}$	NA

需要注意的是，表 6.2 中的共振效应都是全局或者伪全局共振效应。当第一层金属层中心电流分布接近于层与层互连位置的电流分布时，局部高频共振可能出现在三维电源分布网络中。这些共振效应是由局部硅通孔电感和局部第一层金属层电容引起的。产生的共振峰值出现在高频段，并且只能在层与层互连位置附近的极小区域内观测到。在硅通孔隔离区，电流源不可能布置在非常接近硅通孔的位置。所以，我们无法观测到这些高频共振。参考文献［13］详细讨论了这种局部共振现象。

6.3.3 去耦电容

在本节中，我们将探索片上去耦电容与共振现象的关系。我们知道增加去耦电容可以降低电源噪声。然而，在三维电源分布网络中，去耦电容作用很大程度上取决于它的分布。当使得两个叠层中总去耦电容数量相等，我们将两个层中的电容进行交换，并比较三维电源分布网络中的频域电压响应。

图 6.18 比较了两种去耦电容结构（第一层金属层上的去耦电容为5nF/mm^2，第二层金属层上的去耦电容为 50nF/mm^2，再交换电容值进行比较）的结果。电流源均匀地布置在第一层金属层和第二层金属层上。图 6.18a 比较了第一层金属层上的噪声和第一层金属层上电流源产生的噪声。当第一层金属层上的去耦电容值更小时，在高频段出现更大的噪声。这是因为共振频率高于第一层金属层具有更大去耦电容值的情况。图 6.18b 比较了第二层金属层上的噪声和第二层金属层上电流源产生的噪声。很明显看出，当第二层金属层上的去耦电容更大时，第二层金属层的噪声更小。图 6.18c 比较了第二层金属层上的噪声和第一层金属层上电流源产生的噪声。总的来说，在给定总的电容值的情况下，在第二层金属层上应该比第一层金属层上布置更多的去耦电容。在一些情况中，当需要最小化高频噪声时，第一层金属层上应该布置更多的去耦电容。

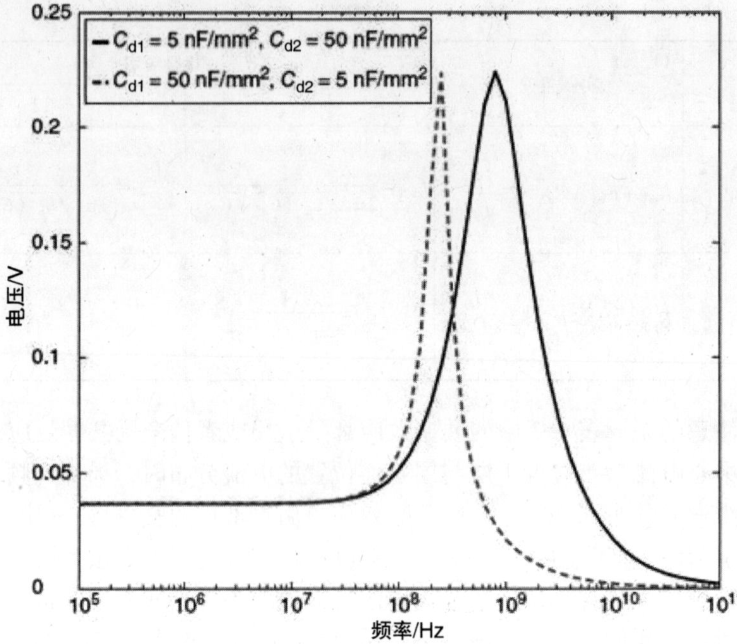

a）当电流源均匀分布在第一层金属层中时，第一层金属层上的频域噪声

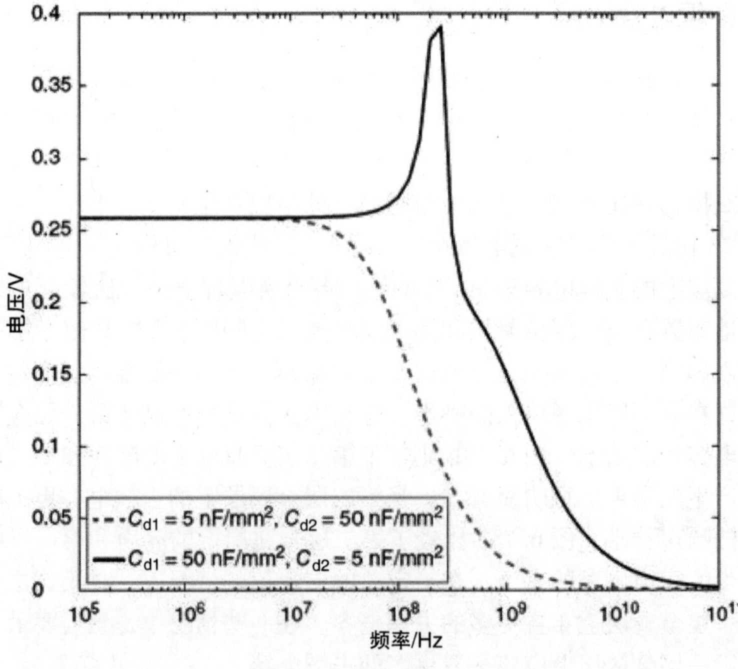

b）当电流源均匀分布在第二层金属层中时，第二层金属层上的频域噪声

图　6.18

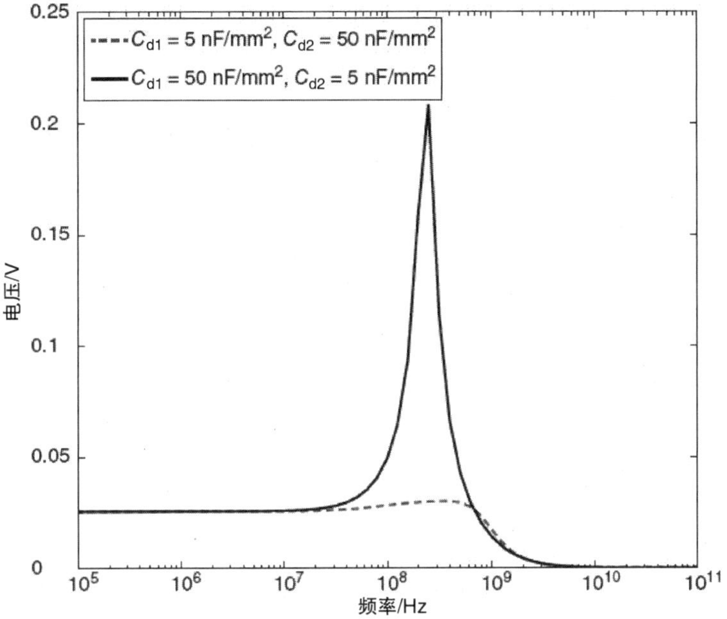

c）当电流源均匀分布在第一层金属层中时，第二层金属层上的频域噪声

图　6.18（续）

6.3.4　层与层之间的互连阻抗

在本节中，我们研究层与层之间的互连，这是三维电源分布网络中独特的一个研究方面。在集总模型中的互连电感 L_{tsv} 即为层与层互连中的有效自感。互连阻抗包括 R_{m1} 和 R_{tsv}。R_{tsv} 是层与层互连中的总电阻。电阻 R_{m1} 来源于第一层金属层中底层金属层（第一层金属、第三层金属）的有效电阻。因为 R_{tsv} 的值较小，R_{m1} 占互连电阻的主要地位。L_{tsv} 是第二层金属层中产生高频共振的主要原因。而 R_{m1} 在两个叠层中是中频共振和高频共振的主要原因。在本节中，我们主要研究在两个叠层情况中，R_{m1} 对三维电源分布网络噪声的影响。

不同的设计参数会影响 R_{m1} 的值。在实验中，可以通过改变第三层金属的宽度来改变 R_{m1} 的值。当第三层金属的宽度改变时，两个叠层的电压变化如图 6.19 所示。在电源分布网络设置中，第三层金属的宽度归一化为单位值。观察电流源处于第一层金属层时的噪声时，当 R_{m1} 值增加（第三层金属宽度减小），共振峰值增加，如图 6.19a 所示。通常我们认为等效串联电阻会降低共振峰值，而目前的现象与我们这个共识正好相反。最近的研究结果显示在这个例子中，R_{m1} 并不是等效串联电阻。当 R_{m1} 的值足够大时，它在第一层金属层与第二层金属层通路阻抗中占主要地位，并且 R_{m1} 实际上是与封装电感和第一层金属层电容形成的共振网络并联的。该例子的简化的电路模型如图 6.20 所示。

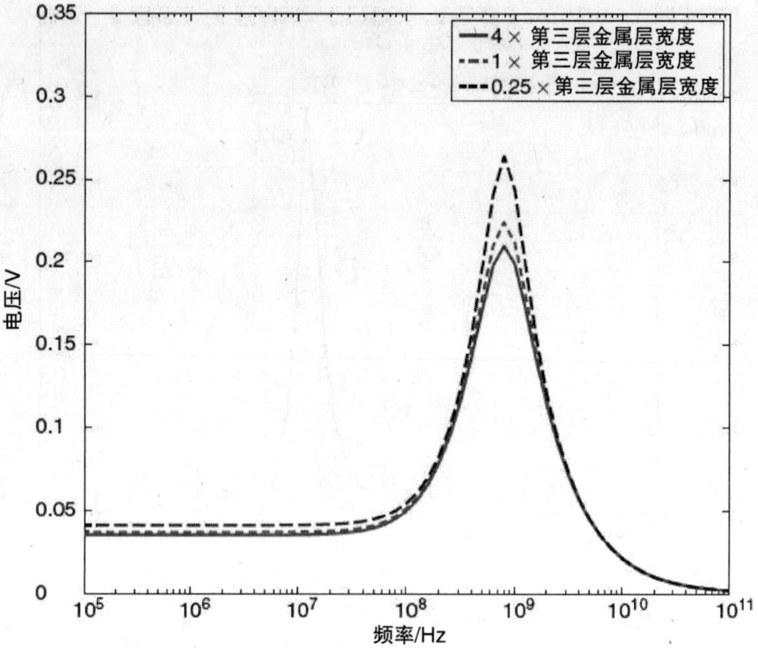

a）当电流源均匀分布在第一层金属层中时，第一层金属层上的频域噪声

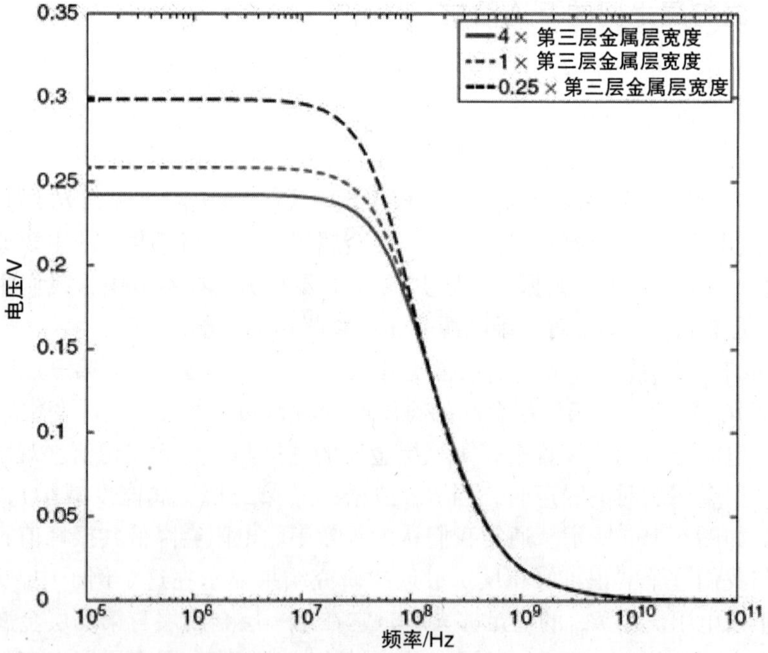

b）当电流源均匀分布在第二层金属层中时，第二层金属层上的频域噪声

图　6.19

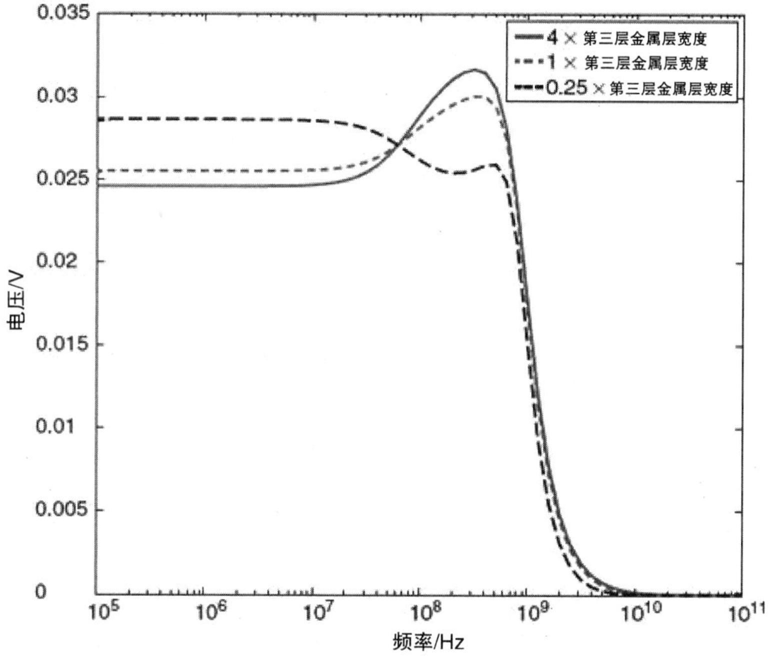

c）当电流源均匀分布在第一层金属层中时，第二层金属层上的频域噪声

图 6.19（续）

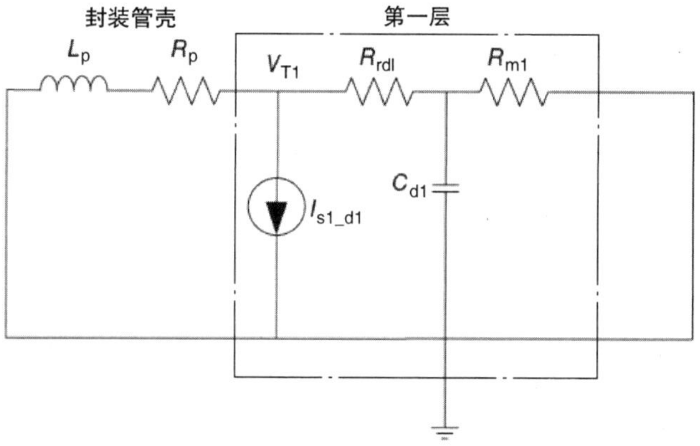

图 6.20 当 R_{m1} 在第一层金属层与第二层金属层阻抗中占主要地位时，图 6.10 的简化电路模型

从图 6.19 中可以看出除了传输噪声的共振峰值，如图 6.19c 所示。更大的 R_{m1} 值会产生更大的噪声响应。因为传输噪声远小于“自噪声”，如图 6.19a 和图 6.19b 所示，即在每一个叠层中的噪声主要由其负载电流所决定，所以需要设计出具有较小 R_{m1} 值的电源分布网络。为了降低 R_{m1} 值，我们可以通过增加第一

层金属和第三层金属的宽度，或者通过降低二者之间的间距来降低低层级金属中的电阻。我们还可以通过增加层与层互连的数量来降低 R_{m1}。然而，由于低层级金属的高阻性，这些方法的有效性大大降低。一种更为有效的方法是使得层与层互连直接连接到第一层金属层的高层金属上。当要进行层与层互连时，这个方法的一个设计折中是会产生第一层金属层到高层金属层之间的布线阻隔。基于以上实验，鲁棒性强的三维电源分布网络设计规则如下：

1）除了在特定频率范围内低叠层噪声响应比较重要时，在高的叠层中布置尽可能多的去耦电容。

2）通过以下方式降低层与层互连电阻：增加层与层互连的数量；增加连接到硅通孔的线宽或者降低金属层之间的线间距；将高层级金属层连接到硅通孔上。

6.3.5 最坏情况下的噪声电压

在之前的小节中，实验结果展示了三维电源分布网络中的频域响应。在接下来的小节中，我们通过最坏情况噪声来研究三维电源分布网络的时域响应。为了突出不同的共振效应，我们分别将 50nF/mm^2 和 0.1nF/mm^2 的去耦电容布置在第一层金属层和第二层金属层上。这种结构的频域响应与图 6.17 中的实线类似。我们在三维电源分布网络的每一个叠层中均匀地布置 9 个电流源。在三维电源分布网络中，电流源和层与层互连的空间关系俯视图如图 6.21 所示。在两个叠层上的电流源分布在相同的（x，y）坐标上。在第一列和最后一列上的六个电流源与层与层互连具有相同的（x，y）坐标。中部的三个电流源位于两个层与层互连列的中间。

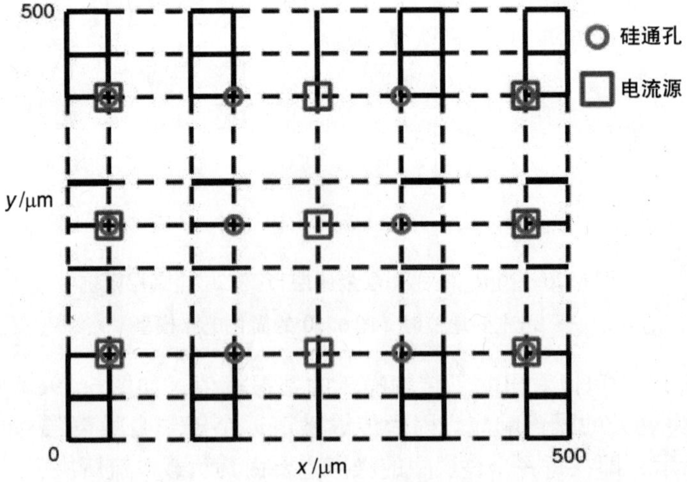

图 6.21 三维电源分布网络中电流源和层与层互连的位置

我们假设每个电流源的最大幅度为 0.1mA，最小传输时间为 10ps。对于每一个电流源，我们可以得到目标输出节点的脉冲响应。我们采用可调整的平行离散傅里叶流程来仿真脉冲响应[17]。基于电流限制和脉冲响应，参考文献［18］推导出最坏情况噪声响应算法。因为电源分布网络模型是一个线性系统，我们可以通过将每个电流源最坏情况噪声校准、添加在节点上，从而计算出多个电流源的最坏情况噪声。

三维电源分布网络每一个叠层上的最坏情况噪声图分别如图 6.22 和图 6.23 所示。在第一层金属层上，最坏情况噪声峰值出现在电流源和层与层互连位置附近。需要注意的是，中部三个电流源的峰值幅度要小于其余电流源的峰值幅度。造成这种差异有两个原因。其中一个原因是从第二层金属层流经层与层互连处的电流导致在层与层与第一层金属层的界面处产生热点区域。另一个原因是，如参考文献［13］中讨论的，靠近层与层互连处的电流源产生局部高频峰值。这个高频峰值使得最坏情况噪声增大。在另一方面，第二层金属层上所有噪声峰值都具有同样大的幅度，如图 6.23 所示。这是因为在两个叠层上的电流对第二层金属层噪声产生全局影响。需要注意的是，第二层金属层上的最坏情况噪声比第一层金属层上的大 20 倍，这是由于第二层金属层具有更长的电流通路，所以第二层金属层的阻抗大于第一层金属层的阻抗。此外，在实验中第二层金属层上还出现了另一个高频共振峰值，如图 6.17b 中的实线所示。这个高频振荡也对第二层金属层中的最坏情况噪声有所贡献。

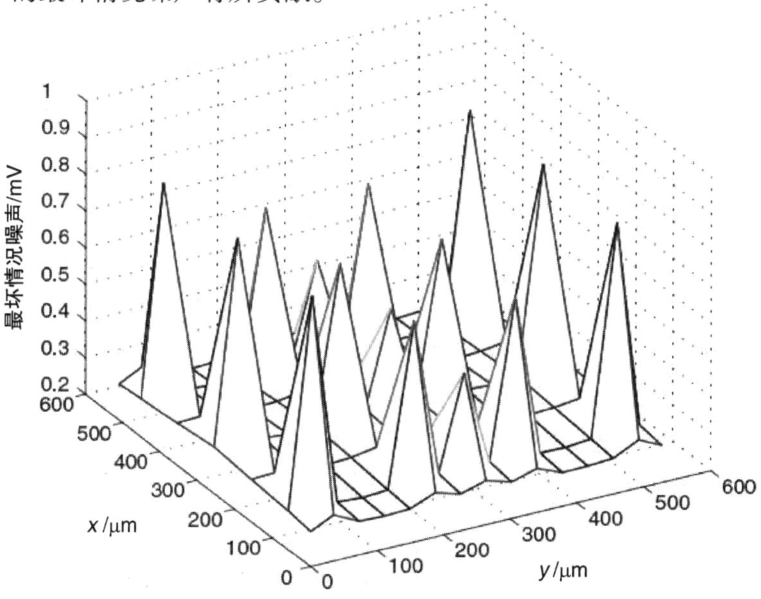

图 6.22　在每个叠层上均匀分布 9 个电流源时，第一个叠层上的最坏情况噪声

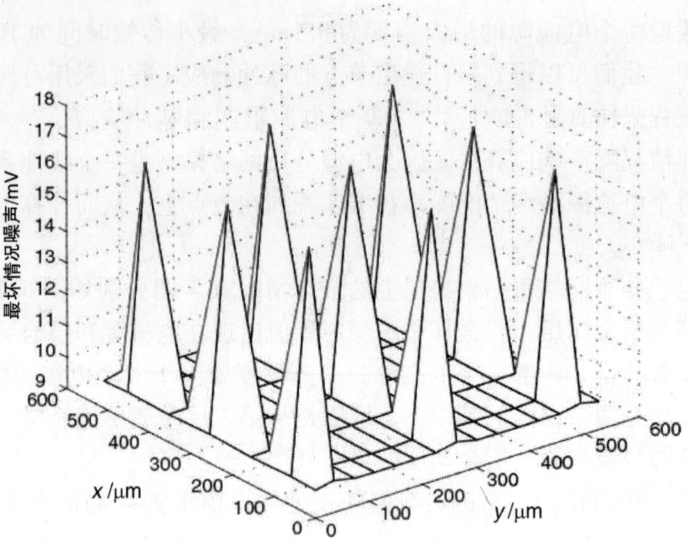

图 6.23　在每个叠层上均匀分布 9 个电流源时，第二个叠层上的最坏情况噪声

6.3.6　流浪波

流浪波现象是一个时域现象，与电源传输系统的反共振效应有关。在时域的电源传输系统脉冲响应中，共振效应会被振荡放大。电源传输系统的脉冲响应对不同的共振频率都会产生不同的频率响应。在分析中，我们从图 6.21 中选择三个电流源位置，其最坏情况噪声波形如图 6.24 所示。

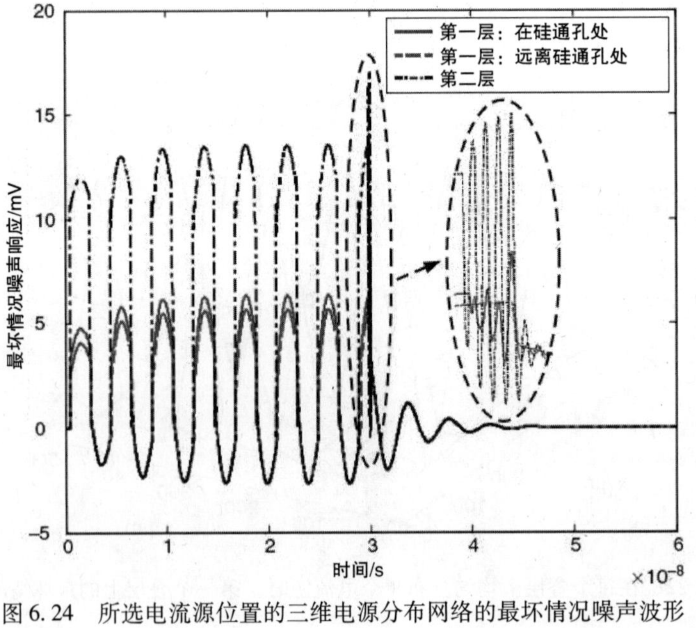

图 6.24　所选电流源位置的三维电源分布网络的最坏情况噪声波形

在该实验中，当长而缓慢振荡跟随简短而快速振荡发生时，出现噪声的最大值。长而缓慢振荡是由于在封装管壳与第一层金属层界面处的中频共振峰值产生的，而简短而快速振荡是由于第一层金属层与第二层金属层界面处的高频共振峰值产生的。最坏情况噪声形成的情况与大洋中巨浪产生的情况类似，当一个长而缓慢的波浪撞击一个突发的快速波浪时才能产生巨浪。在海洋学中，这种波浪被称为流浪波。因此，这样的最坏情况下的噪声现象可以称为在电源传输系统中的流浪波。

伴随着分布的片上电流，三维电源分布网络输出节点的流浪波是所有电流源加载到该网络相同输出节点的所有响应波形的时域叠加。从图 6.24 中可以看出，远离层与层互连的电流源的最坏噪声波形（虚线图）表现为长而缓慢的振荡。这种振荡对应于频域响应中的中频共振峰值。另一方面，第一层金属层中，层与层互连位置的电流源最坏情况噪声在高频振荡之后出现一个中频振荡。高频振荡是对层与层互连附近的局部高频共振峰值的响应。在第二层金属层的电流源最坏情况噪声同样在高频振荡之后出现一个中频振荡。在第二层金属层的高频振荡是由于全局高频共振峰值产生的。需要注意的是，高频振荡极大的增加了噪声。总的来说，在输出节点和电流源的空间分布中，三维电源分布网络中的流浪波与共振行为相关。

6.4　总结

在本章中，我们提出了一种三维电源分布网络的建模和分析流程，并采用具有两个叠层的芯片作为仿真实验对象。该流程的建模部分包括三维电源分布网络的分布、集总建模以及电流源建模。分布模型的主要特点是包括三维电源网格的金属层建模，而没有考虑包括片上连线电感。我们对三维电源分布网络中独特的噪声行为进行了观察。集总模型提取了层与层之间的阻抗，并且有助于我们理解三维电源分布网络中不同的全局现象。我们提出的电流源建模方法提供了一种简单但是实际的片上电流分布模型。流程的分析部分包括三维电源分布网络频域和时域的分析方法。采用频域分析流程，我们发现并研究了三维电源分布网络中不同的全局和局部共振效应。采用时域分析流程，我们计算了最坏情况片上噪声，并研究了流浪波现象。基于这些分析，我们最终给出了鲁棒性强的三维电源分布网络的指导设计方法。

6.5　习题

6.1　假设在每个节点，100 个电流源以 10×10 的网格进行排列。每个网格尺寸为500μm×500μm。整体电流为1A。遵循式（6.1），当$\gamma=0$、0.5和1时，分别画上相应的电流分布图。

6.2　建立如下的5×5电源网格。这个网格的每一个分支表示一个电阻R_1。电容C_1连接到每一个交点。圆圈代表电源位置。假设$R_1=0.1\Omega$，$C_1=100\text{pF}$。在HSIPCE中仿真电源网格，并得出等效诺顿电阻和电容。

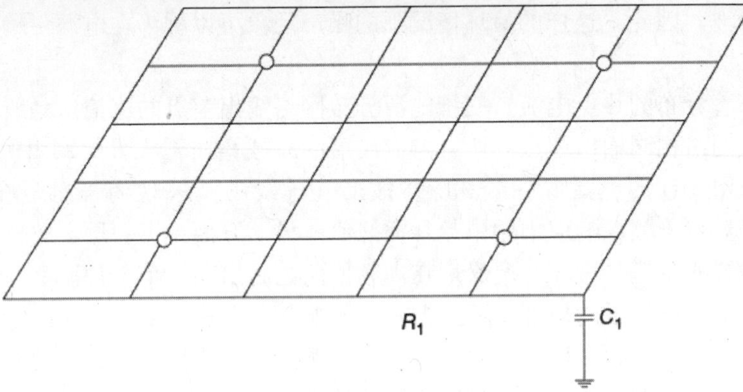

6.3　建立一个5×5的网格如下图所示，其中，$R_2=10\Omega$，$C_2=10\text{pF}$。网格用于表示低层金属层（比如第一层金属层或者第三层金属层）的电源网格。而习题6.2中的电源网格用于表示高层金属层（比如第六层金属层和重分布层）。将该网格中的每一个交点都连接到习题6.2网格中相应的点上，忽略互连阻抗。对该结构进行仿真，并得出网格两侧的等效诺顿电阻和电容。

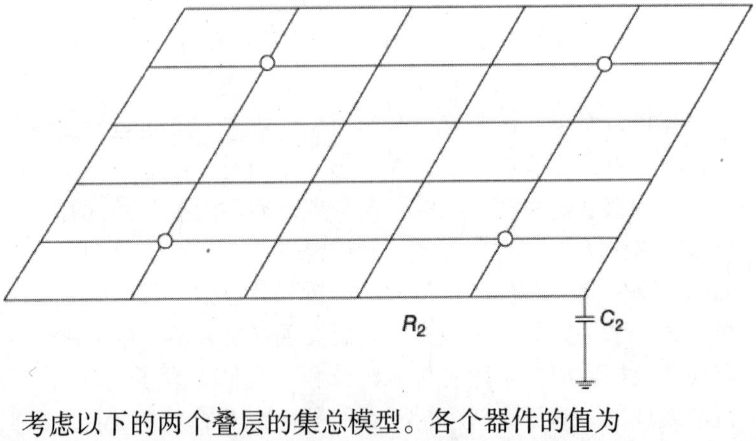

6.4　考虑以下的两个叠层的集总模型。各个器件的值为

$L_p=11.67\text{pH}$　$R_p=1.04\text{m}\Omega$　$R_{rd1}=2.67\text{m}\Omega$　$R_{m1}=46.1\text{m}\Omega$

$L_{tsv}=0.67\text{pH}$　$R_{d2}=1.78\text{m}\Omega$

设$I_1=1\text{A}$，对于以下电容组合仿真并得出V_{T1}和V_{T2}点频域内的电压响应：

$$C_{d1}=5\text{nF}\quad C_{d2}=50\text{nF}$$

$$C_{d1}=5\text{nF}\quad C_{d2}=5\text{nF}$$

$$C_{d1} = 50\text{nF} \quad C_{d2} = 5\text{nF}$$

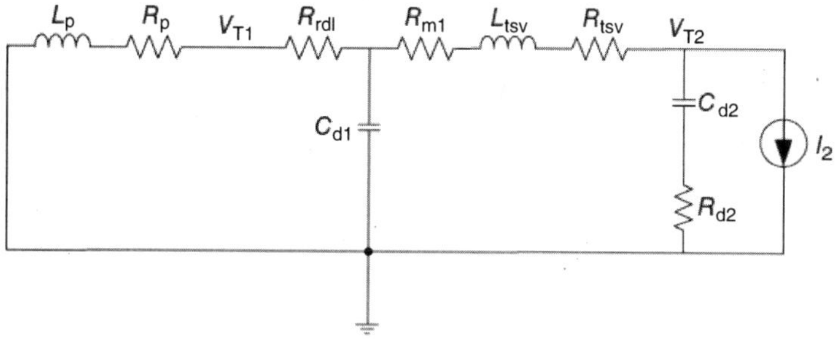

6.5 考虑以下具有两个叠层的集总模型，各个器件的值为

$L_p = 11.67\text{pF}$ $R_p = 1.04\text{m}\Omega$ $R_{rdl} = 2.67\text{m}\Omega$ $R_{m1} = 46.1\text{m}\Omega$

$L_{tsv} = 0.67\text{pH}$ $R_{d2} = 1.78\text{m}\Omega$

现在认为 T1 没有噪声，设 $I_2 = 1\text{A}$，对于以下电容组合仿真并得出 V_{T1} 和 V_{T2} 点频域内的电压响应：

$$C_{d1} = 5\text{nF} \quad C_{d2} = 50\text{nF}$$
$$C_{d1} = 5\text{nF} \quad C_{d2} = 5\text{nF}$$
$$C_{d1} = 50\text{nF} \quad C_{d2} = 5\text{nF}$$

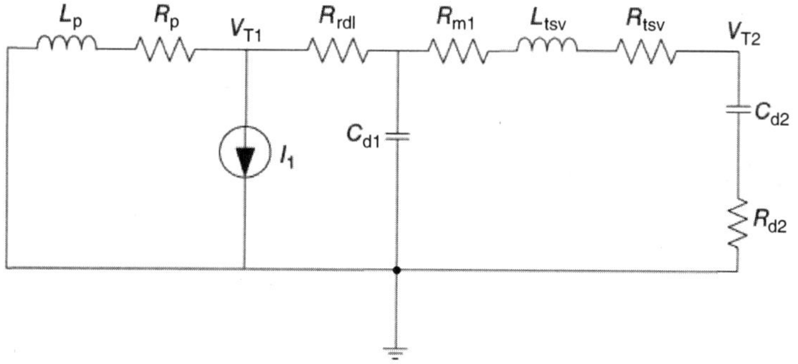

6.6 考虑习题 6.4 中的电路，设 $C_{d1} = 5\text{nF}$，$C_{d2} = 50\text{nF}$。当 $R_{m1} = 5$、20 和 50mΩ 时，画出 V_{T1} 点的频率响应。

6.7 推导表 6.2 中不同情况下的共振频率。

6.6 参考文献

1. J. Q. Lu, A. Jindal, P. D. Persans, and R. J. Gutmann, "*Wafer-Level Assembly of Heterogeneous Technologies*," International Conference on Semiconductor Manufacturing Technology, pp. 91–94, 2003.
2. A. V. Mezhiba and E. G. Friedman, "Inductive Properties of High-Performance Power Distribution Grids," *IEEE Transactions on Very Large Scale Integration Systems*, vol. 10, pp. 762–776, 2002.

3. Q3 D Extractor, http://www.ansys.com/Products/Simulation+Technology/Electromagnetics/High-Performance+Electronic+Design/ANSYS+Q3-D+Extractor, 2012.
4. J. U. Knickerbocker, P. S. Andry, B. Dang, R. R. Horton, M. J. Interrante, C. S. Patel, R. J. Polastre, et al., "Three-Dimensional Silicon Integration," *IBM Journal of Research and Development*, vol. 52, pp. 553–569, 2008.
5. G. Katti, M. Stucchi, K. D. Meyer, and W. Dehaene, "Electrical Modeling and Characterizatio of Through Silicon Via for Three-Dimensional ICs," *IEEE Transactions on Electron Devices* vol. 57, pp. 256–262, 2010.
6. S. Wane and A. Y. Kuo, "Chip-Package Co-Design Methodology for Global Co-Simulation of Re-Distribution Layers (RDL)," *IEEE Electrical Performance of Electronic Packaging*, pp 59–62, 2008.
7. A. Shayan, X. Hu, H. Peng, W. Zhang, and C. K. Cheng, "*Parallel Flow to Analyze the Impac of the Voltage Regulator Model in Nanoscale Power Distribution Network*," 10th Internationa Symposium on Quality Electronic Design, pp. 576–581, 2009.
8. HFSS Simulator, http://www.ansys.com/Products/Simulation+Technology/Electromagnetics/High- Performance+Electronic+Design/ANSYS+HFSS, 2012.
9. Sigrity XcitePI, http://www.sigrity.com/products/xcitepi/xcitepi.htm, 2012.
10. Apache Redhawk, http://www.apache-da.com/products/redhawk, 2012.
11. X. Hu, T. Toms, R. Radojcic, M. Nowak, N. Yu, and C. K. Cheng, "Enabling Power Distribution Network Analysis Flows for 3D ICs," IEEE International 3D Systems Integration Conference, pp. 1–4, 2010.
12. K. Jeong and A. B. Kahng, "Toward PDN Resource Estimation: A Law of General Power Density," System Level Interconnect Prediction Workshop, pp. 1–6, 2011.
13. X. Hu, P. Du, and C. K. Cheng, "Exploring the Rogue Wave Phenomenon in 3D Power Distribution Networks," IEEE 19th Conference on Electrical Performance of Electronic Packaging and Systems, pp. 57–60, 2010.
14. S. Pant and E. Chiprout, "Power Grid Physics and Implications for CAD," ACM/IEEE Design Automation Conference, pp. 199–204, 2006.
15. E. Kulali, E. Wasserman, and Ji Zheng, "Chip Power Model—A New Methodology for System Power Integrity Analysis and Design," *IEEE Electrical Performance of Electronic Packaging*, pp. 259–262, 2007.
16. A. Muramatsu, M. Hashimoto, and H. Onodera, "Effects of On-Chip Inductance on Power Distribution Grid," *IEEE International Symposium on Physical Design*, pp. 63–69, 2005.
17. X. Hu, W. Zhao, P. Du, A. Shayan, and C. K. Cheng, "An Adaptive Parallel Flow for Power Distribution Network Simulation Using Discrete Fourier Transform," IEEE Asia and South Pacific Design Automation Conference, pp. 125–130, 2010.
18. P. Du, X. Hu, S. H. Weng, A. Shayan, X. Chen, A. E. Engin, and C. K. Cheng, "Worst-Case Noise Prediction with Non-zero Current Transition Times for Early Power Distribution System Verification," *IEEE International Symposium on Quality Electronic Design*, pp. 624–631, 2010.
19. X. Hu, P. Du, J. F. Buckwalter, and C. K. Cheng, "Modeling and Analysis of Power Distribution Networks in 3-D ICs," *IEEE Transactions on VLSI Systems*, vol. 21 no. 2, pp. 354–366, February 2013.

第7章　芯片温度和电源完整性的影响

在本章中，对数字超大规模集成电路和系统中芯片温度的影响进行了研究。此外，并对芯片的工作温度和电源完整性之间的相互依存关系进行了分析。对高温存在时提高电源完整性的设计考虑也进行了讨论。

7.1　超大规模集成电路与系统中高温的影响

芯片内部的每个电路都被设计成执行某个特定的功能，例如存储一个值或执行算术运算。这些电路的功耗取决于几个因素，包括晶体管的数目和密度，转换速度有多快，以及在芯片上，该晶体管被放置的位置。耗散功率被转换成热，必须去除这些热，以得到具有热可靠的系统。功率密度和除热速度决定了电路的温度。温度的变化改变了器件和互连元件的特性，并且作为结果，会影响电路和系统的工作状态。在本节中，我们将探讨温度对功率、性能和可靠性的重要作用。然后，我们针对温度方面讨论电路和系统的设计与管理。

7.1.1　对电源的影响

人们普遍观察到的是，在一个现代的笔记本电脑，同时执行多个应用程序，会使得 CPU 风扇运行速度更快。电源管理系统持续监测 CPU 利用率。对于高 CPU 使用率，通过电源管理来减少延迟，从而增加频率和电压。CPU 忙于每秒钟内执行更多的周期数，从而完成更多的任务。多任务处理导致更大的能量消耗，并在给定的时间周期，将其转化为热。其结果是，风扇的运行速度更快，以除去热量，并使系统的温度保持在一定的限度内。功耗是产生热量的来源，并导致整个芯片温度的升高。升高的温度也将导致功耗增加，下面将进一步说明。

在电路中，电流流过电阻时会有功率消耗。在超大规模集成电路中，器件和互连元素都会增大总功耗。电源电流进入总互连线，并且流经多个金属层，来为芯片衬底上的器件提供电源。作为总热量的主要贡献者，器件消耗三种类型的功耗：动态功耗、短路功耗及静态功耗：

$$P = P_{\text{dynamic}} + P_{\text{short-circuit}} + P_{\text{static}} \tag{7.1}$$

式中，P_{dynamic}是逻辑单元输出转换时的动态功耗；$P_{\text{short-circuit}}$是与短路电流相关的短路功耗，短路电流又称为射穿电流；K_{static}是器件由于漏电流产生的静态功耗。

动态功耗

在正常运行状态下，动态功率占据总功耗的大部分，它可以表示为

$$P_{\text{dynamic}} = \alpha C V_{\text{DD}}^2 f \tag{7.2}$$

式中，$0 \leqslant \alpha \leqslant 1$ 是节点的动态转换活动因子；C 是负载电容；V_{DD}是电源电压；f 是时钟频率。很明显，电路的转换速率越大，功耗越高，所以温度也越高。此外，晶体管越大，其转换电容越大。因此，对于功耗减少和温度管理技术，晶体管尺寸的大小很重要。方程（7.2）强调了在动态功耗中电源电压的意义，具体地说，是它与电源的二次元关系。而且，时钟频率与电源有直接的关系，因此，高性能电路表现出更高的工作温度。除了设备，互连元素的功耗也占据动态功耗的很大部分，将此称为自热耗散。

$$P_{\text{self}} = R I_{\text{rms}}^2 \tag{7.3}$$

式中，I_{rms}表示流过互连线的均方根电流；R 表示互连部分的电阻。产生功耗的三个主要互连种类是：时钟、信号及电源分布网络。由于高密度和长度，信号网络的消耗在局部互连功耗中占有很大比例。时钟网络约占总互连网络的1%，约占总长度的4%。然而，由于高转换速率，时钟网络成为主要的功耗产生部分。第三个互连类别，电源/地网络，在其多层次结构上也产生功耗。这里，从电源流到负载的直流电流导致了自热耗散。同时，从有效的去耦电容流入或流出的充电或放电电流也导致了额外的自热耗散。

为了更精确评估功耗，进一步将线分为局部互连和全局互连。通常插入中继器来减少长互连的延迟。

图 7.1 展示了两个中继器之间的连接部分（一个驱动器和一个接收器）。同时需要看到，中继器也消耗大量功耗。对于信号和时钟网络，来源于供电电源的一半能量消耗在每一个转换事件上，另一半的能量消耗在晶体管和互联电容的充放电过程中[2]。

$$I_{\text{rms}}^2 (R_{\text{tr}} + R_{\text{wire}}) t_{\text{d}} = \frac{1}{2} \alpha C V_{\text{DD}}^2 \tag{7.4}$$

式中，R_{tr}是晶体管的导通电阻；R_{wire}是导线电阻；C 是所有电容负载的总和，包

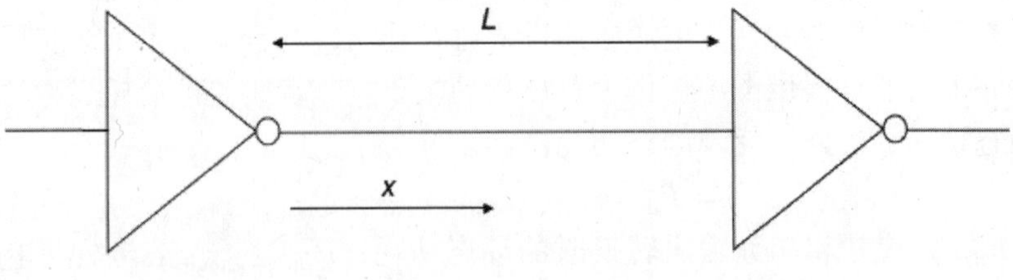

图 7.1　两个相同的反相器之间长度为 L 的互连线

括驱动的输出电容、接收器的输入电容和导线电容；t_d 是转换事件的延迟时间。对于缓冲互连，t_d 是两个中继器之间互连部分的延迟。另外，可以从版图数据和设计层中提取线的长度。随后，通过估算 I_{rms}，可以求得时钟和信号网络消耗的自热能量。

为了估计电源网络的均方根电流，需要对不同层的电阻功耗网格进行建模，并将模型拓展到不同的层中。之后，电流源连接到最低的金属层（M1）。连接到电源分布网络的负载决定了电流源的值。此外，将理想电压源连接到 C4 的顶层。通过电压，使用简单的电导乘法，就可以得到电源分布网络各个分支上的电流，并且可以估计所有金属层的自热量。然而，线电阻与沿线上的温度分布有关，同时我们有[3]

$$R(x) = R_0[1 + \beta\Delta T(x)] \tag{7.5}$$

式中，R_0 是 0℃时单位长度电阻；β 是电阻温度系数。这说明了温度及其分布直接影响互连线功耗分布。

例 7.1：计算高温下铜互连线的电阻变化。

在 25℃时，铜线（$\beta = 0.0039$）的方块电阻 R_{sh} 是 0.06Ω/sq，宽度和长度分别为 5μm 和 300μm，105℃平均温度下，线平均电阻可以从下式得到：

$$R = \frac{1}{L}\int_0^L R_0[1 + \beta\Delta T(x)]\mathrm{d}x = \frac{1}{L}\left[R_{sh}\frac{L}{W}(1 + \beta\Delta T)x\right]_0^L$$

$$= 0.06\left(\frac{300}{5}\right)[1 + 0.0039(125 - 25)]$$

$$\rightarrow R = 4.72\Omega$$

导致电阻值增加了 31.2%。

短路功耗

式（7.1）中第二项为短路功率。当 PMOS 和 NMOS 晶体管在逻辑单元开关电路中时，在转换期间，有一个短暂的瞬间，两个晶体管同时导通。这将在电源和地之间创建一个直接的通路。这个功耗取决于输入信号的斜率和负载电容。因此，用一个公式对所有的工作状态下的功耗进行建模，是很困难的。

然而，当对输入波形和输出电容进行一些假设时，可以得到一个简单的方程式。接下来估算不带负载的反相器的短路功耗[4]：

$$P_{\text{short-circuit}} = \frac{\beta}{12}(V_{dd} - 2V_{th})^3 \cdot \tau \cdot f \tag{7.6}$$

式中，β 是晶体管增益系数；τ 是输入转换时间。正如我们看到的，输入信号的斜率越小，功耗越大，并且转换时间越长。

此外，载流子迁移率和阈值电压是与温度有关的两个参数[5]，这两个参数会影响短路电流。功耗与短路电流有关，但是，由于在高性能电路中转换速度很快，因此短路电流对功耗的影响会减小一些。

漏电流功耗

式（7.1）中的最后一项为静态功率。在一些电路中，通过设计，在供电电源与地之间有一个连续的电流通路。然而，在数字 COMS 电路中，漏电流是主要的静态功耗来源。图 7.2 展示了在 nMOS 晶体管中组成漏电流的三个主要部分：亚阈值漏电流 I_G、栅极漏电流 I_G 以及反偏结漏电流 I_R。

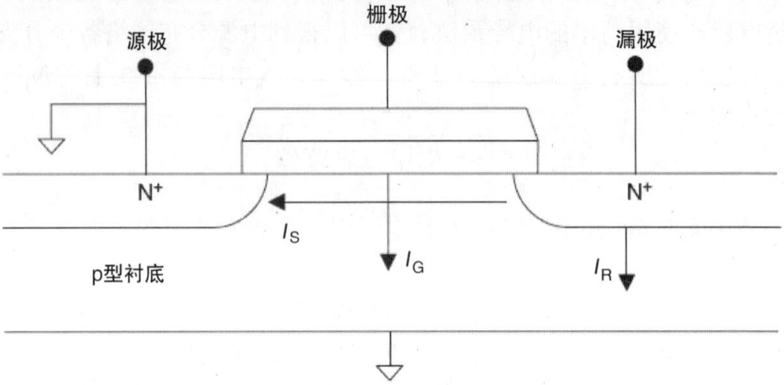

图 7.2　nMOS 晶体管中组成漏电流的主要部分

其中，I_S 是晶体管处于闭合状态下，从漏极到源极通道的亚阈值漏电流，此时，栅源电压 V_{gs} 要小于阈值电压（$V_{gs} < V_{th}$）。当通道中有足够多的电子，可以在漏极和源极之间形成导电路径时的电压称为阈值电压 V_{th}。电流 I_S 是扩散电流，它由通道中少数载流子移动产生。亚阈值漏电流与 V_{gs} 和 V_{th} 成指数关系[6]：

$$I_S = I_0 \exp\left(\frac{V_{gs} - V_{th}}{nV_T}\right)\left[1 - \exp\left(\frac{-V_{ds}}{V_T}\right)\right] \tag{7.7}$$

式中，V_T 是热电压；V_{ds} 是漏源电压；n 和 I_0 是与器件相关的常数。随着 V_{th} 减少，电流 I_S 增加。同时，随着通道长度与氧化层厚度增加，阈值电压会减小。漏极和源极的耗尽区扩展到通道内时，其对电磁场和沟道内电势的影响会增大，这个叫做短通道效应（short channel effect ，SCE）。当通道长度变短时，SCE 将导致阈值电压的碾轧效应㊀。因此，减小器件尺寸，可以带来阈值电压的减小，随后会产生更大的亚阈值漏电流[7]。此外，该电流与温度具有超线性关系，如图 7.3 所示，所以该电流成为电源管理中的一个重要参数。

㊀ 改变晶体管物理结构，能够改变 SCE 效应（漏极引入的势垒降低（DIBL）和栅极诱导的漏极泄漏电流（GIDL）），例如，从平面转向 FINFET 晶体管。

电流 I_G 是流经栅极氧化层的电流，该电流由载流子隧道效应产生。

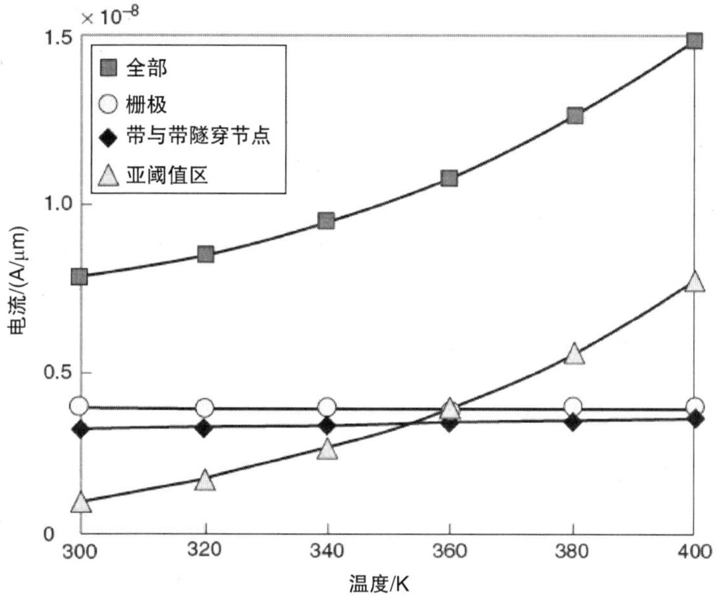

图 7.3　当 $L_{eff}=25nm$ 时，NMOS 器件漏电流组成部分对温度的敏感性。
© [2006] IEEE，经许可转载[9]

栅极漏电流包括栅极到沟道、栅极到源极或漏极的交叠区域及栅极到衬底的电流组成。该电流与氧化层厚度和电源电压成指数关系。因此，对于传统的栅极氧化层（二氧化硅），栅极漏电流功耗在总漏电流功耗中占有很大比例。在 65nm 以下工艺中，栅漏电流显著增加限制了器件尺寸的进一步减小。

然而，引入高 k 介质和金属栅（HiK + MG），可以更好地控制栅极漏电流。因此，器件尺寸的历史发展，已经很好地从过去的 65nm 工艺过渡到先进的 22nm 工艺[8]。

漏电流的另一个组成部分是反向结电流 I_R，当 PN 结反向偏置时，电路流经带间隧穿（BTBT）节点。电流 I_R 与栅极或源极耗尽区的面积大小相关。I_R 也与结电场及结的掺杂浓度有关。由于栅极和源极与衬底有关，因此两极的势能越高，越会导致更大的带间隧穿。尽管，在高温下（~150℃），漏电流的组成部分具有温度依赖性，但是在低温下，它的温度敏感性很低。

理想情况下，在超阈值运行机制下，当晶体管关断时，我们可以将流经晶体管的电流最小化。因此，采用一系列的设计或工艺技术，来减少所有的漏电流组成部分。然而，在有些情况下，漏电流对亚阈值集成电路的工作状态是至关重要的[10]。这些情况指的是低功耗或者低性能的应用，这些应用的电源电压低于阈值电压，并且通常在亚阈值机制下运行。

7.1.2 性能的含义

温度也会影响 VLSI 电路与系统的性能。电路的性能与延迟有关，然而在一个指定时间间隔中，系统性能以一定工作量的形式表示更有意义，这就是吞吐量的定义。

同步电路采用能够驱动存储器件的全局时钟，例如触发器。组合逻辑电路呈现出一个特殊的功能，它被存储器件包围。组合逻辑电路对输入信号进行运算，并将输出保存到存储单元中。系统中有这样一些路径，这些路径的延时是所有器件的延时与路径上互连部分的延时之和。然而，系统的延时由它最长或者最关键的路径决定。在关键路径上限制时钟速度，以确保输出的鲁棒性估值较高。

器件性能

器件和互连元素的延迟与工作温度相关。器件中载流子的漂移速度[㊀]与器件沟道的电场有关：

$$v = \mu E \tag{7.8}$$

式中，μ 是载流子的迁移率。迁移率与杂质[㊁]及器件温度有很大关系。由于散射，载流子不是总沿着电场方向移动。温度改变散射量，因此由方程下面的方程可知，温度也会改变迁移率。

$$\mu(T) = \mu(T_0)\left(\frac{T}{T_0}\right)^{a} \tag{7.9}$$

式中，T_0 是室内温度（300k）；a 的典型值为 -1.5。如图 7.4 所示，高温时迁移率减小。

阈值电压是另一个影响 MOS 晶体管性能的参数。为了在漏极和源极之间建立反型沟道，对栅极加偏置电压，来克服器件的阈值电压 V_{th}。电压 V_{th}取决于许多参数，包括掺杂浓度、通道长度、氧化层厚度及温度。通过上述的表面势能，阈值电压间接地与温度相关。这种相关性可以表述为

$$V_{th}(T) = V_{th}(T_0) - \eta(T - T_0) \tag{7.10}$$

式中，η 是一个很小的正常数，这个常数会随着温度的大幅变化而改变。从式（7.10）中，我们可以看到阈值电压随着温度的升高而降低。

㊀ 漂移是一个载流子运输过程，在电场的作用下，这个过程会产生电荷移动。另一个载流子运输过程称为扩散，扩散是指载流子从高浓度区移动到低浓度区的过程。

㊁ 半导体的电学性能，例如半导体电导率，可以通过加入特定的杂质来改变。这里，用另一种元素的原子取代半导体原子的一部分。这个过程叫作掺杂。

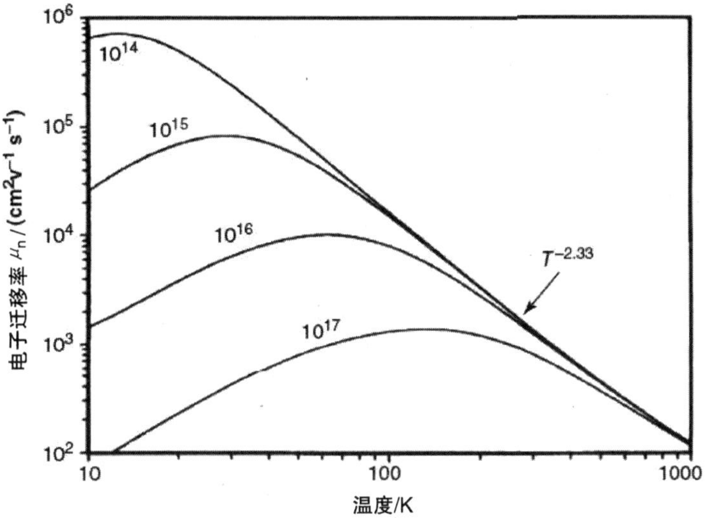

图 7.4　电子迁移率是温度和不同的杂质浓度的函数[11]。
由 Springer 科学商业媒体 BV 许可

为了用公式表示温度对器件延时的总影响，我们知道反相器的延迟可以表示为

$$D = \frac{C_L V_{DD}}{I_D} \tag{7.11}$$

漏极电流可以表述为

$$I_D = K\mu(T)[V_{DD} - V_{th}(T)]^{\alpha} \tag{7.12}$$

式中，K 为技术常数；α 是速度饱和指标。

例 7.2：电路延迟对温度的敏感度。

对于 65nm 工艺节点，当节点温度由 35°上升到 110°时，四输入或非门的延时将增加 17%。四输入与非门的延时将增长 9%。

器件的其他参数，如长度和宽度，也会决定温度是如何影响电路延时的。或非门有四个 PMOS 晶体管串联。PMOS 晶体管的迁移率很小，在硅上 PMOS 管对于温度的变化更为敏感[5]。由于或非门对温度的敏感度较高，因此，或非门比与非门的速度慢。电源电压也会影响或非门的敏感度，当电源电压改变 10% 时，四输入或非门的延时将改变 4%。

从式（7.11）与式（7.12）可以看出，高迁移率与低阈值电压可以提高器件性能。升高温度会降低迁移率，同时会减小阈值电压。迁移率的降低会导致器件的性能变差，然而阈值电压的降低却可以提高性能，同时也会显著增加漏电流。温度可能减低、也可能改善电路性能，这取决于迁移率与电源电压哪一个是

主导因素。因此，这里存在一种器件对温度不敏感的设计。当温度变化时，研究这种不敏感度，可以减少 VLSI 电路设计中的不确定性。对于目前的工艺节点，减少迁移率是主导因素，因此，热器件的性能会降低。然而，当过驱动电压（$T_{DD}-T_{th}$）降低时，阈值电压和电源电压可以相比拟，过驱动电压中与温度有关的变化显得更为重要[12]。

互连延时

通过按比例缩小特征尺寸，在一个芯片上放置更多的晶体管，并提高器件性能，已经成为可能。然而，按比例缩小尺寸可能会降低互连性能。更具体地说，整个芯片上，在更多的元件与功能块之间，增加总线的长度以促进通信。另外，导线间距与横截面都会变小。以上原因都会导致导线电容和电阻的增加，从而电路性能会降低。

由参考文献［3］得到互连线的 Elmore 延迟，其中将该互连线分成 n 份，由反相器驱动并连接到负载，我们有

$$D = R_{\mathrm{d}}\left(\sum_{j=1}^{n} c_0(x)\Delta x + C_{\mathrm{L}}\right) + \sum_{j=1}^{n} r_0(x)\cdot\Delta x\left(\sum_{k=j}^{n} c_0(x)\Delta x + C_{\mathrm{L}}\right) \quad (7.13)$$

式中，R_{d} 是反相器驱动的输出电阻；$c_0(x)$ 与 $r_0(x)$ 分别是导线上位于处的单位长度电容与单位长度电阻；C_{L} 为负载电容。当分成无限份时，延时可以表示为

$$D = R_{\mathrm{d}}\left[C_{\mathrm{L}} + \int_0^{\mathrm{L}} c_0(x)\,\mathrm{d}x\right] + \int_0^{L} r_0(x)\left[\int_x^{L} c_0(\tau)\,\mathrm{d}\tau + C_{\mathrm{L}}\right]\mathrm{d}x \quad (7.14)$$

用 $R_0[1+\beta\Delta T(x)]$ 代替 $R\ (x)$，用方程来表示延时对温度的依赖性，我们有

$$D = D_0 + (c_0 L + C_{\mathrm{L}})R_0\beta\int_0^{L}\Delta T(x)\,\mathrm{d}x - c_0 R_0\beta\int_0^{L}\Delta T(x)\,\mathrm{d}x$$

$$D_0 = R_{\mathrm{d}}(c_0 L + C_{\mathrm{L}}) + \left(c_0 R_0 \frac{L^2}{2} + R_0 L C_{\mathrm{L}}\right) \quad (7.15)$$

式中，D_0 是 0℃下单位长度电阻的 Elmore 延迟。图 7.5 描述了互连线上的信号延时如何随温度而增加。以此为例，假设温度分布是均匀的，线 w 的宽度为 0.32μm，方块电阻 r_{sh} 设为 0.077Ω/sq，方块电容为 c_{sh} 为 $0.2fF/sq$，驱动器 R_{d} 的输出电阻设为 10Ω，负载电容 C_{L} 为 1000fF。

可以看出，导线越长，延迟增加率越大。

系统吞吐量

在系统层面，通过在给定的时间间隔内执行指令的数量来衡量性能。在当今微体系结构中，利用一些层次的并行性，可以以最小功耗来提供最大的性能。一些高性能芯片拥有多个处理器，在给定的时间内每一个处理器执行一个以上的线程。这里，每一个线程也利用指令集并行性在每一个时钟周期内处理更多的指令。

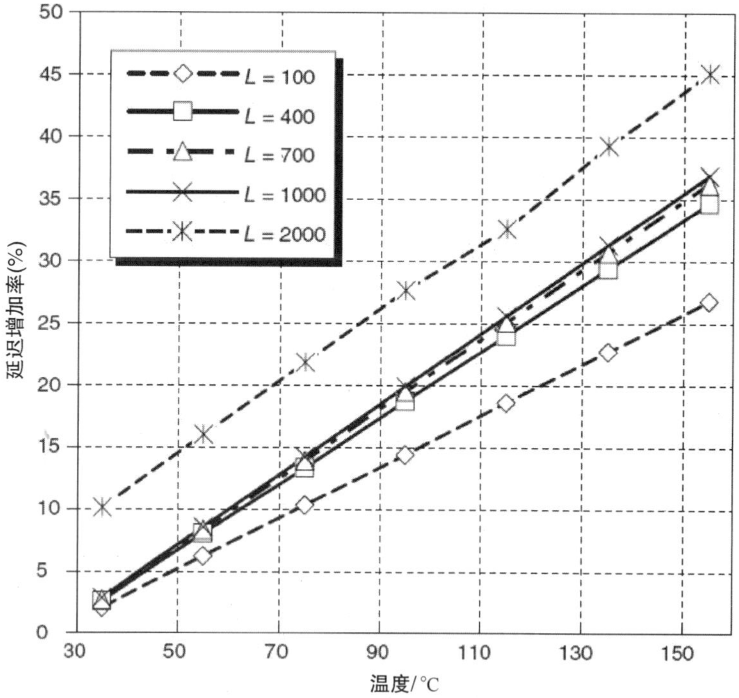

图 7.5 对于不同长度的互连线，信号延时都是温度的函数，与 25℃相比，信号延时增加。© [2005] IEEE，经许可转载[3]

连同所有这些层次的并行性，动态热管理（Dynamic Thermal Management，DTM）机制控制电路模块的温度。如果芯片上某一个组件的温度超过了阈值水平，DTM 方案会启动，从而冷却组件。DTM 方案包括电压调节、频率调节、门控时钟、指令获取切换或节流[13]。所有这些方案均可以减少功耗，同时减少热的产生，因此，温度也会相应的降低。

高温直接影响 VLSI 系统的吞吐量。采用 DTM 方案通常会导致吞吐量降低。图 7.6 展示了不同电源电压下，温度对于吞吐量的影响。随着电源电压的增加，吞吐量增加。然而，电源电压增加会导致整个芯片的温度升高。这里，为了管理温度，DTM 减少了指令的数量（获取切换）。如果芯片可以承受的最高温度比较低，切换发生更为频繁，因此，吞吐量会大幅度下降。

7.1.3 可靠性问题

在运行寿命期间，VLSI 电路会发生失效。图 7.7 是一个浴缸曲线，描绘了 IC 的不同生命段落。如图 7.7 所示，在早期和晚期阶段故障的数量更多。在早期阶段，在压力下测试老化过程中的电路，以发现薄弱的器件。在这个阶段中，

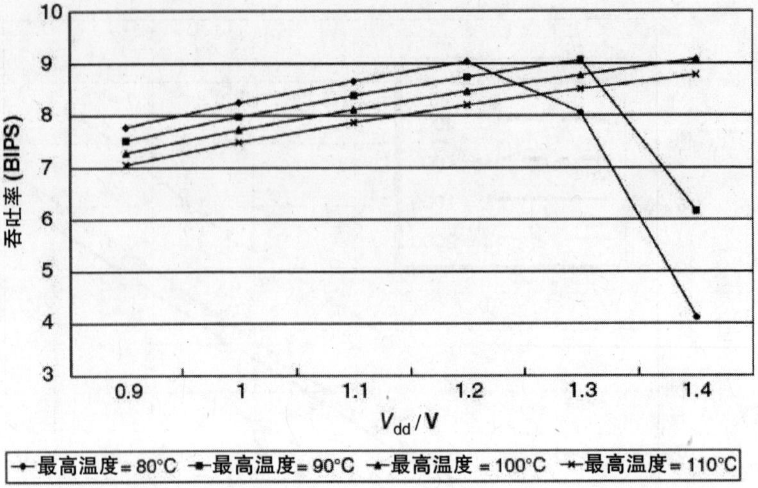

图 7.6　在不同最大温度限制下和不同电压下，SPEC 2000 标准的平均吞吐量（art，bzip2，equake，gcc，gzip，mesa）© [2005] IEEE。经许可转载[14]

温度对电路的失效有重要的影响。这里，将 IC 放入热处理室中，在高温状态下对电路进行测试。在早期阶段，发生故障的原因之一是热失控，在测试过程中，芯片产生许多热量。在这样高温的环境下，只有有限的冷却能力，产生的热量高于移除的热量。因此，芯片温度继续升高，如图 7.8 所示，则会导致热击穿。另一个可靠性问题是磨损失效，随着电路老化，会产生该问题。在 IC 寿命的后期阶段，电迁移是产生互连故障的主要原因之一。电迁移是由电流流动造成大量金属导体移动而产生的，它会导致电路产生短路或开路现象。图 7.9 举例说明了这种失效机理。

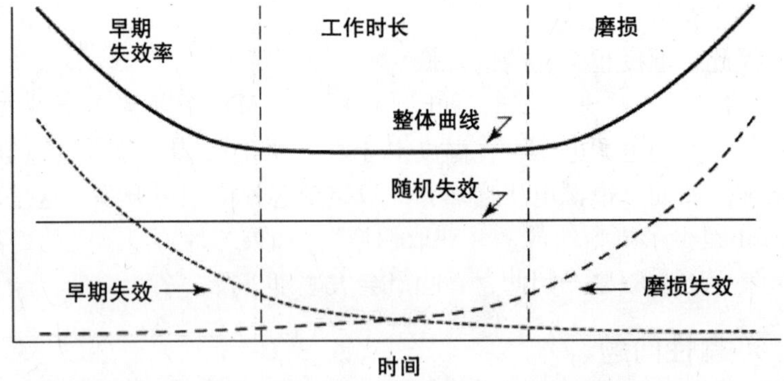

图 7.7　超大规模集成电路使用寿命的浴盆式曲线[15]，经剑桥大学出版社许可转载

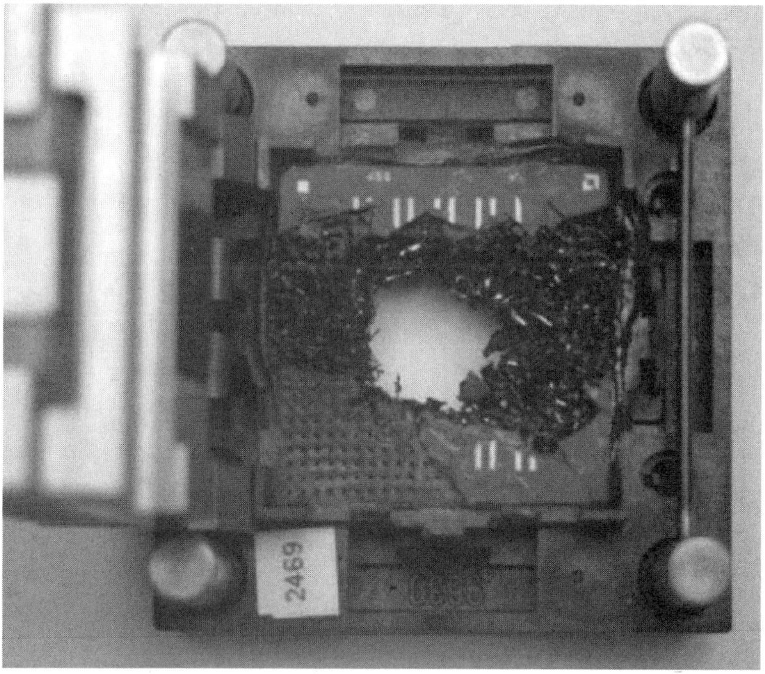

图 7.8 一个由于热失控而产生热击穿的测试插座[16]

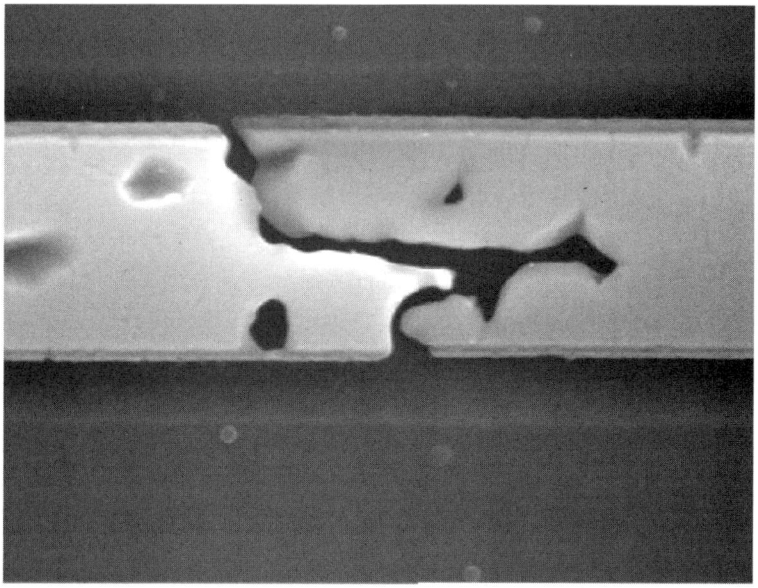

图 7.9 扫描电子显微镜（SEM）下，30000 年后，$1\times10^7 A/cm^2$在/电流密度下硅片上电子互连线的外表[17]。应用物理的日本社会，2002 年版权

由于电迁移引起的互连的平均失效时间（Mean Time to Failure，MTTF）由下面方程给出：

$$\mathrm{MTTF_{EM}} = Aj^{-n}\exp\left[\frac{Q}{K_B T_m}\right] \tag{7.16}$$

式中，A 是常数，该常数与互连的微观结构和几何结构相关；j 是直流电流或平均电流密度；指数 n 在正常情况下的典型值为2；Q 晶粒间界扩散活化能；K_B 是玻耳兹曼常数；T_m 是金属的温度。

电迁移是很严重的问题，特别是在直流电流由电源流向负载的电源电压网络中。

因此，将电源分布网络的 MTTF 设计成等于或大于十年。

还有其他与温度相关的可靠性问题。时变介质电子击穿、温度循环、热载体注入及静电放电都与工作温度有关[18,19]。

7.2 温度分布及对电压降的影响

温度和电压降之间有很强的相关性。想要知道温度如何影响电压降，首先我们要研究芯片上的温度分布情况，然后讨论电压降热分布的含义。

7.2.1 温度的分布和管理

热转移

电路中消耗的功耗转变成热量。为了有一个可靠的 VLSI 系统，必须将芯片中产生的热去除。与一些低功耗器件不同，它们自然冷却就可以，大多数高性能系统中用空气强制冷却十分重要。图 7.10 展示了处理器封装的组装草图方案，该方案使用了倒装栅格阵列（FC－LGA4）封装技术[20]。

这里，芯片镶嵌在封装基板上。热分散机将热量分配到晶芯片顶部更大的表面上。为了分散机与芯片之间有更完美的结合，将一层热界面（thermal interface material，TIM）材料应用于芯片表面。需要注意，TIM 的导热系数比空气好。为了与散热片有更好的结合，TIM 也应用在热分散机的顶部。有三种不同的传热机制：对流、传导及辐射。主要通过传导将热量转移到散热片上。然后，通过空气对流将热量从散热片上移除。冷却风扇的运转速度更快，可以减少散热片与周围环境的热敏电阻，通过增加这样一个冷却风扇可以进一步增加热传导率。

有许多热转移的方法。然而，通过芯片到散热片这条路径，从封装上移除的热量总量，要比从其他侧面及芯片到 PCB 移除的热量多很多。图 7.11 展示了在类似的封装中 Alpha21364 处理器的温度分布情况。从这幅图中，我们可以观察到几点。第一，由于大热流量，在主要热传输路径（芯片到散热片）中温度更

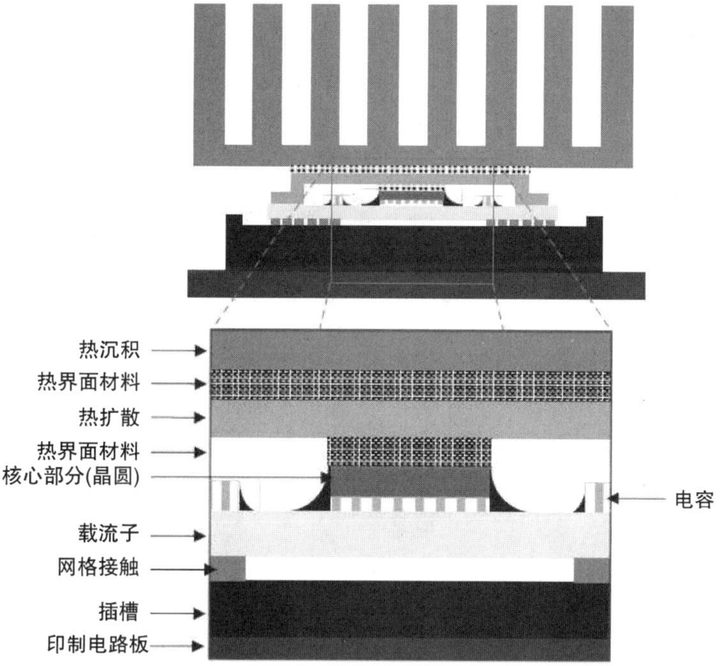

图 7.10　处理器封装和冷却系统的组装草图方案

均匀。另外，因为自热、远离散热片及埋藏在低导热率夹层介质（ILD），这些因素都会互连经历高温。

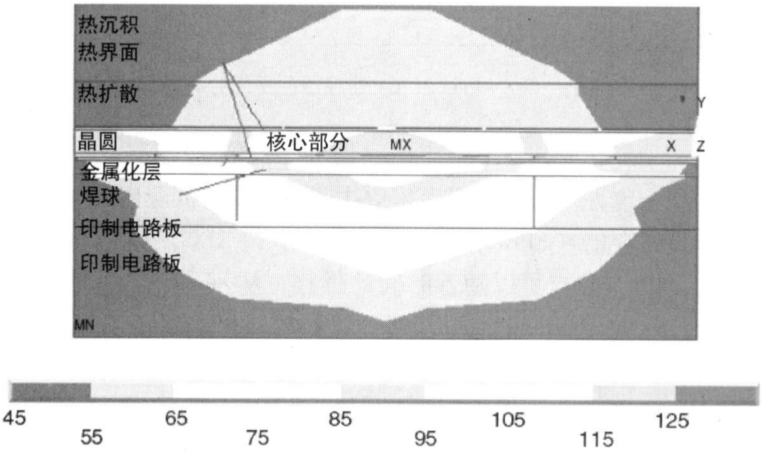

图 7.11　封装之后的芯片的温度分布图（℃）（Alpha 21364 在 45 nm 工艺节点下）[21]

除了 3D 热分布，可以通过芯片改变温度。在高水平的粒度下，芯片有一个平面规划，该平面图由一些相邻的结构模块和它们之间的互连组成。例如，图7.12描述了Alpha21364处理器的平面规划，它的核放在了L2高速缓存块包围的芯片边缘。在平面图上的每一个模块消耗不同的功耗。

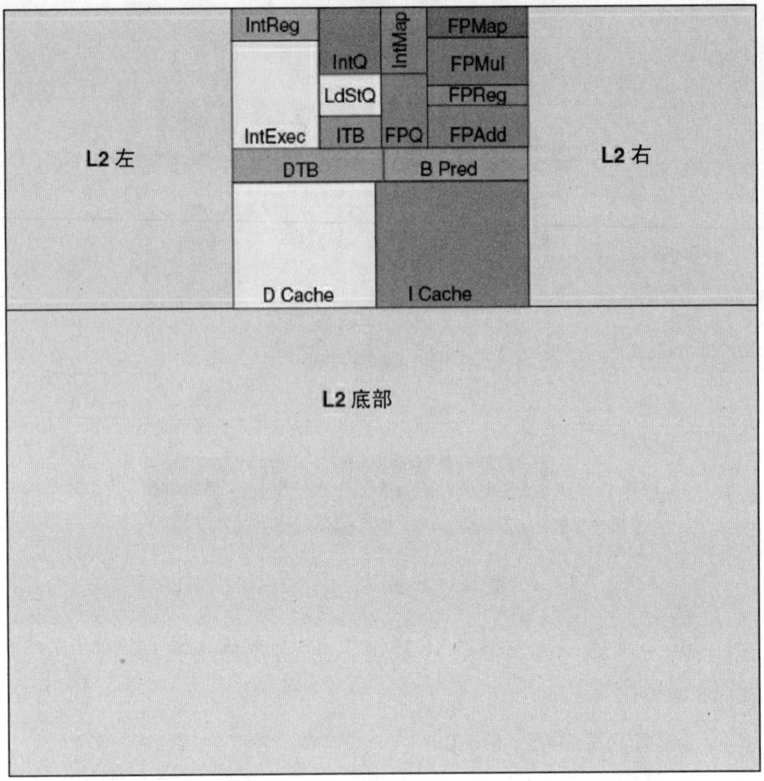

图 7.12 Alpha 21364 处理器的平面分布图

这种非均匀功耗映射到整个平面规划非均匀热剖面上，这个平面规划的热点在模块的高功耗密度处。时钟的温度也取决于正在执行的应用。例如，对于一些应用，比起浮点寄存器（FPReg），算术逻辑单元（ALU）更经常访问整数寄存器（IntReg）。因此，热点可以随着时间的推移，从一个模块到另一个模块。这对于降低整个芯片的最高温度，并形成一个更均匀的温度分布是很重要的。

芯片温度管理

有两个方法可以减少高温对电路和系统的影响：结构和动态技术。前者包括一组功率降低技术，这项技术旨在减少平均温度。此外，可以考虑如水和喷雾冷却这样复杂的冷却系统。

另一方面，在有限峰值温度下，动态热管理采用一个或多个微架构和软件解决方案来提供最大性能。这里，我们将要探究减小功耗的各种机会。芯片的成本与它最坏情况下的功耗有关。最坏情况下的设计是很悲观的，并且会增加总体成本。在实践中，芯片在低于峰值功率的 20% 情况下工作。为了解决这个问题，DTM 系统帮助设计了在平均芯片温度下的正常操作，同时在最坏的情况下进行动态处理。因为有时不得不降低芯片的速度以降低功耗，所以 DTM 系统导致性能降低。

这里有三种类型的 DTM 系统：反应式、预测式及随机式（在这里只讨论反应式）。反应式系统将传感器的温度和两个预先定义的阈值进行比较。第一个是 DTM 方案的触发电平，第二个值是紧急阈值。图 7.13 展示了 DTM 系统当温度高于第一个阈值水平时的反应。在传感器的温度超过阈值之后有一个短暂的延迟，DTM 方案开始执行。这使温度低于第一个阈值水平，然后 DTM 系统处于空闲状态。

DTM 系统既可以固定又可以自适应。前者包括一个方案或者是在 DTM 参与期间不改变的组合方案。诸如节流、切换、计算迁移和投机控制的微架构机制都可以由设计者选择进行使用。由于结构和动态方法的有限性，通常将二者相结合使用。

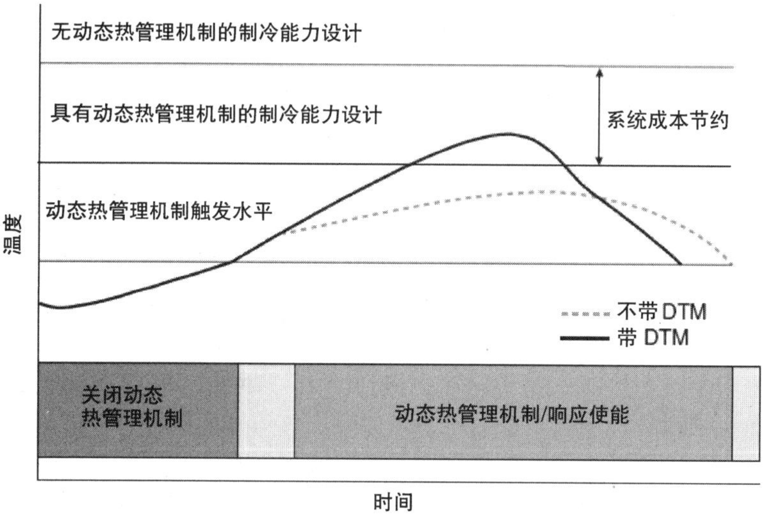

图 7.13　反应式 DTM 系统反应。© [2001] IEEE，经许可转载[13]

7.2.2　负载变化对于电压降的影响

在整个平面规划中，通过扩展芯片电源分配网络为底层电路提供电源。因此，电源和热剖面（影响金属电阻）的变化对电压降有直接的影响。图 7.14 展示了一个 *RLC* 网络，该网络表示了电源分配网络扩展到整个非均匀热剖面的情况。对于电压降的直流分析，这个网络由电阻网格建模而成。然而，随着时钟频率增加和互连变长，感性效果成为瞬态电压降的重要组成部分。对于交流分析，寄生和芯片上的去耦电容是其他的主要组成部分。

在网络中的电压降取决于电阻和由电源流向负载的电流。温度既影响电阻，又影响负载的功耗及电流，这种效应以电流源的形式进行表示，如图 7. 14 所示。功能模块的电流不仅影响其终端电压，也会影响其他模块的电压。因此，模块的温度可以影响邻近节点的电源/地网络的电压降。

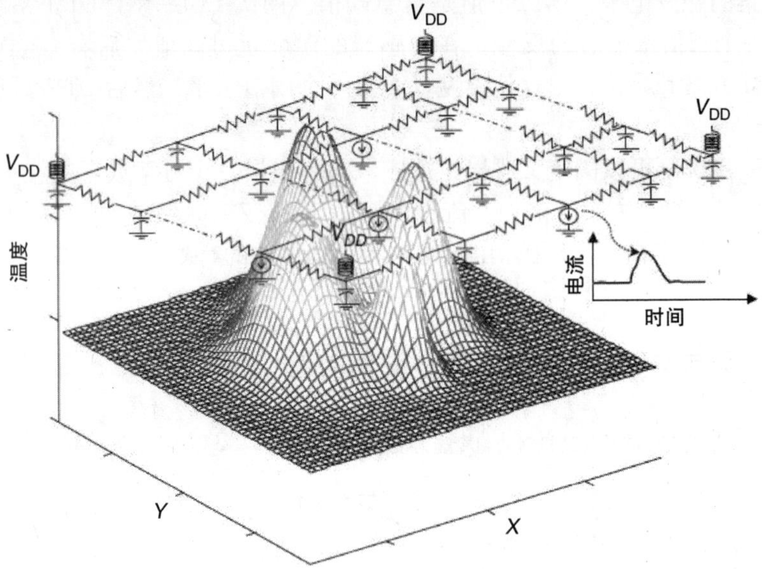

图 7. 14　以 *RLC* 网络代表受到非均匀热剖面影响的电压分布网络

温度对电压降也有间接的影响。门控时钟是通过动态热管理来控制温度的最有效的方案之一。然而，由于启动电流流经 *RLC* 网络，恢复时钟导致了电压的抖动。通过门控时钟控制系统的时空粒度和高鲁棒性的电源分布网络，来处理电源电压的最大抖动。门控时钟对于电源分布网络的影响将在第 8 章进行讨论。

7. 2. 3　互连电阻对电压降的影响

除了负载变化，通过互连电阻的变化，温度会带来电压降的波动。这些影响对于不同的互连层有所不同，并且随着工艺尺寸缩放而改变。如前所述，一个线性方程，$R = R_0(1 + \beta\Delta T)$，这里，$R_0$ 和 β 随着缩放而改变。对于铜，β 为每摄氏度 0. 393% 。互连的最小尺寸随着缩放变得更小，晶界或者表面散射增加了导线的电阻。除此之外，铜互连涂上一种阻挡层。该阻挡层用来防止铜扩散到周围材料，也就是硅和二氧化硅，防止降低它们的性能。阻挡金属的电阻很高，因此，电流流经的有效区随着缩放而减少，同时势垒厚度不可测量。而且，温度变化影响散射，从而影响薄膜线的电阻率。如表 7.1 所示，对于一些工艺节点，当温度影响总体互连的电阻率时，薄膜作用对于局域互连的影响更为显著。原因是，局域导线尺寸小，而总体互连部分通常远离散热片，且具有较高的温度。

表 7.1　不同工艺节点下，考虑阻挡层、薄膜效应、电阻比率的温度系数情况下，局部、半全局以及全局走线的有效电阻率

工艺节点（μm）	0.18	0.13	0.1	0.07
（全局）ρ/ρ_0	1.066	1.090	1.125	1.186
（半全局）ρ/ρ_0	1.113	1.158	1.222	1.334
（局部）ρ/ρ_0	1.158	1.222	1.315	1.485
（全局）α/α_0	0.953	0.935	0.915	0.875
（半全局）α/α_0	0.923	0.895	0.858	0.803
（局部）α/α_0	0.902	0.867	0.82	0.752

注：© [2003] IEEE，经许可转载[22]。

图 7.15 展示了温度增大导致的最差情况下电压降的增加。高温时，网络的电阻率越高、漏电流越大，则电压降越高。

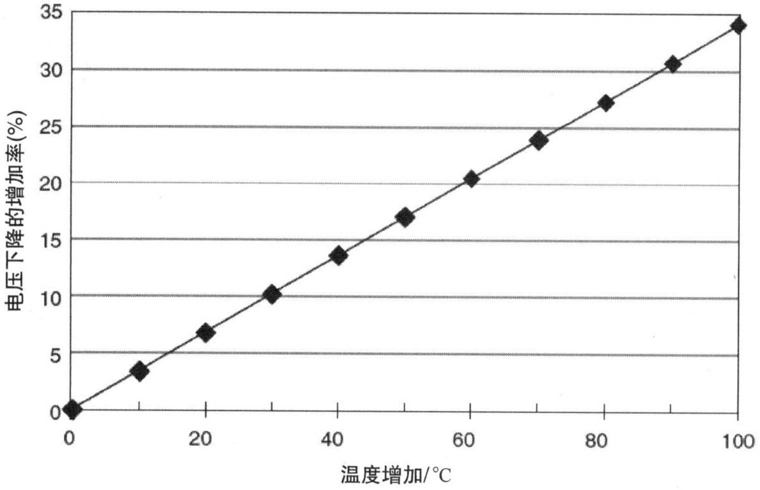

图 7.15　在 65nm 下仿真 16642 个节点[23]得到，随着电阻的增加，电源网格中电压降增加的最坏情况

7.3 温度和电压降的建模与评估

通过采取精确建模、分析、验证及优化等多种措施，可以设计鲁棒性好且而持久耐用的芯片。建模提供了一个分析框架，在这个框架中，将一组参数输入到一个模型中来估计输出变量，比如温度和电压降。在分析过程中，设计者获得对系统模型的深刻了解，并且找到稍后在优化阶段可以探索的方法。此外，在不同温度与不同电压降场景下完成验证，以确保设计的正确性。

7.3.1 热建模

为了测量和管理芯片工作过程中温度的影响，尤其是对电源完整性的影响，需要一种有效而精确的模型。该模型在计算上必须足够简单，以方便被加入EDA工具中使用，并且需要具有可接受的精确等级。

集成电路的电热行为通常由两种方法检查：直接法和松弛法。直接法中采用一个模拟器进行电和热的模拟。但是在所述松弛法中，两个独立的仿真器分别采用电和热模型，这两个系统共享数据。这种系统的一个例子是电模拟器（比如SPICE）与热模拟器（比如Ansys）[24]二者之间的耦合。这种联合机制的接口控制管理两个模拟器进程中的数据通信和同步。

供给到热模拟器的芯片功耗，既可以与输入形式有关，也可以与输入形式无关。门电路的动态功耗和泄漏功耗与输入信号有关。为更准确地评估电路功耗，要判断考虑所采用的输入信号的形式。这里，概率密度与每个输入转换都有关系。此概率是指从电路的主输入传播到主输出的概率。之后，功耗模拟器将利用这些概率数据，以及电路内部的转换关系来对功耗进行估计。考虑到一个芯片中有上百万的电路，计算是一种代价很高的方法。

统计方法是一种更灵活的选择，这种方法需要假设主要输入的初始概率密度。这里，使用蒙特卡洛㊀方法生成随机值并分配给主要输入。然后，对于给定的一段时间，观察电路消耗的功耗。接下来可以得到整个芯片的功耗分布情况。统计方法更灵活，样本的数量决定了仿真的准确度水平。样品数越高，结果越准确。

对于估计温度，一种方法是从电子模拟器得到功耗数据，并每次计算功能块的温度。然后利用功耗和温度之间的关系得到该模块的温度。在这里，假设电路块的侧表面是绝热的，也就是说，通过这些表面没有传热导。然而，这种假设过于简单化，忽视相邻块之间的热耦合，常常会导致巨大的错误。实际上，块的边

㊀ 使用重复的随机采样来获取数值结果：http：//en. wikipedia. org/wiki/Monte_Carlo_method。

界并不是绝热的，因为有大量的金属生成块，热量会从一个模块传导到另一个模块。此外，因为不同模块之间的热不连续，采用电路模块的平均温度也是不可靠的方法。因此这种方法是不可相信的或者是不推荐的温度估计方法。

三维热模型是更准确和可靠的方法。该模型基于 3D 结构建模，将系统作为一个整体解决问题，而不是集中在单一电路或功能模块。

三维热模型包括热传导方程和边界条件。解该方程后，可以得到系统每一部分的温度，包括封装、互连、芯片、结构模块以及门电路。下面是一个系统的传热方程：

$$\rho C_{\mathrm{p}} \frac{\partial T(\bar{r},\ t)}{\partial t} = \nabla[k(\bar{r},\ T)\ \nabla T(\bar{r},\ T)] + g(\bar{r},\ t) \tag{7.17}$$

边界条件由下式（7.18）给出：

$$k(\bar{r},T)\frac{\partial T(\bar{r},\ t)}{\partial n_i} + h_i T(\bar{r},\ t) = f_1(\bar{r}_{s_i},t) \tag{7.18}$$

式中，T 表示在特定时间内某给定位置的温度；k 表示热导率；C_{p} 表示材料的比热容；g 表示热能生成速度；ρ 表示材料密度；h 表示系统边界表面的传热系数。此外，$\partial/\partial n_i$ 表示垂直于边界曲面 s 沿着向外的方向求导；f 是关于曲面 s 的任意函数。这里，在控制的体积 ΔV 里存储能量的速度，包括输入到体积$\nabla(k\nabla T)\Delta V$ 中能量的速度，与体积 $g\Delta V$ 中生成能量的速度。

有几种方法可以解传热方程，一些方法在图 7.16 中展示，后面将给出解释。根据系统组成部分的物理信息进行初始化，比如芯片、PCB、封装或者多芯片模块（MCM）及冷却系统。

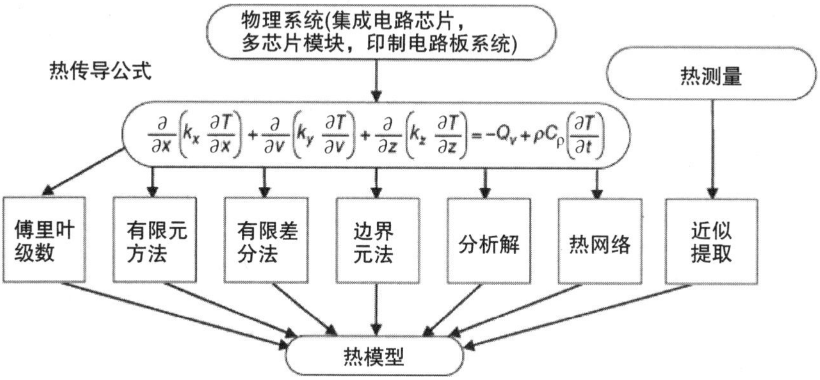

图 7.16　提取热多种方法的概览图。© [1997] IEEE，经许可转载[25]

傅里叶级数、有限元方法（FEM）、有限差分法（FDM）、边界元法（BEM）、分析解决方案及热网络法都是用于解决系统的技术。另外，使用片上传感器直接进行温度测量，这也是一种生成三维系统热概览图的可选方法。

上述技术可以分为三组：快速热模拟、解析解和数值方法。这些技术中的每一个都可以单独使用，或者它们可以将数据导出到其他模拟器，如图 7.17 所示。假设相对于系统尺寸来说热源很小，这样快速热分析法（Fast Thermal Analysis，FTA）就有效简化了传热方程。然后提供一个封闭解，来发现热源中心的温度。在设计早期阶段芯片和封装的详细信息不可用时，通常采用快速热分析法。此外，当热源的数量很大，其他方法变得缓慢时，通常也会采用快速热分析法。因此，作为一个识别热点的方法，快速热分析法是一个很好的选择。

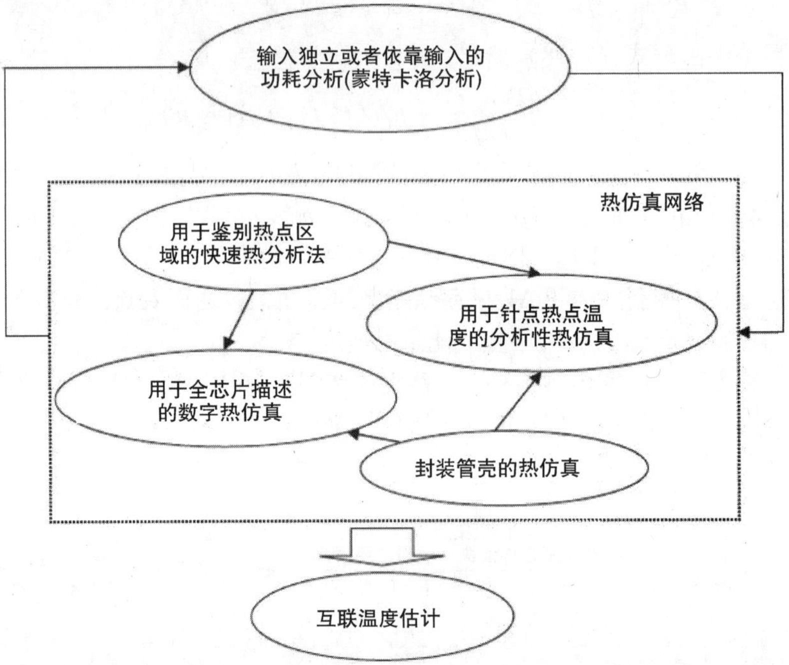

图 7.17　温度提取路线图[26]，经 Springer 科学 + 商业媒体 B. V 许可转载

快速热分析法的结果可作为热能来源的定性描述。在数值分析模拟器中应用这些结果，可以拥有一个较好的起始点，加快仿真收敛。除了快速热分析法，封装热模拟器能够给更准确的模拟器提供必要的信息。通过如热阻和有效传热等信息，可以使温度评估拥有较高的准确度。

在方法中，数值模拟采用以下技术之一：FDM（有限差分法）、FEM（有限元法）、BEM（边界元法）或热网络法。这些方法使空间域离散到网格（有限差分法和热网络法）或元素（有限元方法和边界元法）。在 FDM 的情况下，一个简化版的差分方程可以用来粗略估算网格上每个节点的温度。当采用有限元法和边界元法时，可以得到不同元素的类似估算。

在有电和热的电路中，利用电热二元性形成热网络。这种二元性如图 7.18 所示。热网络上每个节点都对应着电网中的一个节点。热量守恒，类似于基尔霍夫电流定律，保证热节点生成的热量与流进节点的热量总和等于流出节点的热量。

除了电阻，热容也用于瞬态建模。电容连接节点和地。在稳定状态下，将它们视为开路。同时采用连接到节点的电流源来对电路功耗进行建模。采用热导率矩阵和功耗向量来评估温度。然后通过分析节点来分析电路。热点[2]是这种模拟器的一个例子，在这里，处理器的结构模块采用 *RC* 网络进行建模。

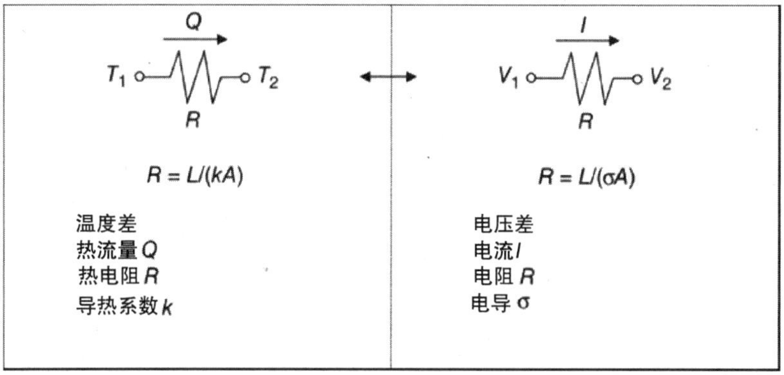

图 7.18　热电电路之间的对偶性（*L* 代表导体的长度，*A* 代表导体的横截面面积）

必须考虑到每个方法都有利弊。热网络模拟器可以使用熟识的 SPICE 仿真器方法。然而，这种方法会产生一个大型矩阵系统。需要大量的时间和密集的资源来解这样一个系统。有限元技术对于不规则的几何图形是非常有效的，但是使用起来比较复杂。修改这些方法，可以使其更为有效。例如，通过每次在一个方向上求解三维热方程，交替方向隐式算法（ADI）方法成功简化了 FDM[27]。这将产生解决方案的线性复杂度，并减少 CPU 和内存的使用。

在给定某些假设情况下，得到封闭解的另一种方法是分析技术。这里，假设边界条件是齐次的，然后，通过分离变量，空间变量可以从方程中消除，从而得到一个封闭解[26]。不需要解整个系统，分析解决方案就可以得到热点的温度。实际上，这三种方法相互补充，FTA 法确定热点，解析法获得每一层的温度分布，同时数值方法可以发现不同层的热概览图，以及在同一层中热导率的变化情况。

7.3.2　直接测温

在芯片内和芯片外都可以通过热传感器测量温度，这样可以进行绝对测量或相对测量。在前者中，如器件电阻或者互连线电阻等参数变化，都会决定测量的温度。在相对测量方法中，将变量（如将节点电压）与参考值相比较。

超大规模集成电路系统文献中讨论了各种热传感器，包括热二极管、热电偶、软传感器、CMOS 传感器和热敏电阻（偏置电阻）[27]。热二极管由一个已知的电流做偏置。由于二极管的正偏势能对温度很敏感，并且与温度几乎成线性关系，因此它有效地用于温度测量。在参考文献［28］中提到了一种传感器，其具有可以接受的精度和较节约的成本，并可以用于商业应用中。热电偶温度传感器基于热电效应，这里，当两个不同导体相互接触时，温度会引起导体之间的电压差。在热敏电阻传感器中，电阻电压降随着温度而变化，这种变化比普通电阻的变化明显很多，并且通常情况下具有负温度系数。软传感器利用外推机制来估计芯片内某位置的温度，同时在其他位置通过硬传感器采用可用的测量方法[29]。通过监测电路中一个或多个参数的变化，CMOS 传感器对温度进行测量，其中这些参数与温度有关。如例 7.3 所示，该传感器根据输出电压的变化来评估电路的温度。由于具有较好的准确度、准确性、成本及响应时间，软传感器和 CMOS 传感器都是较好的选择。

片外热传感器远离热源，因此精度较低且响应时间较长。这可能损害热管理系统的有效性，并导致设计很保守。如 7.1.2 节讨论的，许多片上热传感器采用不依赖于温度的节点作为它们的参考点。如前所述，MOS 晶体管器件的迁移率和阈值电压与温度的变化方向相反。然而，阈值电压与温度的非线性关系影响了片上传感器的准确度。

例 7.3：片上热传感器。

图 7.19 所示传感器采用了与温度无关的节点。

通过设置晶体管偏置电压和尺寸大小，所有晶体管都工作在饱和区，由 Alpha 幂律方程，可以得到下面的方程：

$$V_{gs1} = V_1 = \alpha\sqrt{\frac{I_1 L_1}{\mu_\eta C_{ox} W_1}} + V_{th_1}$$

$$V_{gs2} = V_2 = \alpha\sqrt{\frac{I_2 L_2}{\mu_\eta C_{ox} W_2}} + V_{th_2} \tag{7.19}$$

式中，L 和 W 分别为晶体管的长度和宽度。假设 $L = L_1 = L_2$，同时设 R_1 和 R_2 的值相同，则放大的电压差为

$$V_{out} = \frac{R_f}{R_1}\alpha\sqrt{\frac{L}{\mu_\eta C_{ox}}}\left(\alpha\sqrt{\frac{I_1}{W_1}} - \alpha\sqrt{\frac{I_2}{W_2}}\right) \tag{7.20}$$

从式（7.20）可以看出，消去了阈值电压，因此输出只与载流子的迁移率有关，从而提高了温度测量准确度。

由于敏感电流和工艺偏差，大多数片上热传感器很容易不稳定。对于拥有

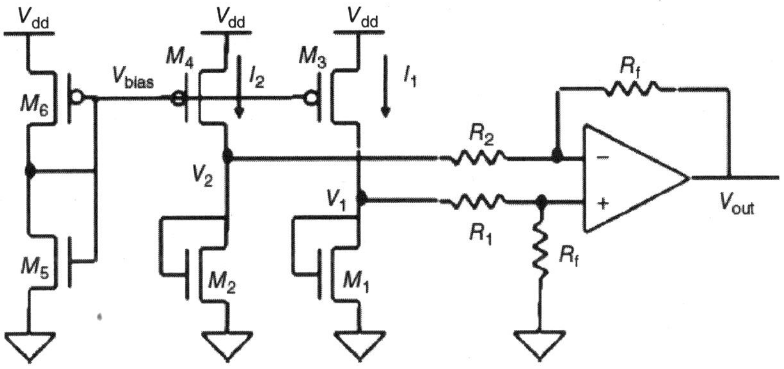

图 7.19　CMOS 传感器电路图。© [2006] IEEE，经许可转载[30]

10 ~ 20 个传感器的典型系统，典型的经验误差是 ±2℃。加上由于其他变化引起的额外的 1℃误差，热管理系统在设计时要考虑 ±3°C 的误差。为减少这些偏差对于传感器的影响，一种方法是增加敏感晶体管的尺寸（面积）。但是，这种方法会带来功耗的增加，同时也会直接影响芯片上传感器的面积。

7.3.3　电压降建模

在电源分布网络中电压降与芯片功耗概览图密切相关。因此，在分析电压降时必须考虑功耗和温度的相互关系。PDN 路径上的电阻决定了主要的静态电压变化。

构造一个 RC 网络和分布于整个芯片面积的多层金属，来建立 PDN 模型。为简单起见，忽略电感，网络中的每个分支用电阻建模，并且这些节点由电容连接地。同时，金属层 1（M1）上的节点由理想电流源连接到地，该电流源代表电路的功耗。下面对节点的分析，阐述了每个节点电压与电流的关系：

$$GV(t) + C\frac{\mathrm{d}V(t)}{\mathrm{d}t} = -i(t) + GV_{\mathrm{dd}} \tag{7.21}$$

式中，$V(t)$代表每个节点的电压向量；$i(t)$ 代表电流源向量；G 和 C 分别代表电导和电容矩阵，设 $v(t) = V_{\mathrm{dd}} - V(t)$，我们有：

$$Gv(t) + C\frac{\mathrm{d}V(t)}{\mathrm{d}t} = i(t) \tag{7.22}$$

为了分析如何减小电压噪声，必须有电流向量。对于每一个标准单元，一个特征化过程产生两个数据列：仿真时间和流经 V_{DD}端口的电流值。结果包括[$t,i(t)$]的 N 个采样点，这些点都在高于单元转换频率的频率处。采用傅里叶变换，将采样从时域转化到频域。这样，能够保持所设计的转换频率处的初始电流波形。我们注意到，特征化假设的每秒中转换数量的默认值与设计的转换频率不同。从默认值到设计的转换频率（频率和振幅）定标后，电流重新变换回时域。将这些电流波形与 PDN 相结合，并且仿真该模型得到每个节点的电压降。

在电源分布网络设计的早期阶段，电流波形通常不可用。电流随时间的变化取决于几个因素，这些因素包括应用的工作类型以及电路的工作模式。这种情况下，进行直流分析来确定 *IR* 压降。在没有标准单元数据时，在直流分析序列中，采用该应用的功耗概览图来确定电压降如何随时间变化。

对于直流分析，式（7.22）的矩阵形式如下：

$$GV = I \tag{7.23}$$

式中，V 是电压降向量；I 是流经负载的电流向量。

可以利用平均功耗来计算作为输入到系统的电流源。因此，对于电源分布网络中给定的节点，有

$$[GV]_1 = I_1 \qquad \forall l = 1,\cdots,N \tag{7.24}$$

解方程（7.24）得到电压降，我们有：

$$V = G^{-1}I \tag{7.25}$$

此外，导线的电阻率可以表示为温度的线性函数。

$$R = R_0[1 + \beta(T - T_{\mathrm{ref}})] \tag{7.26}$$

式中，R_0 表示参考温度下导线的电阻；β 表示温度系数；T 表示导线平均温度。

因此，温度对电压降的影响如下：

$$\begin{cases} V = G_0^{-1}\Phi I \\ \Phi = \mathrm{diag}[1 + \beta(T - T_{\mathrm{ref}})] \end{cases} \tag{7.27}$$

式中，G_0 表示参考温度下的电导矩阵；ϕ 表示$[1 + \beta(T - T_{\mathrm{ref}})]_{N\times N}$矩阵的对角线向量。

7.4 Alpha 处理器的温度和电压降概览图

在本节中，以 45nm 工艺的 Alpha 21364 为例，说明如何提取芯片的温度和电压降。

建模

采用热网络方法及由芯片/系统等效电路得到的电阻元件进行分析，进而建立相应的模型。

该过程先将芯片和封装离散成热网络。图 7.20 展示了一组俯视图和侧视图，其中包括一个六核心芯片、封装和其冷却系统，同时展示了各自的等效电路形成的热网格。

根据网格的数量构造热传导矩阵。热量通过传导由芯片转移到热传播器、热界面材料及散热器。冷却系统通过对流消除热量。在网络中对所有这些路径和热

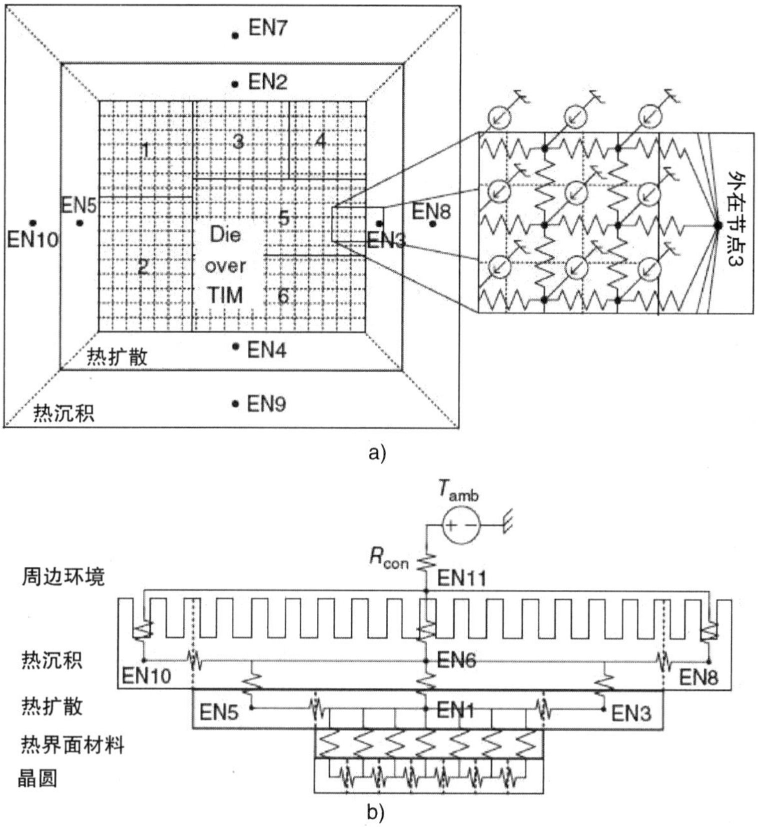

图 7.20　封装、冷却系统及离散成六个核心的芯片的俯视图和侧视图
经 Elsevier 许可转载自参考文献[31]

电阻进行了建模。

在电路级层面，图 7.21、图 7.22 和图 7.23 展示了在 65nm 工艺下，各种门电路的动态功耗和漏电功耗对于温度和电压的敏感性。在漏电功耗和温度之间有一个闭环，增加功耗会导致温度升高，温度升高会进一步导致功耗增加。当从封装上去除的热量和产生的热量相等时，闭环收敛，并且系统达到一个稳定的温度。但是，在没有控制机制的情况下，当闭环不收敛时，温度升高会导致热击穿，进而可能会发生热失控状况。控制机制可以提高风扇的转速，加快启动 DTM 方案，甚至能够加快自动防故障装置关闭。

考虑到相互依赖关系，采用迭代模型[32]来确定网格中的温度。当芯片达到热平衡时，产生的热量和消除的热量相等。在这种情况下，芯片平均温度表示为

$$T_{avg} = T_{amb} + R_{\theta}\frac{P_{tot}}{area} \tag{7.28}$$

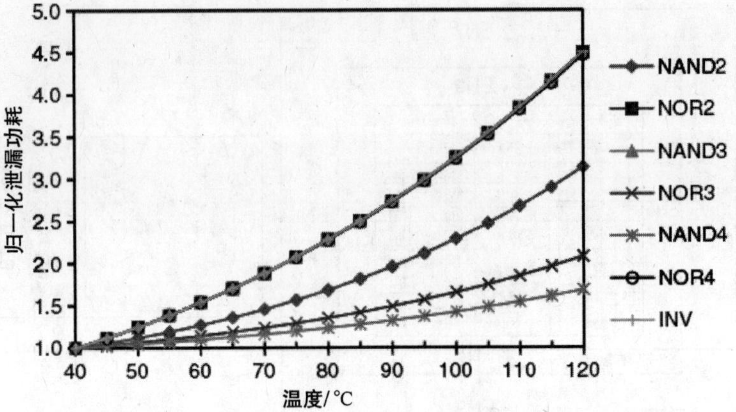

图 7.21　不同门电路的归一化漏电流功耗，该功耗为温度的函数

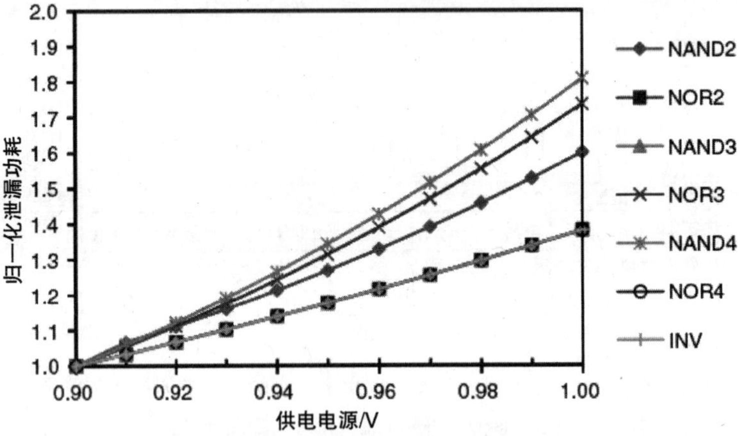

图 7.22　不同门电路的归一化漏电流功耗，该功耗为电源电压的函数

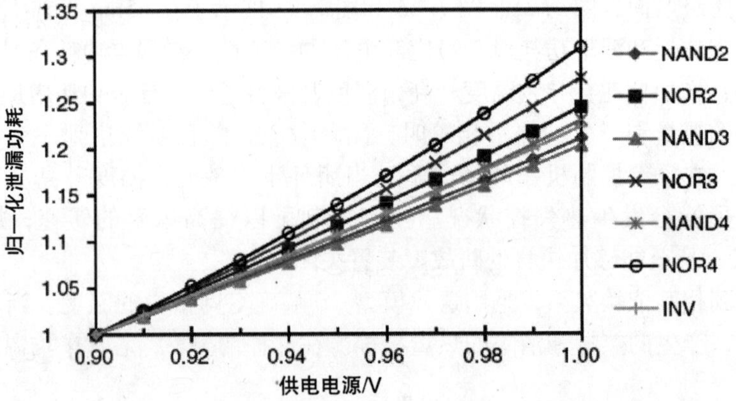

图 7.23　不同门电路的归一化动态功耗，该功耗为电源电压的函数[32]

工作流程

到目前为止，我们对整个芯片的温度和电压降进行了建模。在直流分析中，有多种方法来提取稳态时的温度和 *IR* 电压降。但是，温度和电压降二者之间的相互关系不可忽视。当芯片温度升高时，功耗升高，同时会导致更高的电压降。然后，电压降增加会导致功耗减低，导致温度降低。对于准确度和为了避免保守的设计来说，掌握以上这些关系十分重要。

以迭代法为例说明。图 7.24 展示了提取每个节点的温度和电压降的工作流

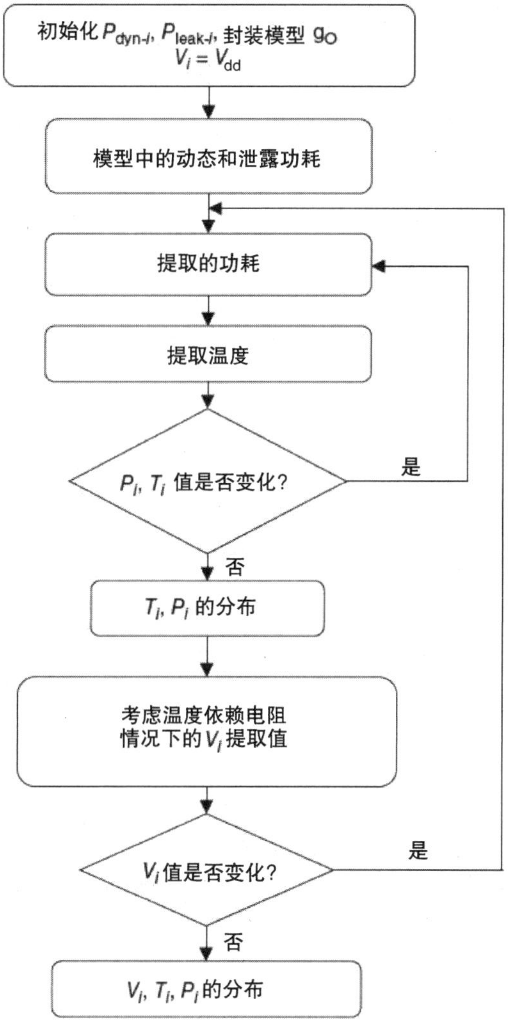

图 7.24　提取温度和电压降概览图的流程图

程。首先，设置系统参数，并为电源数量赋初始值。这些值可以从功耗模拟器如PrimePower[33]中获得，也可以通过模拟底层电路或者架构级工具比如 Wattch[34]来获得。另外，设置节点电压为理想的电源电压值，初始温度设为环境温度。接下来，分析闭环系统，对每个热网格点提取功耗和温度，进而得到电压降。下一次迭代中，更新每个节点电压值，用新值计算温度和电压变量。该过程持续进行，直到系统达到稳定状态。

实现

对于运行 MCF 应用程序的 Alpha 处理器[35]，用得到的功耗值将系统初始化。将电源数量分配给平面规划上的每一个微体系结构块。

在芯片顶层采用一层厚度为 50μm 的热界面材料。同时，采用 30mm × 30mm × 1mm 的热传播机分配热量，并采用 30mm × 30mm × 69mm 的散热器消除封装中产生的热量。将芯片离散成 50 × 50 的热网格。

在 65nm 工艺中，根据 IBM 基准[36]选择电源分布网络、导线宽度、间距以及金属层，同时，C4 凸点提供理想电源电压 $V_{dd}=1V$，并且均匀地分布在整个芯片上，但是有时候不是这样。考虑薄层障碍作用，铜线电阻的温度系数或者 β 设为 0.0032。

在 MATLAB 中实现这种方法，形成一个嵌套的循环。为了有一个可接受的评估，对于外循环（电压降更新）和内循环（温度漏电功耗），迭代的数量分别设为 2 和 3。

图 7.25 所示为最终的模拟热和电压的概览图。这里，A 点相对于周围环境具有最高的温度，同时 B 点具有最大的归一化电压降。可以看到，最高温度和电压降的地方很近。通常情况下，芯片中转换活动频率高的地方，相应的动态功耗也比较大。我们注意到，在 C4 凸点附近有比较低的电压降，在这附近对热点不利，因为在 C4 凸点金属上较低的电阻不一定对应较低的热阻。

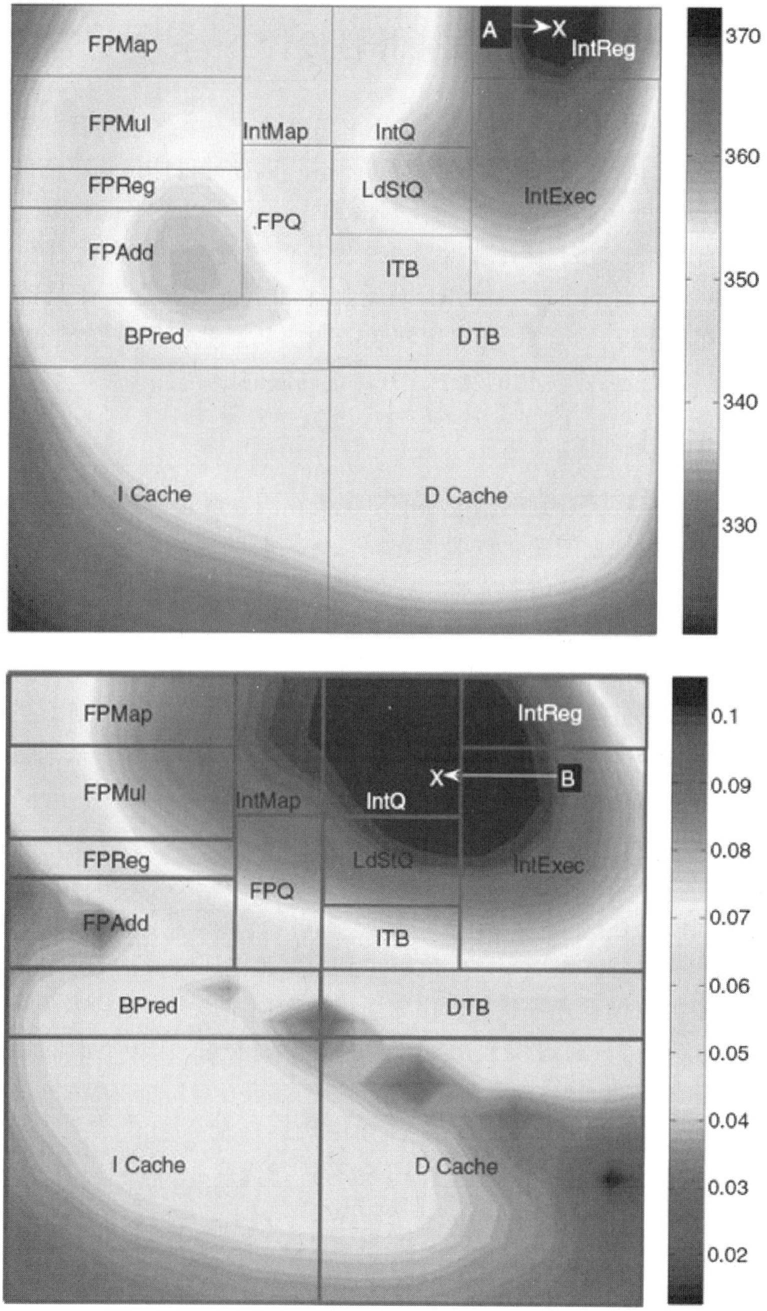

图 7.25　该网格是 Alpha 21364 CPU 核心中 16642 节点的电源网格的平均温度（K）和电压降（V）概览图。温度和电压降热点分别为 A 和 B。经 Elsevier 许可，转载自参考文献［31］

7.5 高温下增强电源分布鲁棒性设计

下面分析验证电源分布网络，并识别电压降热点。有各种各样的解决方案可以提高电源分布网络的设计，从而克服其弱点。该设计可能优化下面的一项或者多项：C4 凸点或外部连接分配、功耗网格和导线尺寸以及平面规划。此外，一些技术可以直接减少功耗或者减少功耗来源以及温度变化。在大部分解决方案中，温度是一个重要的参数。例如，自动加热和电迁移都取决于局部工作的温度。因此，在自相容的连线缩小解决方案中，所解方程中必须包括温度参数[37]。这里，验证两个优化的例子，并讨论高温的影响。

7.5.1 布图规划

电源完整性直接关系到基本电路的电源概览图。反过来，功耗分布依赖于温度和线长度。平面规划的变化改变传热路径，同时会改变信号线的长度。这样，优化规划路径，可以提高电源完整性。优化过程主要包括 4 个步骤：建模、定义约束、制定目标函数及提供解决方案。

从架构级功耗模拟器，例如 Wattch[34] 中，可以评估微体系结构块的功耗，这有助于形成最初的平面规划。但是，平面规划的变化会影响互连线的长度，互连线会产生很大一部分动态功耗。半周线长度（HPWL）通常用来捕捉动态功耗的这种效果，同时我们有

$$线长度 = |x_1 - x_2| + |y_1 - y_2| \tag{7.29}$$

式中，x_1、y_1、x_2 及 y_2 是两个连接块的中心坐标。这里，采用保持连接的互连矩阵和模块之间互连的数量，来得到与规划相连的总线长。最好地考虑 HPWL，由功耗延时和能量延时组成矩阵，能够得到温度和电压降最优的规划。

在规划中可以设置多种指标，比如面积、功耗、最高温度以及温度变化范围的最小值[38]。也可以通过设置指标，确保电源完整性[39]。下面的目标方程式中描述了电源和热的完整性。

$$f = \min\{\alpha T + \beta \mathrm{HPWL} + \gamma\phi\} \tag{7.30}$$

式中，α、β 和 γ 是加权常量，通过以下过程进行优化：

$$\min\{\alpha T + \beta \mathrm{HPWL} + \gamma\phi\} \tag{7.31}$$

满足如下条件：

$$\begin{aligned} \alpha_i &= c_i \\ A &\leqslant c_{\mathrm{box}} \\ AR &= c_{\mathrm{AR}} \\ WS &= WS_{\max} \end{aligned}$$

$$v_j \leqslant v_{\max}$$

式中，T 是平均温度；HPWL 表示一半周边线长度；ϕ 是违反功耗完整性约束的补偿函数。这里，a_i 代表模块 i 的面积；A 代表边界框的面积；AR 代表平面规划的宽长比。同时，c_i、c_{box}、c_{AR} 分别是与 a_i、A、AR 有关的常量。并且，WS 是平面规划中的白色区域；$WS_{\max}$ 是最大值；v_j 代表每个节点的电压降，由最大值 $v_{\max}$ 限制。

采用切割算法或者非切割算法可以用来执行最优化过程。在水平或者垂直方向上递归地将一个矩形面积分成两个部分，这种方法叫切割平面规划，非切割平面规划是很多块的集合[40]。获得全局最优的规划通常是不可行的，它被分类到 NP－hard㊀问题中。这里，对获得局部最优进行探索研究。在规划的核心算法中，所模拟的退火方法产生一些改变或者其他的规划。然后，估算满足约束条件的目标函数，从而得到最好的改变。这里，通过评估下一次改变来得到更好的研究，从而避免较粗略近似的研究。

在规划中可以实现很多目标，比如降低最大温度，降低功耗，提高最坏情况下的电压降。以图 7.26 为例，说明最初的 Alpha 处理器 21264 规划的一个选择，

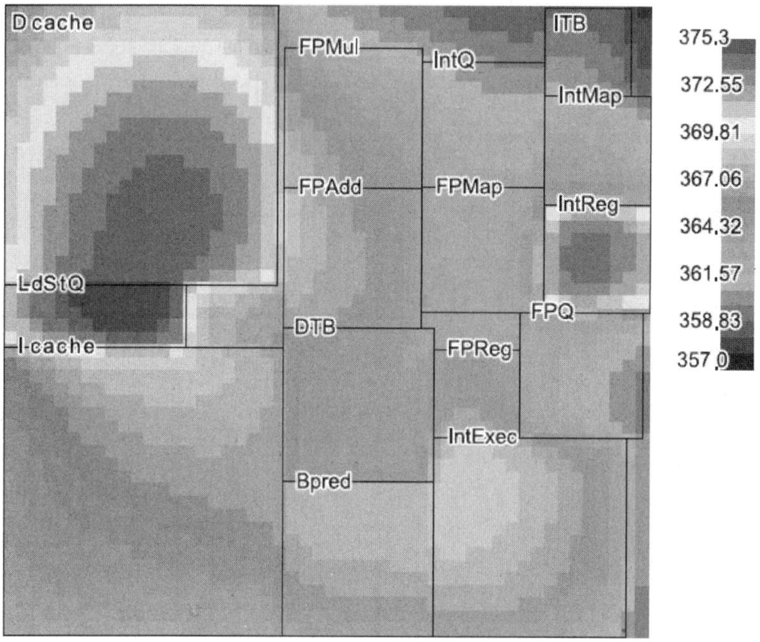

图 7.26　Alpha 处理器 21264 核心一个可以选择的平面规划[38]，经 Elsevier 许可转载[31]

㊀ 关于非线性多项式复杂性比较难于解决的问题，http：//en.wikipedia.org/wiki/NP_hard。

采用镶嵌法（Parquet）得到这种固定轮廓的非切割平面规划。这里，为减小整体功耗和减小温度变化来设置目标函数[38]。这种优化可以减少约10%的总功耗，同时在规划中使热概览图更统一。我们注意到，与图7.25结果相比较，采用了不同的模拟环境；因此比较绝对值大小不是很容易。但是，热范围（最大值－最小值）从最优模拟结果（大约50K）被压缩到了大约18.3K。

7.5.2 电源引脚分布

时序敏感性和电压降带来的功耗给电压分布网络设计带来了很大的挑战。同时，电源引脚的数量和位置、pin引脚、电压调节器以及下面的各种引脚都会影响到设计。引脚分布影响电压降概览图、电迁移和温度。底层电路的时序和功耗也会相应地受到影响[41]。因此，一定要在电源分布网络中合适的节点认真地分配这些有限的资源。

与规划相似，通常根据特定的应用设定目标。时序很重要，是设计目标之一。改变引脚的位置和数量会改变总体的电压降，反过来这也会改变电路的延迟。因此，非关键路径有时会成为关键路径，从而会决定可能达到的最高性能。

为电路端口找到引脚的最优分布，将芯片面积离散成n个单元。随后，确定候选引脚。在电压分布网路中选择一些节点连接到理想电源电压上。这些节点的选择取决于可用性与距离理想源有多近，以及所用的封装类型。比如，候选引脚或者电压调节器的选择取决于倒装芯片封装中C4凸点的位置。在键合线封装中，与外围电源环连接最近的热引脚可能会影响这些选择。

在芯片中有很多潜在的关键路径，很多关键路径穿过不同的碎片。为带有更多关键路径的碎片分配电源引脚，可以在延时方面带来更大的作用。因此，采用权重因子来说明这种分布。图7.27是一个例子，展示了离散的芯片区域、拥有关键路径的碎片以及候选引脚。对于每个碎片，阴影越深代表权重因子越大，说明其具有更多的关键路径。

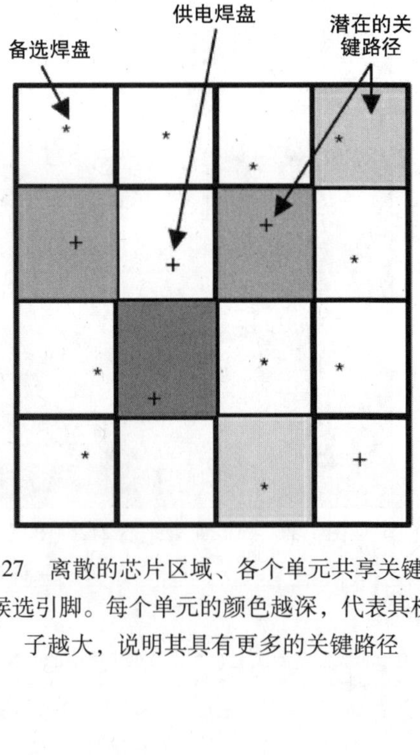

图7.27 离散的芯片区域、各个单元共享关键路径以及候选引脚。每个单元的颜色越深，代表其权重因子越大，说明其具有更多的关键路径

由于引脚分布的离散特性，采用整体规划来找到最优分布。下面，以损耗函数为例，说明如何使关键路径上的电压降更低。

$$f = \min \sum_{j=1}^{n} \alpha_j \omega_j v_j y_j \quad y_j \in \{0, 1\} \tag{7.32}$$

式中，α_j 代表碎片 j 中电压降的延迟敏感性；ω_j 代表权重因子；n 代表碎片数量。同时，y_j 是承担引脚任务的整数变量，并且 $y_j=1$ 代表将引脚连接到理想电源电压上。

考虑到约束条件，下面公式描述一个优化算法：

$$\min \sum_{j=1}^{n} \alpha_j \omega_j v_j y_j \quad y_j \in \{0, 1\} \tag{7.33}$$

满足条件

$$
\begin{aligned}
v_j &\leqslant v_{\mathrm{t}}(1 - y_j) \\
v_j &= [G^{-1}I]_j(1 - y_j) \\
I_j &= \Phi(T) y_j \\
I_j &\leqslant I_{\mathrm{t}} y_j \\
\sum_{j=1}^{n} y_j &\leqslant N \\
v_j I_j &\geqslant 0
\end{aligned}
$$

第一个约束条件是，电压降必须是阈值电压 V_{t} 或者是阈值电压的倍数，以确保电路功能正确，并保证门电路要求的噪声容限。电流源 I_j 连接电源网格上，I_j 是电路工作时温度的函数。这里，T 是碎片的温度向量。同时，每个引脚的电流消耗必须是互连的最大值 I_{t}，以满足由于电迁移引起失效的平均时间。电源电流密度的上边界也会使电流密度概览图更统一。因此，热概览图上的热点会减少。

式 $\sum_{j=1}^{n} y_j \leqslant N$ 说明如何分配有限数量的可用引脚。约束条件中 y_j 的和（$1-y_j$）确保方法的可行性，并将端口分开。

采用混合整数非线性规划数学模型（A mixed nonlinear integer programming, MINLP）解决问题。优化工具采用常见的方法，如分支定界法，找到最优解。结果是与节点相关的向量，向量值为 0 或者为 1，进而决定该节点是否连接到电源引脚。为了提高流程效率，可以采用宏模型技术减小优化系统的尺寸[41]。

在减小最终的延时方面，引脚分布带来的作用取决于引脚的数量分布、电源分布网络的规模以及电流源的分布。随着引脚数量的增加，分布结构的延时敏感性降低。

7.5.3 从设计到生产制造

生产制造过程并不完美，在先进的CMOS工艺中有很大可变性。例如，在光刻镜头的焦点控制加工的过程中，会产生可变参数。如果参数的校正和设置不恰当，加工出来的器件就会有很大偏差。例如，加工出来的器件的沟道长度和氧化物厚度不会与设计值精确相等。因此，器件的功耗和延时会很明显地偏离额定值。此外，互连线的尺寸、互连线的功耗以及时序很容易受到工艺偏差的影响。其他一些不确定来源，如温度和电压降抖动，会引起环境的偏差。通过大量采样，可以得到由于工艺和环境偏差引起的器件性能的分布情况。

例7.4：电路延迟对温度的敏感性。

图7.28说明了由于电源电压和阈值电压偏差，环形振荡器的频率分布情况[42]。由图可以看到，明显的，并不是所有的设计满足约束条件。有的电路速度很快，但是超过了温度允许的最大值，同时一些其他电路没有满足最低性能要求。

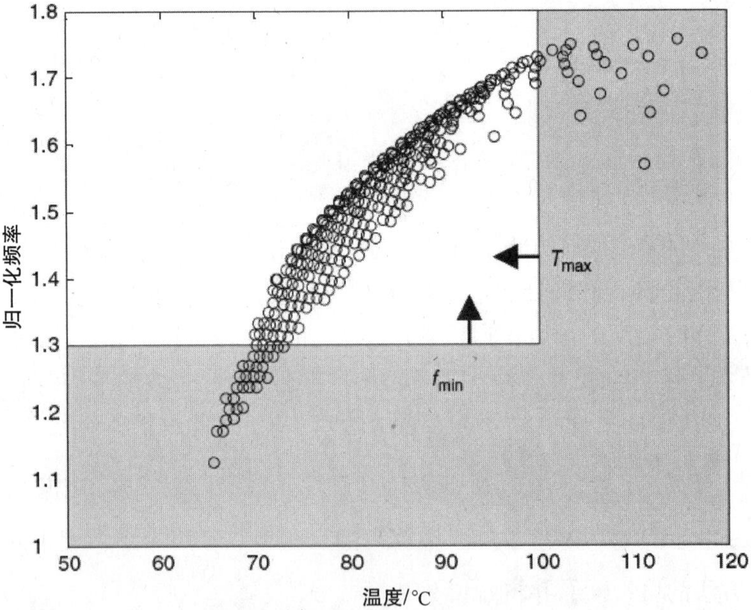

图7.28 在电源和阈值电压偏差下，环形振荡器的蒙特卡洛仿真

偏差是现在和将来的一个关键技术问题[43]，这对电源完整性有直接的影响。从一个样片到另一个样片，PDN中电流消耗的变化很显著。例如，沟道长度和氧化层厚度的偏差，与漏电流成指数关系。因此，规划中块的偏差决定了温度如何分布。

例7.5：s38584电路的温度、功耗及电压降偏差。

通过在65nm工艺下仿真s38584电路，揭示了工艺的偏差会在温度、功耗及电压降方面带来更大的偏差。这里，温度的标准差 σ 为 7.5℃[32]。换句话说，从制造出来的一个芯片到另一个芯片，电路温度偏差可达 22.5℃（3σ）。同时，在电路的整体功耗中，仿真得到工艺导致的功耗偏差为 1365.8μW。因此，在 16642 个节点的电源网格中，电压降偏差可达 15mV。综合考虑这两种变化，电压降的不确定性对电源完整性有着显著的危害。

为了提取统计测量结果，在温度和电压降的额定值附近，对漏电功耗和动态功耗进行建模。将给定样品的温度和电压降定义为随机变量（RVs）。在 7.4 这一节中提到了 Alpha 处理器，图 7.29 展示了该处理器的温度和电压降的标准差概览图。点 C 指预估的芯片上温度偏差最大的地方。换句话说，制造出来的不同芯片在这个地方温度会变化很大。

同样，点 D 指芯片上电压降偏差最大的地方。图 7.30 展示了点 B 和点 D（图 7.25 和图 7.29）分别对应的温度和电压降概率密度函数，

可以看到，芯片上电路性能较高的地方具有较高的偏差。在芯片结构中，这类电路通常在数据通路上，同时采用低阈值电压器件，这里阈值电压偏差会产生最大的效果。由于短沟道器件的碾轧效应，沟道长度的偏差会给阈值电压带来更大的偏差。反过来，阈值电压偏差会带来漏电功耗、温度及电压降的更大偏差。类似的解释也适用于其他偏差来源，如随机掺杂抖动与氧化物厚度偏差。

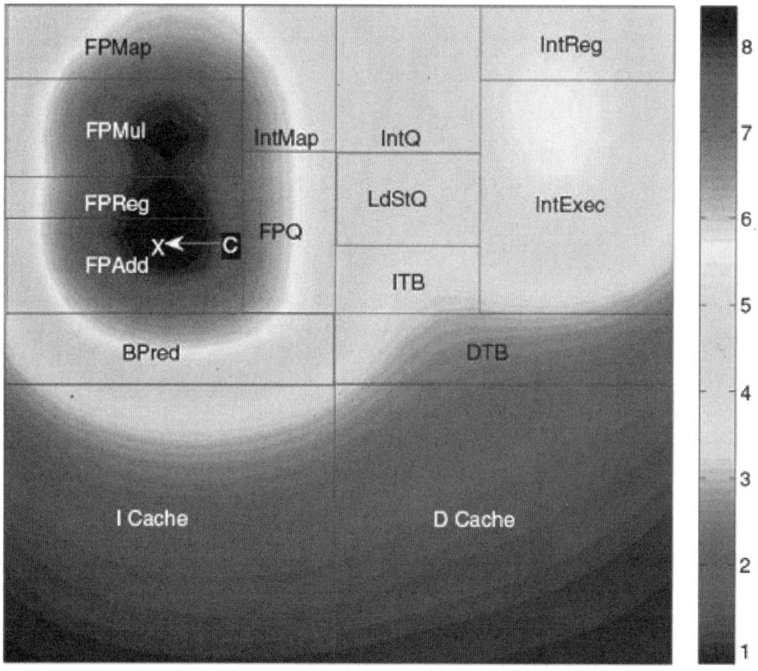

图 7.29　21364 处理器内核的电源网格中温度（℃）和电压降（V）的标准差概览图，该电源网格具有 16642 个节点。经 Elsevier 允许[31]转载自参考文献[31]

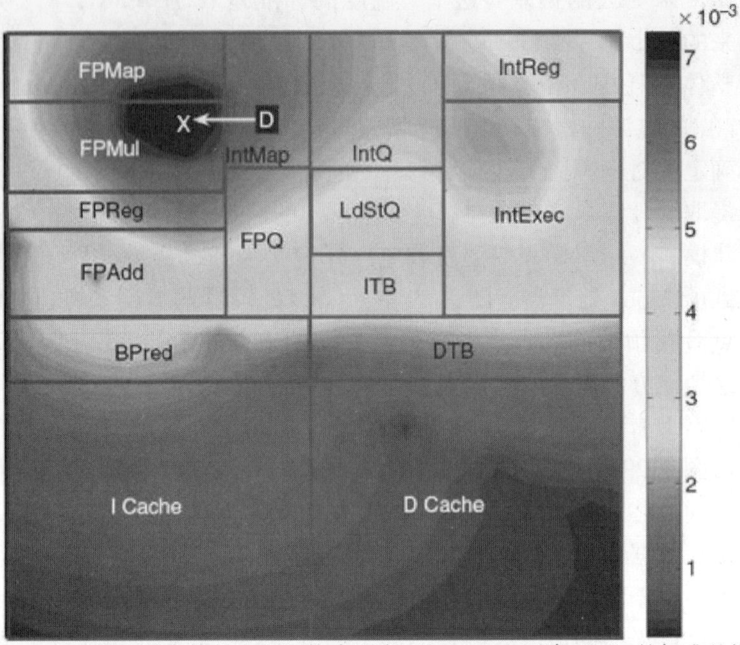

图 7.29　21364 处理器内核的电源网格中温度（℃）和电压降（V）的标准差概览图，该电源网格具有 16642 个节点。经 Elsevier 允许[31]转载自参考文献[31]（续）

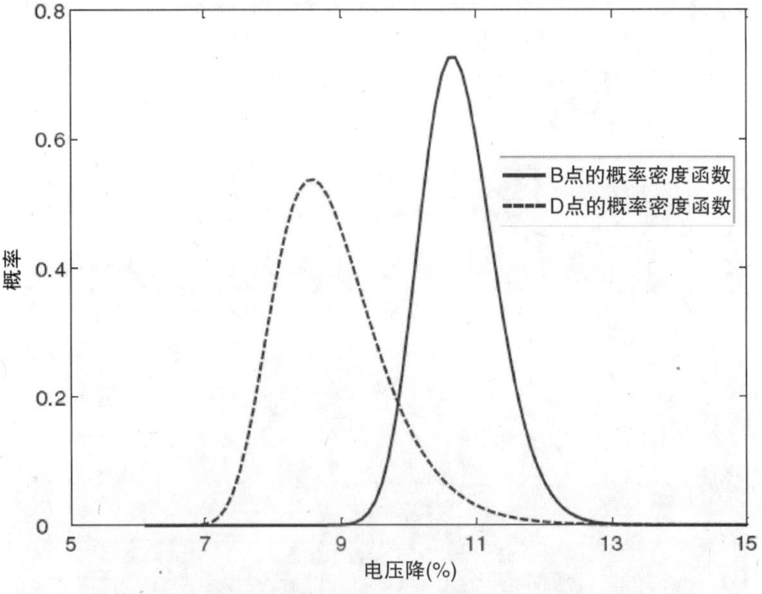

图 7.30　最大电压降的预期值（图 7.25 中点 B）和标准偏差的最大值（图 7.28 中点 D）的概率密度函数

类似的情况在温度和电压降方面也有体现，可以肯定的是，电压降发生变化的地方与周围负载变化有很大关系。此外，虽然 C4 凸点有利于减少电压降，但是对偏差进行模拟，没有证据表明接近 C4 凸点的点不会受到电源电压较大偏差的影响。在现存的以及增加的工艺和环境影响下，对电源完整性的综合分析，需要包括所有偏差的来源。

因此，强调电源完整性而只考虑额定温度和电压降是不够的。同时，使用这些参数的上边界通常会导致设计很保守。因此，建议采用统计分析方法实际检验所有参数的偏差及它们对电压完整性带来的影响。制造出来的芯片需要满足一个或多个设计参数的约束条件，参数良率是一个衡量标准，来衡量满足条件的芯片的百分比。时序和功耗良率是衡量标准的例子，它们能够预测设计满足要求的可能性。统计分析有利于得到分布情况、更低的工艺角、时序及功耗的上界。

统计时序分析的一个例子是考虑制造偏差和电源噪声，制造偏差和电源噪声在第 2 章提到过。虽然统计分析代价很高，但是随着偏差和设计工艺角数量的增多，统计分析必不可少。

在获得较大的参数良率方面，电源分配网络的鲁棒性起着至关重要的作用。为了提高鲁棒性，必须解决偏差的来源。通过更好地控制制造工艺和技术，比如光学邻近效应校正（Optical Proximity Correction，OPC）技术，可以减少变化。同时，还有很多设计技术，如通过共质心设计可以提高参数良率。

7.6　总结

在 VLSI 设计中，温度是非常重要的环境参数。在本章，我们看到温度升高是如何影响功耗、性能、电压完整性及可靠性的。随着特征尺寸的减小，漏电流功耗在总功耗中的比例越来越大。同时，由于漏电流功耗与温度关系密切，热效应成为了需要考虑的重要方面。

设计一个鲁棒性高的电源分布网络，需要对底层电路的负载电流进行精确地分析与评估。因为负载电流包括动态电流和漏电流，它们都与温度密切相关，所以温度在电源完整性设计方面成为了关键设计参数。由于电阻压降，电源分配网络中，必须考虑温度对电阻的影响。采用迭代模型描述温度和电压降的相互依赖关系。可以预见，芯片中转换速度快的地方，电压降越大，温度也如此。

制造工艺的偏差及其发展趋势要求采用统计方法来评估芯片的温度和电压。这在预测电源完整性影响和评估制造参数良率方面都很重要。

虽然存在挑战，但是依然存在很多机会来减小电源传输网络和电源网格设计中的热效应。在各种解决方案中，详细介绍了规划和电源引脚分布。改变规划可以得到不同的热传导途径。因此，优化规划可以带来更均匀的热概览图，并且能够减少热点的数量和密度，同时能够改善电压降和电源完整性。尽管存在电源完整性的热降解，采用最优的电源电压引脚分布和电压调节器方法，仍然可以减小电压降。在恰当的节点分配有限数量的电源引脚，这对电源完整性很重要，从更小的范围来看，其对热完整性也很重要。这些优化也会带来整个电源网格的负载电流的偏差，从而降低温度对电迁移的影响。

7.7 习题

7.1 请解释高温是如何影响电源完整性的。分别写下所有相关参数的影响。

7.2 列出不同类型的漏电流名称并比较其对温度的敏感性。列出三种应用在工业上的漏电流降低技术的名称。

7.3 用最小的 NAND 门模拟一个 11 阶环形振荡器。在 40 ~ 110℃范围内扫描温度，同时电源电压变化范围是 0.9 ~ 1.2V。并画出振荡器的归一化频率、电路总电流与温度、电源压降的函数关系图。

7.4 在 VLSI 中，需要有哪些不同的可靠性考虑？解释在电路工作寿命周期里，温度升高是如何影响电路可靠性的。

7.5 说出主要传热路径中不同层的名称。为什么我们采用热胶？对于评估芯片温度，它的准确度如何？讨论电源网格的温度影响，并与衬底温度相比较。

7.6 考虑沿着电源网格某部分的非均匀热分布情况。导线是铜材料，并在两端与通孔相连，通孔的温度分别是 40℃ 和 90℃。假设该线的长度是 500μm，热分布是线性的，$R_{sh}=0.07\Omega/sq$ 宽度是 6μm，环境温度是 35℃，计算该导线的平均阻抗。

7.7 用曲线拟合得到习题 7.2 中环形振荡器中时钟频率的表达式，要求该表达式为温度和电源电压的函数。参阅下图，考虑下面的电源环，如果温度增加 50℃，相对环境温度（40℃），求振荡器的频率。假设整个电路的温度是相同的，并且节点 1 和 3 的负载随温度线性变化，其敏感度为 0.8% 每摄氏度。$V_{DD}=1.2V$，$l_1=l_3=400\mu m$，$l_2=l_4=300\mu m$，$\omega_1=\omega_3=3\mu m$，$\omega_3=\omega_4=2\mu m$，在 $T=40℃$ 时，$I_1=2mA$ 和 $I_3=3mA$。薄层电阻层的 $R_{sh}=0.07\Omega/sq$。

7.8 在习题 7.2 中，其电路电源电压为理想电压。一旦电路开始工作，它的功耗随其温度增加，系统热稳定时的功耗会比其额定功耗高出 40% 以上。假设热量仅从结转移到环境，$R_\theta=0.25℃/(W\cdot cm^{-2})$ 和 $A=14000\mu m^2$。使用一维热模型，求出电路在平衡态时的温度。环境温度是 35℃。

7.9 详述 VLSI 电路偏差的不同来源，并解释它们是如何影响功耗、电源完整性和热完整性的。

7.10 说出若干不同类型的规划优化方法，并详述规划的约束条件。规划优化和电源引脚分布是如何改善热完整性和电源完整性的？

7.11 下图是一个简单的电阻功耗环。考虑到所有导线自身都有热效应，我们的目标是找到对于环每条支路来说最佳的导线尺寸，以使总面积和总功耗之和最小。

优化的约束条件如下 V_t：

a. 在每个节点的电压降小于 V_t。

b. 电路必须可靠工作超过 10 年。

c. 导线的宽度大于最小值 ω_m。

用公式表示导线宽度 ω_i 和温度 T 的优化问题。

假设由于自身热效应，电路网络平均温度的增加与所有分支的总功耗直接相关。

观察受温度影响的优化结果 ω_i^{opt}，反过来观察优化结果对导线温度的影响。阐述采用什么方案能够解决这种相互依赖关系。

7.8 参考文献

1. N. Magen, A. Kolodny, U. Weiser, and N. Shamir, "Interconnect-Power Dissipation in a Microprocessor," in *Proceedings of International Workshop on System-Level Interconnect Prediction (SLIP'04)*, pp. 7–13, Paris, 2004.
2. W. Huang, S. Ghosh, S. Velusamy, K. Sankaranarayanan, K. Skadron, and M. R. Stan, "HotSpot: A Compact Thermal Modeling Methodology for Early-Stage VLSI Design," *IEEE Transactions on Very Large Scale Integration*, vol. 14, no. 5, pp. 501–513, 2006.
3. A. H. Ajami, K. Banerjee, and M. Pedram, "Modeling and Analysis of Nonuniform Substrate Temperature Effects on Global ULSI Interconnects," *IEEE Transactions on Computer-Aided Design of Integrated Circuits and Systems*, vol. 24, no. 6, June 2005.
4. H. J. M. Veendrick, "Short-Circuit Dissipation of Static CMOS Circuitry and Its Impact on the Design of Buffer Circuits," *IEEE Journal of Solid-State Circuits*, vol. 19, pp. 468–473, 1984.
5. S. Wang, *Fundamentals of Semiconductor Theory and Device Physics*, Prentice-Hall, 1989.
6. A. Chandrakasan, W. J. Bowhill, and F. Fox, *Design of High-Performance Microprocessor Circuits*, IEEE Press, Piscataway, N.J., 2001.
7. Jan M. Rabaey, *Digital Integrated Circuits: A Design Perspective*, Prentice-Hall, Inc., Upper Saddle River, N.J., 1996.
8. K. Kuhn, C. Kenyon, A. Kornfeld, M. Liu, A. Maheshwari, W. kai Shih, S. Sivakumar, et al., "Managing Process Variation in Intels 45nm CMOS Technology," *Intel Technology Journal*, vol. 12, no. 2, pp. 93–109, 2008.
9. A. Agarwal, S. Mukhopadhyay, A. Raychowdhury, K. Roy, and C. H. Kim, "Leakage Power Analysis and Reduction for Nanoscale Circuits," *IEEE Micro*, vol. 26, no. 2, pp. 68–80, 2006.
10. H. Soeleman, K. Roy, and B. Paul, "Robust Ultra-Low Power Sub-Threshold DTMOS Logic," in *Proceedings of ISLPED*, pp. 25–30, 2000.
11. M. Willander and H. L. Hartnagel, *High Temperature Electronics*, Chapman and Hall, London, pp. 80–82, 1997.
12. R. Kumar and V. Kursun, "Reversed Temperature Dependent Propagation Delay Characteristics in Nanometer CMOS Circuits," *IEEE Transactions on Circuits and Systems II*, vol. 53, no. 10, pp. 1078–1082, 2006.
13. D. Brooks and M. Martonosi, "Dynamic Thermal Management for High-Performance Microprocessors," in *Proceedings of Seventh International Symposium on High-Performance Computer Architecture (HPCA-7)*, January 2001.
14. W. Liao, L. He, and K. M. Lepak, "Temperature and Supply Voltage Aware Performance and

Power Modeling at Microarchitecture Level," *IEEE Transactions on Computer-Aided Design of Integrated Circuits and Systems*, vol. 24, no. 7, pp. 1042–1053, 2005.
15. N. K. Jha and S. Gupta, *Testing of Digital Systems*, Cambridge University Press, New York, 2003.
16. M. Miller, "Next Generation Burn-in & Test Systems for Athlon Microprocessors: Hybrid Burn-in," in AMD Burn-In and Test Socket Workshop, Session 5, 2001.
17. Y. L. Chin, B. S. Chiou, and W. F. Wu, "Effect of the Tantalum Barrier Layer on the Electromigration and Stress Migration Resistance of Physical-Vapor-Deposited Copper Interconnect," *Japanese Journal of Applied Physics*, vol. 41, pp. 3057–3064, 2002.
18. W. Guo, Z. Li, H. Zhu, W. Zhang, Y. Ji, Y. Sun, and G. Shen, "Temperature Gradient Impact on Electromigration Failure in VLSI Metalization," in *Proceedings of 14th IEEE SEMI-THERM Symposium*, pp. 122–127, 1998.
19. H. V. Nguyen, C. Salm, B. H. Krabbenborg, J. Bisschop, A. J. T. Mouthaan, and F. G. Kuper, "Fast Thermal Cycling-Enhanced Electromigration in Power Metallization," *IEEE Transaction on Device and Materials Reliability*, vol. 4, no. 2, pp. 246–255, 2004.
20. "Intel® Pentium® 4 Processor Extreme Edition on 0.13 Micron Process in the 775-land Package," Data Sheet, Intel, November 2004.
21. K. Haghdad, "High Temperature Effects and Design for Uniform Thermal Profile in VLSI Circuits," Master's thesis, Northwestern University, Evanston, Ill., 2006.
22. A. H. Ajami, K. Banerjee, A. Mehrotra, and M. Pedram, "Analysis of *IR*-Drop Scaling with Implications for Deep Submicron P/G Network Designs," *IEEE International Symposium on Quality Electronic Design* (*ISQED*), San Jose, Calif., pp. 35–40, Mar. 24–26, 2003.
23. K. Haghdad, "Parametric Yield of VLSI Systems under Variability: Analysis and Design Solutions," PhD thesis, The University of Waterloo, Waterloo, Canada, 2011.
24. http://www.ansys.com/
25. S. Wunsche, C. Clauss, P. Schwarz, and F. Winkler, "Electro-Thermal Circuit Simulation Using Simulator Coupling," *IEEE Transaction on Very Large Scale Integration (VLSI) Systems*, vol. 5, no 3, pp. 277–282, 1997.
26. Yi-Kan Cheng, Ching-Han Tsai, Chin-Chi Teng, and Sung-Mo (Steve) Kang, *Electrothermal Analysis of VLSI Systems*, Kluwer Academic Publishers, 2000.
27. T.-Y. Wang, Y. M. Lee, and C. C.-P. Chen, "3D Thermal-ADI: An Efficient Chip-Level Transient Thermal Simulator," in *Proceedings of International Symposium on Physical Design*, pp. 10–17, 2003.
28. H. Sanchez, B. Kuttanna, T. Olson, M. Alexander, G. Gerosa, R. Phillip, J. Alvarez, et al., "Thermal Management System for High Performance PowerPC Microprocessors," in *Proceedings of COMPCON 97*, San Jose, Calif., 1997.
29. S. Reda, R. J. Cochran, and A. N. Nowroz, "Improved Thermal Tracking for Processors Using Hard and Soft Sensor Allocation Techniques," *IEEE Transaction on Computers*, vol. 60, no. 6, pp. 841–851, 2011.
30. Q. Chen, M. Meterelliyoz, and K. Roy, "A CMOS Thermal Sensor and Its Applications in Temperature Adaptive Design," in *Proceeding of International Symposium on Quality Electronic Design* (*ISQED*), March 2006.
31. K. Haghdad, J. Jaffari, and M. Anis, "Power Grid Analysis and Verification Considering Temperature Variations," *Microelectronics Journal*, vol. 43, no. 3, pp. 189–197, 2012.
32. K. Haghdad and M. Anis, "Power Yield Analysis under Process and Temperature Variations," *IEEE Transactions on VLSI Systems*, vol. 20, no. 10, pp. 1794–1803, 2011.
33. PrimePower, Synopsys Corporation. [Online]. Available: http://www.synopsys.com.
34. D. Brooks, V. Tiwari, and M. Martonosi, "Wattch: A Framework for Architectural-Level Power Analysis and Optimizations," in *Proceedings of ACM/IEEE International Symposium on Computer Architecture*, pp. 83–94, June 2000.

35. Hotspot 3.1 Temperature Modeling Tool. [Online]. Available: http://lava.cs.virginia.edu/HotSpot.
36. S. R. Nassif, "Power Grid Analysis Benchmarks," in *Proceedings of ASPDAC*, pp. 376–381, 2008.
37. T. Wang, J. Tsai, and C. Chen, "Power-Delivery Networks Optimization with Thermal Reliability Integrity," in *Proceedings of ISPD*, pp. 124–131, 2004.
38. K. Haghdad, M. Anis, and Y. I. Ismail, "Floorplanning for Low Power IC Design Considering Temperature Variations," *Microelectronics Journal*, vol. 42, no. 1, pp. 89–95, 2011.
39. C. W. Liu and Y. W. Chang, "Floorplan and Power/Ground Network Co-Synthesis for Fast Design Convergence," in *Proceedings of ISPD*, pp. 86–93, 2006.
40. W. M. Dai, B. Eschermann, E. S. Kuh, and M. Pedram, "Hierarchical Placement and Floorplanning for BEAR," *IEEE Transaction on Computer-Aided Design of Integrated Circuits and Systems*, pp. 1335–1349, 1989.
41. K. Haghdad and M. Anis, "Power Supply Pads Assignment for Maximum Timing Yield," *IEEE Transaction on Circuits and Systems II*, vol. 58, no. 10, pp. 697–701, 2011.
42. K. Haghdad and M. Anis, "Design-Specific Optimization Considering Supply and Threshold Voltage Variations," *IEEE Transaction on CAD of Integrated Circuits and Systems*, vol. 27, no. 10, pp. 1891–1901, 2008.
43. K. Haghdad and M. Anis, "Scaling Analysis of Yield Optimization Considering Supply and Threshold Voltage Variations," in *Proceedings of ISCAS*, pp. 3665– 3668, 2010.

第 8 章　低功耗技术和电源完整性影响

目前，低功耗已经成为集成电路芯片和系统设计的重要方面。由于移动和手持式电子通信、计算和娱乐设备已经深入到人们生活中的方方面面，这些设备的工作时长或者待机时间是用户体验中重要的环节。这些设备中电池电量的工作周期是由设备自身的功耗所决定的，而设备中的集成电路芯片又是功耗的主要来源。因此在保持芯片高性能的同时，使芯片具有最低的功率耗散已经成为集成电路芯片设计和应用的主要方面。在低功耗芯片设计方面，目前已经发展了多种设计技术。虽然这些技术有助于减小芯片功耗，但同时也会对电源完整性产生不期望的影响。本章将对这些细节进行详细讨论。

8.1　数字 CMOS 电路功耗及电源电压降低

数字 CMOS 电路功耗包含三部分内容，可以表示为

$$P = \alpha C V_{DD}^2 f + t_{sc} V_{DD} I_{sc} f + V_{DD} I_{leak} \tag{8.1}$$

式中，第一部分代表电路的动态功耗，其中，α 为开关活动性；C 为电路的总电容；V_{DD}为电源电压；f 为时钟频率；第二部分表示由直接通路电流 I_{sc}引起的功耗，其中，t_{sc}表示 PMOS 和 NMOS 都导通工作时的时长；第三部分表示泄漏功耗，其中 I_{leak}表示电路总的泄漏电流。

8.1.1　动态功耗

当数字 CMOS 电路发生开关行为时就会产生动态功耗。当第 i 级的门电路输出从低电平跳变为高电平时，该门电路的输出电容 C_i、下一级扇出门电路的输入电容以及互连电容将同时被充电。当输出从高电平跳变为低电平时，输出电容将被放电。在这个低电平 - 高电平 - 低电平转换的过程中，电路将会消耗 $C_i V_{DD}^2$ 的能量。将其乘以每秒的传输数量 $\alpha_i f$，可以得到动态功耗为 $\alpha_i C_i V_{DD}^2 f$。再将每一个门电路的动态功耗相加，就可以得到总动态功耗的表达式为

$$P_{dyn} = \sum_i \alpha_i C_i V_{DD}^2 f \tag{8.2}$$

因此式（8.1）中的第一部分实际上是式（8.2）的平均表达式。值得注意的是，在时钟网络门电路中的 α_i 可以认为是 1；在另一方面，其他逻辑门的 α_i 都认为小于 0.1。这表明时钟网络消耗较大的动态功耗。

8.1.2　短路功耗

在 CMOS 门电路的开关过程中，PMOS 和 NMOS 在某一时间周期内同时导通，形成一条电源到地的通路。在这个周期 t_{sc} 内，短路电流 I_{sc} 从电源 V_{DD} 流至地上。因此由这个短路电流引起的功耗就被称为短路功耗，并由式（8.1）中的第二部分进行表达。此外，我们知道只要控制好输入和输出传输时间，并使之平衡，那么短路功耗就可以控制在总功耗的 15% 之内。然而，在逻辑综合和物理设计中，已经定义好了信号传输时间限制，因此短路功耗是一个次之的功耗考虑因素。

8.1.3　泄漏功耗

泄漏功耗是由泄漏电流产生的。当 MOSFET 关闭时，仍然有静态的泄漏电流产生。图 8.1 表明了 NMOS 器件中的 4 部分泄漏电流。当 MOSFET 关断时，沟道里会产生一个电势差，这时在漏极和源极之间会有一个亚阈值电流流动。首先考虑沟道效应，当一个电势作用于栅极时，会产生一个栅泄漏电流流经栅氧化层。结泄漏电流流经晶体管的反偏 PN 结。由于栅极下侧，靠近漏极的部分容易产生强的电场，由此产生的 GIDL（栅致漏极泄漏）电流会从漏极流向衬底。这些泄漏电流的幅度取决于制造工艺，但在近期的先进工艺中，亚阈值电流已经成为泄漏电流最主要的部分。由于高 κ 电介质材料的应用，允许使用更厚的栅电介质层，同时减小了相同电势差下的电场，从而有效减小了栅极泄漏电流。

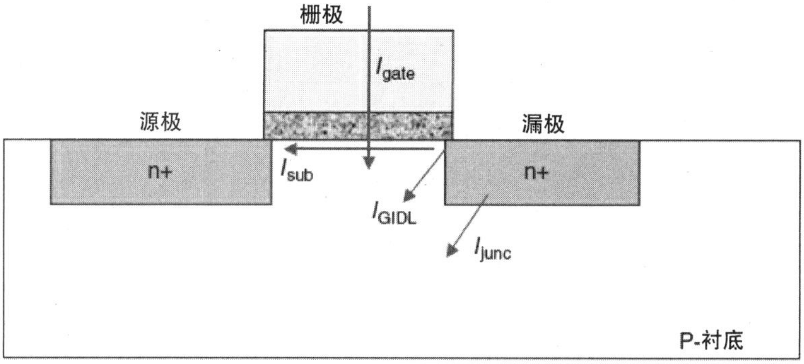

图 8.1　NMOS 中的泄漏电流

亚阈区 NMOS 晶体管的漏极电流可以表示为

$$I_{ds} = I_0 e^{(V_{gs} - V_{th})/nV_T} \tag{8.3}$$

式中

$$I_0 = \mu C_{ox} \frac{W}{L}(n-1)V_T^2 \tag{8.4}$$

式中，V_{th}为阈值电压；μ 为迁移率；C_{ox}为栅氧化层电容；n 为亚阈值波动参数；L 为沟道长度；W 为沟通宽度；V_T 为热电压。在亚阈值漏电流分析中，栅源电压设置为 0。当亚阈值泄漏占主要地位时，I_{leak}表示为

$$I_{leak} = I_0 e^{\frac{-V_{th}}{nV_T}} \tag{8.5}$$

可以看出亚阈值泄漏电流是关于 V_{th}的重要函数。

8.2 电源电压降低

正如式（8.1）所示，所有的功耗因素中都包含有 V_{DD}，因此电源电压降低是降低功耗最有效的方法。此外，因为这些功耗因素都与电源电压的二次方成正比，因此电源电压降低又是降低功耗最为有效的方式。从另一方面来说，正如式（8.5）中所示，亚阈值电流 I_{leak}主要由阈值电压 V_{th}决定，而不是电源电压 V_{DD}。严格地说，V_{DD}作用于 V_{th}，然而这种影响可以认为是一种二级效应，且较为微弱。

电源电压会影响栅极传播延迟。正如第 2 章中讨论过的，当电源电压降低时，栅极传播延迟增加。所以，在功耗和电路工作速度中有一个设计折中，这需要仔细研究，从而得到一个最优的电源电压。为了更细致的研究这种折中设计，在过去的数十年中，许多学者都对动态电压降低展开了严谨的研究。在 8.3.2 小节中，将讨论由动态电压降低衍生出的电源完整性问题，本节的剩余部分将介绍近年来电源电压降低的最新趋势。

近年来，为了提高在计算中的能量有效性，电源电压降低引起了广泛关注。在一些应用中，电源电压甚至降低到 MOSFET 的阈值以下。图 8.2 展示了 90nm CMOS 工艺下，一个 17 级环振输出振荡频率与电源电压的函数关系。当电源电压降低时，振荡频率呈指数下降。此外，图 8.3 展示了 17 级环振功耗和电源电压的关系。环振在 $V_{DD}=0.1\text{V}$ 时的功耗比 $V_{DD}=1.0\text{V}$ 时下降了 5 个数量级。

能量有效性可以作为衡量最优化电源电压的一个标准，每个周期的能量 E 定义为

$$E = \frac{P}{f} = \alpha C V_{DD}^2 + \frac{V_{DD} I_{peak}}{f} \tag{8.6}$$

这里为了简化，忽略了由短路电流引起的功耗。值得注意的是，正如图 8.2 中所示，电路的工作频率随着电源电压降低大幅下降。因此，式（8.6）中第二部分的泄漏能量大幅增加。因为式（8.6）中第一部分的动态能量由于电源电压的下降而降低，因此泄漏能量成为特定电源电压下的主要因素。例如，图 8.4 展

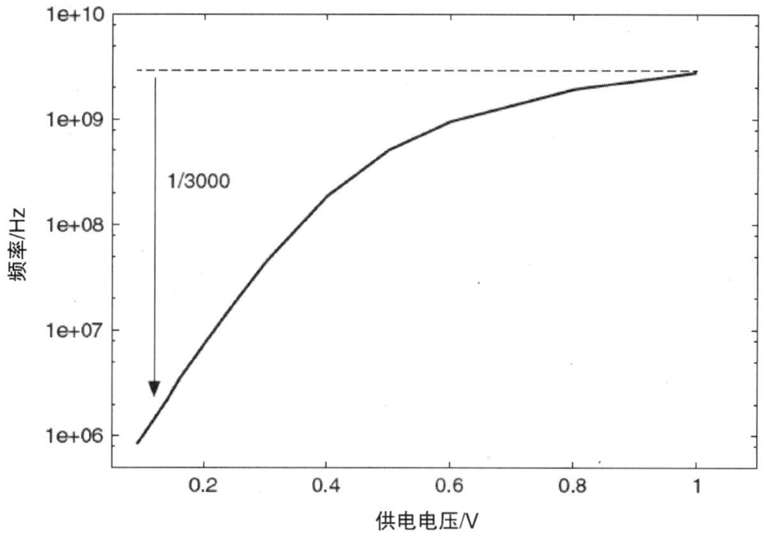

图 8.2　90nm 工艺下 17 级环振输出振荡频率的仿真结果

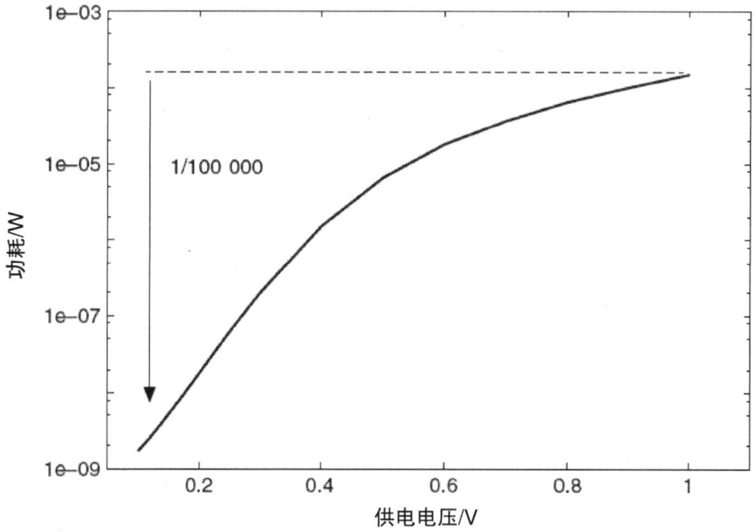

图 8.3　90nm 工艺下 17 级环振功耗的仿真结果

示了一个带时钟频率调制的纹波进位加法器的动态和泄漏能量。正如图中所示，整体能量在 300mV 时降至最低，以能量有效性的方式进行评估，该电路在更低电压下的工作状态毫无意义。巧合的是，对于片外、高速信号通信中的能量有效性和误码率（BER）研究，数百毫伏的电源电压被认为是最接近于最优值的电源电压[1]。

这些低电源电压电路最大的问题在于，它们的性能对电源电压波动以及温度等工艺参数变化和环境变量十分敏感。此外，低电源电压电路更易受到软错误的影响[2,3]。以下的讨论主要集中在工艺制造变量和环境波动方面。

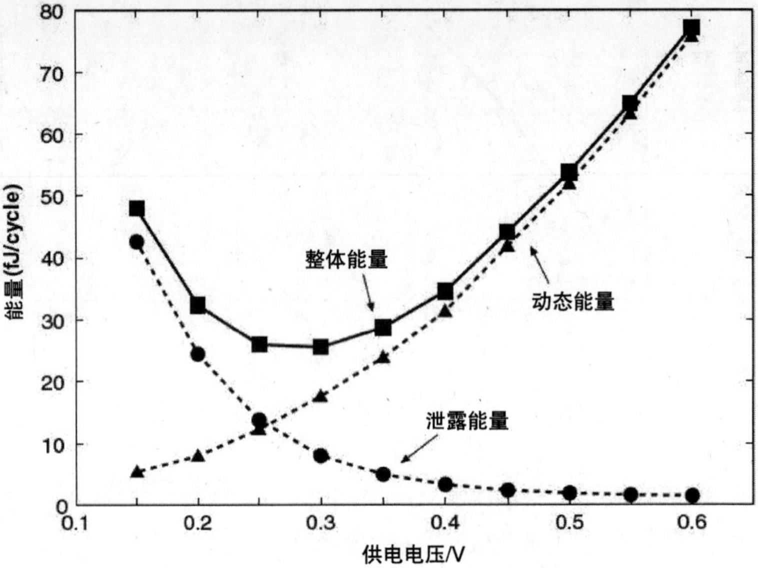

图 8.4　90nm 工艺下进位传播加法器每周期的能量消耗（仿真结果）

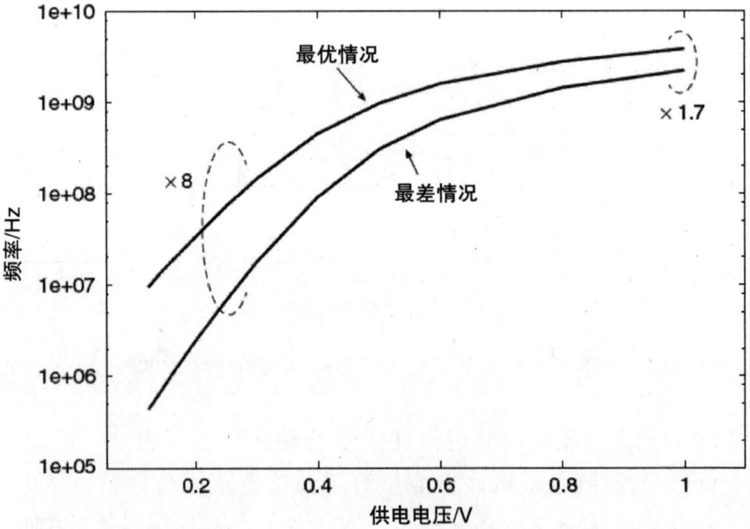

图 8.5　最优和最差工艺角下，17 级环振输出振荡频率的仿真结果（90nm CMOS 工艺）

诸如阈值电压、沟道长度等晶体管器件参数受到工艺变量的影响。图 8.5 展示了 90nm CMOS 工艺下，在工艺角 SS（慢 NMOS、慢 PMOS）和 FF（快 NMOS、快 PMOS）情况下，17 级环振的输出振荡频率。当电源电压为 1V 时，最优工艺角下的振荡频率是最差工艺角下振荡频率的 1.7 倍。当电源电压降至 0.3V 时，最优工艺角下的振荡频率是最差工艺角下振荡频率的 8 倍。这意味着在近阈值以及亚阈值电路中，工艺制造变量对电路性能波动有着巨大的影响。

在本章中，我们认为温度和电源电压变化是环境变量。首先我们讨论温度敏感性。电路的延迟依赖于阈值电压 V_{th} 和迁移率 μ。温度上升会导致阈值电压 V_{th} 下降，从而使得电路工作速度上升。然而，温度上升会降低迁移率 μ，导致传播延迟增加。因为在低电源电压时，阈值电压变化会产生重要的影响，因此温度变化对于电路延迟的影响也依赖于电源电压。图 8.6 展示了一个 17 级环振输出振荡频率与温度函数关系的仿真结果。当电源电压 V_{DD} 为 0.3V 时，80℃时的振荡频率是 25℃时的两倍。此外，当 V_{DD} 为 1V 时，80℃时的振荡频率下降了 4%。换言之，近阈值以及亚阈值电路延迟也对温度十分敏感。

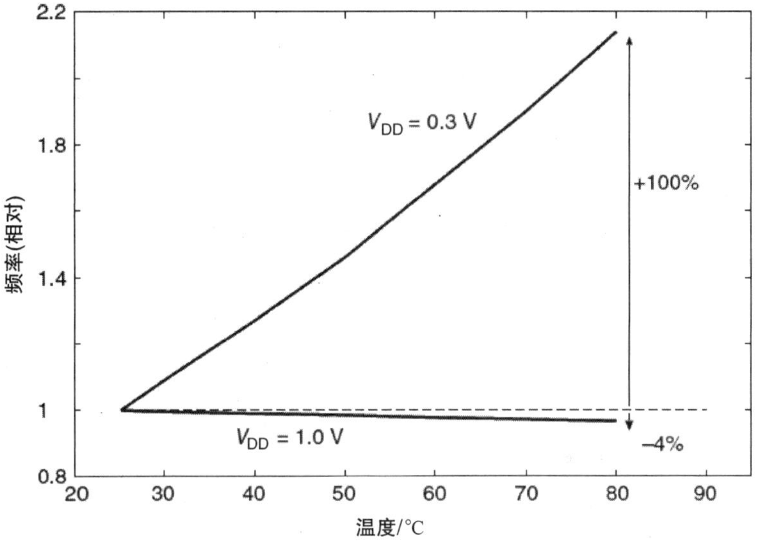

图 8.6 17 级环振输出振荡频率与温度函数关系的仿真结果（90nm CMOS 工艺）

对于电源电压的波动，学术界主要关注超阈值电路中的电源噪声，而较少关注近阈值或者亚阈值电路、系统中的 PI 退化。因为电源电流随着电压下降而呈指数规律降低，同时噪声幅度也会相应减小，所以可以预见的是，电源噪声对近阈值和亚阈值电路的影响较小。相对于工作电压，近阈值和亚阈值芯片中的电源噪声要低得多，这对 PI 退化问题是一个有效的缓解。然而，在近阈值和亚阈值工作区，正如图 8.5 所示，环境变量会极大地放大延迟和电路性能影响，所以在这个领域还需要进一步的研究，从而深入理解电源完整性问题。另一方面，由于低电池电量或者恶劣环境的作用，由电池或者能量收集技术进行供电的应用性能经常受到电源电压下降的影响。虽然电压稳定性问题已经超出了本书的讨论范围，但在超低电压设计中，电源电压仍然需要作为环境变量的重要因素加以考虑。

8.3 门控时钟

8.3.1 概述

如 8.1.1 节讨论，由于其高的开关活动，时钟分布网络（CDN）消耗较大的功耗，因此门控时钟作为动态功耗降低技术，目前广泛应用于同步数字电路中。实际上，在一个 MPEG4 编解码芯片中，时钟分布网络和终端触发器消耗了整体芯片 48% 的功耗[4]。而一个媒体处理器中的时钟分布网络和触发器则消耗整体芯片 49% 的功耗[5]。所以，降低时钟分布网络的功耗对于降低芯片级的整体功耗是非常有效的。据各类文献中报道，采用该种技术可以降低整体芯片 30% ~50% 的功耗。

如图 8.7 所示，门控时钟在时钟分布网络中插入小的逻辑电路，从而降低了时序电路（触发器、锁存器等）和时钟分布网络的功耗。门控时钟将时钟分布网络和时序电路分隔开，这种方式无须从时钟分布网络中获取新的逻辑电平值。图 8.8 中展示了触发器中哪一部分的功耗可以由门控时钟来进行降低。在每一个触发器中，由时钟缓冲器来提供 CK 和 CKB 信号，而由 CK 和 CKB 产生的功耗同样可以通过门控时钟来进行降低。

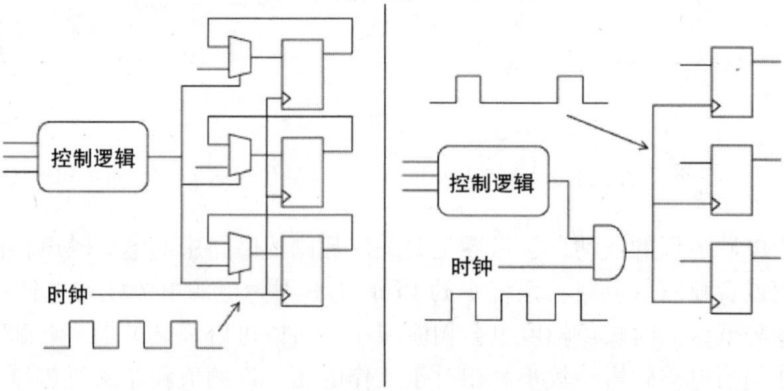

图 8.7　不带门控时钟的时序电路（左）和带门控时钟的时序电路（右）

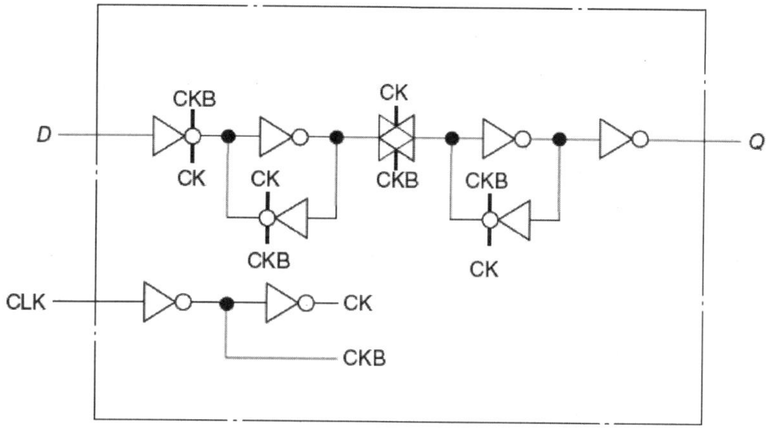

图 8.8　触发器中由门控时钟产生的功耗降低

为了应用门控时钟，设计者需要提取时序电路的使能状态。在这些使能状态中，时序电路可以从逻辑电路状态和给定的输入信号中获取新的逻辑电平值。这些使能状态可以作为附加的逻辑电路加以运用，而且必须保持这些附加逻辑电路的功耗保持在一个较小的值，这样才不会对时钟分布网络和时序电路的功耗降低产生影响。在门控时钟电路使用频率和整体功耗降低设计方面往往有一个折中。因此一个芯片中每一个功能模块都需要设计特定的使能逻辑电路，这样才能最大化由门控时钟产生的功耗降低。

在一个时钟分布网络中，可以插入门控时钟单元来接收使能信号。图 8.9 展示了一种通用的包含锁存器和与门的门控时钟单元。插入锁存器是为了防止使能逻辑电路产生脉冲干扰，并传输到触发器中。当时钟为高电平时，这些脉冲干扰可能传输到触发器中，并引起不期望的状态变化。

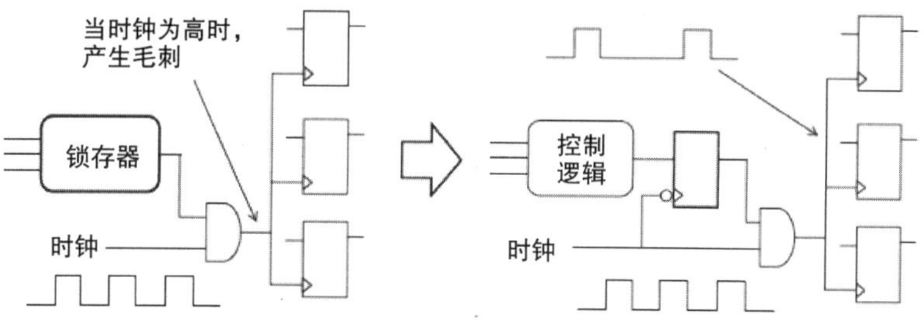

图 8.9　门控时钟单元和使能逻辑电路

插入门控时钟单元和使能逻辑电路可以由如下多种方式进行：

1）接收 RTL 代码的逻辑综合工具自动分析可能的使能状态，并插入门控时钟单元和使能逻辑电路（细晶粒门控时钟）。

2）RTL 设计者手动对时序电路进行分组，并给每一个组分配使能信号。在这种情况下通常使用模块级的门控时钟。

介于自动和手动方式的折中选择也是可行的。在物理设计阶段，设计者对带有门控时钟的时钟分布网络进行综合，从而最小化时钟歪斜，使其与普通时钟分布网络一致。

8.3.2 电源完整性问题

虽然门控时钟对于降低动态功耗十分有效，而且也得到了广泛应用，但对于电源分布网络仍然存在两个巨大挑战。第一个挑战源于门控时钟状态每个周期都有发生变化。在特殊的电路中，大量的时序电路突然关断以节约功耗，这导致电路电流耗散在不同的门控时钟周期里急剧变化。在这种情况下，会导致较大的瞬态电流突然上升，从而产生较大的 $L \cdot \mathrm{d}i/\mathrm{d}t$ 噪声。同样的，大量时序电路突然使能也会产生较大的 $L \cdot \mathrm{d}i/\mathrm{d}t$ 噪声。多核处理器就是典型的例子。根据不同的负载，处于工作状态的处理器随之变化。一旦给定密集的计算任务，所有的处理器核都开始工作，时钟信号也加载到所有的时序电路中。

下列示图展示了不加区别应用门控时钟情况下，对电源完整性产生的有害影响。但要注意这些仅是示例图。在实际应用中，门控时钟使用时尽量不使电路产生大的电流变化。图 8.10 展示了一种用于评估门控时钟对电源噪声影响的典型电路。一个 1.2V 的电压加载到 200 个 16 级的反相器链中，并通过串联电感和电阻连接起来，这些电感和电阻用于表示封装和键合时的阻抗。将一个 3.2nF 的电容连接到电源 V_{SS} 和地 V_{DD} 之间，用来表示无源电路和片上耦合电容。其中一半的反相器链始终工作，另一半或者工作或者由门控时钟进行控制。我们对门控时钟开启和关闭时的电源波动进行评估。V_{DD} 的波形如图 8.11 所示。在门控时钟开启或者关闭的两种情况中，供电电流变化都会导致大的 $L \cdot \mathrm{d}i/\mathrm{d}t$ 噪声。

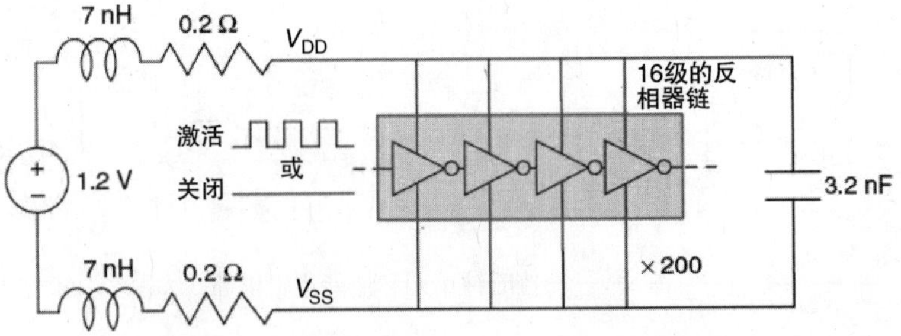

图 8.10 用于评估门控时钟引入噪声的电路

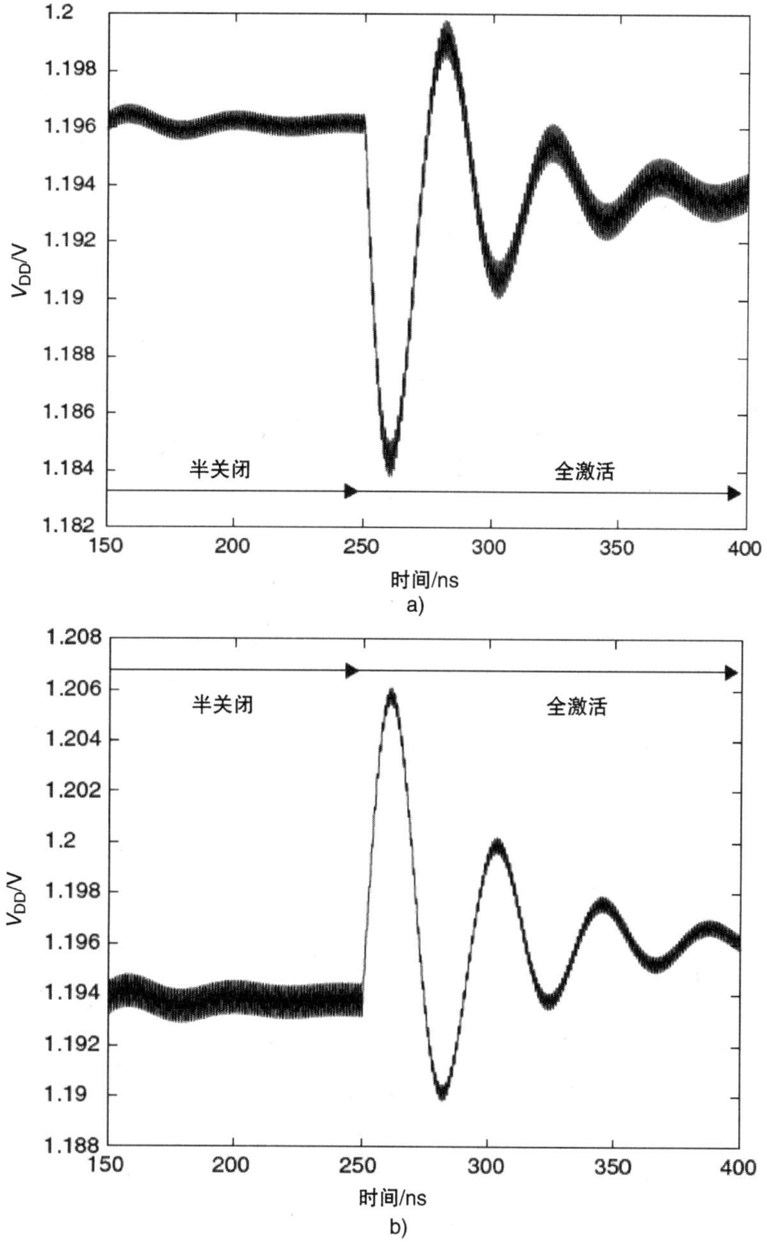

图 8.11　片上门控时钟对电源电压的影响

在一个芯片区域内，门控时钟的开启和关断都会引起电源网格的谐振响应，这些谐振响应主要依赖于平均工作电流的瞬态变化（在一个子时钟周期内）。通常我们都以电源电压上的低频变化来观察这些谐振影响。这些低频变化都位于高频噪声调制的电源电压水平之上，并产生更高的信号幅度，通常称它们为降低和过冲。需要注意的是，在芯片中，PI 退化问题可以通过门控时钟的行为来进行定位。

设计者可以使得门控时钟持续数个周期来缓解电流变化的影响，也可以在整个门控时钟的芯片范围内，使得多个门控时钟同时作用来缓解电流变化。在处理器中，设计者仔细研究了微架构中门控时钟的应用，以防止突发的电流变化。最简单的办法就是使各个模块的开启和关断变化是渐变的。其基本思想就是加长模块的开启或者关断时间。这使得它们产生较小的瞬态电流和 $L \cdot di/dt$ 噪声。这种方式的一个主要缺点是会引入大的延迟，这会降低处理器每周期的指令性能。参考文献［6］中提到这种方式可以使 $L \cdot di/dt$ 产生的地弹下降 50%，而超标量体系结构的性能损失控制在 5% 以内。从 IBM POWER5 微处理器开始，通过在处理器系列产品中引入细晶粒门控时钟域，可以有效最小化大量处理器单元同时开断产生的 $L \cdot di/dt$ 噪声[7]。此外，通过采用可编程门控时钟电路，也可以最小化功能和噪声风险。

突发的电流变化同样存在于频率缩小、电压缩小以及门控时钟事件中。在工作状态中，应对这些变化产生电源完整性影响的措施本质上与门控时钟是相同的。为了降低功耗，设计者尽量消除不必要的功耗损失。但是为了防止突发的电流变化，往往要牺牲一部分电路功耗和性能。

带门控时钟电源分布网络设计的另一个挑战是会出现谐振现象。当门控时钟重复性的应用到电路中，且在由局部电源分布参数决定的模块电源网格中，门控时钟的周期会接近于谐振频率。低频门控时钟的 V_{DD} 波形如图 8.12 所示。在这个例子中，20 个周期中只有 2 个周期门控时钟开启，而其余 18 个周期中，门控时钟仅应用于一半的反相器链，而另一半反相器链始终开启。因此时钟周期的 1/20 正好等于谐振频率，所以电压波动的幅度就得到了放大。

在嵌入式系统中，设计者需要在量产出货前了解带门控时钟电路的行为，同样也需要关注其谐振问题；另一方面，在通用处理器中，如 PC 中，通常很难预测门控时钟的应用率，因为该利用率与用户处理的程序有关。而当芯片设计生产时是无法预测用户的程序使用率。因此很难有效设计电源分布网络来满足所有用户程序的需求，即设计出通用的门控时钟类型。确保门控时钟的类型互不相同，就需要添加一些逻辑和功率消耗，这对于避免潜在的谐振问题是一种非常可行的解决方案。例如，设计者可以通过追踪模块电路门控时钟事件中的时钟周期数，从而确认这些门控时钟周期数都是互不相同的。

解决以上问题的一种可能方式是我们在门控时钟的最差噪声情况下设计电源分布网络。瞬态电源噪声中包含有每次门控时钟开断引入的噪声。这意味着我们可以在时间和空间上将重复性时间失调叠加到独立的噪声波形上，将最坏情况噪声进行综

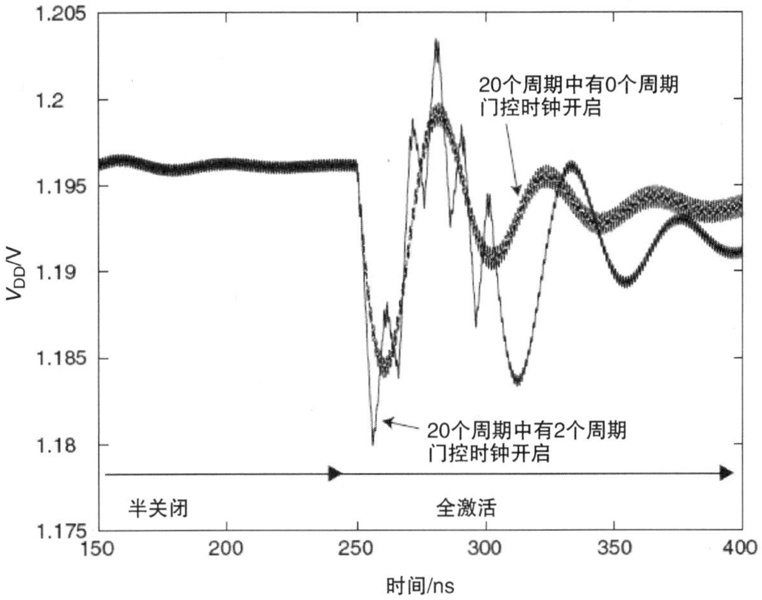

图 8.12 低频门控时钟和谐振频率

合。参考文献［8］中提出了一种最差时间噪声的快速综合方法。这篇文献并没有考虑不同域中门控时钟的逻辑关系。因此最差噪声的估计可能较为悲观。然而，最差噪声估计对于设计通用微处理器的电源分布网络仍然是十分有效的。

8.3.3 电荷泵有源噪声调整

之前讨论的一种电路级的解决方法，是通过集成开关去耦电容电路来缓解 $L \cdot di/dt$ 噪声和谐振问题。其基本思想如图 8.13 所示。为了消除大的 $L \cdot di/dt$ 噪声和谐振噪声，两个电容进行平行连接。在这种情况下，两个电容都为普通的去耦电容，并提供最大的去耦能力。当电源电压下降到一个预定的阈值时，去耦电容重组为串联连接。在这种情况下，电荷回流到电源分布网络中来补偿局部电源电压的损失。另一方面，当观察到过冲现象时，将电容调整回并联连接，从而减少电源分布网络中的电荷。开关去耦电容传输的电荷（$=0.5C \cdot V_{DD} + C \cdot \Delta V_{DD}/2$）远大于传统的去耦电容（$2C \cdot \Delta V_{DD}$），所以去耦电容得到放大，但这是以开关过程以及电荷注入、留出过程中能量损失为代价实现的。参考文献［9］报道的开关去耦电容能力是传统去耦电容的 11 倍，同时压缩了 9.8dB 的电源噪声。同时也需要注意的是，这类应用需要在电源噪声存在的情况下，能够检测电源电压下降的起始状态，这就需要附加的模拟电路，并消耗一定的芯片面积和功耗。电压降低是 PI 退化的一个时空变量，因此芯片范围内的电压下降缓解技术使得分布式应用成为可能，这也需要局部下降检测器和压缩开关电容加以配合应用。所以在设计中必须在电压下降缓解技术和整体芯片功耗之间做一个折中。然而，鲁棒性较强的电压下降缓解技术允许芯片电源电压有一定程度的降低，这对动态功耗和泄漏功耗都是有益的。

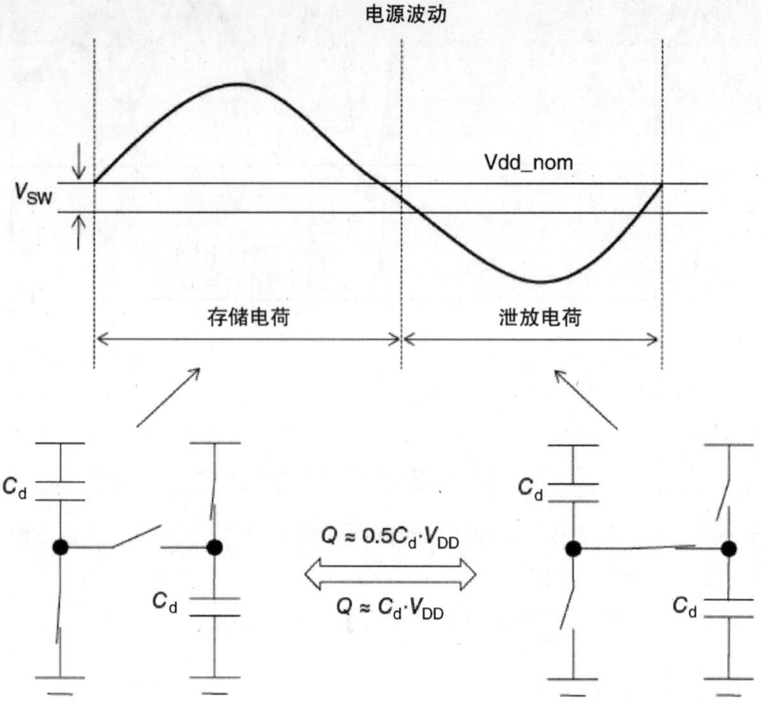

图 8.13　采用开关去耦电容的谐振噪声压缩技术原理

8.4　门控电源

8.4.1　概述

门控电源是一种通过关断非使用电路电源或地来降低泄漏电流的技术。这类门控电源通常用于移动设备的待机模式中，以降低泄漏电流。近年来，高性能的电路越来越多地采用门控电源。因为这类电路通常采用低阈值的晶体管来提高电路速度，所以这类晶体管中的泄漏功耗在整体芯片功耗中占有相当大的比例。

一种带门控电源的反相器如图 8.14 所示。在这种结构中，在 V_{DD} 和虚拟 $V_{DD'}$、V_{SS} 和虚拟 $V_{SS'}$ 之间加入开关。当反相器工作时，所有的开关闭合。反之，当电路不工作时，开关全部关断，以降低电源到地之间的泄漏电流。这些开关通常由高阈值的晶体管组成。图中，当插入两个开关后，对于 V_{DD} 和 $V_{SS'}$，用于 $V_{DD'}$ 的 PMOS 开关称为“电源开关（header）”，用于 $V_{SS'}$ 的 NMOS 开关称为“地开关（footer）”。通常设计者只使用电源开关器件，这使得芯片内的地平面保持完整，形成一个回流平面。通过使用层叠晶体管，在开启模式中降低亚阈值泄漏也是可能的。此外，门控电源对于降低栅级泄漏也是十分有效的。之后我们会介绍一些文献中的例子。

门控电源的一个缺点是电源开关和地开关的有限导通电阻会使电路的开关速度降低。如果增加电源开关和地开关的尺寸，虽然可以缓解电路工作速度的降低，但会消耗更大的芯片面积。虽然对于移动设备芯片，门控电源应用导致 5% 的工作速度下降是十分普遍的，但对于高速芯片，这个速度下降却是不可接受的。第 9 章将会讨论带有门控电源的 POWER7 + 处理器应用。

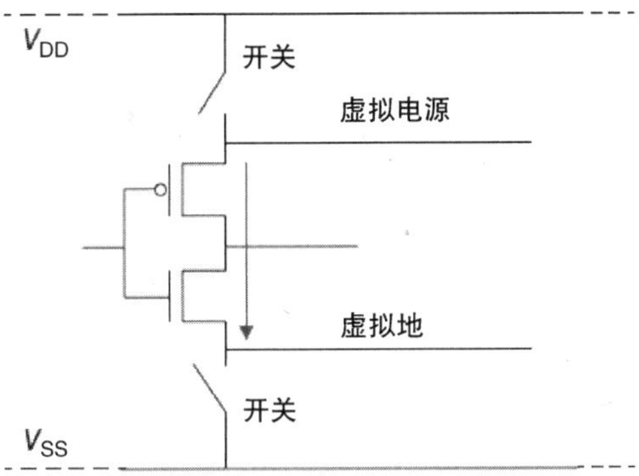

图 8.14　带门控时钟的反相器

正如上面讨论过的，门控电源对于降低泄漏电流是十分有效的。但从电源完整性角度看，该技术还存在两个主要问题：第一个问题是浪涌电流引起的噪声[㊀]，这会在下一小节中首先讨论；第二个问题是有效去耦电容的下降，该问题将在 8.4.5 节中仔细研究。

8.4.2　浪涌电流以及浪涌电流引入噪声

当内部电路节点充电导致门控电源开关闭合时，电源开关电路将会驱动大的电流。这股电流称为浪涌电流，它会产生 $L \cdot di/dt$ 噪声以及由电源和地网络阻抗导致的 IR 压降。这称为浪涌电流引起的噪声。需要注意的是电源和地网络通常和其他电路共享，因此这些电路将会面临较大的电压波动，当噪声幅度超过电路的容忍阈值时，就会产生时序或者功能错误。

现在让我们来研究一下浪涌电流流向以及浪涌电流是如何产生电源噪声的。用于评估的电路模型如图 8.15 所示。一个 65nm 工艺的 512 级反相器链通过电源

㊀ 当电路模块全部关闭时，从全局角度考虑，存在一个负向的电流流动。当过冲作用较长时间，影响到器件可靠性时，会导致局部电源网格的过冲、电压降低，从而严重影响逻辑。所以之前的讨论主要关注浪涌电流。在与电源网格隔离后，当门控开关开启时，浪涌电流流入电路模块。

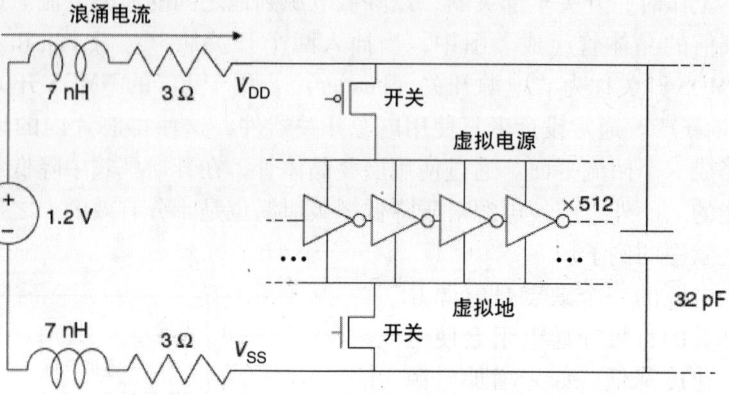

图 8.15　用于评估浪涌电流引起噪声的电路

开关和地开关连接到 V_{DD}和 V_{SS}上。一个 1.2V 电压源通过串联电感（7nH）和电阻（3Ω）连接到电路中，这个电感和电阻用于表示键合和封装中的阻抗。一个 32nF 的电容连接到 V_{DD}和 V_{SS}之间作为片上去耦电容。仿真结果如图 8.16 所示。在 0.1ns 时电源开关和地开关同时断开。在开关断开之后，虚拟 V_{DD}的电势逐渐降低，而虚拟 V_{SS}的电势逐渐升高。这种现象产生的原因是当开关断开时，电源开关 PMOS、反相器和地开关 NMOS 的泄漏电流互不平衡。另一方面，经历一段时间后，虚拟 V_{DD}和虚拟 V_{SS}的电势达到一个特定的值，这时二者的泄漏电流相同，如图 8.16 所示。这里一个值得注意的点是虚拟 V_{DD}电势降低和虚拟 V_{SS}电势增加与虚拟 V_{DD}和虚拟 V_{SS}之间的泄放电荷寄生电容相关。

在图 8.16 的例子中，开关在 50ns 之后闭合。这时电源开关和地开关之间存在较大的电位差，因此就存在一个较大的瞬态电流对虚拟 V_{DD}和虚拟 V_{SS}之间的电容进行充电。所需的大量瞬态电荷需要从 V_{DD}网络中提取，并注入到 GND 网络中，这时就产生了 $L \cdot di/dt$ 噪声，如图 8.16 所示。

浪涌电流值和相应的噪声幅度与虚拟 V_{DD}和 V_{SS}之间的电容值和电源开关、地开关的导通电阻有关。当电容值增大，需要供应更多的电荷时，浪涌电流也相应增加。当导通电阻减小，最大的涌入电流相应增加。然而，出于性能方面的考虑，需要较小的开关导通电阻，以加快对虚拟 V_{DD}和虚拟 V_{SS}之间电容的充电过程。这意味着需要在浪涌电流引入噪声和唤醒时间之间进行折中设计。智能唤醒程序和成熟的门控电源结构可以有效改善折中设计，8.4.4 节中将讨论这个问题。我们也观察到降低虚拟 V_{DD}和虚拟 V_{SS}之间的电容也有利于降低浪涌电流。这些电容包含栅极电容和 PN 结电容，而 PN 结电容与阱的结构相关。下一节将研究 PN 结电容以及阱结构方面的内容。

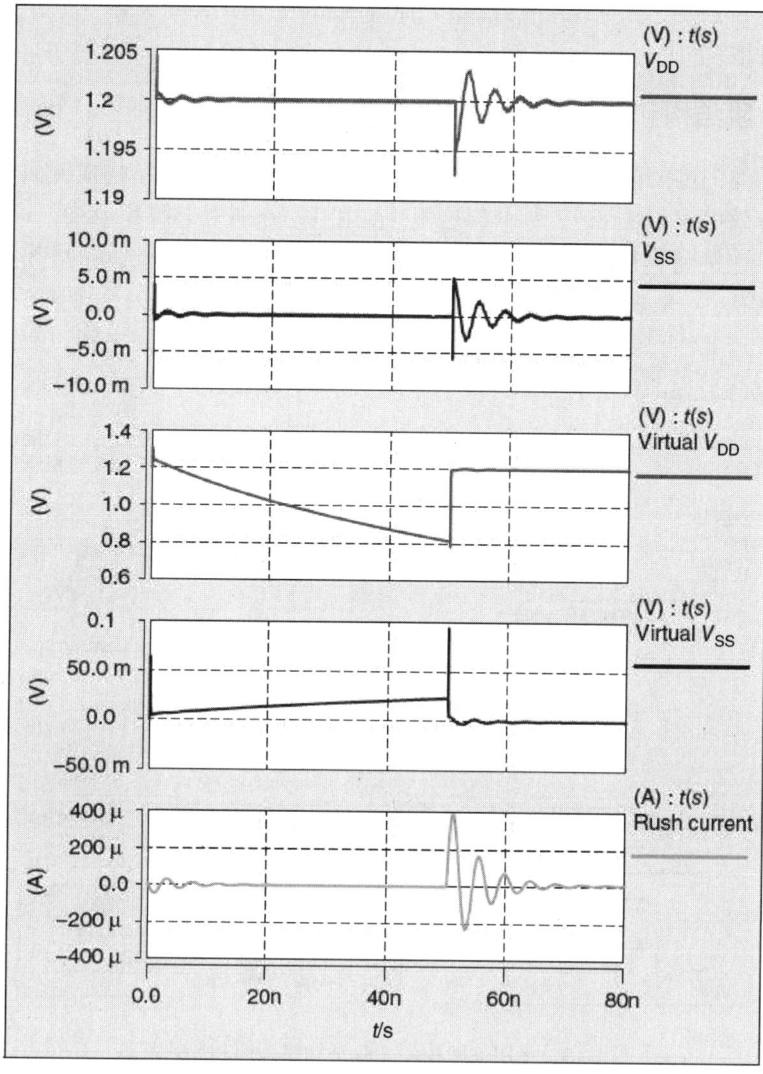

图 8.16　浪涌电流引入噪声的仿真结果

8.4.3　阱结构和浪涌电流引入噪声

本节主要研究阱的结构，并讨论如何应用门控电源来降低电源噪声。当应用门控电源时，有两种选择方式：控制 PMOS 和 NMOS 器件（它们是相互隔离的）的衬底节点或者体节点。今后只讨论通过体连接开关 V_{DD} 和 V_{SS} 节点的选择方式，在这种方式中体节点、V_{DD} 和 V_{SS} 节点都由体门控开关进行控制。本节将会讨论双阱和三阱结构中，该选择方式是如何作用于电源噪声的。在接下来的讨论中，

V_{DD}和V_{SS}都设定为由开关进行控制，而在实际应用中通常仅有一个开关来控制电源或者地。

8.4.4 阱结构和体连接

采用体门控的门控电源如图 8.17 和图 8.20 所示。双阱结构横截面和采用体门控的等效电路如图 8.17 所示。这里V_{DD}和V_{SS}分别为电源和地线，V_{NW}和V_{PW}分别代表连接到 N 阱和 P 衬底的背栅电压线。N 阱和 P 衬底之间的 PN 结用一个二极管（D_{nw}）来表示。这个二极管是反偏的，因此它等效为一个 PN 结耗尽电容。这里需要注意的是，这个电容连接在虚拟V_{DD}和虚拟$V_{SS'}$之间，在睡眠模式中它的电荷会逐渐耗尽，而在双阱结构中虚拟V_{SS}是通过 P 衬底连接到V_{SS}的。

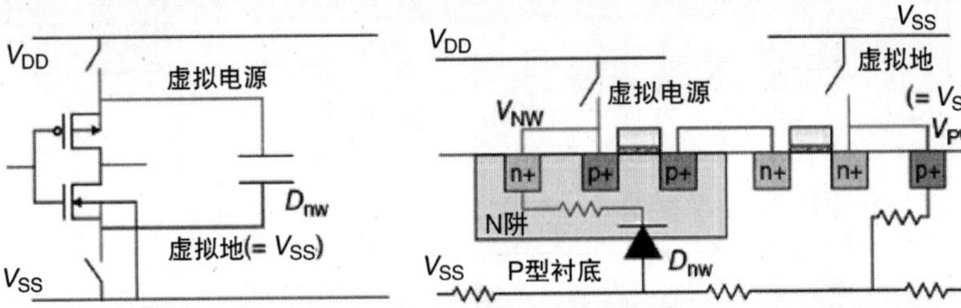

图 8.17　采用体门控的双阱结构横截面和等效电路

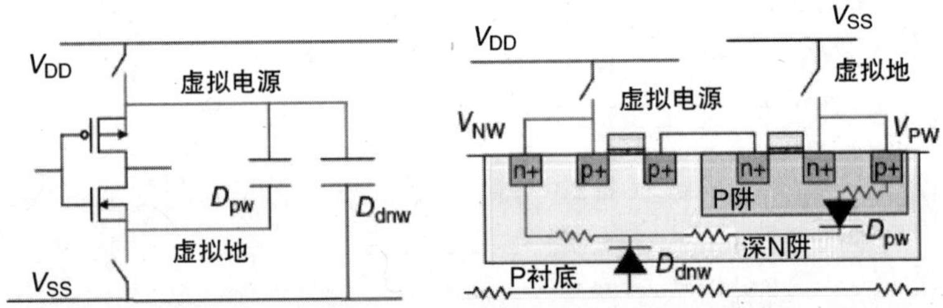

图 8.18　采用体门控的三阱结构横截面和等效电路

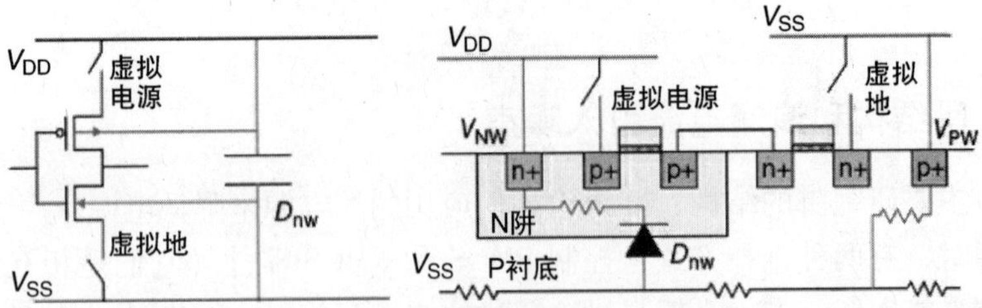

图 8.19　采用体连接的双阱结构横截面和等效电路

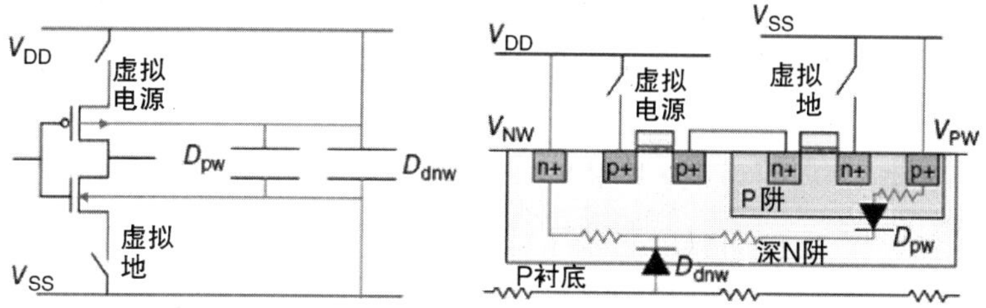

图 8.20　采用体连接的三阱结构横截面和等效电路

采用体连接的三阱结构横截面和等效电路如图 8.18 所示。V_{NW}和 V_{PW}分别连接到深 N 阱和 P 阱中。在三阱结构中，存在两种阱的结电容。这两种结电容是由 P 阱和深 N 阱（D_{pw}）之间的二极管、深 N 阱和 P 衬底（D_{dnw}）之间的二极管产生的。这里 D_{pw}连接在虚拟 V_{DD}和虚拟 $V_{SS'}$之间，而 D_{dnw}连接在虚拟 V_{DD}和虚拟 V_{SS}之间。这意味着在休眠模式中，存储在 D_{pw}和 D_{dnw}中的电荷将被释放。所以采用体门控方式，当电源闭合时，阱电容将会被重新充电。在衬底 CMOS 工艺中，阱电容在内部电路电容中占有相当大的比例，因此如上一小节讨论，此时会流入大量浪涌电流。浪涌电流会产生大的 IR 压降和 $L \cdot di/dt$ 噪声。另一方面，我们知道阱电容也相当于去耦电容。在休眠模式中，门控电源电路由于阱结电容产生的噪声降低是不可预测的。8.4.5 小节中将进一步分析这个问题。

当采用体连接方式时，这些阱电容总是连接在 V_{DD}和 V_{SS}之间，如图 8.19 和图 8.20 所示。在双阱和三阱结构中，在休眠模式里阱电容没有进行放电，这意味着在重新工作时没有必要对这些阱电容重新充电。当电源闭合时，只需要对栅极、源漏扩散电容重新进行充电。所以，相比体门控方式，体连接方式产生更小的浪涌电流。此外，阱电容总是连接到电源分布网络中，所以即使在睡眠模式中，这些电容也可以发挥其去耦电容的效用。需要注意的是，采用体连接方式需要一个无端口连接的标准单元库，这个库中每一个标准单元都没有阱端口的连接，而一些具有体连接的特殊单元则是非常必要的。

65nm 测试芯片的研究案例

接下来，我们讨论门控电源应用是如何影响浪涌电流引入噪声和泄漏降低效应的具体案例。首先我们装配了一个 65nm 的测试芯片[10]，所以之后的讨论都是基于芯片的测试结果进行的。这颗测试芯片包含 4 个测试元件组（Test Element Group，TEG）和移位寄存器。移位寄存器用于存储测试元件组的配置。移位电阻中包含一个计数器，用于对波形宏进行采样[11]。这些宏称为门控振荡器和锁存器振荡器，它们实质上是基于环振的电路结构，主要在电路工作过程中用于抓取设计者感兴趣的动态噪声波形。

每一个测试元件组包含噪声源、测试电路、控制逻辑和源跟随器。包含测试电路、门控电源开关和源跟随器的测试元件组结构如图 8.21 所示。在休眠模式中，源跟随器用于观测虚拟 V_{DD}和 V_{SS}之间的电压变化。一个噪声源由 512 个 12 级的与非门链组成。一个测试元件组包括两个噪声源，并通过传输门（开关）进行连接。一个噪声源占据 115μm×150μm 的面积，而一个测试元件组的面积为 490μm×300μm。图中右侧的噪声源可以由门控开关进行控制，称为门控 NS，而另一个噪声源始终连接到电源和地线上，称为电源 NS。在接下来的测试中，V_{DD}和 V_{SS}分别设置为 1.2V 和 0V。

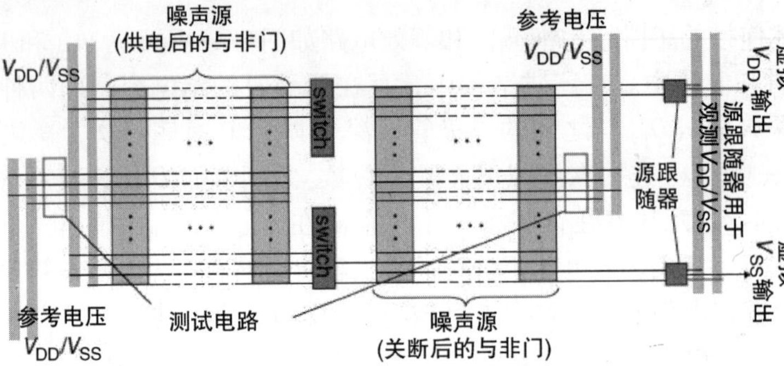

图 8.21　具有噪声源和测试宏的测试元件组结构

测试芯片中的 4 个测试元件组如图 8.22 所示。这些测试元件组的阱结构（电源 NS 和门控 NS 采用双阱或三阱结构）和门控电源结构互不相同（体连接和体门控）。采用这些测试元件组，我们首先在门控开关闭合时，评估由浪涌电流引起的电源噪声。在体连接结构中（TEG3 和 TEG4），在门控 NS 下的阱始终连接到 V_{DD}或 V_{SS}上。即使当门控 NS 由电源门控开关进行控制时，这些阱电容也没

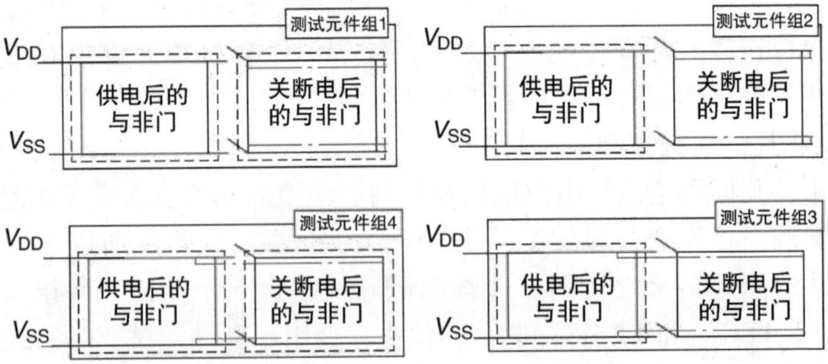

图 8.22　测试结构

虚线代表深 N 阱；粗线代表 V_{DD}和 V_{SS}；点画线表示体连接

TEG1 为三阱到三阱连接，体门控；TEG2 为三阱到双阱连接，体门控

TEG3 为三阱到双阱连接，体连接；TEG4 为三阱到三阱连接，体连接

有进行放电，可预见这将产生较小的浪涌电流。所以，相比体门控结构（TEG1 和 TEG2），在体连接结构中（TEG3 和 TEG4）具有较小的电源噪声。

仿真和测试结果如图 8.23 所示。在这些测试中，用于感知虚拟 V_{DD}和 V_{SS}的源跟随器所占的区域大于 0.25。当时间流逝，虚拟 V_{DD}和虚拟 V_{SS}之间的电位差越来越小，但不同测试元件组之间的下降速率各不相同。在仿真中，体门控结构的 TEG1 和 TEG2 电荷泄放速度较快。而体连接结构的 TEG3 和 TEG4 的电荷泄放速度较慢。因为泄漏电荷的数量和重新对电容充电的能量都较小，所以在短周期和快速门控电源中，需要较慢的电荷泄放速度。该现象的解释如下。

在体连接结构中，虚拟 V_{DD}低于 V_{NW}，而虚拟 V_{SS}高于 V_{PW}。这意味着门控电源电路中的晶体管处于体反偏状态。在这种情况下，相比于零体偏置，晶体管的阈值电压更高，泄漏减小，而电荷泄放速度也更慢。所以这种体连接电源门控结构需要更低的电荷泄放速度。

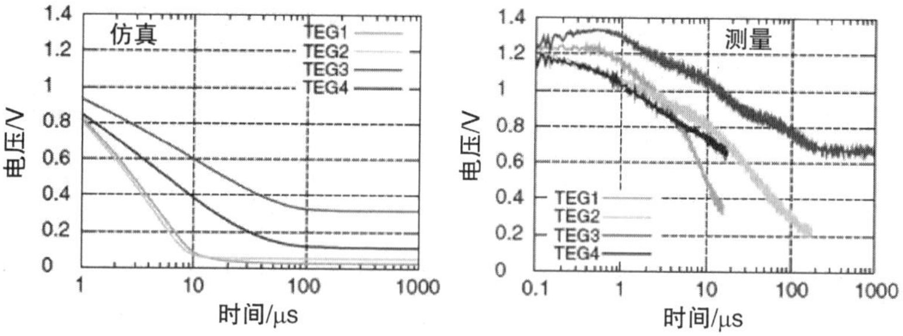

图 8.23　采用门控电源后的虚拟 V_{DD}和虚拟 V_{SS}波形

接下来我们评估浪涌电流引起的噪声波形。随着休眠模式时间周期的变化，我们对噪声进行测试。测试的噪声波形如图 8.24 所示。可以看到，当休眠时间变长时，噪声的幅度随之增大。当休眠时间为 500ns、5μs 和 50μs 时，可以明显地看到体连接结构的 TEG2 和 TEG3 的噪声小于 TEG1 和 TEG4，这与预计的结果一致。在 50μs 的休眠模式时间下，在不同的测试元件组间，噪声的下降值超过 0.1。对于三阱结构的门控电源电路（TEG1 和 TEG4），差异是非常明显的。三阱结构具有更大的阱电容，因此具有更大的浪涌电流。然而，通过采用体连接结构（TEG4），可以有效地改善这个缺陷。

接着我们评估不同阱结构和体连接应用中的泄漏降低现象。在门控电源开关闭合和关断的情况下，分别测试每一个测试元件组的泄漏电流，同时保证噪声源关闭。这时电源 NS 和门控 NS 的泄漏也包括其中。但通过电源门控，门控 NS 的泄漏可以忽略。

测试结果如图 8.25 所示，TEG1 和 TEG4 具有最小的泄漏电流。在双阱结构

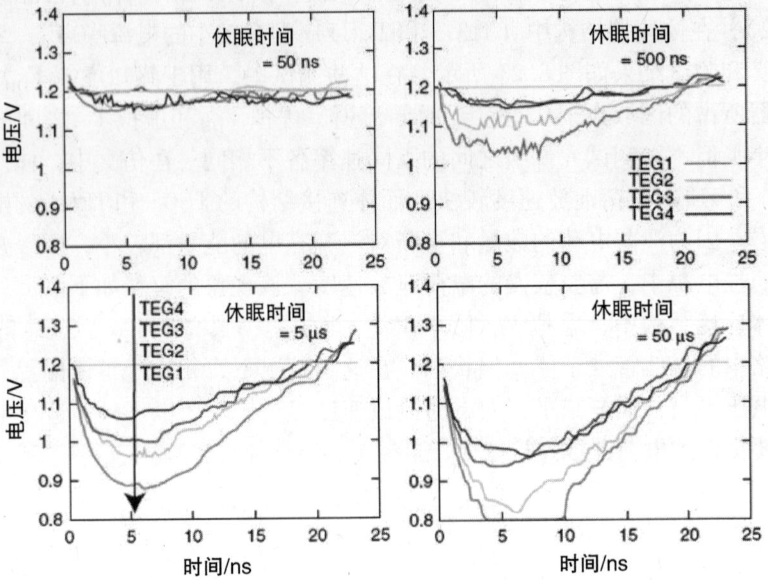

图 8.24　不同休眠时间时，浪涌电流引起的噪声波形

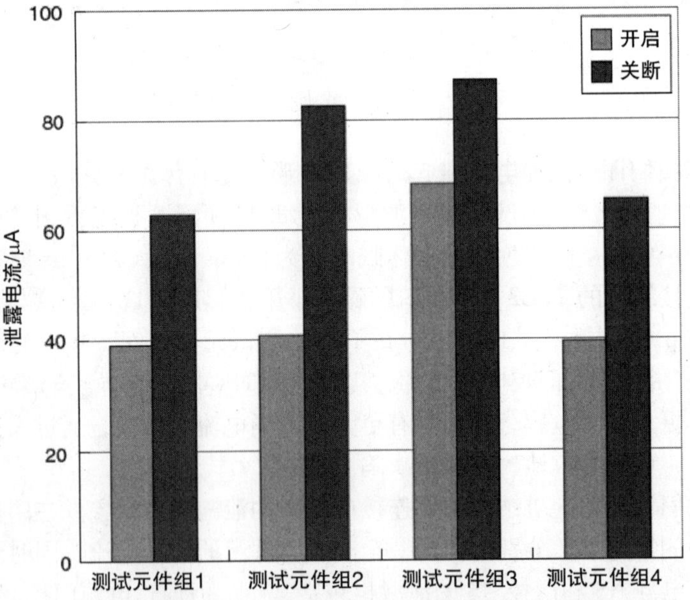

图 8.25　当门控开关闭合或断开时测量的泄漏电流

（TEG2 和 TEG3）的门控电源电路中，具有更大的泄漏电流流动。并且值得注意的是，从泄漏电流的角度看，双阱中的体连接结构并不是一个好的选择。

我们再比较 TEG1 和 TEG4，它们都是具有三阱的电源门控电路，区别主要在于体连接方式。可以看到当门控开关闭合或断开时，TEG1 和 TEG4 的泄漏电流几乎相同，这意味着三阱结构中的阱结泄漏可以忽略。因此可以得到结论，三阱中的体连接结构是合理可用的。

8.4.5　多门控浪涌电流引入噪声

正如 8.4.2 节中讨论的，浪涌电流会产生 $L\cdot \mathrm{d}i/\mathrm{d}t$ 噪声和 IR 压降。为了降低浪涌电流引入的噪声，必须降低浪涌电流和它的瞬态偏移。为了实现这个目标，设计者提出了一系列的结构和电路方法。另一种降低浪涌电流引入噪声的方法是，通过一个指定的网络来替代电源和地网络对虚拟 V_{DD} 和虚拟地之间的电容进行充电。之前我们都简要地讨论过这两种方法。

浪涌电流控制方法

一个控制浪涌电流的基本方法是限制最大电流，并使得电流重新进行分布。一种有效控制开关 V_{GS} 的方法如图 8.26 所示。图 8.26 中，V_{GS} 以中间值 ΔV 的步进方式变化。在 V_{GS} 以 ΔV 变化的过程中，尾开关 NMOS 处于弱导通状态，虚拟 V_{DD} 和虚拟 V_{SS} 之间的电容通过这个微弱电流持续充电。在唤醒的开始阶段，尾开关 NMOS 的 V_{DS} 较大，且接近于 $V_{DD'}$，因此尾开关 NMOS 处于饱和区。因此电流可以通过 ΔV 进行选择。经过一段时间后，V_{GS} 变为 V_{DD}，且尾开关 NMOS 完全开启。此时，尾开关 NMOS 进入线性区，且尾开关 NMOS 的导通电阻决定了电流泄放行为的 RC 时间常数。在这个方法中，有两个参数 ΔV 和 ΔT 需要特别注意，它们决定了允许的浪涌电流和唤醒时间。

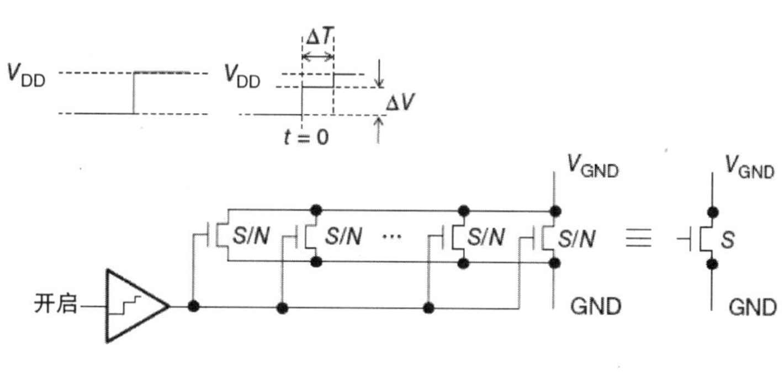

图 8.26　用于减小浪涌电流引入噪声的步进式调整 V_{GS} 方法

另一种方法如图 8.27 所示，该方法动态调整了尾开关 NMOS 的有效宽度。在唤醒开始阶段，只有一小部分的尾开关 NMOS 导通，以限制浪涌电流。当尾开关 NMOS 的 V_{DS}逐渐下降后，所有的尾开关 NMOS 导通，这就降低了导通电阻和电流泄放的时间常数。参考文献［12］中的仿真结果表明这些方法可以使得浪涌电流引入噪声下降 80%。

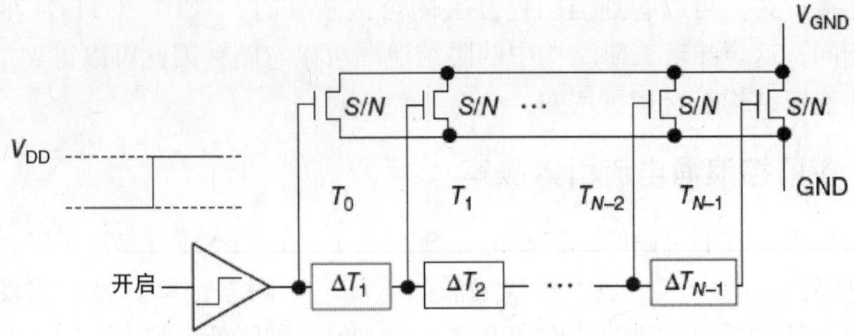

图 8.27　用于减小浪涌电流引入噪声的有效门控宽度控制方法

在纳米级芯片设计中，噪声敏感的门控电源应用是不可或缺的，因此不时有关于该领域研究的硅测试结果在文献中发表（例如参考文献［13］）。此外，还有不少文献对以上讨论的方法进行改进。大部分文献提出可以通过改善 V_{GS}的控制方式来降低唤醒时间，而同时保持最大浪涌电流常数。例如，参考文献［14］和参考文献［15］分别提出三步长 V_{GS}控制和连续 V_{GS}的控制方法。再者，可以从 CAD 的角度研究门控电源的物理应用，诸如具有恰当延迟时间的导通信号分布方法[16,17]。

指定网络方法

该方法的基本思想是通过一个指定的网络来替代电源和地网络对虚拟 V_{DD}和虚拟地之间的电容进行充电。其中一种应用称为浪涌电流旁路技术，如图 8.28 所示。每一个门控电路的旁路开关被连接到一个指定的旁路电源线上（Bypass Power Line，BPL）。

假定电路 B 与 V_{DD}V 隔离，而且即将导通。此时，电路 A 已经处于上电状态。首先，电路 B 的旁路电源开关打开，目的在于存储电路 B 的 V_{DD}V。需要注意的是，此时浪涌电流流经旁路电源线。即使浪涌电流由于旁路电源线发生波动，电路 A 的主电源线和 V_{DD}V 也不会受到影响。这是因为在这个过程中电路 A 的旁路开关始终关断。这种技术的有效性已经在 90nm 的双核处理器芯片中得到验证。通过使用该技术，浪涌电流引入噪声可以下降 87%。然而，从芯片面积和互连金属线的角度考虑，该项技术将会十分昂贵。

之前讨论的技术，或者及时地调整充电电容和浪涌电流（通过延长充电时间）分布，或者在空间上调整 $I = C \cdot dV/dt$ 的相关参数（分隔电容、增加的互连和电源传输源）。虽然这些技术有效降低了浪涌电流和相应的噪声，但在实际应用中往往涉及到性能、成本、整体功耗和噪声的设计折中。在成本限制较为严格的结构中，设计者必须放弃一些性能来最小化噪声，同时将工作电压降低到可

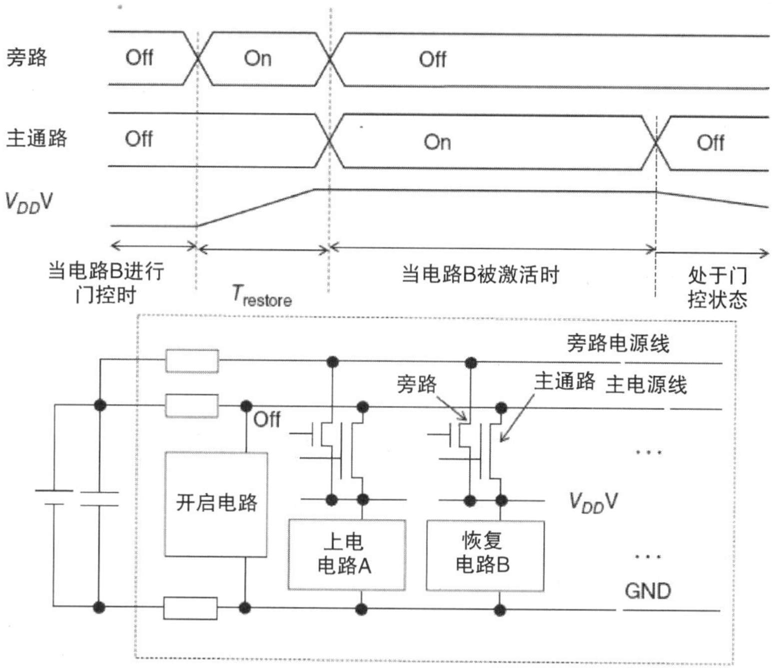

图 8.28　浪涌电流旁路技术

能的最小值从而降低有源和泄漏功耗，这些都是通常推荐的优化方法。

8.4.6　去耦合

门控电源具有一项设计者不希望的缺陷：在门控电源电路中的去耦电容与共享的电源分布网络是隔离开的，因此它作为降低噪声电荷存储的贡献被完全消除了。结果邻近有源电路的电源噪声增加了。

正如 8.4.3 节讨论的，体连接方式决定了寄生阱 PN 结电容的连接方式。当选择体连接方式，阱电容始终连接到电源分布网络中，所以即使在休眠模式中这些电容也可以作为去耦电容进行使用。另一方面，当选择体门控方式，阱电容和 MOSFET 的栅级电容也是与 V_{DD}和 V_{SS}网络隔离开的。

这里以 8.4.3 节中的测试芯片为例，说明门控电路是如何作为内在去耦电容工作的。将门控 NS（见图 8.22）下的阱电容作为去耦电容，并且有助于降低与阱结构和体连接有关的电源噪声。这个评估主要检查门控电路内部的阱电容是否能作为去耦电容来压缩噪声。在测试中，电源 NS 中的所有链路都处于工作状态（开关闭合），而门控 NS 中的所有链路都处于关断状态。一个 50MHz 的时钟信号作为电源 NS 模块的输入信号。

当门控电源的传输门关闭，对电源噪声的差异性进行评估。V_{DD}到 V_{SS}噪声（差分电源噪声）波形的仿真和测试结果如图 8.29 所示。再比较体连接（TEG3

和 TEG4）和体门控（TEG1 和 TEG2）的最大下降率。在仿真中，体门控组的电压降明显大于体连接的电压降，这与测试结果一致，TEG2 的结果特别明显。这个结果验证了我们的预期，在体连接电路中，即使在休眠模式阱电容也可以作为去耦电容工作。

8.4.7 结构、系统级技术和有源噪声调整

在纳米级超大规模集成电路设计中，CMOS 器件的泄漏功耗在整体功耗中占有相当大的比例（通常占有 50% 的比例，甚至更多）。粗略的估计，大约一半的供电电流是直流器件的泄漏造成的，而另一半是电路模块全性能工作时产生的动态功耗。这种现象提供了一个有趣的电路优势，即它与浪涌电流噪声降低相关，并采用了电源器件一阶和二阶特性以及标准的结构性功耗最小化技术。

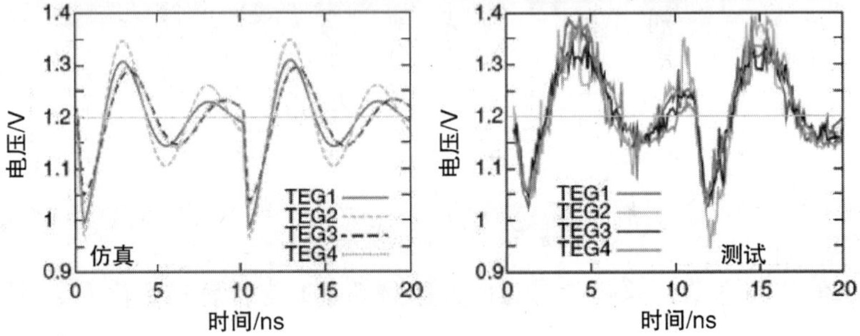

图 8.29 当门控电源开关闭合时的噪声波形

在第 9 章中将讨论，泄漏电流引起的噪声降低得益于它与应用电压之间的多项式关系。因为泄漏电流是电源电压的强函数，任何电压的突然增加都会使得泄漏电流呈指数上升，这种机制又通过电源传输网络阻抗的降低来抵消了该电压的增加幅度。同样的，电源电压的突然下降也会使得泄漏电流迅速降低，导致电压的下降。

在本节中首先学习了泄漏电流的特性，并了解到泄漏电流通常占据了电源电流的一半比例，还学习了特定的降低浪涌电流引入噪声的电路结构技术；此外，为了关断时序电路模块，首次采用门控时钟来降低或消除动态电源电流；还在定义了工作周期之后，引入门控电源将电路模块与全局电源网格隔离开。这一阶段的电路特性必须遵循以下顺序：

1）首先将门控时钟应用于电路模块中，之后以步进的方式关断电源电流（动态电流和泄漏电流）。

2）在动态电流关断过程中，与泄漏有关电源噪声降低以及内在去耦合特性得到了保持，同时也最小化了传输到邻近电路模块的噪声。

3）当微代码和软件需要电路模块工作时，电路必须保持随时待机状态（随时准备进行充电），并立即进入全功能开启模式。同时当必须开启拓展功耗节约

模式时，电路又必须进入完全休眠状态。

4）门控电源将电路模块与全局电源网格彻底隔离开。这样我们所需的电路模块就完全进入了“黑暗”模式。

当电路模块开启时，以上顺序就需要相应的反转过来，从而在电路全性能工作前为电路的预充电状态提供帮助。当采用其他电路结构和技术时，阶段性关断会导致一定程度上的电路性能降低、功耗和成本上升；必须进行仔细的折中设计来满足电路的应用需求。在不同的系统工作状态中和一定的性能基础上，微代码和系统级中的软件应用也决定了功耗降低的程度。因此，在降低芯片噪声的同时，以上技术的运用可以为系统级功耗管理提供一定的自由度。

有源噪声调整

参考文献［19，20］中提出，当需要对局部电源网格充电、抑制任意电源谐振以及噪声时，有源噪声调整技术可以采用有源电路和电容来提供足够的电荷。当电容配置为可以存储比电源网格更高的电压时，有源噪声调整可以通过提供更高的电容能量存储来增强电源网格品质。因此有源噪声调整可以在芯片应用的各个层面降低浪涌电流引入噪声。

例如在局部电路模块层面，应用有源噪声调整可以采用一个简单的电荷泵有源噪声调整技术。如 8. 3. 3 节所述，该电路动作可以与门控电路动作同时进行。当电路全性能工作时，在电源线之间的电荷泵电容配置为串联连接（这样可以提供最小的或者说 1/4 的去耦合噪声降低能力）。当电路是处于门控状态，并且它的电流耗散也在急剧下降，那么在电源线之间的电荷泵电容配置为并联连接，从那些关断电路的电源线中驱动所需的电荷。需要注意的是，必须在这些电容配置中采用低导通电阻的开关，从而保证当电路处于门控状态时，大部分流向有源电路模块的电流转向流进电容中；相反的，当电路模块开启时，电荷泵电容重新以串联的形式进行连接，这样就使得一半左右的电容电荷（从 $C \cdot V$ 下降到 $1/2C \cdot V$）回流到电源网格中。因此在正常工作需要进行折中的是这些电容仅仅提供 1/4 的电容能力，但在传输过程中，它们又提供高达 1/2 的电荷用于噪声降低。因为有源噪声调整技术释放或者吸收了大量的电荷，所以必须采用与整个电路开关电容可比的电容值来满足噪声降低的设计需求。

例 8. 1：计算一个门控电源电路的整体开关[⊖]电容值。该电路电源电压为 V（V），工作频率为 f（Hz），活动因子为 α，因此动态功耗 P 为

$$P = \alpha C V^2 f = VI$$

假设泄漏功耗等于动态功耗，则：

⊖ 总开关电容包含了晶体管电容和互连电容，它们共同决定了电路的动态功耗。在纳米级工艺中，互连功耗占电路动态功耗的 50%。

$$I=\frac{P}{V}=\alpha CVf$$

$$I_{(\mathrm{dyn}+\mathrm{lwg})}=\frac{P}{V}=2\alpha CVf$$

当关断（启动）电路模块时，在 5 个时钟周期内（典型的 *RC* 充电时间为 5τ）停止（重启）电路，就可以有效地耗散电源分布网络中的能量，而不会产生额外的噪声。这里并没有考虑在门控电源断开后，浪涌电流对内部电容充电的过程，而只是考虑了功率耗散的变化。可以从逐渐减小电流下的三角区域中得到 5 个时钟周期内（或者 $5/f$s 的时长内）总充电的电荷。

$$Q_{\mathrm{G}}=\frac{1}{2}\left(\frac{5}{f}\right)\cdot 2\cdot \alpha CVf$$

进而得到：

$$Q_{\mathrm{G}}=5\alpha CV$$

当 $\alpha=0.1$ 时，得到：

$$Q_{\mathrm{G}}=\frac{1}{2}CV$$

如果开关电容值为 C_{s}，且电荷泵有源噪声调整提供的电荷为$\frac{1}{2}C_{\mathrm{s}}V$，那么，一个所需的电荷泵电容值与门控电路模块中的总电容值（包括栅极电容和互连电容）基本相同。因此集成电荷泵有源噪声调整就需要多达 $2C$ 的电容值。

从例 8.1 可以看出，单步门控电源噪声降低要求集成有源噪声调整开关电容值大于电路模块的总开关电容值。通过采用之前讨论过的混合技术、相位技术、门控时钟和门控电源，设计者可以将所需的电荷泵电容值降低一倍，但正如之前讨论过的，这需要在电路的功耗性能设计中做一个折中。

在实际的应用中，这些有源噪声调整电容是以 MIM 电容的形式集成在电路中。MIM 电容是一种金属 - 绝缘层 - 金属电容。它是通过在标准工艺的两层金属间加入额外的工艺层来实现的电容。因此 MIM 电容不会影响片上走线，也不会占据额外的电源网格金属资源（虽然它们确实需要一些资源来与集成电阻开关进行互连），但 MIM 电容仍然会增加芯片制造时的工艺层数和成本。采用独立低成本工艺（DRAM 工艺）中的沟道电容，并配合超大规模集成电路芯片中的 3D 组装方式，可以有效取代 MIM 电容。但用于提供有源噪声调整的附加电路和低阻开关仍然会进一步增加体硅应用的成本。

封装级有源噪声调整是一种实用的硅集成有源噪声调整应用技术[19]，这种技术在超大规模集成电路芯片下的封装电容里添加一层低成本的硅材料。参考文献［19］中提出，这种有源噪声调整结构为封装/芯片电源网络提供了主动的电荷注入，以缓解浪涌电流引入的电压下降和 PI 退化问题。在这种情况下，电容可以工作在 2.5V、3.3V 等多种芯片工作电压下。因此在成熟的超大规模集成电路工艺或设计中不会增加额外的层或芯片成本，而又能有效增加电荷和能量的存储性能。在独立、封装级的电源分布网络中可以提供高压的有源噪声调整电容，而与超大规模集成电路芯片的接口则是一个低阻抗、高带宽的垂直电荷源通路，这个通路直接位于芯片电源完整性降低的热点区域之下。有源噪声调整可以独立的稳定电压，或在输出端缓解噪声影响，或与其他电路模块、芯片通信来保持它们门控状态的一致性，也可以作为有源阻抗调制器件来辅助降低高速电路、芯片中的电源分布网络阻抗。基于平行板级电源的高效、离散器件，配合以高速的封装级有源噪声调整技术，可以在附加最小硅材料成本的基础上，提供高效、高功率传输网络品质以及带宽的双重优势。这种封装级应用消除了硅工艺中昂贵的硅材料成本，同时又提供了电路级、电压域级的负载调整。这是开发低成本电源分布网络的未来发展方向。

8.5 习题

8.1 讨论低功耗设计对电源完整性的影响。

8.2 从电源完整性的角度讨论衬底工艺和 SOI 工艺的区别。

8.3 在门控电源设计中如何控制浪涌电流。

8.4 一个低功耗、低成本器件在不同的频率点，具有抗多个谐振峰值的电源分布网络。请问什么样的负载谱分布会导致大的电压噪声？芯片内什么样的电路行为会产生这样的负载频谱？

8.5 在实际设计中，对于一个低功耗芯片，在整个预期的负载频谱带宽内具有平坦阻抗曲线的电源分布网络是否是可行的？片上低功耗技术对于电源分布网络阻抗特性是否是有益的？为什么？

8.6 什么芯片、封装或板级电源分布网络设计技术可以压缩芯片电源网格中的流浪波？

8.6 参考文献

1. C. Svensson, “Optimum Voltage Swing on On-Chip and Off-Chip Interconnects,” in *Proceedings of the 26d European Solid-State Circuits Conference, 2000, ESSCIRC ’00*, pp. 85–88, 2000.
2. R. Harada, S. Abe, H. Fuketa, T. Uemura, M. Hashimoto, and Y. Watanabe, “Angular Dependency of Neutron-Induced Multiple Cell Upsets in 65-nm 10T Subthreshold SRAM,” *IEEE Transactions on Nuclear Science*, vol. 59, no. 6, pp. 2791–2795, 2012.

3. H. Fuketa, M. Hashimoto, Y. Mitsuyama, and T. Onoye, "Neutron-Induced Soft Errors and Multiple Cell Upsets in 65-nm 10T Subthreshold SRAM," *IEEE Transactions on Nuclear Science*, vol. 58, no. 4, pp. 2097–2102, 2011.
4. K. Usami, M. Igarashi, T. Ishikawa, M. Kanazawa, M. Takahashi, M. Hamada, H. Arakida, et al., "Design Methodology of Ultra Low-Power MPEG4 Codec Core Exploiting Voltage Scaling Techniques," in *Proceedings of Design Automation Conference, 1998*, pp. 483–488, 1998.
5. K. Usami, M. Igarashi, F. Minami, T. Ishikawa, M. Kanzawa, M. Ichida, and K. Nogami, "Automated Low-Power Technique Exploiting Multiple Supply Voltages Applied to a Media Processor," *IEEE Journal of Solid-State Circuits*, vol. 33, no. 3, pp. 463–472, 1998.
6. M. D. Pant, P. Pant, D. S. Wills, and V. Tiwari, "An Architectural Solution for the Inductive Noise Problem due to Clock-Gating," in *Proceedings of 1999 International Symposium on Low Power Electronics and Design*, pp. 255–257, 1999.
7. J. Clabes, J. Friedrich, M. Sweet, J. DiLullo, S. Chu, D. Plass, J. Dawson, et al., "Design and Implementation of the POWER5 Microprocessor," in *Proceedings of 41st Design Automation Conference*, pp. 670–672, 2004.
8. W. Zhang, W. Yu, X. Hu, L. Zhang, R. Shi, H. Peng, Z. Zhu, et al., "Efficient Power Network Analysis Considering Multidomain Clock Gating," *IEEE Transactions on Computer-Aided Design of Integrated Circuits and Systems*, vol. 28, no. 9, pp. 1348–1358, 2009.
9. J. Gu, H. Eom, and C. H. Kim, "On-Chip Supply Noise Regulation Using a Low-Power Digital Switched Decoupling Capacitor Circuit," *IEEE Journal of Solid-State Circuits*, vol. 44, no. 6, pp. 1765–1775, 2009.
10. Y. Takai, M. Hashimoto, and T. Onoye, "Power Gating Implementation for Supply Noise Mitigation with Body-Tied Triple-Well Structure," *IEICE Transactions on Fundamentals of Electronics, Communications and Computer Sciences*, vol. E95.A, no. 12, pp. 2220–2225, 2012.
11. Y. Ogasahara and M. Hashimoto, "All-Digital Ring-Oscillator-Based Macro for Sensing Dynamic Supply Noise Waveform," *IEEE Journal of Solid State Circuits*, vol. 44, no. 6, pp. 1745–1755, 2009.
12. S. Kim, S. V. Kosonocky, and D. R. Knebel, "Understanding and Minimizing Ground Bounce During Mode Transition of Power Gating Structures," in *Proceedings of the 2003 International Symposium on Low Power Electronics and Design*, pp. 22–25, 2003.
13. P. Royannez, H. Mair, F. Dahan, M. Wagner, M. Streeter, L. Bouetel, J. Blasquez, et al., "90nm Low Leakage SoC Design Techniques for Wireless Applications," in *IEEE International Solid-State Circuits Conference, 2005, Digest of Technical Papers, ISSCC*, vol. 1, pp. 138–139, 2005.
14. R. Singh, J.-K. Woo, H. Lee, S. Y. Kim, and S. Kim, "Power-Gating Noise Minimization by Three-Step Wake-Up Partitioning," *IEEE Transactions on Circuits and Systems I: Regular Papers*, vol. 59, no. 4, pp. 749–762, 2012.
15. S. Henzler, G. Georgakos, J. Berthold, and M. Eireiner, "Activation Technique for Sleep-Transistor Circuits for Reduced Power Supply Noise," in *Proceedings of the 32d European Solid-State Circuits Conference, ESSCIRC 2006*, pp. 102–105, 2006.
16. H. Jiang and M. Marek-Sadowska, "Power Gating Scheduling for Power/Ground Noise Reduction," in *45th ACM/IEEE Design Automation Conference, 2008*, pp. 980–985, 2008.
17. T.-M. Tseng, M. C.-T. Chao, C.-P. Lu, and C.-H. Lo, "Power-Switch Routing for Coarse-Grain MTCMOS Technologies," in *IEEE/ACM International Conference on Computer-Aided Design—Digest of Technical Papers, ICCAD 2009*, pp. 39–46, 2009.

18. K. Kawasaki, T. Shiota, K. Nakayama, and A. Inoue, “A Sub-μs Wake-Up Time Power Gating Technique with Bypass Power Line for Rush Current Support,” *IEEE Journal of Solid-State Circuits*, vol. 44, no. 4, pp. 1178–1183, 2009.
19. R. Nair and D. Bennet, “Active Noise Regulation,” Online White Paper, 2006: http://www.anasim.com/ANR_publ.pdf
20. R. Nair and D. Bennet, *Power Integrity Analysis and Management for Integrated Circuits*, Prentice Hall PTR, 2010.

第 9 章　利用 IBM POWER7 + 处理器芯片进行电源完整性的案例研究

9.1　概述

本章主要讨论用于 IBM UNIX 服务器中的 POWER7 + 微处理器芯片[1]。本章首先对硅前电源完整性验证过程进行了概述，之后对设计细节进行了讨论。IBM 在 POWER7 + 设计中引入了芯片级电源门控形式的新功能，以降低功耗，并提高电源管理能力。这一新功能从设计和电源完整性的角度创造了独特的挑战。本章将详细介绍这些挑战以及工业界流行的电源完整性问题，同时也对 IBM POWER7 + 微处理器芯片的设计进行了分析。

虽然本章讨论了商业芯片设计和电源完整性方面的细节，但可以看出并不是所有与芯片电源完整性有关的方面都包含在内。在某种程度上，一个原因是 IBMPOWER7 + 芯片设计业务所决定的；支持服务器产品圈所需的功能芯片数量无法和大众市场产品，如笔记本电脑、手机相比。在后一种情况中，产率和低功耗，作为关键的设计驱动力，导致电源完整性的聚焦与其他 IBM 设计的产品有所不同。IBM 的设计重点主要放在了系统的可靠性方面，从而导致其聚焦在电迁移的分析领域中[2]。基于这样的重点，每一条连线都会执行详细的直流分析，而这项工作在笔记本电脑芯片设计中是毫无意义的。因此，需要注意的一点是电源完整性技术必须根据具体的设计和业务需求进行定制。

9.2　IBM POWER7 + 微处理器芯片描述

POWER7 + 芯片是由 IBM 开发的，用于其 P 系列服务器的最新的 RISC 处理器设计，它同时支持 AIX 和 Linux 操作系统。该芯片的一个高层次视图示于图 9.1 中，其主要设计特点总结如下：

1）面积：567mm^2；

2）8 核处理器；

① 每个核心具有 12 个处理单元；

② 每个核心具有 4 路 SMT；

③ 每芯片具有 32 线程；

④ 每核心 256 KB L2；

3）可扩展到 32 路；

① 360 GB/s 带宽的 SMP/芯片；

② 在飞行模式中具有 20000 个相关操作；

③ 工艺：32nm 光刻技术，Cu，SOI，eDRAM㊀，13 层金属；

④ 2.1 - B 晶体管等效于 5.4B 晶体管；

⑤ 80 - MB 芯片的 eDRAM，L3 共享；

⑥ 增强的电源管理功能；

⑦ 与 POWER6/7 具有二进制兼容性；

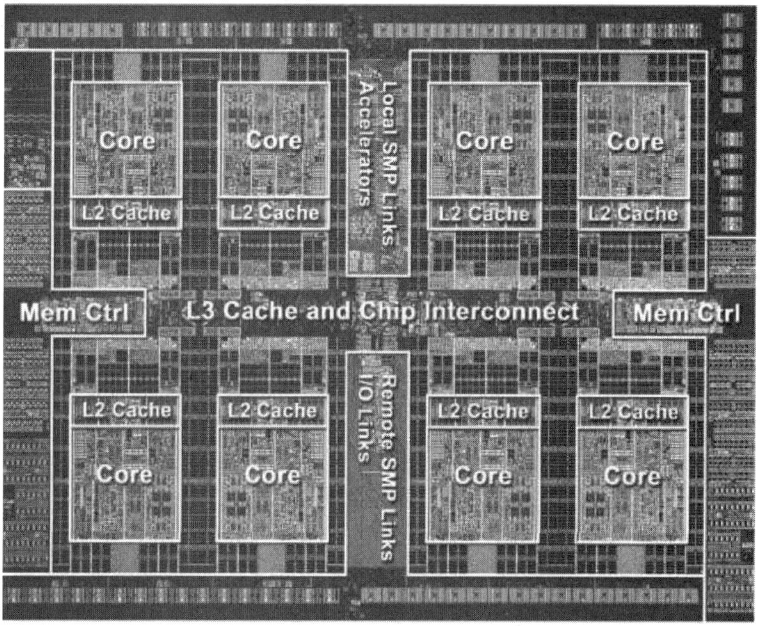

图 9.1　IBM POWER7 + 微处理器芯片

在 Power7 + 架构中，处理核心，L2 和 L3 的功能组合为一个单一层次的元件，这个元件称为芯片组步进式，并且在芯片中重复出现 8 次。图 9.2 展示了处理器核心、L2、L3 区域照片的细节，专门的电源门控开关电路支持对电源的开断。每一个芯片组包含四个电源岛，这些电源岛用于支持逻辑、内存电路以及处理器单元和 L3 区域。因为该微架构支持跨芯片组的内存共享，因此每一个芯片组内的 L3 功能块只需要在一个核心激活时进行供电即可。这就产生了两个不同

㊀ 嵌入式动态随机存储器（eDRAM）作为一种面积紧凑的存储器集成或者嵌入在处理器芯片，但在使用时需要提供电源电压，并定期补充存储位上的电荷以维持其信息。

的电源边界。此外，在处理器核心和 L2 区域的静态阵列，以及 L3 区域内的深沟道 DRAM 也需要划分为两个电压区域，其中一个支持逻辑功能（V_{DD}）和更高的电源电压（V_{CS}），这些阵列电路为内存单元提供额外的裕度。这样每个芯片组就产生了总共四个电源岛，因为在处理器核心和芯片组的 L3 分区都需要 V_{DD} 和 V_{CS}。在处理器核心和 L3 区域内 V_{CS} 电源线和 V_{DD} 电源网格交织在一起。电源门控机制的电路图如图 9.3 所示。值得注意的是，超过 3000 个这样的电源门控电路分布在图 9.2 中的高亮区域中。

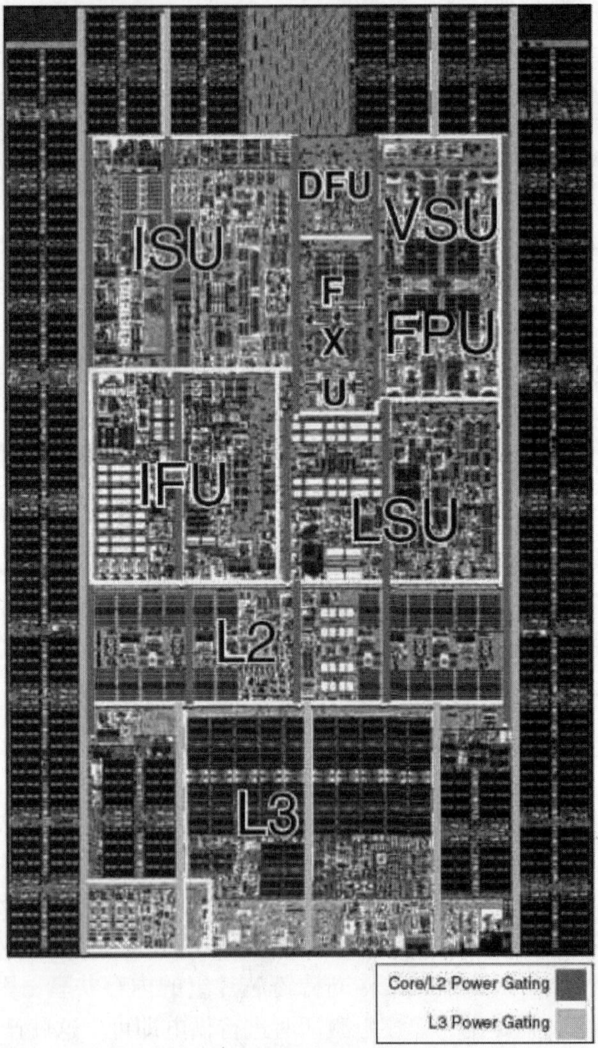

图 9.2 IBM POWER7 + 处理器核心区域细节

在图 9.3 中，PMOS 晶体管作为电源门控元件使用。一种可交替使用的电源门控开关机制包含 NMOS 器件，对地线进行开关控制。这种机制可以通过较小的电源门控电路来达到等效的旁路电阻，同时也可以减少两个电源岛。但也会引入一个芯片组的地岛，这个地岛独立于芯片的地网络。这种机制虽然从芯片面积和设计复杂度考虑，具有很大吸引力，但因为产生不连续电流和共模噪声，可能产生潜在的信号完整性问题[3]。如果地岛是由 NMOS 引入的，那么在芯片和芯片组之间宽数据总线的开关活动性将会降低信号完整性，因此一般不使用 NMOS 作为开关器件。

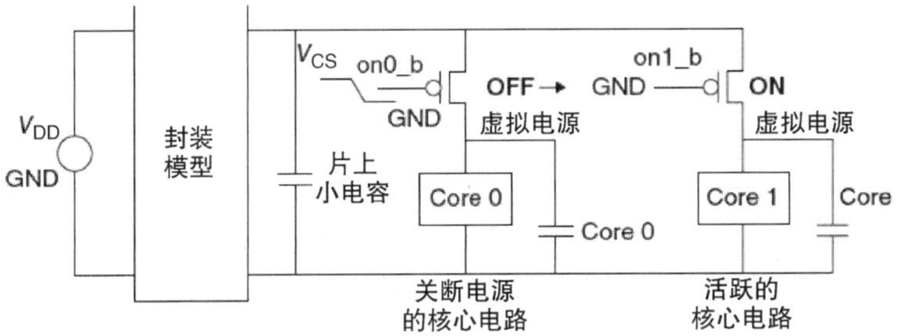

图 9.3　POWER7 + 芯片组电源门电路

9.3　IBM 处理器芯片的电源完整性考虑

IBM 电源完整性主要关注细节的功耗估计技术，这些技术用于芯片中随后的直流和瞬态电源网格分析。由于 POWER7 + 设计的复杂性，层次化设计将设计过程分为多个独立的设计任务，这样许多设计者就可以同时独立地进行工作，同样也允许有合适的回旋时间来修改设计[4]。在芯片中还有许多层次化边界。然而，从功率完整性考虑只存在一个层次化边界，这个边界描述了负载电流以及用于电源网格分析提取的电源网格线。这个边界称为宏芯片边界。需要重视的是，在这道划分线两边可能存在许多设计层次，但当进行电源网格分析时，这些层次可能被打平或者破坏。在电源完整性的早期设计阶段，宏端口作为全局电源网格的负载接触点。当设计基本成熟后，特定的分析需要将电源网格打平成器件通孔。这个过程包含有宏电源网格，而这些宏电源网格在早期的设计阶段评估中可能被忽略。这些分析通常在诸如处理器核心等高功耗密度区域的最终验证中执行，以获得更加准确的局部分析结果。所以，层次化分析技术必须在基于复杂度、准确度和问题严重程度的基础上，与平坦化分析进行混合应用。

电源完整性关注的另一个方面是电源完整性技术在产品开发早期的引入，以定位潜在的设计和技术问题。在设计的早期阶段，对于功耗、电路布局，甚至电压要求的信息并不够明确。然而，POWER7 + 的大多数复杂性设计都是循序渐进的，是从之前产品通用的元件演进而来的。因为这些元件在之前的技术中已经进行过特征化，因此可以应用缩放理论来提供负载电流和所需网格要求的一阶近似。当我们为电源完整性处理过程的演进打基础时，我们从这些最初的假设中建立分析模型，来完善早期的评估结果。

对于 POWER7 + 芯片和大多数服务器芯片，工艺角定义了电压、温度、频率、其他静态时序中的参数、噪声和功耗，这些参数限制了进行特定分析所需的框架。例如，静态时序有两个初始的工艺角，晚期模式和早期模式。晚期模式工艺角用以特征化芯片工作频率，将会在正常工艺角中使用最小电压和高温条件。早期模式工艺用以定义门级条件，采用最大电压和低温条件以及快速工艺角来消除门级问题。同样的，对于功耗评估和电源网格分析，四种情况被用来评估功耗和对电源网格进行特征化。这四种情况展示在表 9.1 中。表 9.1 中定义的四种情况或者工艺角，指定了用于量化电源网格负载条件的电路分析参数。除了工艺、电压和温度设置，以钟控效率、最初输入比率和锁存器开关百分比形式出现的开关信息也被定义，或者在每一个工艺角的功耗模型参数中进行了控制。在功耗分析章节中我们将讨论更多这些开关状况的细节，但需要重视的是，宏模型器件级电路模拟或者用于定义这些条件的特征，或者用于建立功耗规则。这些功耗规则包含的开关参数变量，可以用于高层次分析中。

热、压降、电迁移以及烧机等实际的条件总结如下：

表 9.1　电源完整性条件

	热	电压降	电迁移	烧机
电压	V1①	V2	V3	V4
频率	F1	F2	F3	F4
温度	T1	T2	T3	T4
每小时消耗功率	无	60k	60k	10 ~ 20
门控时钟	由负载引起	0	由负载引起	由负载引起
电源完整性开关	由负载引起	由负载引起或者达到最大 20%	由负载引起或者达到最大 5%	20%
锁存开关	不可控	不可控	不可控	不可控
工艺角	正常	正常	快	快

① 表中提取的工作电压、温度和频率都由特定的产品决定。

热：热条件用于定义芯片长期工作下的平均功耗。正如所建议的，这个条件通常用于对芯片工作温度的建模和计算。从电源完整性角度考虑，热条件用于计算稳定性目的中的焊球电流。

压降（*IR*）：这个条件用来特征化从焊球到电路端口之间的压降。从功耗的角度考虑，*IR* 条件用于模拟短期、高功耗情形，并用来模拟系统中的其他噪声和压降，从而定义最小工作电压。

电迁移：这个条件用于在特定的开机时间和温度下，定义电源网格中的电迁移问题。电迁移定义的负载条件与热条件中相同，即功耗在平均开关条件下进行计算。然而，工作电压 *V* 通常高于热温度条件，不能有效模拟特定的系统架构。

烧机：烧机条件用于模拟高温、高电压测试环境，并通过将电迁移拓展至该工艺角，从而定义芯片电源网格中的缺陷[5]。在该条件下，频率设置为很低的值，通常在 100MHz 到 200MHz 之间。因此开关信息就变得不那么重要。然而，由于高温和电压设置，功耗中泄漏电流占了主要部分，而且数倍于热条件下情形。从电源完整性的角度考虑，我们测量焊球以及线单元电流，并将其与其他组中短期损坏极限特性进行比较。

为了在诸如时间、噪声等不同分析工艺角中，定义工作电压范围，我们进行了一系列电源网格分析研究，其中包括直流和瞬态研究，从而可以量化图 9.4 中定义的电压范围。图 9.4 展示了考虑了电源感知点情况下，POWER7 + 芯片/封装结构中的耗散和增益电路图。感知点指的是芯片/封装焊接在板上的物理位置，也是电源输入点。重要的是，我们认为在感知点的电源输入电压是一个常数，接下来对电源网格的分析是从这个感知点到电路端口，再到模型电压变量的。实际上，感知点电压的容差也和电压调整电路有关。这个容差通常比图 9.4 中的容差元件要小，这里为了简化，就直接忽略。

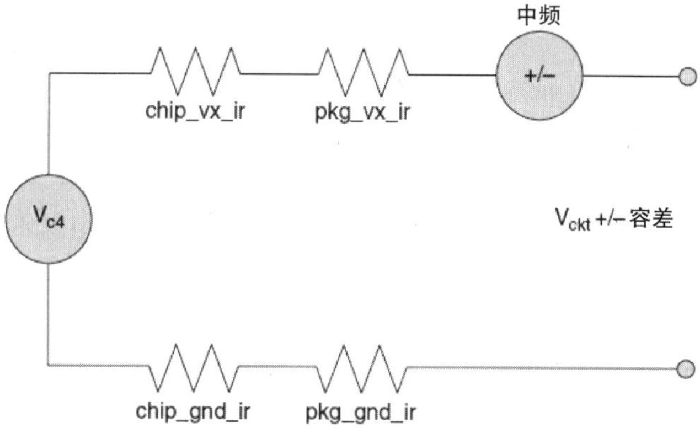

图 9.4 电压容差计算的示意图

在 POWER7 + 中，感知点在第一层封装之下。所以，直流分析用于量化从感知点到最小和最大电压的 *IR* 降。包括地线以及参考线在内的所有的电源输入都必须执行直流分析。为了定义焊球点位置的电压容差，我们需要在容差计算中将最小电压添加到敏感点电压中，从而消除这种损耗。这就产生了封装的压降，这个压降表示为芯片上的最大梯度。因为在 IBM 工艺中，芯片压降是从焊球计算到电路端口为止，这个压降可以直接引入到电路中，而不需要经过任何校正。

对于不同的负载步长条件，瞬态响应被用来对芯片/封装结构的中频响应进行特征化。芯片/封装的谐振频率与它的设计有关，大约从 5MHz 到 200MHz[7]。我们将在 9.7 节讨论瞬态分析过程。值得注意的是，系统的低频谐振会产生相应的变化，这个变化可以表示为电压容差参数中的直流变化，并且与系统中由芯片和封装压降表示的损耗有关。在中频响应中，当芯片脱离钟控模式时，正电流斜面伴随着唤醒机制会使得工作电压产生一个下降或者崩溃。负电流斜面或者从活跃状态进入到钟控模式时过渡带产生的下降事件，都会产生一个电压过冲。所以，整个电压损耗应该是系统中电压、地以及负载电流斜面上升引起中频响应所产生的压降的总和。中频噪声将会产生一个过冲，这个过冲必须仔细考虑，因为该过冲在电压容差参数中限制了最大电压值。一旦工作电压范围得到确定，经过相应的工艺讨论，那么对于不同分析条件的电压参数就可以进行设置了。

在接下来的章节中，将会对 IBM 应用于 POWER7 + 芯片设计的电源完整性过程进行概述。大多数设计流程都需要使用复杂的软件程序，诸如电源网格提取器、基于向量的电路分析仪等工具，这些工具大部分都是由 IBM 自行开发的。本章的目的不在于对这些程序的工作细节进行讨论，而是对支持分析的所期望的输入、输出框架进行描述。

9.4 电源完整性的低电流估计方法

表 9.1 描述了用于在特定条件下有助于负载电流计算的电流特征，在进行任何电源完整性分析之前，这些描述都是非常需要的。对于静态或者直流电源网格分析，电流既以平均的方式被特征化，也以芯片持续的功能行为进行特征化。中频瞬态分析需要对由诸如时钟门序列等事件产生的负载步长电流变化进行预测。一个值得注意的关键点是，在不同的设计阶段，需要采用不同等级的电源分析技术。当一个设计从构想到最终验证逐渐成熟时，启发式方法发展为基于公式的计算，并进一步发展为需要在器件端口计算的负载电流估计，而这些计算过程又是基于详细的电路模拟而得到的。为了帮助负载电流计算，一个工具架构需要处理以下输入信息：

结构或网表

构成网表的的形式多种多样，我们最常见的是 SPICE 网表文件。SPICE 网表中包含了电路中连线的 *RC* 元件和晶体管信息。然而，详细的 SPICE 文件只在最终的验证阶段进行使用。而在高层次设计中，我们通常使用 VHDL 或者电路级等高层次形式的网表。但受限于这个阶段的知识水平，需要假设一些情况，如线电容值等。在构想层次上，关于设计的有限信息是可用的。所以，经常使用诸如锁存计算、整体栅宽和栅类型（低 V_T晶体管等）百分比等逼近方法。

活动性信息

从广义上说，活动性信息是描述逻辑门输入和输出开关活动性状态的信息。对于给定的工作负载，采用 VHDL 网表的逻辑仿真器可以用来计算耗散功率。这类工作负载分析通常在 CPU 层面上进行，当分析检测单元以及宏模块等底层模块活动性时，将在 CPU 输入端输入一定的活动性信息。之后这些信息输入到功耗分析工具中，以高准确度来分析这些底层模块。对于执行电路仿真的最终验证阶段，特定开关权重的输入向量被用于定位器件的负载电流。

功耗规则或模型

在计算功耗之前，功耗规则需要进行开关信息和负载电容估计，将用于评估功能的网表程序转换成功耗或电流估计。工业界标准的规则格式是 . lib 文件[9]，. lib 文件提供了这些信息，但是却没有将电流元件单独进行处理。在 IBM，拓展的 . lib 规则已经发展为可以将负载电流分为有源电流和泄露电流进行处理。对于更高层次功能的锁存器，功耗规则可以进一步将有源电流分为锁存器电流和数据产生的相关电流。

输入数据从构想阶段到最终验证阶段会发生很重大的变化。所以，需要一定的工具和流程来处理数据的品质和缺陷。在 IBM，在早期设计阶段需要遵守一套严格的约定流程。其中一个约定就是电路模块的目标功耗，这个约定是基于启发式的或者之前积累的设计经验。当设计成熟时，这个约定也转变成为正式的功耗规则。一旦硬件描述稳定下来，包括负载电流估计在内的所有单元的功耗分析都需要在宏单元层面进行。在设计阶段，电源网格分析可以在任意节点进行。然而，直到稳定逻辑模型或电路提供宏端口的电流估计时，稳定性和尺寸间隔的结果才是可信的。

以上描述的功耗分析任务需要一个门级或者单元级的工具来完成，而当处理相关的时序和开关因子传播时，这个工具必须将各种网表、活动性信息和功耗规则整合成一个通用的框架。为了完成这个任务，需要采用一个静态的功耗计算器[10]。POWER7 + 芯片中使用的功耗分析方法的基本框架如图 9.5 所示。功耗计算器用于单元/处理器核心/芯片级的功耗分析。这在 IBM 中被称为“roll - up”，主要用于计算芯片的功耗。其他特定情况下，包含单元级或宏单元级的电流估计输出结果都记录在表 9.1 中。当底层计划信息可用时，功耗计算器也会提供电源网格分析的宏单元级的功耗图。图 9.6 展示了静态功耗计算器中得到的 POWER7 + 电流和电流密度图。电流图代表了宏面积内整体的电流消耗。而电流密度图则将电流归一化到整个宏面积。在任何电源网格分析前，这些图对于确定潜在的“热点”问题是十分有用的。用于设计和芯片电源网格规范的基本负载电流框架将在下一节中进行讨论。

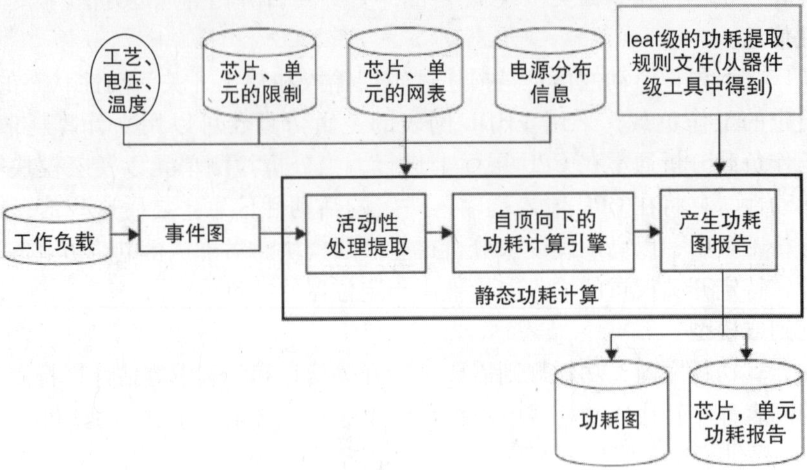

图 9.5　静态功耗计算工具框架及流程

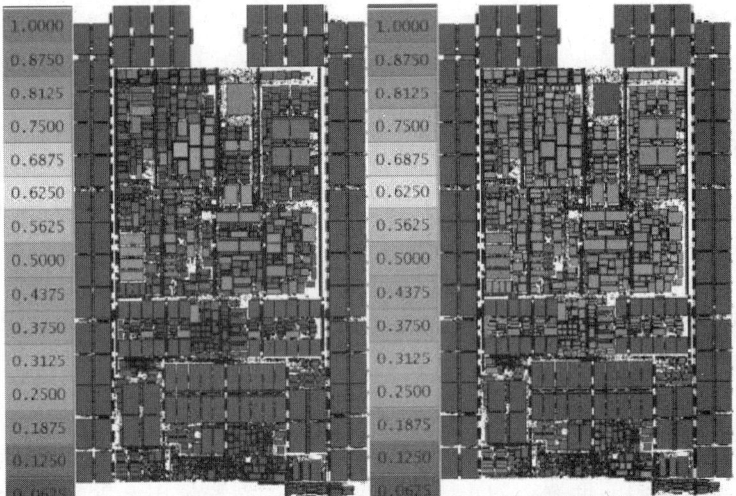

图 9.6　POWER7 + 归一化芯片组电流和电流密度图

9.5　POWER7 + 电源网格设计考虑

POWER7 + 芯片中的电源门控电路功能产生的独特挑战，使得电压容差规范的设计得以满足，如图 9.4 所示。作为一个总则，基于电流图和电源网格的直流分析，用以确定潜在的电压降或者 *IR* 压降（见图9.6）。在任何分析完成之前，通常都是从最底层连线层面的电路比特单元开始，创建基本的电源网格规范。这个层面的电源网格都被定义为线宽和对地点的电压，从而满足特定的信号功耗比，同时也保证满足了电迁移限制。一旦规范建立，每一层的宽度和单元都按线层次缩小因子进行水平缩小。图9.7展示了一个电源网格规范的例子，这个例子是芯片电源网格设计的基本框架。

框架	走线方向	信号带宽、宽度	电源gnd-gnd vdd-vdd的间距(走线)	电源gnd-gnd vdd-vdd的间距/μm	电源总线宽度/μm	电源总线宽度/μm
M2 (1X)	Vert	0.1/0.2	18	3.6	1.8	0.3
M3 (1X)	Hor	0.1/0.2	20	4.0	2.0	0.3
M4 (1X)	Vert	0.1/0.2	18	3.6	1.8	0.3
B1 (2X)	Hor	0.2/0.4	20	8.0	4.0	0.6
B2 (2X)	Vert	0.2/0.4	18	7.2	3.6	0.6
EA (4X)	Hor	0.4/0.8	20	16.0	8.0	1.2
EB (4X)	Vert	0.4/0.8	18	14.4	7.2	1.2
IA (8X)	Hor	0.8/1.6	基于区域性	基于区域性	基于区域性	基于区域性
IL (8X)	Vert	0.8/1.6	基于区域性	基于区域性	基于区域性	基于区域性

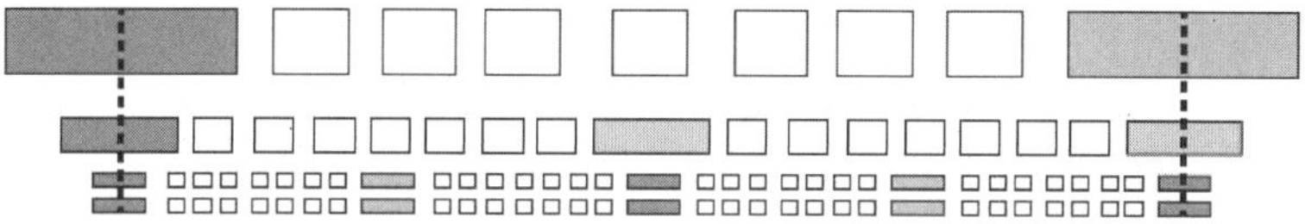

图9.7　电源网格规范和线层次

在电源网格分析开始前，到芯片的电压传递需要在焊球点或者“C4“连接中建立起来。焊球点的摆放位置是一个重要的电源网格设计问题，因为封装生产工艺经常限制了每个芯片的整体价值。因此当摆放这些连接时，需要特别考虑以减小电压降和焊球电流。此外，在一个给定的电路中可能存在多个电源域，如SRAM就需要两个电压分别对逻辑电路和存储器单元电路进行供电。这就必须使得焊球点位置放置在接近电路的地方，从而导致在芯片的一些特定区域里与其他电路发生冲突。为了确定这些有冲突的区域，必须执行电压降分析，来确定这些热点区域，并对特别焊球放置策略中预期的 *IR* 降进行量化。在IBM，作为最小化 *IR* 降的方式，最优化技术用来自动执行评估过程。此外，作为最优化机制的一部分，需要对焊球电流进行检测，从而保证对于这些连接中的电流能够在可靠性的限制之内。这个最优化过程的结果可以根据客户定制完成，并且和芯片底层硅化所指示的高电流区域有关，如图9.8所示。图9.8所示的是将最优化程序应用在负载电流分布（见图9.6）以及电源网格规范（图9.7中定义的）中，从而得到的在电路区域内的电压分布和C4类型。可以看出，最优化程序集中优化焊球区域，从而减小 *IR* 压降和焊球电流。需要指出的是，这个程序的应用贯穿整个设计阶段，并且底层规划和负载电流估计都随着设计的成熟而逐步更新。

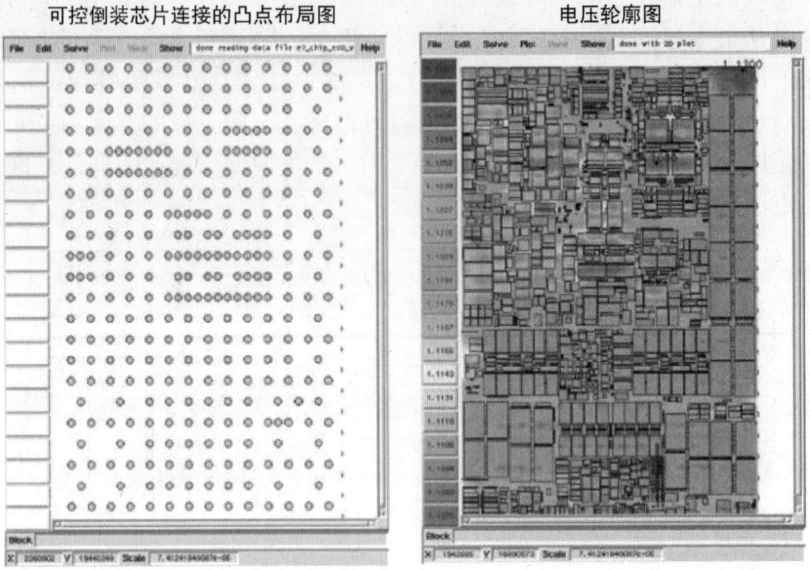

图 9.8 C4 布局和得到的电压轮廓图

对于 POWER7 + 设计，在芯片组中采用电源开关将会引入额外的设计变量，这些设计变量需要在芯片电源网格优化程序中加以考虑。电源开关布局的基本考虑是将电路布置成阵列状，这样有助于为重新进行底层规划和可布线性获得足够的设计空间。其他诸如电源门控电路、焊球单元以及信号中功率传输的设计考虑也有助于阵列设计机制。另一个值得注意的是，阵列摆放机制决定了供电焊球直接放置于相关的电路之上，从而减小 *IR* 压降。在 POWER7 + 设计中，两行 C4 用于包裹一行电源开关。这种设计摆放可以在图 9.9 中的逻辑电压线中见到。

在没有采用电源开关的电源网格设计中，顶层金属中的电阻低于底层金属，因此顶层金属可以以一致的流向将电流从顶层到底层传输到相应的电路端口。在 POWER7 + 电源开关设计中，主要的问题是从焊球流出的电流在分散到各个负载前，必须垂直传输到电源开关输入端。这会产生一个从 C4 到电源开关输入的电流的漏斗效应，当进行输入电源网格结构设计时，必须充分考虑该漏斗效应。同时，即使输出网格从底层到顶层的分布一致，底层金属和顶层金属之间大的线电阻差同样会在电源开关的输出端产生一个漏斗效应。因此，在流向负载之前，电流被强制从焊球点流向电源门控开关，而不会通过顶层的外部网格产生回流。

如图 9.10 所示。在图 9.10 中需要注意的是，电压压降沿着电流通路进行积累，这必须从焊球点、电源开关以及负载结构的详细电气分析中进行考虑。作为规则，电源开关设计将会产生额外的直流压降。对于 POWER7 +，通过在 BEOL 层叠的顶层引入两个额外的厚层，来缓解增加的 *IR* 压降以及电源开关功能。这

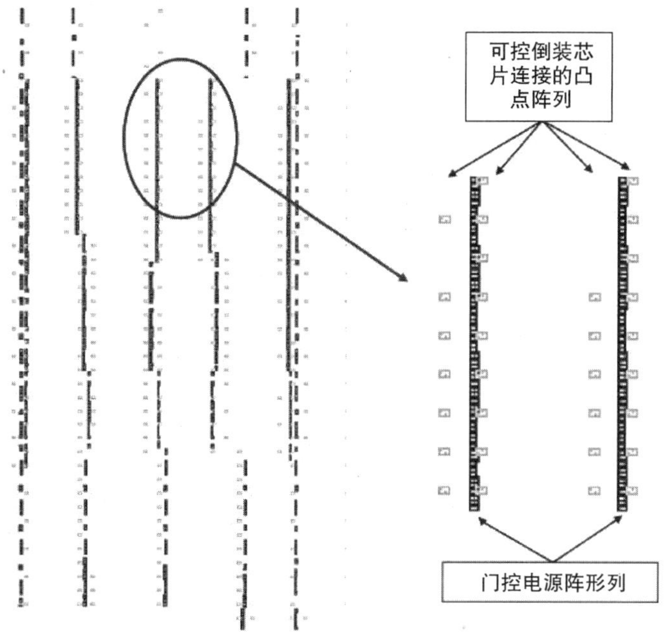

图 9.9 POWER7 + 中的 C4 布局以及电源开关行布局

两个层的方块电阻比之前工艺技术的方块电阻下降了 2.5 倍。即使增加了这两个层，与没有电源开关的设计相比，仍会产生 1% ~2% 的压降。

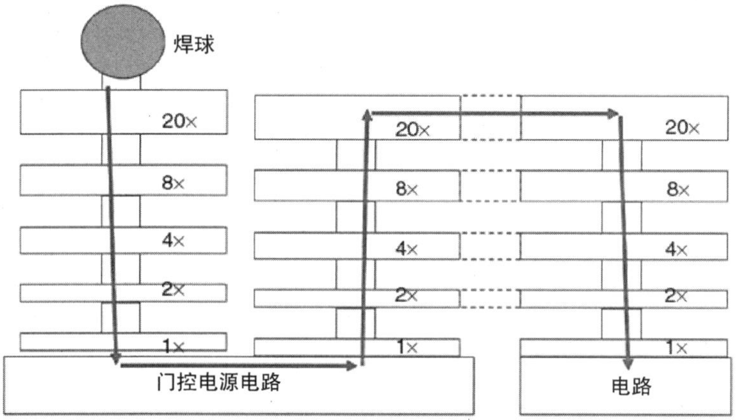

图 9.10 通过 BEOL 层叠的电源开关电流通路

一旦焊球类型以及相关芯片组区域内的电源开关布局建立好，电源网格分析就开始对 *IR* 压降、焊球以及电源开关电流等主要的电源完整性参数进行评估。

因为电源开关行阵列限制了电源 C4 所能摆放的位置，因此由工艺稳定性规范定义的焊球电流极限为 POWER7 + 的设计提出了独一无二的挑战。这个设计限制产生的 C4 电流比无电源开关设计时要高，并且在设计阶段对该电流要进行实时监测，以保证足够的稳定性裕度。同样的，所有的负载电流必须流经电源开关电路。焊球以及电源开关的电流分布如图 9.11 所示，电源开关允许的最大电流是由电迁移限制和电路电源网格决定的。我们将会在 9.6 节中讨论电路级电迁移过程的具体细节。需要重视的是，最大电源开关电流是由芯片组分析来进行量化的（见图 9.11），之后将该电流加入到电路分析中以定义潜在的电迁移问题。电迁移分析量化了最大的电流，并且在芯片组层面优化电源开关布局、改善电源网格分布。这个迭代过程贯穿了整个设计阶段。

IR 压降是通过测量焊球点到电路端口的最小电压来进行测量的。为了从线性角度评估这个网络，将电源开关器件用等效电阻进行替代，同时输入和输出电源网格用等效电阻模型进行替换，并且与 *X* 轴和 *Y* 轴上的负载电流结合进行考虑。建立的电源网格模型代表了包括电源开关通路在内的，从焊球点到芯片的完整的电压分布环路（见图 9.10）。可以通过电路模拟来计算整个通路的电压分布。图 9.12 展示了从焊球点到电源开关输入的电压分布，而图 9.13 展示了芯片核心区域和 L3 区域内从焊球点到芯片的电压分布。正如 9.2 节讨论过的，在电源开关输出，一个普通的输入电压分为两部分，分别输入到芯片核心/L2 和 L3 的电压岛中。这个策略以及图 9.13 提供的信息可以用于定义热点区域，并作为理解负载电流聚集或不充分电源网格分布的方法。这个评估贯穿于整个设计阶段，以最小化电压压降、焊球点和电源开关的电流。需要注意的是，在这个设计阶段，也同时执行瞬态响应来建立去耦电容的中频噪声影响。这些评估通常在芯片级层面执行，我们将在 9.7 节中讨论具体细节。

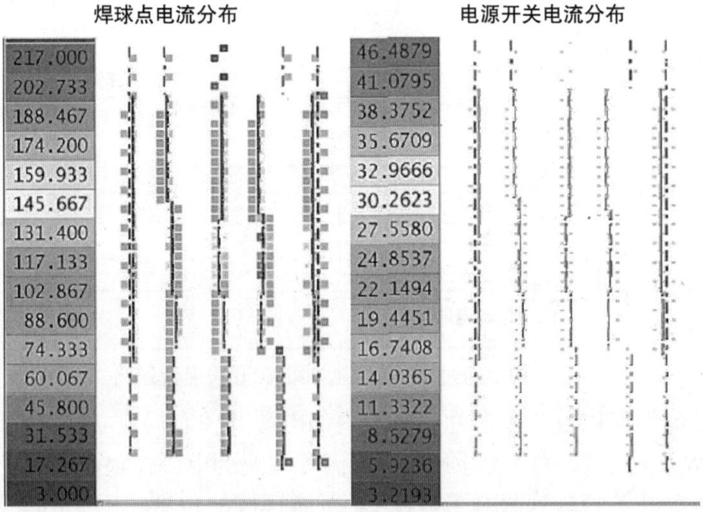

图 9.11　焊球点及电源开关的电流分布

需要重点关注的是，电源完整性评估是一个不断演进的过程，从概念级到最终代工厂的流片阶段，并延续到测试和后续的优化过程，随着设计的进展不断成熟。在基于表 9.1 的描述条件下，POWER7 + 芯片的复杂性需要工程师付出极大的努力来提供精确的负载电流估计。此外，诸如电源网格布线、通孔等物理设计数据需要与负载电流综合进行考虑，从而提供精确的分析能力，如图 9.11 ~ 图 9.13 所示。然而，对于多个设计部分，在某个时间点时的设计及数据质量或者在演进中，或者根本不存在，这时就需要进行近似，才能有助于对电源完整性进行评估。表 9.2 展示了从早期设计阶段到最终流片阶段的电源完整性评估过程。

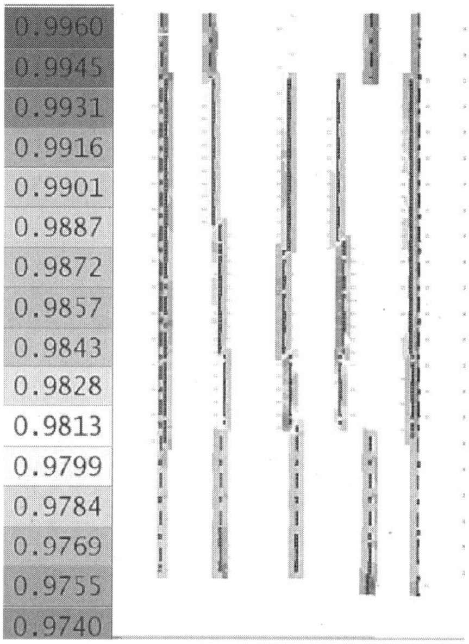

图 9.12　从焊球点到电源开关输入的电压分布

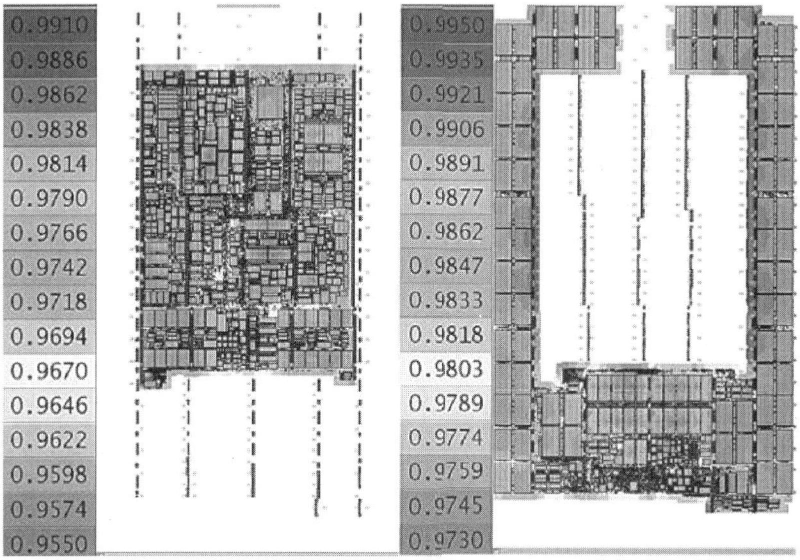

图 9.13　从焊球点到负载模块的电压分布

表 9.2 电源网格分析过程

设计阶段	设计品质	功耗估计	电源网格	电源完整性近似
概念级	• 基本底层规划 • 有限连接性 • 无电源网格/C4	• 功耗约定 • 默认的电流密度	电源网格规范	• 每一个底层模块具有一致的电流分布 • 用于一致电源网格分布的电阻替代 • 一致的焊球布局
高层次	• 用于大电路模块（宏单元）的固定的底层规划 • 完成逻辑网表 • 电路图/VHDL	宏单元的基于公式的估计	用于宏单元之上的层次化模块的细节电源网格布线	• 所有底层规划模块的一致的电流分布 • 从 C4 到宏单元顶层的，用于详细电源网格的电阻替代
验证阶段	• 包括缓冲器在内的最终规划 • 完成 LVS 后的所有电路	基于估计的电路仿真	• 所有层次上的详细的电源网格连线 • C4 的最终布局	• 电路或者单元端口的详细通孔电流（通常在 M1 层） • 从 C4 到 M1 的详细电源网格的详细通孔电流

从启发式角度考虑的概念级电源完整性评估具有唯一性，而经验性的实践需要在之前积累的知识和经验的基础上将其进行应用，从而模拟出相应的模型，并为设计小组提供反馈信息。由于问题具有启发式的特性，因此在考虑压降和焊球电流的基础上，表 9.2 中描述的近似可以作为基本的框架，为设计小组提供反馈信息。在概念级设计阶段的电源完整性评估，目的是为了定义设计和工艺中的缺陷，同时也定义了在设计过程中需要缓解的危险区域。

表 9.2 中描述的高层次评估是一个演进的过程，代表了在设计阶段不断推进的过程。当设计成熟时，零散的电源完整性模型以更加精确负载电流估计和详细电源分布互连信息的形式，逐渐整合起来。因为芯片每一部分演进的速度不同，评估和工艺需要包含不同的逼近技术，来综合即将完成设计中的遗失数据，从而得到概念级、高层次设计阶段的持续评估。

除了将工艺从 45nm 演进到 32nm，从电源完整性角度考虑，电源门控功能代表了一种新的设计复杂度。作为总则，一个设计从概念级到高层次设计阶段的演进是非常迅速的。然而，在 POWER7 + 中，在概念级设计阶段，电源开关功能需要工程师付出极大的努力，使设计接近所需的电路布局，并量化电源完整性的参数。

在流片结束，将数据传到工艺厂之前，需要执行验证过程来检查设计的质量。需要注意的是，从电源完整性角度考虑，该阶段具有唯一性。因为在这个阶段中，诸如电迁移等问题需要电源网格中每一条连线和每一个通孔详细的电流评估。每一个连线单元电流的计算都是特殊的。每一个器件端口的负载电流都需要复杂的 SPICE 电路模拟来进行准确的预测。接下来，将使用电源网格提取器和解算机来计算连线单元电流。这个过程的复杂性将在 9.6 节中进行讨论。

9.6　静态电源网格验证

在 POWER7 + 设计数据传送至工艺厂之前，需要执行一个严格的验证过程，从物理和电气角度来检查电源网格的质量。在工业界，通常使用物理设计工具将版图与电路图进行比对（LVS），这样就能保证严格的电路图形状到版图形状的延续性，从而确保所有的电路都连接到准确的信号通孔和电源网络中。虽然 LVS 检查了器件以及焊球的连接关系，但是并没有提供连接的电气质量信息、器件电气连接引起的电压降以及周围相关电路的电源网格负载。虽然物理连接能够满足 LVS 检查，但是由于物理设计问题引起的高阻抗通路，比如丢失的电源通孔或者“戏剧性”缠绕的电源布线，都不能通过物理设计检查方法检查出来，但在设计的电气验证中同样需要对这些问题进行检查。此外，电迁移检查要求检测每一个电源网格连续的形状，并设定 I_{DC} 在芯片工艺组由电迁移公式推导的电流限制之内。所以 IBM 用于 POWER7 + 芯片的电源网格检查过程，将物理设计层次从焊球到器件电路转换为一个电阻网络，并以此来评估 *IR* 压降和电迁移。这个过程十分复杂，同时需要特殊的工具和方法才能实现所描述的验证过程。

静态验证的基本前提是通过提取芯片电源网格，并将其转换为等效的电阻网络，从而替代从焊球点到电路端口的电气连接。因为通过每一条连线和通孔的电流都必须进行测量，以检查电迁移效应。因此电阻模型必须非常详细，才能准确表示网络中的每一条连线和通孔。此外，器件接触孔处的电流源和焊球点处的电压源分别表示设计中的接收源和输出源。这个模型看起来有些微不足道，但是由于 POWER7 + 的尺寸巨大，未知电路矩阵解或者节点的数量可能达到上亿个，而采用标准电路仿真技术或者目前的计算资源可能无法得到最终的解。所以，需要采用模型降低方法或层次化技术来解决这个问题。

正如本章之前讨论的，宏层次/全局层次表示了早期分析的自然划分线。在这个点上，早期的分析考虑到了从焊球点到宏端口全局电源网格的可见性。这同样考虑到了设计的一致性和分析流程。然而，宏单元包含的电源网格并没有与芯片中的其他部分结合起来进行评估。此外，早期负载电流估计假设为在整个宏单元区域内都是一致分布的。由于详细的电流分布都是未知的，因此这种假设在整个设计阶段都是成立的。所以在验证阶段，把这些效应加入到芯片级的分析中，将每一个宏单元作为独立的个体进行评估，并将相关的数据反馈到芯片分析中，这些操作都是非常重要的。在降低计算代价的同时，这些操作有助于提高验证的准确度。

对于 POWER7 + 芯片，每一个宏单元都必须经过严格的特征化，才能在器件通孔上通过器件级的电路模拟来建立电流分布状况。工程师需要提取从器件通孔到宏单元/芯片端口的电源网格信息，并与通孔电流信息相结合，才能进行宏电源网格的分析。需要重点关注的是，电迁移效应主要考虑连线层叠中的最底层。由于底层宽度和厚度的限制，受限电流要比上层连线层中的电流小得多（I_{DC}由电迁移公式决定）。因为宏单元设计占据了 POWER7 + 大多数薄连线层，电源网格分析作为一种优先的分析方法，主要用于测量连线单元电流，并将这些电流与I_{DC}进行比对。同时，在芯片级验证之前，电源网格分析也为电路设计者提供了足够的反馈信息。同时，整体工程级的 *IR* 压降分析在加入了许多限制条件之后，也对宏模块的电源完整性进行了相应的检查。通过对电迁移和 *IR* 压降信息的整合，数据准备程序可以对每一个宏单元电源网格和电流分布进行特征化，并将其用于芯片级的分析中。

一个典型的宏单元特征化和电源网格分析流程如图 9.14 所示。这些软件工具在工业界都是普遍采用的。IBM 同样拥有类似的工具框架。虽然用于电源网格分析的工具框架都是类似的，但特殊的设计和产品要求使得这些工具具有各自独特的应用。所以，需要发展相应的方法学来对这些设计要求进行压缩。图 9.14 展示了 IBM 用于宏单元特征化的基本方法。总而言之，电路特征化可以归纳为

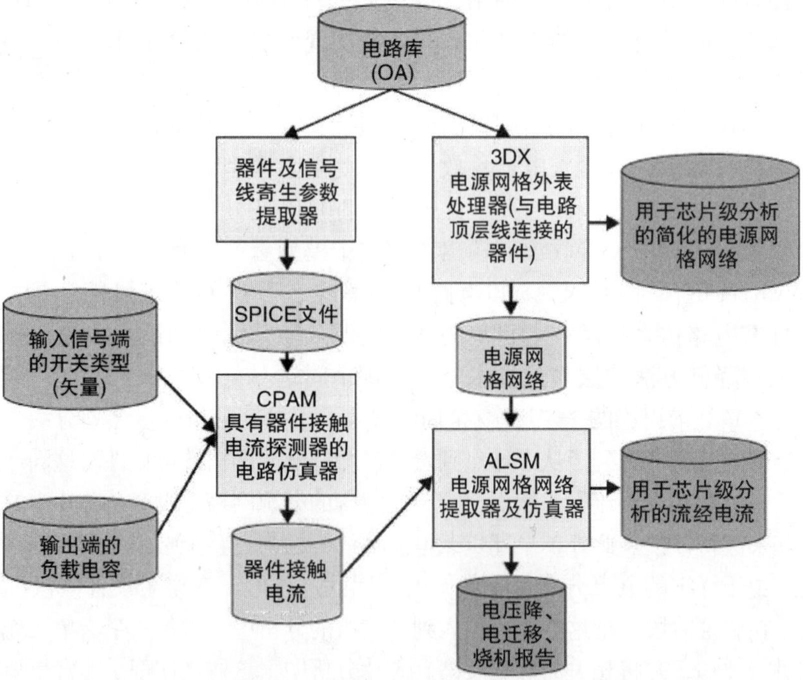

图 9.14　宏单元特征化及分析流程

以下 4 ~5 程序：

电路提取

对于电源完整性，电路提取意味着对电路版图中的器件拓扑结构、信号连线电阻和电容进行寄生参数提取[12]。电路提取器需要处理多达 100000 个器件以及 10000000 到 20000000 寄生 *RC* 元件。为了提取如此大的宏单元，IBM 首先忽略了信号电阻，同时由于平行电容可以整合在一起进行分析，这种方法就有效降低了模型节点的数量。器件通孔的 *X* 轴和 *Y* 轴位置是由提取器定义的，并且这些位置信息将会以 DSPF　SPICE 的格式输入到电路仿真器中。

电路网表生成和仿真

图 9.14 中描述的方法是基于向量方法得到的[13]。这种方法将信号加入到信号端口中，在提取的电路中产生开关活动性，从而计算功耗以及对器件通孔电流进行测量。在工业界中，有各种各样的技术用于发展该种方法。通常采用快速仿真器有助于对大型的网络进行仿真。相比传统的 HSPICE 仿真器，快速仿真器通常包含线性化器件模型，因此仿真速度有了大幅度提高。当对电路输入和锁存器开关因子进行检测时，IBM 通过引入元件开关向量，并配合以输入开关类型控制以及电路模拟技术，将有源电流元件和数据进行隔离。我们可以采用公式来计算泄露电流，这些公式中包含了从电路网表和 PVT 条件中提取的电路层叠信息。后工艺技术用于减小数据电流元件和泄露电流，同时提供在特殊操作条件下，表 9.1 中定义中的通孔电流。

电源网格提取

一旦器件电流信息可用，那么通过提取电源网格信息就可以建立一个电源网格模型。这个电源网格模型主要是电阻网络，用于对电路的 *IR* 压降和电迁移进行评估。由于电迁移评估需要详细的连线信息，这些信息包括层信息、连线宽度以及单元的 *X* 轴、*Y* 轴位置。因此提取器必须获得这个网络相应的物理和电气信息。DSPF SPICE 格式作为普通的 SPICE 格式，包含有以上所有信息。通常将 SPICE 格式转换到 LEF/DEF 或者 IDM 格式的技术并没有应用在该层级的设计中，主要是因为定制的电路版图对精确转换并没有实质性的帮助[14]。

电源网格仿真

电路仿真步骤中获得的器件通孔电流，结合电源网格提取程序中获得的电阻阵列，就可以构成一个完整的电路模型。而这个电路模型可以通过线性电路仿真器进行计算[15]。从这个方法中获得的解可以得到线单元电流和节点电压。当检查电迁移受限电流以及 *IR* 压降受限电压时，电源网格仿真器必须将计算所得电流、电压与连线、节点的 *X* 轴\ *Y* 轴位置联系起来考虑。需要指出的是，工业界的仿真工具可以将信号和电源网格提取结合起来，从而获得一致的负载电流和电源网格评估结果。然而，该种方法只能应用于小规模电路中。

报告及数据处理

电迁移、*IR* 压降报告以及电压轮廓线输出总结了分析的各个步骤，电路设计者可以从中定义热点区域或者电迁移问题。除了报告，以优化后的电源网格模型、通孔电流以及芯片最低端口层形式进行的宏单元数据处理，有效提高了芯片级分析的速度。

在 POWER7 + 中，超过 1000 个宏单元要经过电源网格分析流程进行处理，输出的处理结果存储在特殊的库位置，以备在芯片级分析时使用。IBM 拥有一套升级的分析方法，能够追踪所有的设计和分析要求，这其中也包括了电源网格分析，并将其作为一种在大规模单元中控制设计的方法进行使用。升级后的系统作为质量标尺，决定了电源网格分析何时可以进行。作为一个规则，当 90% 的宏单元满足电源网格分析标准时，芯片验证才能开始。这是因为芯片模型建立程序中的不一致性可能导致错误的分析结果。

在设计阶段，至上而下的设计方法用于设计 POWER7 + 从焊球点到宏端口的电源网格。而验证阶段则是一个自底向上的流程。这个流程被多达 100 个设计者采用，并将其用于一致性的宏单元设计流程中。一旦达到宏单元 90% 的阈值点，芯片电源网格分析就开始进行了。

图 9.15 展示了 POWER7 + 芯片的芯片验证流程。正如所看到的，芯片电源网格提取、网表生成、仿真步骤都采用相同的工具框架来作为宏单元的电源网格分析流程，并通过重复利用来简化维持及获得的有效性。将提取过程和模型建立步骤复杂化的一种重要区别是，在宏单元层面之上，将芯片设计层次打平。正如之前讨论过的，在单元/芯片库中已经出现了多个设计层次。而电源网格提取器将这些层次打平，并建立一个物理模型。这个物理模型有助于获得从焊球点到所有宏单元端口的准确电流流向模型。为了将宏单元端口拓展到电路端口，由宏单元特征化过程建立的简化的电源网格模型包含在芯片提取的步骤中。这就有效降低了模型建立的回转时间，因为阵列、寄存器文件、I/O 口等宏单元具有复杂的电源网格版图，对它们进行分析需要额外的处理时间。

提取步骤的输出是从 C4 到电路端口芯片电源网格的物理表示。这个物理模型通过电阻提取规则实现了到电阻网络的转换。这个物理模型同样包括打平的“电源图”或底层规划。电路仿真器利用电源图，将宏单元特征化过程中获得的通孔电流与电源网格的正确坐标位置结合起来，用于电路分析中。从这个点上看，提取、网表生成以及仿真步骤作为宏单元流程都是一致的，只是这时的模型规模要大得多。因为电源网格分析是一个直流分析过程，所以每一条电源线都需要进行独立处理，这就需要平行处理技术来降低回转时间。

由于 POWER7 + 芯片具有对称性，所以静态验证可以简化为只分析一个芯片组或者处理器核心部分，而不用分析周围的 8 个芯片组。芯片验证过程独立的

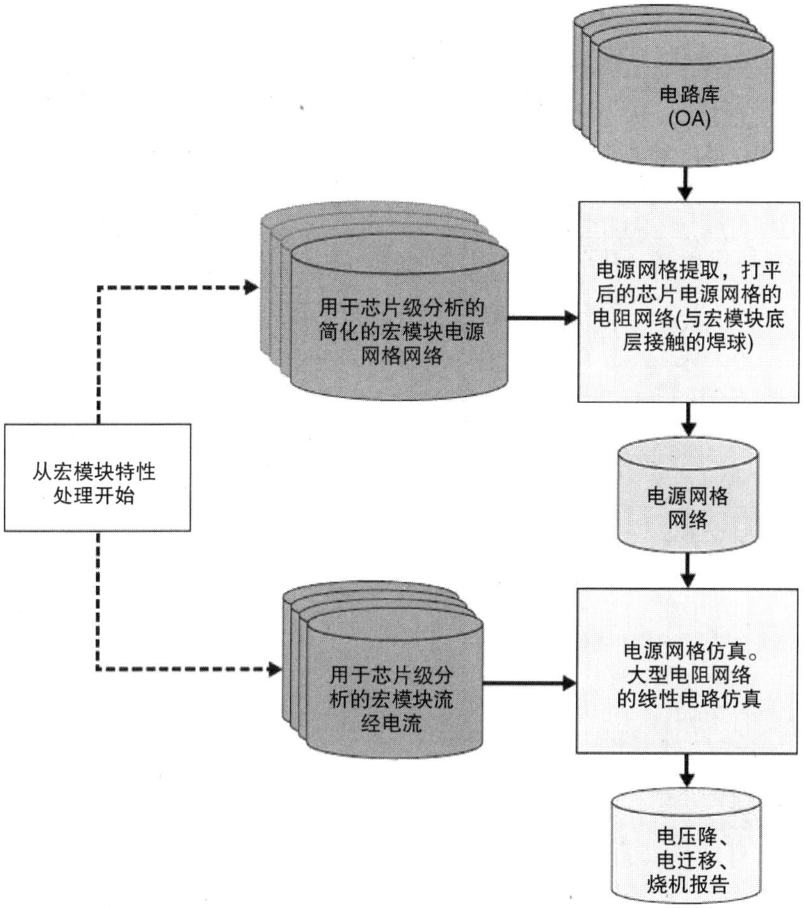

图 9.15　芯片级的电源网格分析流程

应用在芯片组和周围的巢式区域中，简化了模型建立过程，减小了评估时间。这种方法的一个担心之处在于每一个区域都共享一个地线。所以巢式区域和芯片组边界之间的地会产生相互作用。由于在底层中的地网格边界是由底层规划工艺和高的层电阻产生的，因此在底层上地之间的相互作用是非常微弱的，所以可以忽略不计。但在上层中，独立的模型方法是较为谨慎的，因为芯片组需要的电流可以流向巢式区域的焊球点，同样也可以经焊球点流向芯片组。需要重点指出的是，在设计阶段中，必须将该效应考虑在内，并且全芯片模型建立为仅存在端口的宏单元模型。这些模型中的相互作用是非常微弱的。所以，独立的模型方法具有较小的误差，对于满足电源网格分析规范要求是谨慎，而且足够的。

用于芯片组和巢式区域的芯片验证过程所产生的轮廓线方案分别如图 9.16 和图 9.17 所示。当这些结果与图 9.12、图 9.13 中的设计评估结果进行比较，可

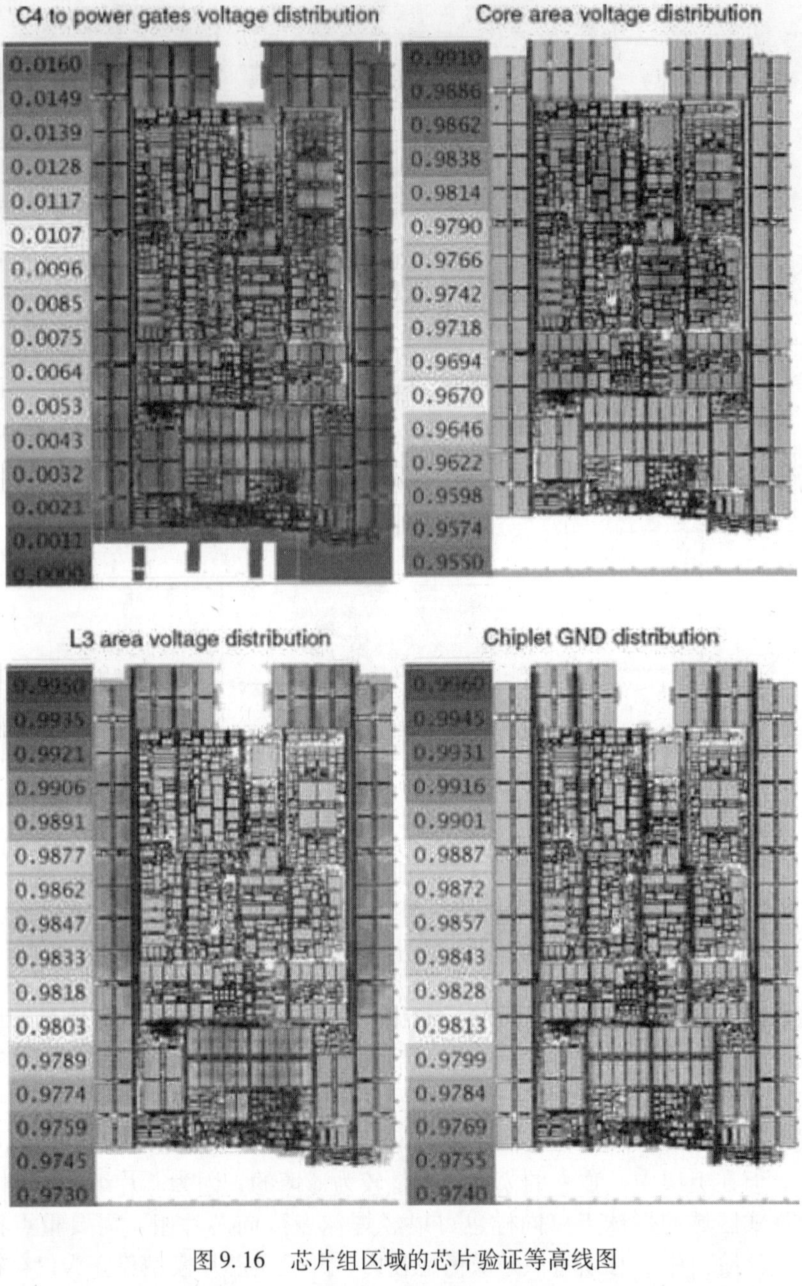

图 9.16　芯片组区域的芯片验证等高线图

以发现电压轮廓线是一致的。这是我们所期望的结果，因为设计评估并没有包含宏单元层面的细节信息，比如不一致的分布电流和额外的网格电阻等。芯片验证过程中具有更高的 *IR* 压降，但聚集的热点区域是一致的。

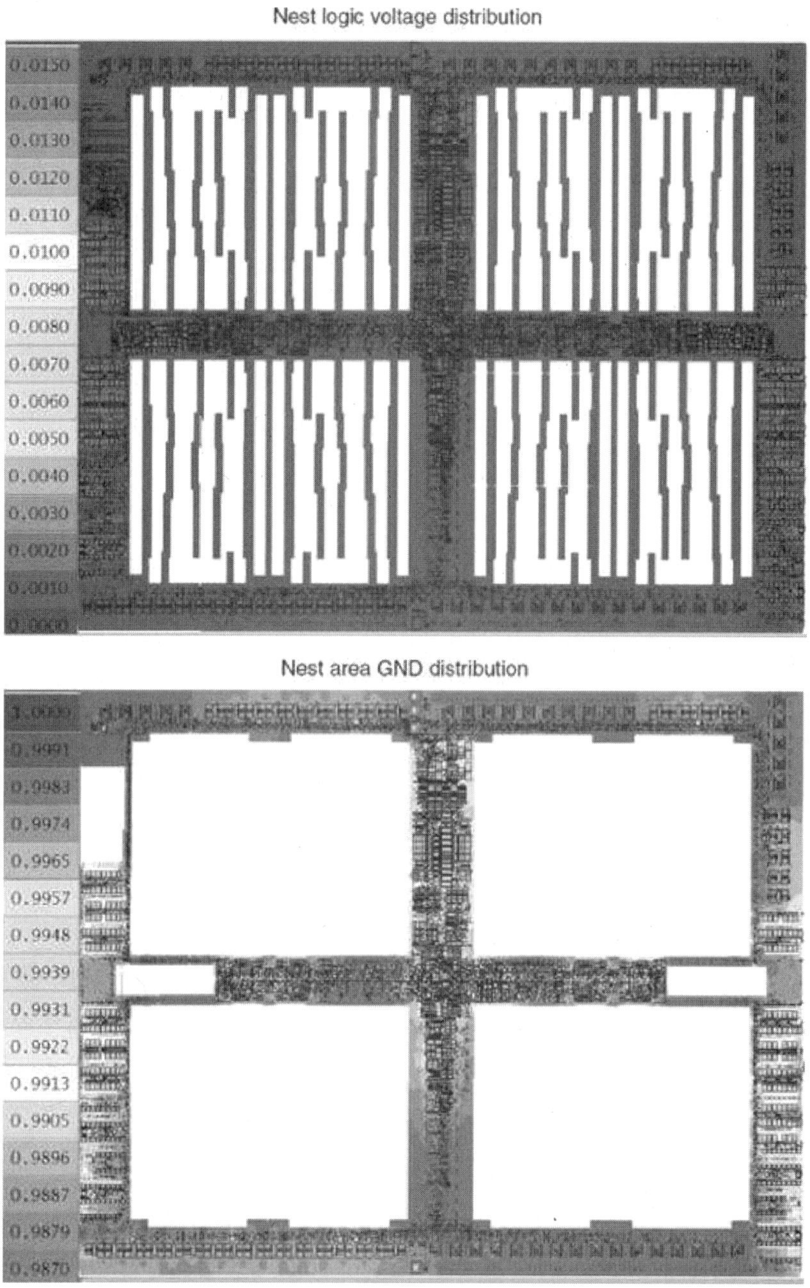

图 9.17　巢式区域芯片验证的等高线图

从这个点来说，可以在信号走线的热点区域添加电源线，来降低热点区域的电压降。在一些情况中，当热点区域是由宏单元内的局部电流产生的，那么需要再次进行宏单元分析来理解这些局部效应，并决定是否要采取一些电路设计变化来减小这些电流。如果是这样，那么宏单元设计就需要进行更新，宏单元和芯片也需要重新进行评估。

9.7 瞬态电源网格分析

正如在之前章节所提到的，POWER7 + 芯片的电压容差是由直流电压降的总和和中频瞬态噪声来定义的。中频的定义涉及功率传输系统中的阻抗谐振，以及芯片的最高工作频率。在 IBM 中的基本前提是谐振频率应该比时钟频率小上数倍，这样噪声振幅就可当作对于所述调节器设定点的 DC 电压偏移。由于噪声的低频成分，所以认为所述电压偏移在整个芯片中是一致的。频率断点因素决定了什么时候将谐振噪声事件视为全局事件，什么时候又将其视为局部事件，数年来这个问题在 IBM 内部的电源完整性工程师之间一直进行着讨论。用于计算断点频率的基本准则是确定在共振频率时的有效波长。如果 5% 的波长大于所述芯片的尺寸，噪声事件被认为是电短路的，这意味着噪声振幅的空间变化在整个芯片面积内大致是恒定的。电短路近似通常用于天线设计和传输线分析[16]，从一个电源完整性角度考虑，可以作为一个经验法则来评估受影响区域处的噪声频率。这种近似也用于评估细节，以建立一个电气模型来准确地捕捉到噪声事件。

正如所提到的，在电力输送系统中可以有几个共振频率，其中一些是在调节器或板级去耦电容产生的结果，但最高谐振频率通常是第一级封装电容到片内去耦电容所呈现的电感的函数。这里要注意的重要一点是，每一个谐振将产生一个波动的电压，这个波动电压从电源系统传输到电路中。但是由于靠近负载源位置以及芯片上去耦电容的数量限制，芯片与第一级封装之间的相互作用倾向于产生最高噪声振幅。此外，共振可以相互作用，这样由于添加电路板或模块去耦电容，就可以有一个依赖于芯片的噪声计算。更有效的是，一个谐振幅度取决于频域内邻近谐振的相对位置。为了整合这些效应，这将在系统层面导致复杂的电源完整性分析。在本节中，将集中论讨 POWER7 + 芯片和它的第一级封装之间的相互作用。应当记住的是，芯片和第一级封装模型是特定频率范围内和噪声结果产生的原因，并被假定为与噪声水平相关，从而可以用来定义芯片的电压容差。

除了中频分析，本节将讨论 POWER7 + 中采用的去耦电容技术，以及用于最小化噪声的去耦电容配置方案。虽然高频分析没有在门级进行详细分析，但仍然应当仔细评估噪声对 I/O 电路的影响，因为这些 I/O 电路的工作频率往往超过 10GHz。在这些频率上，噪声引起的抖动是一个关键问题，并且需要在这些界面的设计中加以考虑。

去耦电容的数量是减少中频噪声的关键因素之一。在 45nm 工艺中，利用栅极氧化物厚度的氧化物产生一个对地电压电容，这在 IBM 以及行业是普遍采用的方法。在一定面积范围内达到的去耦电容的数量依赖于栅极区以及所述氧化物的厚度。图 9.18 示出了一个典型的布局和横截面构造。这个器件的目的是当选择最小氧化层厚度时，在工艺允许的范围内，通过最大化填充栅极面积来最大化单位面积的电容。在最近的 65nm 工艺中，氧化层厚度降低到一个层度，使得在可获得的最小氧化层厚度上，栅极泄露电流成为重要的电流分量。由于数以百万计的去耦电容单元放置在整个设计中，泄漏电流的后果是非常严重的，因此规定增加氧化层厚度以减少泄漏功率。这就导致了去耦电容密度降低。这些限制给电源完整性工程师提出了巨大的挑战，因为高谐振频率迫使对局部电源噪声进行评估，而电气短路标准只是勉强满足设计标准。

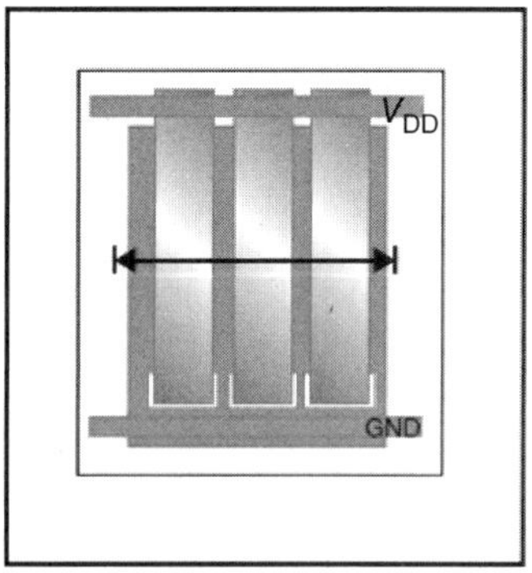

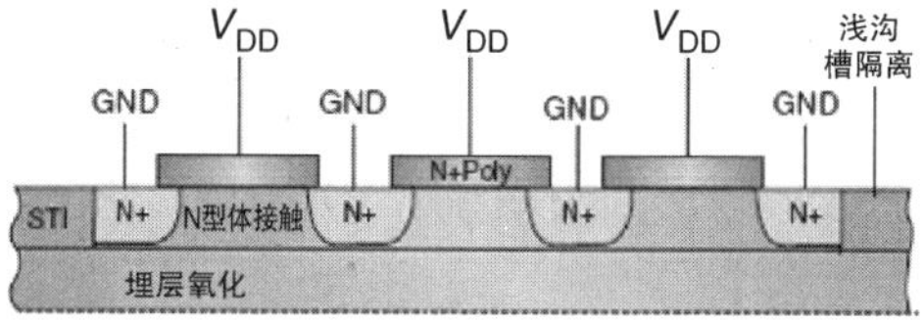

图 9.18　氧化去耦电容的布局和横截面

在 45nm 工艺中，IBM 发展了一种新的技术，这种技术具有高密度的阵列电路。这种电路称为 DRAM，并与处理器功能集成在同一块晶圆上。这种技术的主要益处在于将深沟道技术用于去耦电容和存储器单元的设计中[16]。图 9.19 展示了一个表面下大器件的组成区域，这个区域可以形成一个所需的电容。这里需要注意的是，相比于氧化层器件，这种版图布局有利于增加去耦电容的密度。计算表明，在同样的面积内，深沟道电容的电容值比普通电容大 20 ~ 25 倍。为了最大化去耦电容密度，深沟道去耦电容必须包含尽可能多的阱。然而，需要设计体接触为器件衬底提供负偏压。这时，器件的时间常数与阱的数量和通孔接触面积有关。大的体通孔面积可以有效降低串联电阻，并在较低的去耦电容密度情况下减小时间常数。

深沟道时间常数是电源完整性中需要重点关注的参数。因为通过大的源电阻传输到负载的电荷，会使得去耦电容在稳定电源端的功能失效。图 9.20 比较了深沟道电容和等效氧化物电容中的电流和电荷。虽然氧化物电容比深沟道电容的时间常数小得多，但深沟道电容中传输的峰值电流却高出氧化物电容 33%。因

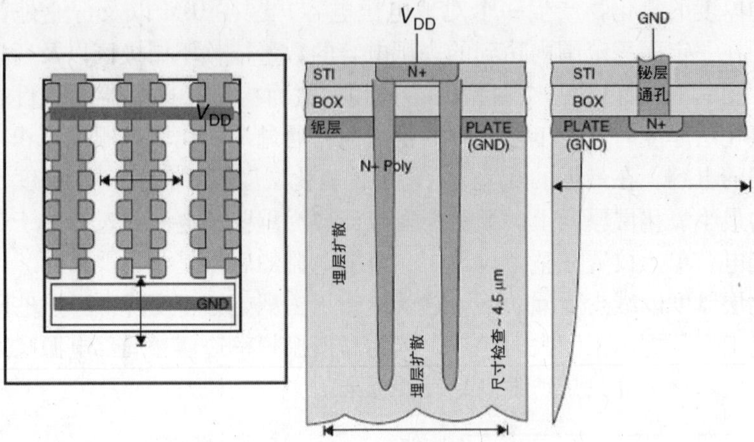

图 9.19　深沟道去耦电容版图及横截面

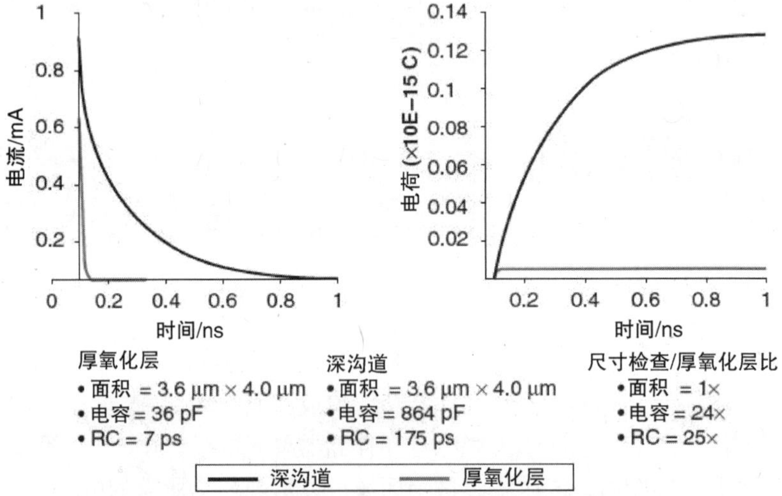

图 9.20　深沟道电容与氧化物电容的时间常数比较

此即使二者的时间常数相差较多，但深沟道电容的高频噪声去耦合功能比氧化物电容要强得多。右侧的电荷传输图代表了电容的电荷传输量。曲线下的面积表示合适周期内可用于去耦合功能的所有电荷。从图中可以看出，用于电源完整性应用中增加的深沟道电容值，比同样的氧化层电容值要大得多。

从图 9.22 的研究中可以得到两个需要重要关注的点。深沟道去耦电容降低长期噪声和中频电源噪声的有效性，是电源完整性系统设计中的重要进步。由于可以在芯片上放置大量的去耦电容，因此相比于 IBM 之前的几代设计，电压容差减小了数个百分比。在同样的电源设置下，IBM 服务器可以工作在更高的频率上，由于电压容差降低，芯片的最小电压要更高一些。高去耦电容值的另一个影响是谐振频率的降低。在之后的内容中我们将详细讨论，更低的谐振频率对芯片上去耦电容的位置存在较为复杂的影响。这是因为噪声波长变得足够长，从而使得电气短路标准很容易被满足。图 9.22 中的电路图展示了深沟道电容降低高频噪声的潜力。正如之前讨论过的，时间常数可以根据阱周围体接触通孔的数量和面积进行调整。由于存在低频谐振频率，因此不需要具有快速时间常数的去耦电容。为了克服这些差别，深沟道去耦电容设计需要关注两个点。首先，在衬底去耦合应用中，当时间常数较大时，每个通孔的最大阱数量有利于获得最大的去耦电容密度。其次，去耦电容设计限制了每个体通孔的阱数量，从而减小了时间常数。这些器件都应用在高频开关活动性较强的阵列或者 I/O 等电路或者宏单元中。

深沟道去耦电容对电源完整性的影响可以通过评估 POWER7 + 设计来得到。其中，中频噪声评估流程可以总结为以下 5 个步骤。

电气模型结构

以 *RLC* 网络为代表的封装模型与以 *RC* 网络[㊀]为代表的芯片模型共同构成了电气模型。代表通孔点到芯片的节点数量表示相对低质量的连接关系。通常每一个芯片输出用 1 到 2 个节点进行表示。IBM 的封装设计组采用多种技术对封装的 *RLC* 效应进行特征化。有限差分时域方法能够详细计算时域内的电磁影响，并在同样的框架内提供特征化和仿真机制[17]。另一种方式可以计算模型端口的 *S* 参数[18]，并以阻抗形式表示了频域的 *RLC* 效应，同时也能在频域内执行仿真。反 FFT 变换可以将这些结果转换回时域。

去耦合电容品质估计及布局

由于采用相对粗糙的芯片模型，在设计早期需要对整体去耦电容进行评估。当设计向前推进，在流片之前需要进行更为准确的估计。此时，基于可用的白空间（未被电路占据的空间），一个稳定的底层规划就可以产生更为准确的估计。IBM 中基本的设计理念是，在工艺允许的范围内，用去耦电容填充白空间。白空间区域以及去耦电容密度，有助于增加整体芯片电容。

需要注意的是，芯片输出和巢式区域的逻辑电源线布局已经是固有的设计方法。这些电源线贯穿于所有的功能边界。这就产生了一致的去耦电容布局。其他对阵列和 I/O 供电的电源线都具有局部性。所以，电源线去耦合设计的品质和布局需要进行着重考虑。

开关电流估计

用于中频分析的基本激励是输入一个阶跃响应，来表示诸如时钟开关事件的开关活动性。估计负载电流步长的方法有很多。基本前提是将用于特殊功能和负

㊀ 由于芯片上深沟槽去耦电容的分布性质，忽略电源网格电感不会对分析瞬态噪声测量精度产生重要的影响[19]。

载的开关电流从背景电流中分离出来。背景电流包含了泄露电流和稳态电流两部分。这些电流可以用负载模型中的分流电阻来表示，以此来模拟抑制效应。9.4节讨论了用于量化特殊负载中直流功耗的分析方法。虽然没有描述分析过程的细节，但对多个负载的评估可以用来确定开关有源功耗所占的百分比，从而对 ΔI 事件进行评估。在项目设计的早期阶段，只能对总的有源功耗和泄露功耗进行评估。在这种情况下，首先假定一个有源功耗的百分比，比如逻辑电源占40%。同样可以假设更高的百分比、活动性的周期更短。在这种情况中，会假设输入一个固定宽度的脉冲激励信号。

噪声评估和规范

在设计的早期阶段，当芯片的许多信息还未知时，评估阶段就开始了。在这种情况下，总的近似用于评估去耦电容品质的噪声敏感性、负载电流与背景电流之比以及负载阶跃上升时间。这里重要的假设是，用于敏感性评估的电气模型代表了芯片和封装的实际设计情况。当设计逐渐成熟，改善的去耦电容和电流估计加入到评估阶段中，从而提高了评估的准确性。这时主要的输出是上升传输沿和下降传输沿时产生的噪声幅度信号，这些噪声幅度信号是由特定的电流斜坡产生的。当电流斜坡上升时，噪声传输沿下降，产生一个最小电压。掉电情况由电流斜坡下降表示，从而产生一个正的噪声传输沿。当泄漏由模型中的非线性电阻（通常表现为一个 V^2 特性）进行表示时，由于泄漏的抑制效应[20]，正的噪声幅度要小于负的噪声幅度。这个阶段噪声幅度的评估结果需要反馈到上电事件以及掉电事件的电压容差规范中。

特殊考虑

特殊考虑主要关注噪声敏感电路，以及需要进行特殊评估的电源管理程序。在噪声敏感电路中，存储器阵列由两个电源进行供电。一个电源对逻辑功能电路进行供电（V_{DD}），而另一个更高的电源（V_{CS}）用于对存储器阵列单元和读写电路进行供电。对于所有噪声事件，阵列电路要求 $V_{CS}-V_{DD}$ 保持正值。在噪声评估之前，归一化的 $V_{CS}-V_{DD}$ 在整压器中设置为100～150mV。所以，首先对第一个开关活动性进行评估。之后由于产生了噪声，一个模型用于反映这些电源之间的最小压差。同时也要考虑 POWER7+中的电源开关功能。因为电源开关事件是重要的噪声产生源。此外，电源开关面积减少了有源功能中的去耦电容数量。这就产生了变化的谐振频率，但更重要的是减少了有源区域内的可用电荷。所以，分析要求对独立的区域进行评估，这些将在接下来的章节中详细进行讨论。

图9.21中对 POWER7+结构的中频噪声评估是从封装和芯片模型入手的。图9.22和图9.23展示了模块底部表面的引脚布局，以及晶圆上特殊的电压区域。由于处理器核心区域对高电流的需求，模块的电源引脚布局都集成在芯片输出区域，从而降低电阻和电感。芯片区域由电阻网络进行表示，每一个芯片输出

都有 6 个节点对。每一个节点对都包含电源线，V_{DD}或者 V_{CS}和 GND。这充分考虑了电流、电阻和电容的分布方式，以模拟整个区域内的负载变化。对于嵌套逻辑和 I/O 电压区域，引脚放置在芯片外围或者与 I/O 信号引脚交叉摆放。这个方法的基本前提是这些连线的电流较小，而且可以承受较高的封装电阻和电感。同时，VIO 引脚与信号和 GND 引脚交叉摆放，以保持经过整个模块的片外信号回流电流。着重注意的是，GND 引脚在底层表面并不是均匀分布，这样做的目的是为了最小化环路电感。在芯片模型中大约有 50 个节点对用于支持嵌套逻辑、开关活动性以及去耦电容布局。

图 9.21　POWER7 + 芯片置于单芯片模块之上

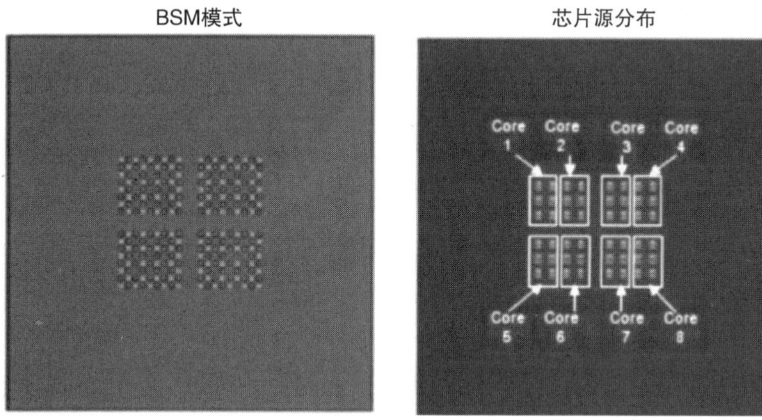

图 9.22　模块底层表面的引脚以及芯片模型表示的处理器核心面积

表 9.3 展示了在所有电路工作情况下，POWER7 + 的开关电流估计。芯片端口 V_{DD}包括了片上绝大部分的开关电流。剩余的有源和泄漏电流视为串联电阻，以此来模拟背景电流产生的噪声响应的负作用。虽然这些近似看起来非常简单，但这些模型的近似线性行为基于敏感性分析，考虑了对于不同负载条件下的噪声缩放。因为开关模型需要在整个项目过程中不断演进，所以噪声预测也可以从这些一阶近似中不断更新。

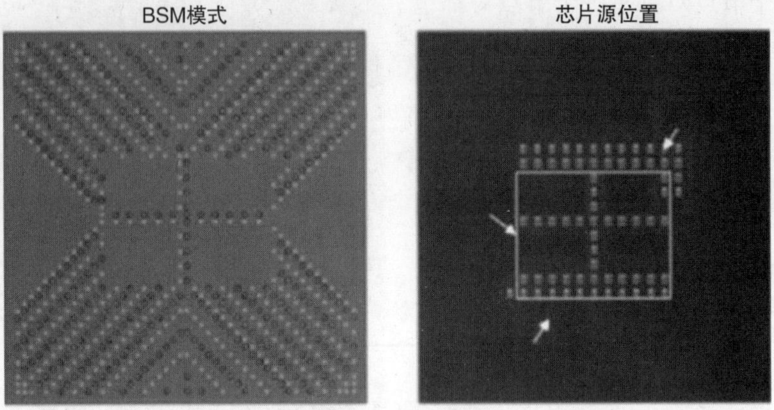

图9.23　模块底层表面引脚以及芯片模型表示的巢式和I/O区域

表9.3　开关电流估计

	有源功耗	泄漏功耗	总功耗	电压	假设的开关电流(%)	开关电流
V_{DD}(芯片组)	X1/核心	Y1/核心	8 * (X1 + Y1)	1.1V	40	8 * 0.4 * ×1/1.1
V_{DD}(巢式区域)	X2	Y2	X2 + Y2	1.1V	40	0.4 * ×2/1.1
VIO	X3	Y3	X3 + Y3	1.2V	1.0 * ×3/1.2	
V_{CS}	X4/核心	Y4/核心	8 * (X4 + Y4)	1.25V	80	8 * 0.8 * X4/1.25

去耦电容数量通常通过对片上可用的“白空间”以及期望的去耦电容密度来进行估计，从而获得合适的数量值。由于在中频模型中，芯片的表示较为粗糙，所以去耦电容布局（包含负载）的详细模型只能从质量上进行保证。例如，6个节点对用来表示芯片端口区域。所以，每一个节点代表六分之一的芯片端口，并以此来描述负载和电容的非一致性。在早期分析中，当底层规划还没有完全明晰，在模型区域内去耦电容和负载被认为是一致的。为了克服去耦合估计过程，当去耦电容数量作为一个变量时，需要执行噪声分析。对去耦电容噪声敏感性的理解有助于描述布局要求，从而获得既定的噪声目标。

基于图9.22、图9.23中描述的模型结构，以及表9.3定义的负载电流估计，就可以对噪声进行初步评估。图9.24和图9.25展示了芯片端口和巢式区域内，中频噪声波形与去耦电容数量之间的函数关系。正如所看到的，峰值噪声和噪声变化都是去耦电容数量的函数。有两点需要注意的是：首先噪声随着去耦电容数量的增加而降低，但存在一个拐点，当耦电容数量继续增加时，噪声反而开始上升。一个一阶的经验性公式用于预测由于去耦电容数量变化所产生的噪声幅度变化：

$$\frac{V_{n1}}{V_{n0}} \simeq \sqrt{\frac{C_0}{C_1}} \tag{9.1}$$

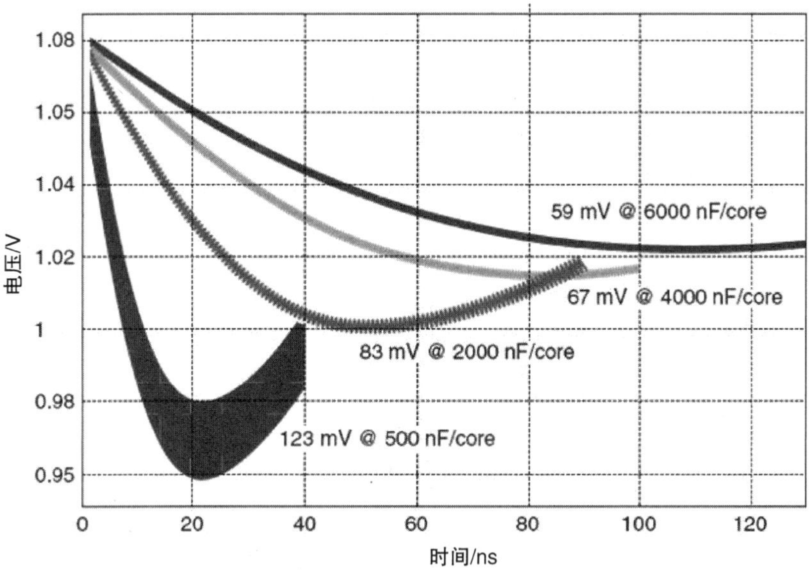

图 9.24　端口区域噪声波形与去耦电容数量的函数关系

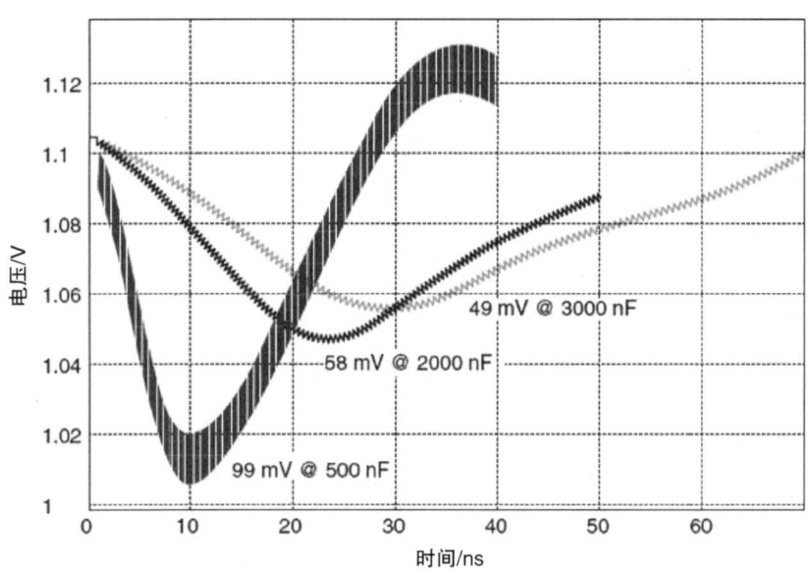

图 9.25　巢式区域噪声波形与去耦电容数量的函数关系

式（9.1）表明噪声幅度与去耦电容数量的影响正比于 C_0/C_1 的二次方根㊀。所以，如果去耦电容数量加倍，即 $C_1=2*C_0$，噪声水平变为 $V_{n1}=0.707*V_{n0}$，或者说噪声降低了29%。仿真表明当考虑所有因素时，噪声降低了25%。基于图中的结果，这个近似较为精准。另一个需要关注的点是，当去耦电容增加，噪声减小时，时间增加了。这是另一个明显的结果：即当去耦电容增加时，谐振频率降低，或者说时间常数增加了。谐振频率的一阶近似假设，噪声达到最小值时的时间作为噪声周期的四分之一。当输出端电容为2000nF时，产生一个200ns或者5MHz的谐振频率，这个谐振频率是去耦电容与环路电感相互作用所产生的结果。

从这些结论中可以得到多个复杂的效应：

1）深沟道电容大幅度降低了芯片/封装谐振产生的噪声幅度。有时将这个效应称为一次下降（first droop）。二次和三次下降是由系统级电源传输元件的低频谐振产生的。相比于深沟道去耦合，二次和三次下降会产生更高的噪声幅度，所以可能需要在系统级进行更仔细的观察和重设计。

2）降低的芯片/封装谐振频率限制了负载变化产生的噪声影响。从根本上说，大量的深沟道电容降低了芯片/封装的谐振频率，拓展了噪声周期。由于开关状态由小于50ns的电流脉冲进行表示（假设电容值为2000nF），所以在电流耗散完之前，不可能获得最大噪声。这个效应属于系统自测试事件的范畴。系统自测试可以由大幅度和短周期的电流脉冲进行表示。当使用氧化层电容时，这个问题在IBM内部始终存在。但近年来通过使用深沟道技术，该问题已经得到极大缓解。

3）低谐振频率使去耦电容布局产生一个二阶效应。这个二阶效应虽然在分析中没有详细进行描述，但可以通过芯片长度与噪声波长之比推导出来。在5MHz时候，这个比例小于0.1%，表明在整个芯片区域内噪声是不变的。因为电容电流正比于 dV/dt，空间不变性使得在整个芯片区域内电容的充电和放电具有一致性。所以去耦电容数量是除了布局之外，降低瞬态噪声首要考虑的因素。

为了评估电压容差规范中噪声的可用水平，需要计算去耦噪声电容的数量。图9.26展示了当去耦电容的数量固定时，为了达到一个特定的噪声水平，核心和巢式区域所占的百分比。作为一个总体的指导方针，一个用于去耦电容布局的随机逻辑区域通常要占据白空间区域20%～25%的比例，而这个随机逻辑区域通常为巢式区域。巢式区域图表明仅需要12.5%的面积比例，就可以获得50mV的噪声目标。如果面积比例达到25%，那么噪声水平将下降25%，即下降到37mV。而输出端口区域呈现出多种情况。该区域由三部分组成：核心、L2和

㊀ 这个公式是第2章参考文献［20］的简单推导。

L3[⊖]。核心中典型的白空间区域和 L2 通常限制在 10% ~15%，而 L3 较为疏松，因此总的面积大约为 15% ~20% 之间。正如之前讨论过的，去耦电容也放置在宏单元中，但在白空间估计描述中并没有进行考虑。因此，为了将中频噪声限制在 83mV 之内，POWER7 + 的目标是 2000nF 或者占据 20.8% 的面积。

我们需要对存储器和 I/O 区域的局部电源网格进行特殊的考虑。不同于逻辑电源网格分布于整个芯片之中，V_{CS}和 VIO 是局部网格，用于对这些电路进行电压传输。这些电路需要一个逻辑电压电平以及一个额外的更高的电压来维持电路功能。所以，局部电源网格与逻辑网格交叉排列。由于网格的局部性和交叉效应，环布在这些电路周围的去耦电容数量有限。在一些情况下，需要拓展局部电源网格来增加电容。局部电源网格是去耦电容到负载的有效近似，并且最小化高频噪声。图 9.27 展示了在输出区域内阵列电路的布局以及全局 V_{CS}电源网格。如图所示，电源网格分布在阵列周围的白空间区域内，这种布局有利于阵列电路周围的去耦电容布局。在一些情况中，根据整体去耦电容要求和所需的开关电流位置，可以在阵列宏单元周围布置去耦电容。

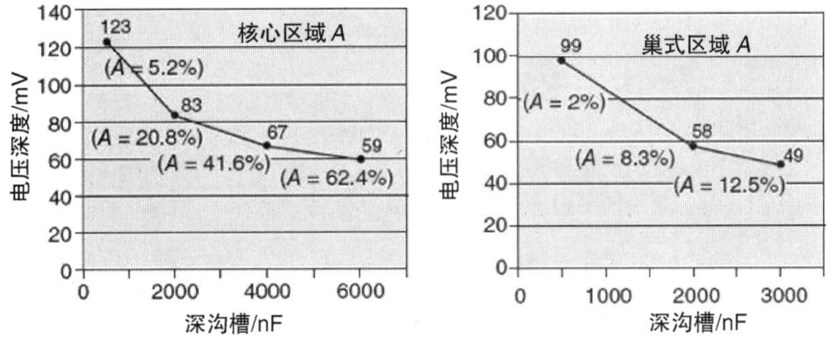

图 9.26　假设密度为 224nF/mm²时候，满足特定噪声限制的面积要求

图 9.28 展示了基于表 9.3 中的负载电流估计，对于不同去耦电容数量和输出面积时，噪声与 V_{CS}的关系。对于 V_{CS}基本的开关假设是，在噪声周期内存在一个高比例的阵列开关活动性，这个比例大约是整体活动性电流的 80%（对于逻辑供电大约是 40%）。在输出区域可放置的最大去耦电容为 2000nF。从图 9.28 和式（9.1）中可以得到，如果 V_{CS}的目标噪声为 100mV，那么去耦电容为 360nF。即 18% 的 2000nF 电容需要从 V_{DD}转向 V_{CS}，使得 V_{DD}噪声从 83mV 增加到 93mV［利用图 9.24 和式（9.1）］。

从这个点上说，需要注意的是阵列电路需要 $V_{CS} - V_{DD}$大于零。基本但是保守的假设是阵列仅仅对 V_{CS}进行开关，而 V_{DD}并没有动作。如果 V_{CS}的噪声为 100mV，

⊖ 核心是主要的计算逻辑电路，而 L2 和 L3 是缓冲存储器。

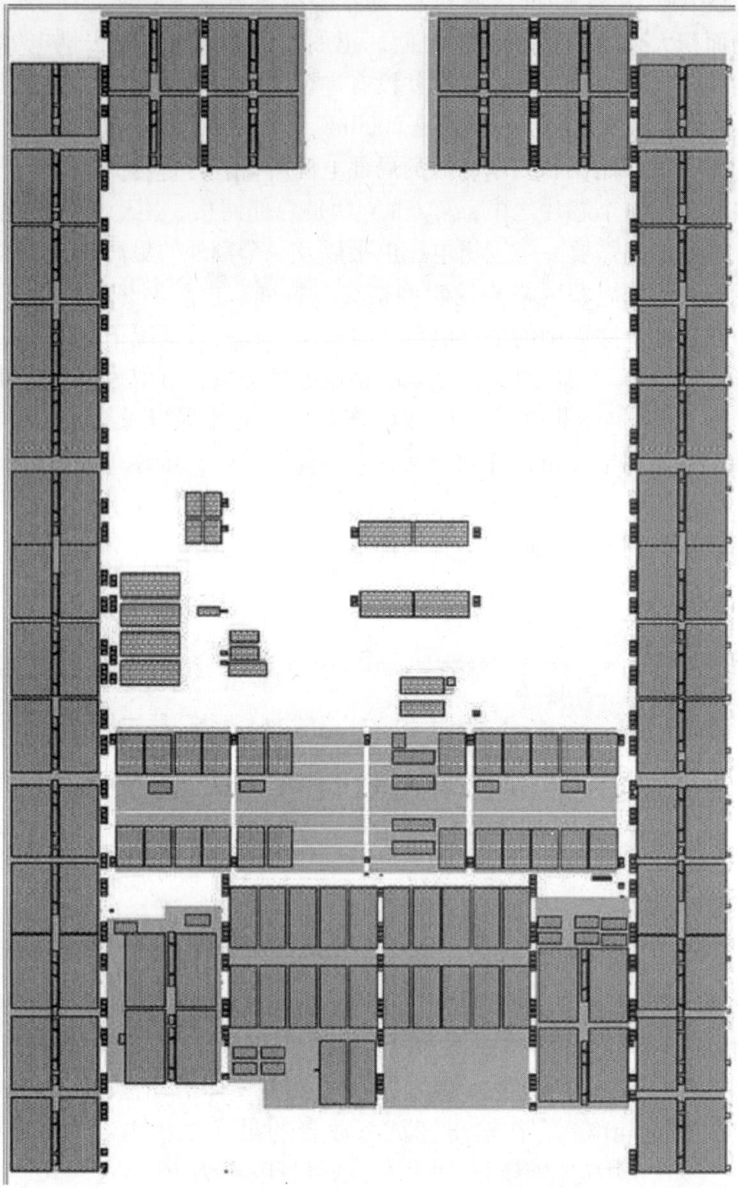

图 9.27 输出阵列底层规划和全局 V_{CS}电源网格

则 V_{CS}电压需要设置为比 V_{DD}电压高 100mV。然而，考虑其他的因素，比如到地的馈通噪声。因为 V_{CS}和 V_{DD}共用一条参考连线，V_{CS}的开关活动性容易将噪声注入到地，使得 V_{DD}接近 V_{CS}。这个效应虽然影响有限，但考虑到 DC 压降等其他效应，V_{CS}需要设置为大于 V_{DD}150mV，才能保证阵列电路的功能。

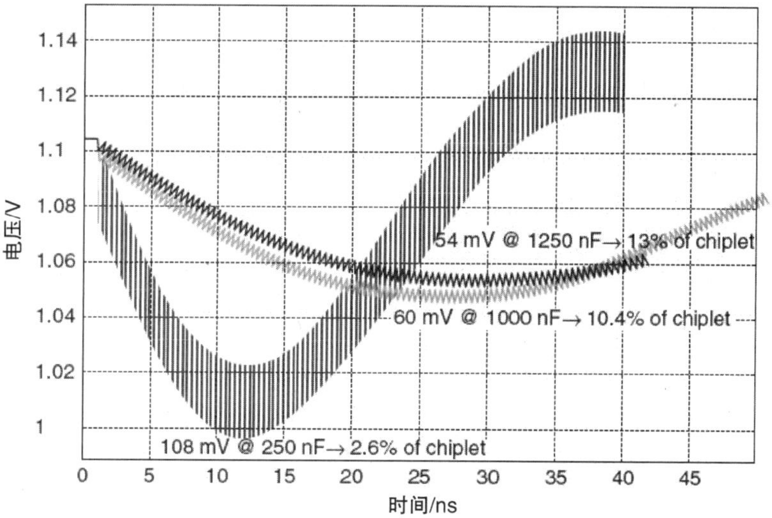

图9.28　阵列电压（V_{CS}）噪声波形与去耦电容数量和输出面积的函数关系

从这个角度考虑，与电源开关的假设是所有的输出端口都处于旁路模式，由电源网格模型进行表示，形成一条从焊球点到电路端口的低阻通路。在POWER7+芯片中，从瞬态角度考虑，至少有两个效应需要进行定量分析。第一个效应考虑到每一个网格的上电和掉电的电源开关操作。因为电路和去耦电容会从零电压开始充电，任意打开输出端口会导致电流的大量涌入，产生瞬态噪声，并反作用于其他旁路端口。在POWER7+芯片设计中充分考虑了这个问题，通过在有限步骤内顺序上电和掉电操作，将涌入电流拓展到3μs的周期。在标头电路设计中将上电和掉电事件划分为12个步骤，如图9.29所示。在图中，直到标头电路打开4μs之后，电路才达到最大电流值。右边波形展示了缓慢斜坡时的噪声影响。另一个波形展示了由于电源开关顺序以及V_{DD}引起的V_{CS}噪声响应。一旦斜坡超过500μs，噪声水平大幅度下降到一个可以忽略的值。当上电或者掉电输出允许每一个输出端口在没有噪声顾虑的情况下进行动态操作时，电源管理系统充分考虑到了这个延迟。

电源开关设计的第二个考虑是当其他输出端口处于电源开关模式时，单输出端口操作的影响。在这种情况下，仅仅每一个端口内的电容可以用于去耦合，因为其他输出端口中的电容都被电源开关隔离开了。电容降低的幅度被开关电流下降的比例所抵消。因此由于去耦电容中的泄露，谐振频率将会增加，这对噪声幅度产生了一定的影响，然而，基于式（9.1），噪声幅度仅会以去耦电容的二次方根比例增加。在两个有源输出端口的情况中，电容下降4倍，而噪声增加了2倍。然而，开关电流降低将会线性降低噪声。在两个有源输出端口的情况中，开

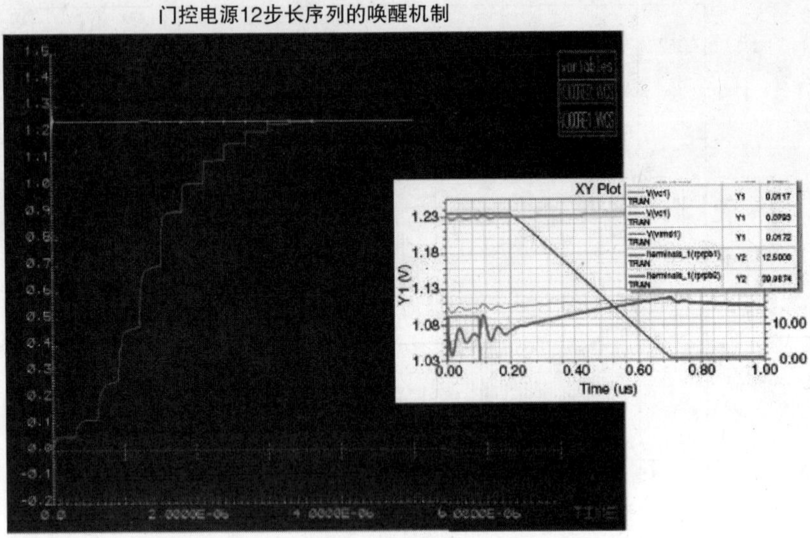

图 9.29　电源电压的 12 级斜坡电源开关顺序

关电流降低 4 倍将会使得噪声降低一定的比例。所以，考虑到所有有源输出端口的情况，当两个输出端口激活，而其余 6 个关闭时，该影响会导致噪声降低 50%。这个分析的噪声结果如图 9.30 所示，其中活动输出端口的噪声水平为 58mV，而当全部端口激活时，噪声水平为 93mV。

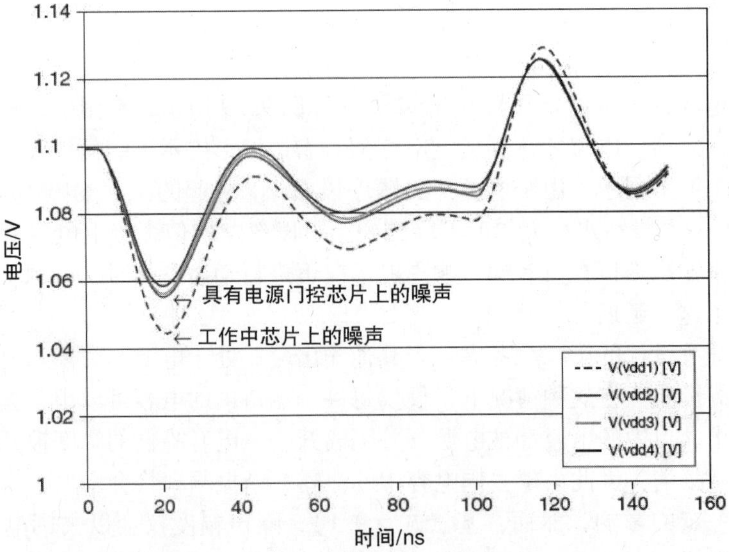

图 9.30　两个活动输出端口的噪声分析结果

最终的电源完整性问题归结于 I/O 电路上噪声引起的时钟抖动问题。在 POWER7 + 中，有超过 2000 个 I/O 电路，其中一些的工作频率高达 10GHz。大部分电路都是自时钟控制，这需要对发送器到接收器电路中的延迟器件有一个清晰的理解。一种方法是通过引入不需要的延迟变化，使得电源噪声反作用于这些电路的位错速率，这种方法称为噪声诱致抖动。除了中频噪声，由于 I/O 电路同步开关产生的高频或者环路噪声都需要进行量化，并通过去耦电容布局或者电路设计进行缓解。对于高频噪声分析，中频模型不够精确。因此，如图 9.31 所示，我们建立一个芯片上 I/O 区域的局部模型，来作为同步开关 I/O 电路产生的高频电源噪声模型。该建模技术与之前讨论的建模技术类似。然而，该模型主要是为分布去耦电容和负载电流芯片电源网格提供一个网络模型，这个模型是为 IBIS 模型表示的 I/O 电路所建立的。基于电气短路标准，100μm 到 150μm 的网格单元足以支持 10GHz 的信号电路。其目的是通过局部去耦电容布局，将高频噪声的峰峰值限制在 50mV 左右。最小化高频噪声的一系列去耦电容设计原则可以从 I/O 区域中的分析中得到。

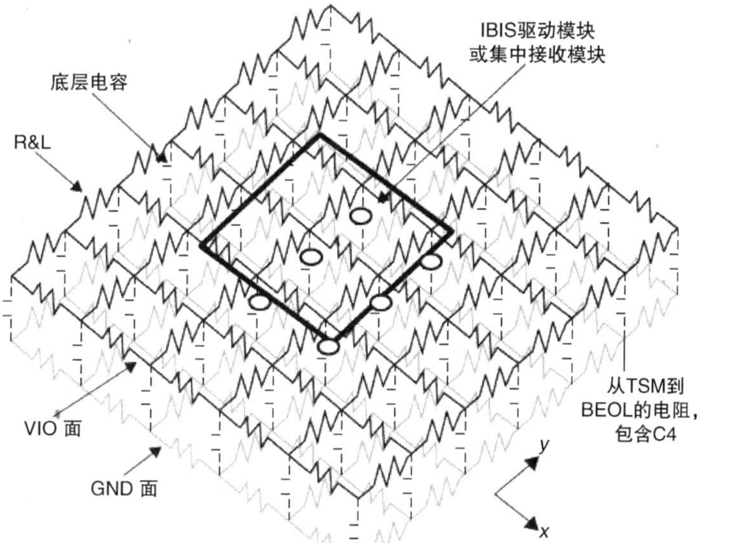

图 9.31　I/O 区域的局部模型

峰峰值噪声规范与中频噪声信号结合构建的波形，可以在 I/O 电路仿真中预测噪声诱致抖动。如图 9.32 所示，自时钟 I/O 电路通路与复合噪声波形结合的 SPICE 模型，通过与 DC 供电电源串联，可以用来模拟噪声的影响。当进行开关活动性仿真时，需要将该噪声加入其中。延迟时间测量是沿着垂直箭头指示的电路通路进行的，这个测量可以在有无噪声的两种情况下量化电源噪声诱致抖动的影响。因为抖动是沿着通路进行积累的㊀，因此我们可以构建一个图例来观察不同电路元件的延迟敏感性。陡峭的斜率表明通路中的某个电路对电源噪声特别敏感，可能需要更多的局部去耦电容来降低噪声的影响。由于一些 I/O 电路的异步开关行为，对延迟时间影响的准确特征化需要考虑到开关活动性情况下的噪声波形定相（或者时间定位）。由于这些仿真的复杂性，我们需要 I/O 电路的相关知识，并且需要 I/O 设计工程师和信号完整性工程师配合进行设计。

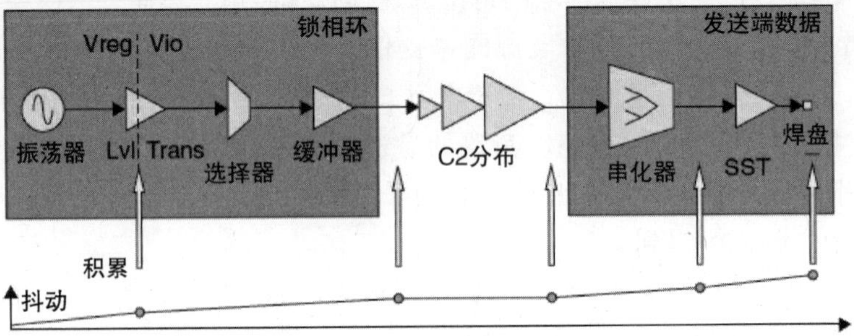

图 9.32　I/O 电路横截面以及积累的抖动曲线

9.8 致谢

POWER7 + 也许是 IBM 设计的最为复杂的芯片，代表了数以百计工程师和程序员的艰苦努力。本章中描述的电源完整性设计仅仅是整体设计努力中的一小部分。如果没有众多电路工程师和物理工程师的共同努力，就不可能有 POWER7 + 芯片产品的产生。作者要特别感谢以下电源完整性领域中的同事、经理和顾问，正是有了他们的共同努力，才使得该芯片得以顺利应用。

Joshua Friedrich	Victor Zyban
Wiren Dale Becker	Tingdong Zhou
Sungjun Chun	Holger Wetter
Michael Scheuermann	Nagu Dhanwada
Erich Schanzenbech	Kartik Acharya
Raju Balasubramanian	Scott Taylor

㊀ 抖动经常以均方根的方式出现。

9.9 参考文献

1. S. Taylor, "POWER7+™ IBM's Next Generation POWER Microprocessor," Hot Chip Symposium, August 27–29, 2012.
2. P. S. Ho, "Basic Problems for Electromigration in VLSI Applications," Proceedings of IEEE Reliability Physics Symposium, pp. 288–291, 1982.
3. A. Deutsch, H. H. Smith, B. J. Rubin, B. L. Krauter, and G. V. Kopcsay, "New Methodology for Combined Simulation of Delta-*I* Noise Interaction with Interconnect Noise for Wide, On-Chip Data-Buses Using Lossy Transmission-Line Power Blocks, "*IEEE Transactions on Advanced Packaging*," vol. 29, no. 1, pp. 11–20, February 2006.
4. R. Berridge, R. M. Averill III, A. E. Barish, M. A. Bowen, P. J. Camporese, J. DiLullo, P. E. Dudley, et al., "IBM POWER6 Microprocessor Physical Design Methodology," *IBM Journal of Research and Development*, vol. 51, no.6, pp. 685–714, November 2007.
5. D. Conti and J. Van Horn, "Wafer Level Burn-in," *Proceedings of Electronic Components and Technology Conference*, 2000, pp. 815–821.
6. T., Zhou, J., Friedrich, and W. Becker, "Deriving Voltage Tolerance Specification for Processor Circuit Design," Proceedings of 20th IEEE Conference on Electrical Performance of Electronic Packaging and Systems (EPEPS), pp. 17–20, October 2011.
7. B. Garben, M. F. McAllister, W.D. Becker, and R. Frech, "Mid-Frequency Delta-*I* Analysis of Complex Computer System Boards with Multiprocessor Modules and Verification by Measurements," IEEE Transactions on Advanced Packaging, vol. 24, no. 3, pp. 294–303, August 2001.
8. Y. V. Ladyzhensky and Y. V. Popoff, "Software System for Distributed Event-Driven Logic Simulation," *Proceedings of IEEE East-West Design & Test Workshop* (EWDTW'05), pp. 119–122, 2005.
9. N. Dhanwada, D. Hathaway, J. Frenkil, R. Davis, and H. Demircioglu, "Leakage Power Contributor Modeling," *IEEE Design & Test of Computers*, vol. 29, no. 2, pp. 71–78, April 2012.
10. N. Dhanwada, D. Hathaway, and V. Zyuban, "Algorithm and System for Contributor Based Power Abstract for Power Modeling of Microprocessor Components," Docket Number YOR8-2012–1304.
11. J. Shin, J. A. Darringer, G. Luo, M. Aharoni, A. Y. Lvov, G. Nam, and M. B. Healy, "Floorplanning Challenges in Early Chip Planning," International SOC Conference, Proceedings of SOC Conference (SOCC), IEEE International, pp. 388–393, 2011.
12. Synopsys.com; StarRC Parasitic extraction tool data sheet.
13. J. S. Neely, H. H. Chen, S. G. Walker, J. Venuto, and T. J. Bucelot, "CPAM: A Common Power Analysis Methodology for High-Performance VLSI Design," Proceedings of 9th IEEE Conference on Electrical Performance of Electronic Packaging (EPEPS), pp. 303–306, 2000.
14. LEF/DEF Language Reference, Cadence Design System, copyright 2003.
15. S. R. Nassif and J. N. Kozhaya, "Fast Power Grid Simulation," *Proceedings of the 37th Design Automation Conference*, pp. 156–161, 2000.
16. John D. Kraus, *Antennas*, McGraw-Hill, 1950, chap. 3, p. 49.
17. B. Jayaraman, S. Gupta, Y. Zhang, P. Goyal, H. Ho, R. Krishnan, S. Fang, et al., "Performance Analysis and Modeling of Deep Trench Decoupling Capacitor for 32nm High-Performance SOI Processors and Beyond," 2012 IEEE International Conference on IC Design and Technology, 2012.
18. Sigrity.com; SPEED 2000 data sheet.
19. Sigrity.com; PowerSI data sheet.
20. R. Nair and D. Bennett, *Power Integrity Analysis and Management for Integrated Circuits*, Prentice Hall, 2010.

第 10 章 用于电源传输的碳纳米管互连元件

在传统硅器件尺寸缩小和铜互连元件退出主流工艺之前，基于碳纳米管半导体器件和互连元件的基础研究目前已经在进行中，并且这些基础研究也同样适用于商业用途。

在本章中，我们讨论在 VLSI 互连元件中小尺寸㊀材料的特性。特别讨论了应用于电源传输网络的互连元件，并将其与目前广泛使用的互连材料——铜做对比。我们同时回顾了碳纳米管互连制造工艺技术，虽然这些技术目前还处于早期的发展阶段。之后讨论了碳纳米管潜在的优势和独特的特性，表明了其作为未来互连模块的最大潜力。

10.1 为什么要选择新的互连材料

在过去的十年中，由于更低的电阻率，铜代替铝成为了片上互连的主要材料。低电阻率的互连材料不仅有利于更好的信号传播（更低的 RC 时间常数）和电源完整性（更低的 IR 压降），而且有利于互连的可靠性（更低的 I^2R 功率耗散）。然而，近年来，先进的工艺节点使得铜互连元件的发展到达了它的极限。在接下来的几个章节中，我们讨论目前广泛使用的铜互连元件所面临的挑战。这些挑战表明由于铜材料局限所带来的困难，并不是简单的选择另一种普通导体所能解决的。

10.1.1 增加的铜互连电阻率

当 VLSI 工艺特征尺寸下降到 100nm 时，由于一些物理和环境的原因，在先进工艺节点中铜互连元件的有效电阻率开始上升。

阻挡层效应

第一个原因是扩散阻挡层需要阻挡铜扩散到周围的绝缘体中。这些阻挡层的电阻率比铜大得多。在更低电阻率金属层的本地连线情况中，大约 20% 的延伸线宽度将会被阻挡层覆盖，这极大的增加了连线的有效电阻。

表面及晶界散射

目前工艺节点中，连线横截面的平均自由行程在室温下大约是 40nm。在这

㊀ 在纳米级导体中，如碳纳米管，电导性更不容易受限于三维空间尺寸，而目前普通导体的导电性普遍是三维的。

种尺寸下，大的表面面积和体积比增加了电子表面散射的重要性。此外，在这些连线中的铜晶格尺寸小于材料中的容积，所以常常受限于之后的连线尺寸。因此，在晶格边界中也有大量的电子分布。

电阻率的温度系数

最后，因为诸如铜一类的互连金属的电阻率存在正温度系数，互连元件的自加热以及随之而来的温度上升，这都增加了铜互连元件的电阻率。由于多种原因，对于片上互连元件，工艺尺寸缩小同样导致更高的温度。这些原因将在本章的后续中进行讨论。

如图 10.1 所示，这些原因都导致片上铜互连电阻率远超过 1.9μΩ·cm。

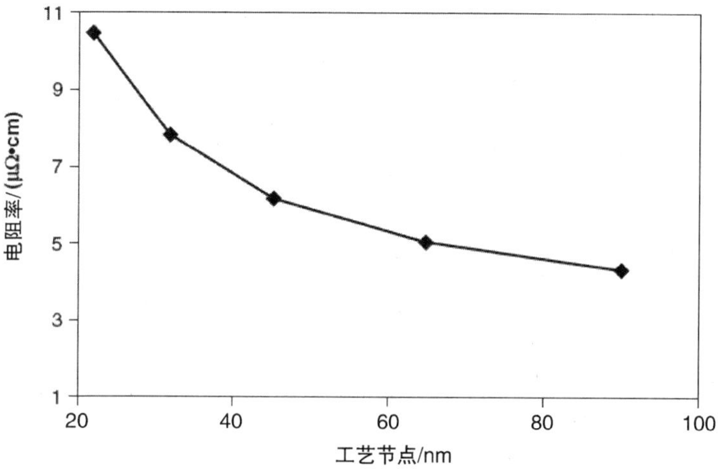

图 10.1　在增强型表面、晶界散射效应和有限阻挡层情况下，300K 时，铜互连的电阻率与 VLSI 工艺节点的函数关系[7]

10.1.2　电迁移可靠性

集成电路的电源传输网络是由金属互连元件组成的。因此，互连元件材料的可靠性是电源完整性中重要的考虑因素。这些互连元件中的开路或者短路失效对于芯片的功能和性能可能是灾难性的。电迁移——由于在电场中导电电子和金属离子之间的动量传递导致的大块金属迁移——被认为是电子电流重复施压下 VLSI 互连元件的主要失效机制。

互连元件的电迁移可靠性可以通过平均失效时间（Mean Time To Failure, MTTF）来衡量，这可以通过布莱克公式进行建模：

$$\mathrm{MTTF} = A^{*} J^{-n} \mathrm{e}^{Q/K_{\mathrm{B}}T_{\mathrm{m}}} \tag{10.1}$$

其中 A^{*} 是与互连微结构和几何尺寸有关的常数，J 为电流密度，在正常情况下，指数 n 的典型值为 2，Q 是电迁移的活动能量，K_{B} 是玻尔兹曼常数，而

T_m 是金属温度。所以除了互连金属本身的内在特性，电流密度 J 和金属温度 T_m 都是温度因子，与互连可靠性有重要关系。

组成电源传输网络的连线电流具有单向性。这使得连线特别容易受到电迁移失效的影响，因为它们并没有任何对于双向电流的补偿效应，例如，那些单向电流由连线连接到逻辑电路上。

从式（10.1）可以看出，互连元件的电迁移寿命与电流密度是二次方关系，与金属温度是指数关系。下一小节我们将讨论 VLSI 工艺尺寸缩小趋势对这两个环境因子的反作用。

10.1.3 铜互连元件尺寸的缩小趋势

传统的，工程师都牢记片上信号互连都和性能设计相关。大家主要关注如何降低信号的传播延迟（RC 延迟）。在另一方面，可靠性是互连元件构成电源网络最重要的考虑因素。近年来，工艺尺寸缩小已经使得电迁移可靠性成为所有片上互连最先考虑的问题。

国际半导体工艺发展路线预测，依赖于互连元件的电流密度将会随着工艺尺寸的缩小而增加。这种电流密度增加是连线横截面缩小和芯片功耗密度增加的直接结果。另一方面，多种工艺因素加剧了片上热管理问题，同时也导致了金属温度上升。

热产生趋势

首先，由于纳米级芯片功率密度增加，半导体器件操作温度随着工艺尺寸的缩小而增加，从而产生了片上金属温度。其次，由于自加热（I^2R 焦耳热），互连元件的温度上升更快，这是铜互连电阻增加的直接结果，如图 10.1 所示。

热去除趋势

当今的大多数 VLSI 芯片都采用倒转芯片技术，即散热片直接和半导体衬底相连。而远离散热片的金属堆操作温度比典型半导体器件操作温度要高。

最初的芯片互连热去除模式是通过散热片实现的。工艺尺寸缩小导致增加的金属层更加远离散热片，而现代半导体工艺包含有超过十层的金属层。同时，通过引入具有低介电常数（低 K 值）的绝缘体来降低寄生互连电容。这些低 K 值介电材料由于它们的易渗透性，具有更低热传导性[4]。通常用于中间层的电介质的热传导性小于 0.4W/(m·K)，远小于铜的 385W/(m·K)。因此，当工艺尺寸缩小时，通过散热片传导来进行互连层的热去除就显得不那么有效了。更糟的是，由于 3D 集成电路（当传统的平面尺寸缩小已经到达极限时，3D 集成电路已经成为了目前的发展主流）的三明治芯片衬底以及衬底远离散热片，3D 集成电路的热去除将面临新的挑战。

所有 VLSI 工艺尺寸缩小趋势都对未来铜互连元件以及它们的极限电流传输

能力造成威胁。这些可靠性问题都成为了寻找可替代材料的驱动力。碳纳米管具有许多富有吸引力的特性，已经成为这个领域中重要的领跑者。

10.2 碳纳米管的基本特性

碳纳米管是由石墨烯构成的中空圆柱体——碳原子以一层原子厚度排布成蜂窝网格状。基本的碳纳米管结构如图 10.2 所示。单壁碳纳米管（Single - walled carbon nanotubes，SWCNTs）包含单一的碳原子层，而多壁碳纳米管包含多层共质心碳原子层（multiwalled carbon nanotubes，MWCNTs）。我们越熟悉的材料，如石墨，包含整个独立的原子层（石墨烯）层叠在另一层之上。

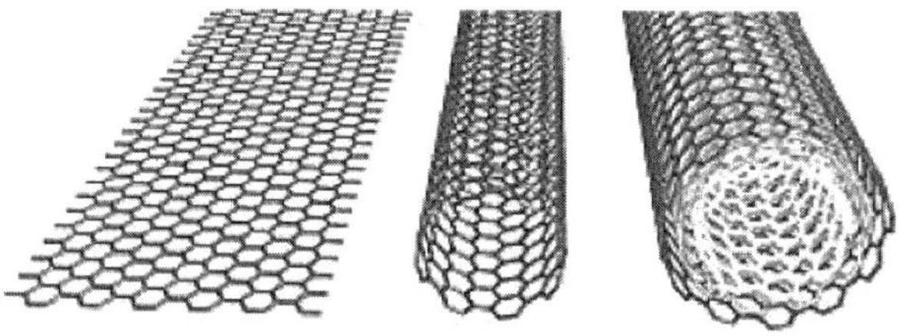

图 10.2 单层石墨结构（左边为石墨烯、中间为单壁碳纳米管，右边为多壁碳纳米管）[9]

第一个多壁碳纳米管由 Sumio Ijima 于 1991 年发明，而第一个单壁碳纳米管在两年后见于报道。虽然单壁碳纳米管的直径范围从 0.5nm 到 5nm，典型的单壁碳纳米管的直径大约为 1nm。目前报道的多壁碳纳米管的直径可达 100nm，而典型的多壁碳纳米管直径在 10nm 和 20nm 之间。多壁碳纳米管的层间隔大约是 0.32nm，与石墨相同，即 Van der Waals 间隙。

10.2.1 手征性

如图 10.3 所示，可以通过两个单位向量 $\hat{a}_1$ 和 $\hat{a}_2$ 的整数倍来描述二维石墨烯中的每个网格点。因为每一个碳纳米管可以认为是一个滚动的石墨烯板，它的周长可以通过连接石墨烯板两个结晶体的等效网格点来表示，而这两个结晶体的等效网格点就构成了石墨烯。而碳纳米管的基本特性可以从这个向量中得到，这种特性称为手征向量：

$$\bar{C}_h = n\,\hat{a}_1 + m\,\hat{a}_2 \tag{10.2}$$

手征向量 $|\bar{C}_h|$ 的长度等于碳纳米管的周长，而两个乘数（n，m）都称为碳纳米管的手征性。要深刻理解手征性和纳米管特性的相关关系，需要深入探索它的结合结构。有兴趣的读者可以参考参考文献［2］。

基于手征性，碳纳米管可以分为三类，当 n 和 m 相同，碳纳米管是金属性

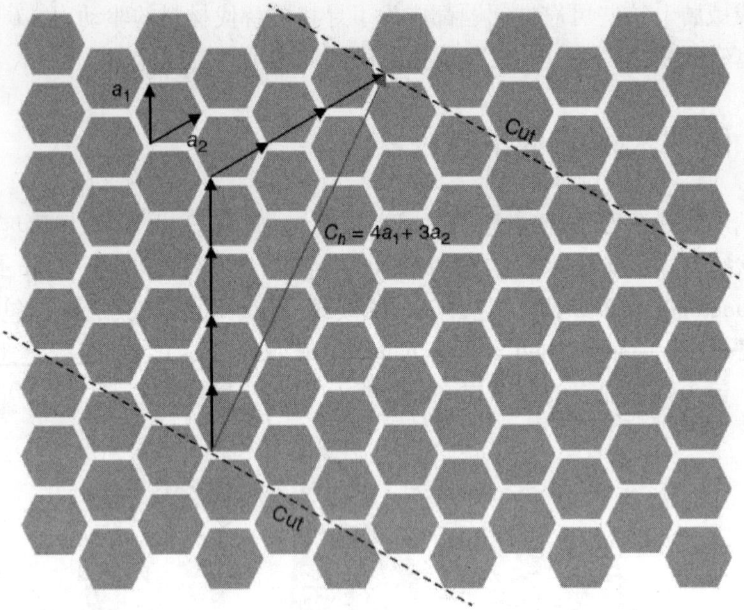

图 10.3　一个二维石墨烯层碳纳米管手征向量的图例。乘数（n，m）决定了碳纳米管的手征性和周长。当石墨烯层沿着平行的虚线切开并且滚动后形成一个封闭的圆筒形，索引（4，3）就形成一个碳纳米管

的，并且可以作为互连使用。当 $n-m$ 的差值是 3 的整数倍，那么碳纳米管是半金属性的（该碳纳米管具有一个曲率引起的带隙）。在所有的情况中，碳纳米管展现出带隙的半导体特性，而带隙又依赖于手征性和碳纳米管直径。从统计上说，只有三分之一的碳纳米管结构是金属性导体。直到目前，也无法根据特定的手征性来生成碳纳米管。而在纳米尺寸上，采用同样材料来满足金属性互连元件和半导体器件需求的可能性是非常吸引人的，而无法控制碳纳米管的手征性阻止我们进行进一步的研究。

10.2.2　电流带载能力

碳纳米管中的共价结合物的相对强度使得它们比铜互连元件更容易受到电迁移问题的影响。在之前的章节中，我们讨论过电迁移考虑限制了铜互连元件的最大电流带载能力小于 5×10^6 A/cm^2。而在另一方面，金属性单壁碳纳米管的电流带载能力在10^9 A/cm^2 数量级上。其他的研究表明即使超过 100℃，并且持续足够长的时间，多壁碳纳米管电流带载能力超过10^{10} A/cm^2，而不会造成任何损坏[11,12]。

为了从电迁移可靠性的角度阐明碳纳米管的有益性，可以认为理想上一些碳纳米管的电流带载能力与典型的铜互连能力相匹配。一个横截面尺寸为 100nm ×

50nm 的典型铜互连单元电流带载能力可以达到 50μA，而一个 1nm 直径的碳纳米管电流带载能力可以达到 20 到 25μA[13]。然而，在本章的后续内容中可以清晰的知道，碳纳米管束包含大量的碳纳米管，从而减小互连电阻。

10.2.3　热传导性

碳纳米管的分子动态仿真预测它的热传导性大约为 6600W/(m·K)[14]。实验观察发现在室温下，独立的多壁碳纳米管的热传导性超过 3000W/(m·K)[15]，而单壁碳纳米管束的热传导性在 1750 ~ 5800W/(m·K) 的范围之内。形成对比的是，铜的热传导性为 385W/(m·K)。所以，作为互连材料的碳纳米管，可以成为比铜更优秀的热导体，并且有助于缓解之前章节中讨论过的片上温度上升。

10.3　碳纳米管的电气特性

一个长度小于电子平均自由行程的单壁碳纳米管等效电路模型参数如图 10.4a 所示，基于这个模型描述了一维导体中相互作用的电子[8]。

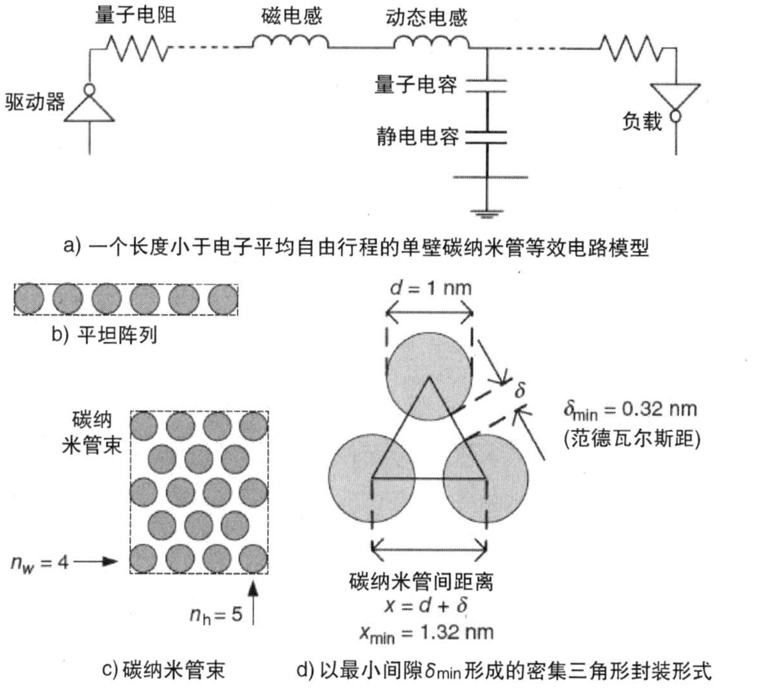

图 10.4　一个长度小于电子平均自由行程的单壁碳纳米管等效电路模型，一个好的低阻互连需要大量碳纳米管以碳纳米管阵列碳纳米管束（n_w 和 n_h 分别表示碳纳米管束中的最大行数和列数）以最小间隙 δ_{min}形成的密集三角形封装的形式形成平行电流通路[9]

10.3.1 电阻

考虑到自旋简并性的一维导体电阻可以表示为：

$$R_{1D}=R_c+\frac{h}{2e^2}\frac{1}{MT} \tag{10.3}$$

其中 R_c 是不完全的金属 - 碳纳米管接触电阻，h 是普朗克常数，e 是电子电荷。$h/2e^2$（约为 12.9kΩ）为量子电阻，M 是导体沟道的数量，T 是传输系数，与导体长度和平均自由形成相关。如果导体长度小于电子平均自由形成，那么就没有沿着导体长度上的分布（弹道传导），那么传输系数可以认为是 1。

一个单壁碳纳米管在费米能级（$M=2$）具有两个导电子带。所以，一个理想单壁碳纳米管的最低可能电阻，认为是理想的金属 - 碳纳米管接触（$R_c=0$），并且存在弹道传导（$T=1$），可以得出：

$$R_{CNT-Q}=\frac{h}{4e^2}=6.45\text{k}\Omega \tag{10.4}$$

这是一个长度小于电子平均自由行程（λ_{CNT}）的单壁碳纳米管的基本量子电阻。单壁碳纳米管的平均自由行程大约为 1μm。

当多壁碳纳米管长度 l 大于平均自由行程，导电性不再具有弹道传导性。一个理想的多壁碳纳米管的分布电阻在这个情况下（$l>\lambda_{CNT}$）为

$$\frac{h}{4e^2}\frac{l}{\lambda_{CNT}} \tag{10.5}$$

所以，一个长度为 l 的单壁碳纳米管的整体电阻为

$$R_{CNT}=R_c+\frac{h}{4e^2}\frac{l}{\lambda_{CNT}} \tag{10.6}$$

如果没有充分考虑接触材料和工艺条件，R_c 的值会远大于内在碳纳米管的电阻值。然而，制造技术已经可以保证金属 - 碳纳米管接触电阻的相对贡献保持一个很小的值。这些与碳纳米管互连元件有关的先进制造技术将在 10.6 节中讨论。

电压偏置的依赖性

碳纳米管的电阻值是其偏置电压的函数。在一个较高的偏置电压时，由于高能电子的增强声子分布，出现电流饱和。碳纳米管电阻随着偏置电压的增加单调增加，可以表示为：

$$R_{CNT}=R_{low-bias}+\frac{V_{bias}}{I_0} \tag{10.7}$$

其中 $R_{low-bias}$ 是在低偏置电压（在 0V 附近）时碳纳米管的电阻值，V_{bias} 是

碳纳米管上的电压值，I_0 是饱和电流。换句话说，即使当 V_{bias} 增加，电流的最大值也不可能超过 I_0。对于 1μm 长的碳纳米管，饱和电流 I_0 约为 251μA，并且该电流值随着碳纳米管的长度变化而变化。而偏置电压对碳纳米管互连电阻的影响可以忽略[9]，同样对于电源网络中偏置电压对互连电阻的影响也可以忽略，因为这时的 V_{bias} 非常小。

10.3.2 电容

施加在一个一维导体上的电压对其电化学势能的影响有两个方面。当电荷 δQ 进入导体，静电势能的变化为：$(\delta Q)^2/(2C_E)$，其中 C_E 是静电电容。由于在费米能级的低密度状态中，电荷 δQ 必须占据费米能级以上可用的量子能态。那些需要增加电荷 δQ 到这些更高能态所附加的量子能量可以表示为：$(\delta Q)^2/(2C_Q)$，其中 C_Q 就是它的量子电容。所以，在电化学势能中的净变化为：

$$\delta E = \frac{(\delta Q)^2}{2C_E} + \frac{(\delta Q)^2}{2C_Q} \tag{10.8}$$

换句话说，一维导体的有效电容可以表示为它自身静电电容和量子电容的串联，如图 10.5a 所示。碳纳米管的静电电容可以认为是一个薄圆柱体线形，并且电容值与其周围的环境有关。

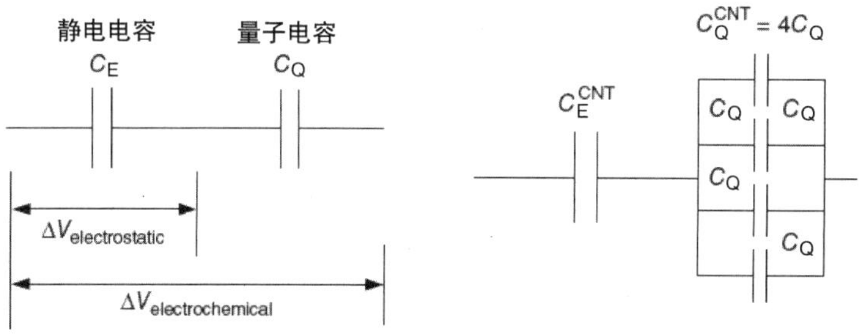

a) 总的一维导体　　b) 具有四个平行导电沟道的独立的单壁碳纳米管

图 10.5　有效电容模型[9]

量子电容

量子电容与费米能级 $D(\mu)$ 上能态的密度有关。对于一维导体，$D(\mu) = 1/(\pi\hbar v_F)$，其中只考虑了一个电子的自旋方向。这里，$v_F$ 是费米速度（$v_F \approx 8\times10^5$m/s），而 $2\pi\hbar = h$，即普朗克常数。所以，单位长度的量子电容 C_Q 为：

$$C_Q = e^2 D(\mu) \tag{10.9}$$

其中 e 为电子电荷。对于传统的三维导体，能态 $D(\mu)$ 的密度很高。所以，量子电容也非常大，并且它对整体电容值的影响可以忽略不计。

碳纳米管在两个电子自旋方向的费米能级上具有两个导电子带。所以，每个碳纳米管具有四个一维的导电沟道。一个碳纳米管的净量子电容（每单位长度）可以由四个 C_Q 并联得到，即：

$$C_Q^{CNT}=4C_Q\approx 400\,\text{aF}/\mu\text{m} \tag{10.10}$$

10.3.3 电感

导体的电感建立了导体能量以及承载电流的电子运动的模型。存储在由电流产生磁场中的能量可以表示为：$1/2L_MI^2$，其中 L_M 为磁场中的电感。对于流过导体的净电流，必须存在与电流流向相反的过量电子。在一维导体中，在费米能级 E_F 存在低密度的能态，这些过量电子可以很方便地添加到 E_F 以上的量子能态中，因此这些电子就具有更高的动能。这些附加的动能存储在运动电子中，保证了一维导体的电流流动，可以表示为 $1/2L_KI^2$，其中 L_K 为动态电感。

由于导体中电流 I 流动引起的能量净变化为：

$$\delta E=\frac{1}{2}L_KI^2+\frac{1}{2}L_MI^2 \tag{10.11}$$

因此，一维导体的有效电感可以表示为它的动态电感和磁场电感的串联，如图 10.6a 所示。

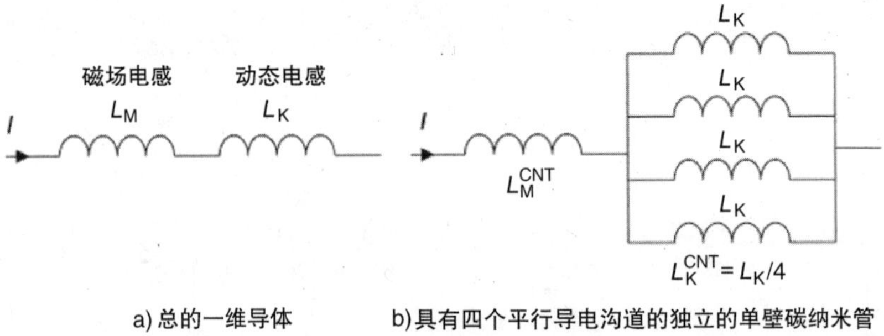

图 10.6 有效电感模型[9]

动态电感

对于一维导体，假设弹道传导，单位长度的动态电感表示为：

$$L_K=\frac{h}{2e^2v_F} \tag{10.12}$$

h 为普朗克常数，e 为电子电荷，v_F 为费米速度（$v_F\approx 8\times 10^5\text{m/s}$）。

因为一个单壁碳纳米管具有四个一维导电沟道，因此碳纳米管的有效动态电感为：

$$L_{K}^{CNT}=\frac{L_{K}}{4}=4nH/\mu m \tag{10.13}$$

三维导体具有大量的导电沟道（$n>>1$），因此与磁场电感相比，有效动态电感 L_K/n 要小得多，所以在这些导体中，动态电感的影响并不明显。

值得注意的是大的动态电感仅仅在弹道传导中应用。对于长度大于平均自由行程的碳纳米管，分布导电导致动能的降低，同时动态电感也较小。目前长碳纳米管的动态电感细节目前并没有得到深入的研究，虽然它不太可能大量出现在电源分布网络中。

10.4 碳纳米管互连元件

对互连元件最初也是最重要的要求是为导电提供一个低阻通路。当在小尺寸晶体管的短距互连中，这个要求可以适当放宽。在这种情况中，驱动电阻足够大，并且掩盖了互连电阻的影响。对于所有其他的互连元件，必须保证寄生电阻足够低。这对于电源传输网络尤其重要，这里互连元件的压降必须足够小，以满足电源完整性的要求。

如式（10.4）所示，即使当长度小于 1μm 的平均自由行程时，单壁碳纳米管的最小电阻为 6.45kΩ。这比片上铜互连元件仅仅几欧姆的电阻值要大得多。不完全的金属 - 纳米管接触会进一步增加电阻。但除了优秀的电流带载能力，独立的单壁碳纳米管在低延迟传输互连或者可靠的电源网络中，并不能替代铜互连元件。更糟的是，经过大电阻的瞬态压降会在互连电阻上产生尖峰信号，如式（10.7）所示，这会严重影响电源完整性。

幸运的是，碳纳米管仅仅占据几纳米的横截面积。所以，可以将数十个或者成百个碳纳米管这样的一维导体层叠成一个与铜互连元件横截面等大的互连元件，来作为替代。接下来的章节将会讨论这样碳纳米管互连元件的电气特性。关于这个领域信号互连元件，延迟和功耗的具体内容，读者可以参考文献［9］。

10.4.1 碳纳米管互连电阻

碳纳米管束的实验表明在独立的碳纳米管之间存在较大的与温度有关的耦合电阻，以及直接的隧道特性。因此，碳纳米管束存在较弱的电气耦合，可以独立的传输各自的电流。具有 n_{CNT} 金属性碳纳米管束的有效电阻为：

$$R_{bundle}=\frac{R_{CNT}}{R_{CNT}}=\frac{R_c}{n_{CNT}}+\frac{h}{4e^2}\frac{l}{\lambda_{CNT}n_{CNT}} \tag{10.14}$$

不完全的金属 - 纳米管接触电阻

观测到的碳纳米管电阻（在低偏置电压时）比短尺寸碳纳米管的内在电阻

要大得多，主要是不完全的金属 - 纳米管接触。接触的特性依赖于接触材料和纳米管直径。对于小直径金属性的多壁碳纳米管，由于高曲率以及化学反应，金属 - 纳米管化学键严重干扰了碳纳米管，在接触之间产生了巨大的隧道阻挡。因此，对于直径小于 1nm 的碳纳米管，必须采用细致的处理来保证良好的欧姆接触。值得注意的是，当互连长度 l 增加，接触电阻 R_c 对于整体碳纳米管互连电阻 R_{bundle} 的相对贡献减小，如式（10.14）所示。

近期的实验表明表面化学反应对于碳纳米管和金属之间形成良好电气接触的重要性。将纳米管末端嵌入接触金属中（只是嵌入接触面的反面），或增加纳米管接触的长度，都可以降低接触电阻。此外，采用纳米管和金属之间的不定形碳或者石墨的界面层也有助于降低接触电阻[20]。这都是探索碳纳米管一维导电特性的重大进步。其中一些有助于降低金属 - 纳米管接触电阻的工艺技术进展将在 10.6 节中讨论。

金属性碳纳米管密度

我们首先假设互连模块为直径 1nm 的单壁碳纳米管。理想的情况下，我们可以将 100 个这样的单壁碳纳米管层叠成一个横截面为 10nm × 10nm 的互连元件。然而，这种做法并不可行，有许多现实的原因。

在催化剂作用下，采用激光切割方法对单壁碳纳米管进行分析在二维三角形网格中，管间距为 0.32nm 的碳纳米管自组织，范德瓦尔斯管间键结特性[21]。这种结构如图 10.4d 所示。产生碳纳米管互连元件的较好方法是采用催化剂增强的化学蒸发沉积法，其中催化剂的密度决定了碳纳米管的密度。此外，对于低接触电阻，通过接触金属保证独立碳纳米管的湿润，同时采用界面层来提高接触的电气特性，这些都是非常重要的。这些都意味着在独立的碳纳米管之间保持一定的间隙，这在一定程度上降低了碳纳米管的密度。最后，由于缺乏对于碳纳米管手征性的控制，在碳纳米管束中 2/3 的碳纳米管具有半导体性，而且对电流导电没有贡献。其中一些问题将在 10.6 节中进一步讨论。

平均自由行程

电子平均自由行程 λ_{CNT} 是决定更长碳纳米管电阻的重要因素。在碳纳米管中作用于平均自由行程的机制有很多，包括了声学、光学、区域边界声子分布、杂质和缺陷分布。这些物理机制决定的分布长度，以及诸如纳米管直径、长度、偏置电压和温度共同决定了有效平均自由行程。关于碳纳米管中影响平均自由行程因素的更多讨论，读者可以参考文献［10］。在直径 1nm 的单壁碳纳米管中，电子的有效平均自由行程与温度和长度有关，往往超过 1μm。直径 1nm 的单壁碳纳米管中，经验性的有效平均自由行程可以粗略的认为是 1μm。对于一些多壁碳纳米管，有效平均自由行程可以达到数微米。

10.4.2 碳纳米管互连电容

为了计算碳纳米管互连的等效电容，通常假设碳纳米管束中的 n_{CNT} 金属性碳纳米管相互之间没有互连，并且独立承载相同的电流。在静电分析中，每一个金属性碳纳米管都认为是在该管长度上具有相同电势的金属圆筒。同时，我们还假设所有的碳纳米管具有相同的电势，这意味着在同一个束中邻近碳纳米管之间的静电耦合电容并没有计算在内。需要注意的是，因为只有当一个束内所有纳米管的接触都是一致的，并且每一个碳纳米管都是无缺陷的，以及平均自由行程也是一致的情况下，这些假设才是有效的。

从量子电容的观点来看，单壁碳纳米管束是由 4 个 n_{CNT} 一维导体平行构成（每一个纳米管具有四个一维沟道）。因此单位长度的有效量子电容可以为表示为：

$$C_Q^{\mathrm{bundle}} = 4n_{\mathrm{CNT}} C_{\mathrm{Q}} \tag{10.15}$$

静电电容

碳纳米管的静电电容可以用一个薄圆筒状线来建模，并且与周围的环境有关。图 10.7 展示了用于静电分析的一个单壁碳纳米管互连结构的横截面。图 10.8 比较了单壁碳纳米管互连元件和 22nm 工艺节点下铜连线的静电电容[7]。在最大密度的额碳纳米管束中，单壁碳纳米管的互连静电电容仅有铜互连的 10%，甚至更低。然而，当金属性单壁碳纳米管的密度降低（假设其在碳纳米管束中分布均匀），它的电容要比铜互连元件的电容要小得多。

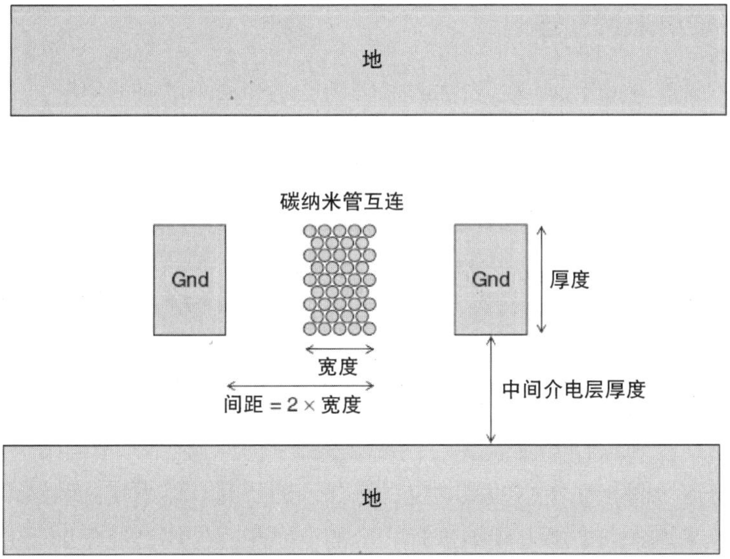

图 10.7 碳纳米管互连结构的横截面电路图[9]

单壁碳纳米管束互连的有效电容是由它的静电电容和量子电容串联而成。因为量子电容相对要大得多，那么单壁碳纳米管有效互连电容近似等于静电电容，而量子电容的影响则非常得小。

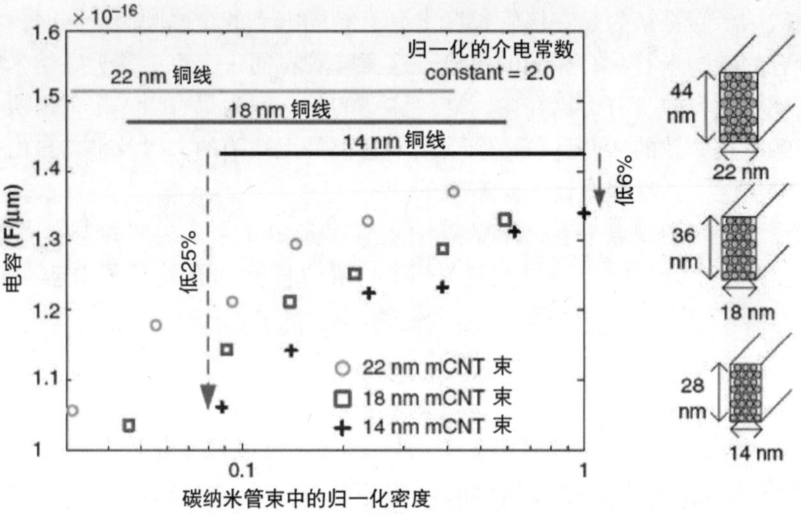

图 10.8 不同工艺节点下，单壁碳纳米管静电电容与金属性单壁碳纳米管密度的函数关系（以最大密度进行归一化）[9]

10.4.3 碳纳米管互连电感

碳纳米管的等效电感可以表示为它磁场电感和动态电感的串联。在弹道传导情况下（当碳纳米管的长度短于平均自由行程长度时）单壁碳纳米管的动态电感要远大于磁场电感。然而，对于长尺寸的碳纳米管，由于分布造成的能量损失会产生较小的动态电感[5]。这个区别在许多理论著作中被忽略，这些著作仍将具有较大值的动态电感应用于所有长度的碳纳米管。

实验已经证明[19]，随着碳纳米管数量的增加，碳纳米管束的电感相应缩小，这表明束中的碳纳米管可以与其他碳纳米管隔离开来。在这种情况下，有效电感可以看作是每一个碳纳米管电感的并联。然而，我们对密集碳纳米管束中电磁相互作用的精确特性知之甚少。同时，关于我们对碳纳米管能态密度、导电性、磁致电流之间相互作用的影响也没有深入的研究。然而独立碳纳米管的高频特性，以及平坦阵列中邻近碳纳米管之间的电容相互作用已经得到研究，但对于碳纳米管间电磁场相互作用特性，以及碳纳米管束内部电磁波的研究还没有得到实验现象的支持[⊖]。

10.5　碳纳米管互连元件的热管理

基于测量结果，在室温下，在碳纳米管束中，沿着碳纳米管长度上的热传导性在 1750 ~ 5800W/(m · K)[16] 的范围内，而在横向上热传导性大约要小 20 倍左右[17]。由于邻近纳米管间大量高阻热节点的存在[15]，碳纳米管束的热传导性具有各向异性。而独立碳纳米管间弱的热耦合，限制了碳纳米管束或网络的整体热传导性。实验同样证明碳纳米管内在较高的热传导性对整体碳纳米管束的热传导性没有影响[18]。这些热传导性值表明碳纳米管在热管理应用方面是一种未来非常有希望的材料。

碳纳米管互连元件较高的热传导性表明，它们是比铜更有效的热传导通道，如图 10.9 所示。最初的热去除模式是通过在芯片的衬底上添加散热片来实现的，而具有高热传导性的互连材料有助于发热点热量的侧面扩散，同时也有利于降低芯片封装温度梯度带来的问题。

基于碳纳米管互连元件的生产技术主要关注通孔、垂直互连元件方面，如图 10.10 所示。同样的碳纳米管互连技术在三维集成电路中表现为硅通孔。正如之

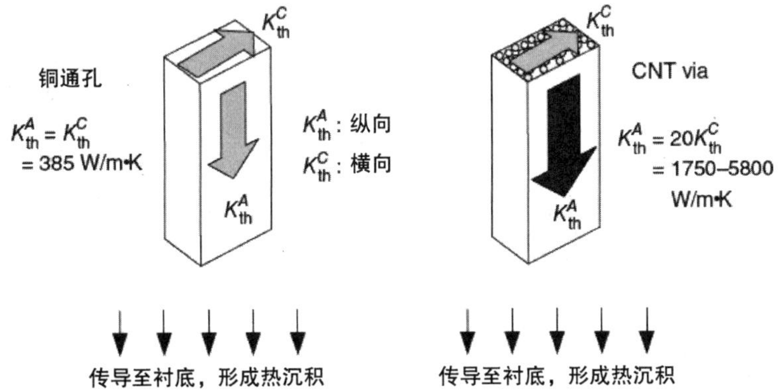

图 10.9　铜以及碳纳米管束中的热传导通路和热传导值。碳纳米管的热传导性具有各向异性沿着碳纳米管长度上的热传导性在 1750 ~ 5800W/（m · K）[16] 的范围内，而在横向上热传导性大约要小 20 倍左右[9]

⊖ 近来的研究表明，与传统的金属导体相比，碳纳米管束的趋肤效应要小得多。有兴趣的读者可以参考 “High - Frequency Analysis of Carbon Nanotube Interconnect elements and Implications for On - Chip Inductor Design”, H. Li and K. Banerjee, IEEE Transactions on Electron Devices, vol. 56, no. 10, October 2009

前讨论过的，在这方面应用中，碳纳米管的热传导性证明其具有独一无二的优势。

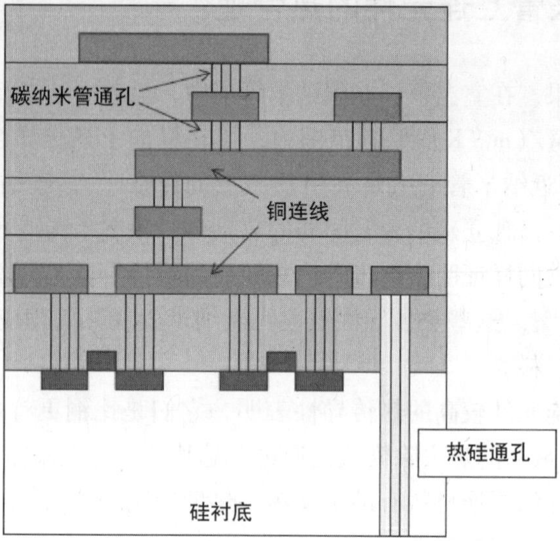

图 10.10 先进 VLSI 互连元件中的横截面：展示了多层互连元件之间以及 MOSFET 金属硅化层上的碳纳米管通孔。同时也展示了硅通孔，这些硅通孔可以有效消除 CMOS 衬底上的热

10.5.1 三维集成电路中的硅通孔

三维集成电路芯片具有多个有源层，在垂直方向上极大地拓展了摩尔定律。与传统的二维集成电路芯片相比，通过在垂直方向上更短的互连，三维集成电路芯片可以极大地减小全局连线的数量和长度。同时，还可以增加晶体管的封装密度，获得更小的芯片面积和更低的功率耗散。此外，通过将不同工艺的电路（数字电路、模拟电路、射频电路）集成在不同层上，三维集成电路为复杂的多种电路提供了一种有效的集成方式。

热管理是三维集成电路芯片重要的考虑因素。由于在垂直方向上层叠了多个有源层，并且这些层都是功耗的主要来源，因此三维集成电路芯片的功耗密度要远大于传统的二维芯片。此外，层叠的有源层原理散热片，也导致了垂直方向产生更大的温度梯度。这些问题对于泄露电流占重要地位的纳米级工艺技术尤其重要，因为纳米级集成电路的泄露功耗主要与温度有关。

目前还缺乏为三维集成电路芯片中有源层进行有效散热的封装解决办法，散热片仍旧是热去除机制的最主要方式。在这种情况下，与传统的互连元件相比，高热传导性的碳纳米管互连元件作为散热通道，具有更强吸引力。目前，研究人员采用密集垂直及水平石墨烯（dense vertical and horizontal graphene，DVHG）结构的碳纳米管，设计出了有效的片上散热通道[22]。通过生成垂直石墨烯通孔和合金石墨，研究人员制造出了热传导性为 1426W/(m·K) 的热硅通孔（见图 10.10），该热传导性几乎达到了铜热传导性的 4 倍。

10.6　碳纳米管互连元件的制造和集成

碳纳米管互连元件需要无缺陷、笔直的碳纳米管束在横向和纵向上排列整齐。因为这些碳纳米管束必须放置在预定的位置上，因此对于碳纳米管互连元件大规模集成，唯一可行的方式就是在该位置上直接进行生长。

目前制造碳纳米管主要有三种方式：电弧放电法、激光切除法和催化剂增强化学蒸发沉淀法。而电弧放电法、激光切除法中需要达到 1000℃ 以上的高温环境，这使得这两种方法不适合与大规模 CMOS 工艺集成兼容。另一方面，化学蒸发沉积法在标准半导体晶圆上，已经实现了与 CMOS 工艺兼容的碳纳米管互连元件制造。

化学蒸发沉淀法在制造碳纳米管时，需要三个重要的组成部分：金属催化剂，如 Ni、Co 或者 Fe；包含碳元素的原料气体，如甲烷、乙炔；以及化学蒸发沉淀工艺条件。通过将催化剂放置于需要生长碳纳米管位置的表面，碳纳米管就能在所需的位置上生长。生长两个金属层间碳纳米管通孔的基本方法是，将催化剂放置在第一层金属顶端的通孔里（在覆盖上与催化剂兼容的层，如 Ta/TaN 或者 Ti/TiN），接着再通过化学蒸发沉淀法生长垂直的碳纳米管束，然后有选择的用电介质填充碳纳米管通孔，并进行平面化，最后再放置第二个金属层。

10.6.1　标准 VLSI 工艺下的碳纳米管集成

在标准 VLSI 工艺中集成碳纳米管通孔的方法，目前在世界范围内已经得到广泛研究。图 10.11 展示了一种波形状的工艺技术，这种方法成功地在包含传统铜连线情况下，在两个金属层之间集成了碳纳米管通孔[23]。该衬底是由铜互连和电介质组成的。通孔通过传统的影印和刻蚀技术生成。通过各向异性物理蒸发沉积法，一个 TaN/Ta 阻挡层和一个 TiN 通孔层被放置在通孔洞中。因为碳纳米管不需要阻挡层，除了在通孔洞的侧面以外，其他地方都可以放置金属。之后，平均直径约为 4nm 的 Co 粒子，通过催化剂纳米粒子放置系统进行摆放。采用热化学蒸发沉淀法系统生长碳纳米管时，在 1kPa 条件下，C_2H_2 和 Ar 的混合气体作为源气体进行使用。此时，衬底温度大约为 450℃。在碳纳米管生成后，需要在样品上涂上自旋玻璃，确保在接下来的化学抛光中稳定碳纳米管束。除了要进行平面化，化学抛光也作用于碳纳米管的最顶层，目的是将多壁碳纳米管的内壁暴露出来。在平面化后，Ti 顶层接触层、Ta 阻挡层和铜通过物理蒸发沉积连接到碳纳米管通孔上。

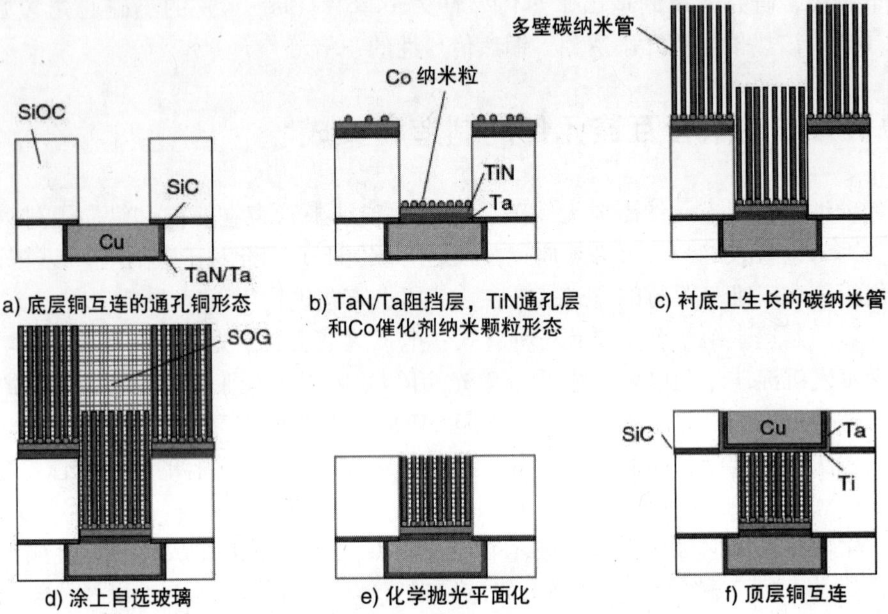

图 10.11　波形状碳纳米管通孔工艺的横截面

10.6.2　碳纳米管互连制造的突出特点

碳纳米管生长温度

除了与标准 CMOS 工艺不兼容外，高温对于碳纳米管的生长是有害的。首先，高温使得氧气在催化剂作用下进入金属衬底，会在碳纳米管通孔上产生大的接触电阻；第二，催化剂会在衬底上形成一种合金，或者在高的表面活动性下凝聚成大块的颗粒，从而降低其对碳纳米管生长的催化作用。幸运的是，在低温情况下，氧化层生长速度和催化剂的移动性都会降低。通过控制催化剂的剂量，并且与合适的材料进行结合，可以将碳纳米管生长温度降低到与微电子器件相兼容的 400～600℃。

固定物/催化器结合

不同的催化剂固定层结合以及催化剂材料已经用于建立不同的碳纳米管生长机制中。例如，采用 Ta/Ni 固定/催化剂系统，可以在固定物和催化剂之间产生坚固的连接，从而产生湿润的催化剂颗粒，保证碳纳米管的垂直阵列。在另一方面，采用钨固定层作为相同的催化剂，则会完全抑制碳纳米管的生长。这就可以用于有选择的进行碳纳米管的生长[24]。在碳纳米管生长过程中，离子催化剂也会导致不同的碳纳米管生长行为——深入 Ti－硅化界面层并植根其中[25]。而当和 TiN 固定层耦合时，离子催化剂有可能在碳纳米管的顶部尖端漂移[26]。这些生长机制的区别被用来更好的设计不同碳纳米管互连元件的特性。例如，采用 TiN/Fe 固定物/催化剂系统的尖端生长机制，可以产生与多壁碳纳米管的良好接触，而不需要通过化学抛光把内壁暴露出来。

催化剂沉积

除了要将催化剂材料和它之下的固定层进行结合，催化剂沉积技术是决定碳纳米管束直径和密度的决定因素。通过超薄等离子增强催化剂层[25]，或者采用脉冲激光沉积方法控制一定剂量的催化剂纳米颗粒沉积[27]，研究人员在密集碳纳米管束互连元件方面获得了最佳的结果。

碳纳米管—金属接触

碳纳米管需要生长在诸如 TiN 的金属催化剂衬底上，这些衬底协助形成了与碳纳米管的低阻欧姆接触[28]。在生长碳纳米管通孔的过程中，在碳纳米管生长成功后，碳纳米管的末端要连接到这些通孔上，有两个重要因素会影响碳纳米管末端的接触电阻。第一，碳纳米管上的通孔面积要尽可能的大，以降低接触电阻。这可以通过将碳纳米管的阱深入到顶层金属层中。第二，多壁碳纳米管的内壁需要暴露到顶层金属中。这可以通过多种方法实现：将顶端进行化学抛光[23]，采用突变终端碳纳米管生长工艺[25]，或者采用尖端生长机制，即在碳纳米管尖端的催化剂颗粒能够直接接触到多个内壁[26]。表面化学反应在碳纳米管和金属间的电气接触中发挥着重要作用。特别的是，一个不定形或者石墨碳的界面层可以降低碳纳米管和金属的接触电阻[20]。

碳纳米管金属性

直到今日，生长密集的单壁碳纳米管束作为互连元件，仍然是非常困难的，这是因为对于单壁碳纳米管生长所用的催化剂颗粒生殖力较低。实验证明，通过增加水分[29]或者氧气[30]可以增加生长催化剂的生殖力，但目前这些方法还没有应用到碳纳米管互连元件中。

此外，对手征性缺乏控制意味着很难使得单壁碳纳米管形成的束都具有金属性（经过统计，大约 2/3 的单壁碳纳米管是半导体性质的）。碳纳米管互连制造研究目前主要集中在多壁碳纳米管上，因为多壁碳纳米管可以保证较好的金属性。然而，将小直径的单壁碳纳米管密集的层叠在一起，可以降低碳纳米管互连电阻，这些互连电阻值与铜互连电阻基本相当。另一个解决方法是采用双壁碳纳米管，因为双壁碳纳米管也具有较好的金属性[6]。一些研究成果也报道了，采用电子接收分子来降低整体碳纳米管束电阻的方法，实现了具有半导体特性的碳纳米管功能，这些碳纳米管中既包含了金属性碳纳米管，也包含了半导体碳纳米管[31]。

互连中的碳纳米管密度

因为层叠到互连或者通孔中的碳纳米管数量与它的有效电阻有着直接的关系，制造技术中经常需要测量所能生长的碳纳米管的密度。目前的研究发现，催化剂颗粒的剂量和热化学蒸发沉积条件对互连中的碳纳米管密度具有很大的影响。对催化剂金属薄层进行优化的等离子预处理，可以进一步增加碳纳米管密度[32]。

稠化碳纳米管束的最新进展在参考文献［33］中已有报道，目标区域主要集中在沿着碳纳米管长度的方向上，远离其衬底。这种稠化技术对于碳纳米管互连元件生长是有益的，因为这些互连元件的横截面受限于生长催化剂占据的面积。然而，稠化后的碳纳米管束有利于形成硅通孔[34]。

水平碳纳米管互连元件

生长水平碳纳米管互连元件的方法主要是基于：碳纳米管束倾向于向垂直于生长表面的方向生长。然而，生成一个二维的碳纳米管束网络（例如，对于曼哈顿互连，需要生成两个垂直的方向）需要挑战催化剂沉积技术和各种难以完成的生长步骤。参考文献［35］［36］已经在两个维度上的水平阵列长达几个微米的小碳纳米管束和单个碳纳米管，其中碳纳米管的方向直接由化学蒸发沉积系统的气体流向来控制。然而，衬底必须经过旋转，从而获得更多的碳纳米管维度。其他诸如电场诱致阵列或者流体传输法，都不适用于大规模的集成。

在所需的地方生长水平碳纳米管主要是通过将碳纳米管的组成元素分别集中起来，再将它们传输至所需要的互连位置。然而，这个过程需要诸如微流体沟道等特殊的设备，通过双向电泳来支持碳纳米管的生成[24]。这种技术很难形成大规模工业生产。有疑义的是，其中一个双向电泳技术在实验室实验中获得追捧的主要原因是，目前还没有水平碳纳米管互连元件大规模进行生长的方法。

10.7 用于电源完整性的碳纳米管

2005 年，富士通公司的研究人员发明了第一个具有实用价值的碳纳米管。通过将其用于高功率放大器的热、源存储器中，验证了它的高热传导性和良好的工艺[37]。在过去的十年中，面对传统金属互连元件无法克服的困难，碳纳米管互连技术作为一种有效的解决方法，已经取得了巨大的进步。从我们所知的碳纳米管特性以及互连制造工艺技术中，碳纳米管展现了许多有益之处，特别是从 VLSI 电源完整性的角度来看。

10.7.1 结构上及热方面的优点

碳纳米管热传导性和机械强度的优点，通过将存储器中的碳纳米管束用于

VLSI 芯片与封装衬底上的片外互连元件进行连接，得以有效的展现出来。一个片上主要的存储器用于电源和地的连接，这也是电源线上电感噪声（$L \cdot \mathrm{d}i/\mathrm{d}t$）的主要来源。

第一个碳纳米管存储器用于 GaN - HEMT 高功率放大器芯片中[37]。为了在高频段获得较高的增益，这些放大器必须具有低的对地电感，因此芯片键合更多的采用通孔 - 通孔的线键合方法。然而，这些高功率放大器同样需要连接到散热片的热电阻值比较小。因为传统的存储器具有大的尺寸，这会导致衬底到散热片产生较大的隔离，从而增加热电阻。所以，GaN - HEMT 高功率放大器经常正面封装在一个金属管壳上，并接连与散热片相连。

在这种情况下，碳纳米管存储器具有两个明显优势。第一，良好的典型工艺使得碳纳米管存储器比传统的掺金存储器的尺寸要小，这样就可以直接将源电极与存储器相连。第二，碳纳米管存储器的高热传导性使得即使在正面进行封装时，热电阻值也得到了有效降低。因此，芯片键合时，高功率放大器的对地电感同样得到有效降低，而没有损失热完整性。

从结构的角度考虑，碳纳米管的机械强度和灵活性可以帮助缓解芯片和主电路衬底之间热扩散系数引起的热压力[38]。事实上，三维集成电路在垂直方向上容易受到热梯度的影响，而基于碳纳米管的硅通孔同样可以缓解三维集成电路中热压力问题。

10.7.2　电迁移可靠性

国际半导体发展路线预测，在下一个十年中，片上中间层连线密度将由目前的 $10^6\mathrm{A/cm^2}$ 增加到 $5\times10^6\mathrm{A/cm^2}$。虽然目前在应用多种工艺能够极大的增加电迁移电阻（主要是铜合金工艺），但在接下来的十年中，目前的连线密度将要发展到电迁移寿命的极致要求，而这些要求的生产解决方法甚至还未可知。更加确信的是，电迁移可靠性对于传输单向电流的电源连线来说更为恶化，特别是对那些普遍存在的横截面积较小的通孔。

通过比较可知，在室温下，碳纳米管互连通孔的电流带载能力高达 $4\times10^7\mathrm{A/cm^2}$，而不会产生任何失效或者电阻降低[39]。在 250℃ 的加速试验中，由于碳纳米管通孔下铜连线的缝隙排布，通孔结构在 $5\times10^6\mathrm{A/cm^2}$ 电流压力下发生失效。

在上述碳纳米管通孔失效实验中，一个表面的原因是碳纳米管 - 金属接触引起的焦耳热。通过增加碳纳米管密度，通孔电阻和整个互连元件的电阻值都可以进一步降低。在上述的工艺过程中，碳纳米管密度为每平方厘米 3×10^{11} 个碳纳米管。而在实际中，已经可以获得密度为每平方厘米 1×10^{12} 个碳纳米管。国际半导体发展路线预测在下一个十年中碳纳米管密度将可以达到每平方厘米 1 × 10^{13}个。这样碳纳米管互连元件的电阻就基本和铜互连元件相当了。然而，碳纳米管互连元件对电迁移效应的容忍性要远优于铜互连元件。

10.7.3 低阻电源网格

对于片上电源网络，低阻连线不仅可以缓解电迁移可靠性问题引起的焦耳热(I^2R)，而且可以在电源网格的方向上以电压降的形式，最小化电源噪声($\Delta V_{dd}=IR$)。当电源噪声容限降低、铜互连电阻率增加，碳纳米管提供了一种低阻电源网格的解决方案。

对于长连线，碳纳米管互连元件的电阻优势主要源于碳纳米管相对大的平均自由行程 λ_{CNT}——对于直径为 1nm 的单壁碳纳米管，平均自由行程约为 1μm，而铜互连元件仅有 40nm。所以，即使碳纳米管具有较大的量子电阻，碳纳米管中随着长度增加的电阻也比铜互连元件中的电阻小得多。

图 10.12a 中，即使金属碳纳米管的密度比较低，且碳纳米管 - 金属接触电阻比较大的情况下，在互连长度较大的范围内，密集封装单壁碳纳米管互连元件的全局互连电阻也比铜互连要小。在图 10.12b 中，对于不同的工艺节点和碳纳

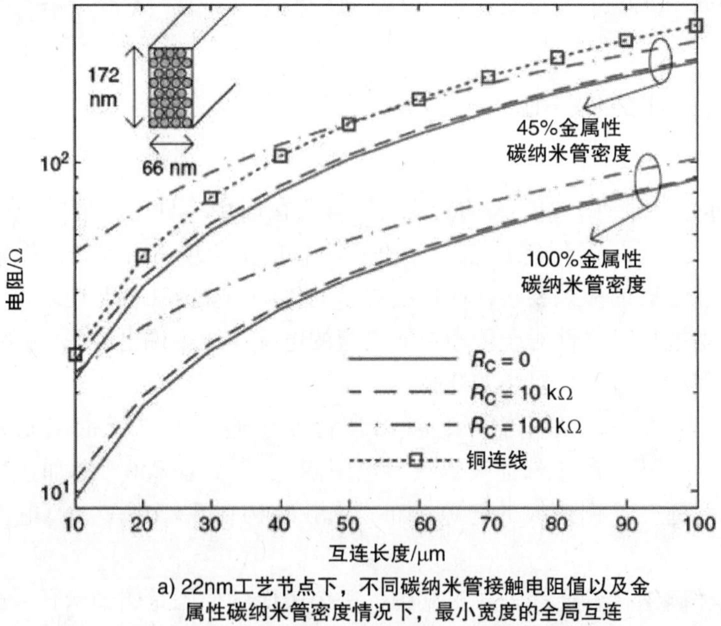

a) 22nm工艺节点下，不同碳纳米管接触电阻值以及金属性碳纳米管密度情况下，最小宽度的全局互连

图 10.12 作为互连长度的函数，单壁碳纳米管全局互连电阻与铜互连电阻的比较（温度 300℃，碳纳米管直径 1nm，平均自由行程约为 1μm）[9]

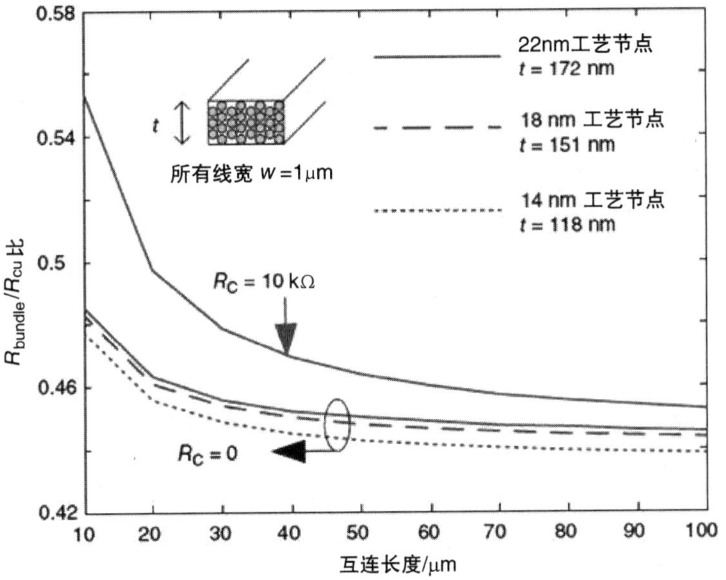

b) 具有100%金属性碳纳米管密度时，不同工艺节点下，1μm宽度时的全局互连

图 10.12　作为互连长度的函数，单壁碳纳米管全局互连电阻与铜互连电阻的比较（温度 300℃，碳纳米管直径 1nm，平均自由行程约为 1μm）[9]（续）

米金属接触电阻，最大宽度单壁碳纳米管全局互连元件电阻仅有铜互连元件的 40% ~50%。需要注意的是，在图 10.12 中大的接触电阻仅仅是为了进行阐述，在实际中可以获得小得多的接触电阻。

相比铜互连元件，碳纳米管互连元件具有更低的电阻和更好的电迁移容忍度，在全局电源网络中具有明显的优势。目前用于碳纳米管通孔的一些技术要求已经在大力发展中：如在低温下控制高密度碳纳米管的生长，以获得与金属的高质量接触。然而，先进的碳纳米管通孔工艺使得平均自由行程小于 100nm[23]，这比观测到的几个微米的平均自由行程要小得多。

10.8　总结

由于集成电路技术的快速进步，传统互连元件走到了电迁移可靠性的极限，碳纳米管是目前能与标准半导体工艺兼容的唯一解决方案。碳纳米管互连元件在电迁移可靠性、热传导性和低电阻（在长连线中）方面的优势是非常明显的。在过去的十年中，关于碳纳米管的制造、建模、碳纳米管互连元件的分析都有了长足的进步。然而，仍然存在许多重要的挑战需要研究者在该领域中深入的研究和探索。例如，长碳纳米管互连元件高频模型的理论框图需要进行研究。另一个例子是，制造技术需要提高，不仅仅只能在两个金属接触的连接直线上生长碳纳米管，因为特别是从可靠性的角度进行分析，两个金属接触的连接往往比较脆弱。同时，其他基于碳的材料，如石墨烯可以用于界面材料，使得碳纳米管互连元件能够进行拐弯连接，或者将它们与纳米级晶体管相连接。目前碳纳米管互连技术面临的迫切挑战主要有：

在一片晶圆范围内，生长数十微米长横向碳纳米管的工艺技术；

在保证碳纳米管质量的同时，使得平均自由行程接近 1μm。

发展新颖的互连解决方案，减少连续长度碳纳米管互连中的金属通孔。

10.9 参考文献

基础：

1. P. G. Collins and P. Avouris, “Nanotubes for Electronics,” *Scientific American*, vol. 283, 2000.
2. P. Avouris, J. Appenzeller, R. Martel, and S. Wind, “Carbon Nanotube Electronics,” *Proceedings of the IEEE*, vol. 91, no. 11, 2003.
3. F. Kreupl, A. P. Graham, G. S. Duesberg, W. Steinhogl, M. Liebau, E. Unger, and W. Honlein, “Carbon Nanotubes in Interconnect Applications,” *Microelectronic Engineering*, vol. 64, 2002.
4. S. Im, N. Srivastava, K. Banerjee, and K. E. Goodson, “Scaling Analysis of Multilevel Interconnect Temperatures for High Performance ICs,” *IEEE Transactions on Electron Devices*, vol. 52, no. 12, 2005.
5. M. P. Anantram and F. Léonard, “Physics of Carbon Nanotube Electronic Devices,” *Reports on Progress in Physics*, vol. 69, no. 3, p. 507.
6. V. Zólyomi, Á. Rusznyák, J. Kürti, Á. Gali, F. Simon, H. Kuzmany, Á. Szabados et al., “Semiconductor-to-Metal Transition of Double Walled Carbon Nanotubes Induced by Inter-shell Interaction,” *Physica Status Solidi* (b), vol. 243, issue 13, 2006.

建模：

7. N. Srivastava, “High-Frequency Impedance Extraction of Interconnects Considering Substrate Effects and Exploration of Single-Walled Carbon Nanotubes for Future VLSI Interconnects,” Ph.D. dissertation, University of California, Santa Barbara, 2009.
8. P. J. Burke, “Luttinger Liquid Theory as a Model of the Gigahertz Electrical Properties of Carbon Nanotubes,” *IEEE Transactions on Nanotechnology*, vol. 1, no. 3, 2002.
9. N. Srivastava, H. Li, F. Kreupl, and K. Banerjee, “On the Applicability of Single-Walled Carbon Nanotubes as VLSI Interconnects,” *IEEE Transactions on Nanotechnology*, vol. 8, no. 4, 2009.
10. H. Li, N. Srivastava, J.-F. Mao, W.-Y. Yin, and K. Banerjee, “Carbon Nanotube Vias: Does Ballistic Electron–Phonon Transport Imply Improved Performance and Reliability?” *IEEE Transactions on Electron Devices*, vol. 58, no. 8, 2011.

实验：

11. B. Q. Wei, R. Vajtai, and P. M. Ajayan, “Reliability and Current Carrying Capacity of Carbon Nanotubes,” *Applied Physics Letters*, vol. 79, no. 8, 2001.
12. M. Radosavljevic, J. Lefebvre, and A. T. Johnson, “High-Field Electrical Transport and

Breakdown in Bundles of Single-Wall Carbon Nanotubes," *Physical Review B*, vol. 64, no. 24, pp. 241307, 2001.
13. J.-Y. Park, S. Rosenblatt, Y. Yaish, V. Sazonova, H. Ustunel, S. Braig, T. A. Arias et al., "Electron-Phonon Scattering in Metallic Single-Walled Carbon Nanotubes," *Nano Letters*, vol. 4, no. 3, 2004.
14. S. Berber, Y.-K. Kwon, and D. Tomanek, "Unusually High Thermal Conductivity of Carbon Nanotubes," *Physical Review Letters*, vol. 84, no. 20, 2000.
15. P. Kim, L. Shi, A. Majumdar, and P. L. McEuen, "Thermal Transport Measurements of Individual Multiwalled Nanotubes," *Physical Review Letters*, vol. 87, no. 21, pp. 215502, 2001.
16. J. Hone, M. Whitney, C. Piskoti, and A. Zettl, "Thermal Conductivity of Single-Walled Carbon Nanotubes," *Physical Review B*, vol. 59, no. 4, pp. R2514–R2516, 1999.
17. J. Hone, M. C. Llaguno, N. M. Nemes, A. T. Johnson, J. E. Fischer, D. A. Walters, M. J. Casavant, et al., "Electrical and Thermal Transport Properties of Magnetically Aligned Single Wall Carbon Nanotube Films," *Applied Physics Letters* vol. 77, no. 5, 2000.
18. A. N. Volkov and L. V. Zhigilei, "Heat Conduction in Carbon Nanotube Materials: Strong Effect of Intrinsic Thermal Conductivity of Carbon Nanotubes," *Applied Physics Letters*, vol. 101, no. 4, 2012.
19. J. J. Plombon, K. P. O'Brien, F. Gstrein, and V. M. Dubin, "High-Frequency Electrical Properties of Individual and Bundled Carbon Nanotubes," *Applied Physics Letters*, vol. 90, 2007.

制造：

20. Y. Chai, A. Hazeghi, K. Takei, H.-Y. Chen, P. C. H. Chan, A. Javey, and H.-S. P. Wong, "Low-Resistance Electrical Contact to Carbon Nanotubes with Graphitic Interfacial Layer," *IEEE Transactions on Electron Devices*, vol. 59, no. 1, 2012.
21. A. Thess, R. Lee, P. Nikolaev, H. Dai, P. Petit, J. Robert, C. Xu, et al., "Crystalline Ropes of Metallic Carbon Nanotubes," *Science*, vol. 273, issue 5274, 1996.
22. M. Nihei, A. Kawabata, T. Murakami, M. Sato, and N. Yokoyama, "Improved Thermal Conductivity by Vertical Graphene Contact Formation for Thermal TSV," *IEEE International Electron Devices Meeting*, 2012.
23. M. Nihei, T. Hyakushima, S. Sato, T. Nozue, M. Norimatsu, M. Mishima, T. Murakami, et al., "Electrical Properties of Carbon Nanotube Via Interconnects Fabricated by Novel Damascene Process," *IEEE International Interconnect Technology Conference*, 2007.
24. S. Hermann, H. Fiedler, Y. Haibo, S. Loschek, J. Bonitz, S. E. Schulz, and T. Gessner, "Wafer Level Approaches for the Integration of Carbon Nanotubes in Electronic and Sensor Applications," *IEEE International Multi-Conference on Systems, Signals and Devices*, 2012.
25. Y. Chai, M. Sun, Z. Xiao, Y. Li, M. Zhang, and P. C. H. Chan, "Towards Future VLSI Interconnects Using Aligned Carbon Nanotubes," *IEEE International Conference on VLSI and System-on-Chip*, 2011.
26. S. Vollebregt, R. Ishihara, F. Tichelaar, J. van der Cingel, and K. Beenakker, "Electrical Characterization of Carbon Nanotube Vertical Interconnects with Different Lengths and Widths," *IEEE International Interconnect Technology Conference*, 2012.
27. Y. Awano, S. Sato, M. Nihei, T. Sakai, Y. Ohno, and T. Mizutani, "Carbon Nanotubes for VLSI: Interconnect and Transistor Applications," *Proceedings of the IEEE*, vol. 98, no. 12, 2010.
28. M. Nihei, M. Horibe, A. Kawabata, and Y. Awano, "Simultaneous Formation of Multiwall Carbon Nanotubes and Their End-Bonded Ohmic Contacts to Ti Electrodes for Future ULSI Interconnects," *Japanese Journal of Applied Physics*, vol. 43, no. 4B, 2004.
29. K. Hata, D. N. Futaba, K. Mizuno, T. Namai, M. Yumura, and S. Iijima, "Water-Assisted Highly Efficient Synthesis of Impurity-Free Single-Walled Carbon Nanotubes," *Science*, vol.

306, 2004.

30. G. Zhang, D. Mann, L. Zhang, A. Javey, Y. Li, E. Yenilmez, Q. Wang, et al., "Ultra-High-Yield Growth of Vertical Single-Walled Carbon Nanotubes: Hidden Roles of Hydrogen and Oxygen," *Proceedings of National Academy of Sciences*, vol. 102, no. 45, 2005.
31. J. W. Ward, J. Nichols, T. B. Stachowiak, Q. Ngo, and J. E. Egerton, "Reduction of CNT Interconnect Resistance for the Replacement of Cu for Future Technology Nodes," *IEEE Transactions on Nanotechnology*, vol. 11, no. 1, 2012.
32. Y. Awano, S. Sato, M. Nihei, T. Sakai, Y. Ohno, and T. Mizutani, "Carbon Nanotubes for VLSI: Interconnect and Transistor Applications," *IEEE International Symposium on VLSI Technology, Systems and Applications*, 2011.
33. Z. Liu, L. Ci, S. Kar, P. M. Ajayan, and J.-Q. Lu, "Fabrication and Electrical Characterization of Densified Carbon Nanotube Micropillars for IC Interconnection," *IEEE Transactions on Nanotechnology*, vol. 8, no. 2, 2009.
34. T. Wang, S. Chen, D. Jiang, Y. Fu, K. Jeppson, L. Ye, and J. Liu, "Through-Silicon Vias Filled with Densified and Transferred Carbon Nanotube Forests," *IEEE Electron Device Letters*, vol. 33, no. 3, 2012.
35. S. Huang, X. Cai, and J. Liu, "Growth of Millimeter-Long and Horizontally Aligned Single-Walled Carbon Nanotubes on Flat Substrates," *Journal of the American Chemical Society*, vol. 125, 2003.
36. X. Huijun and A. T. Woolley, "Directional Orientation of Carbon Nanotubes on Surfaces Using a Gas Flow Cell," *Nano Letters*, vol. 4, no. 8, 2004.
37. T. Iwai, H. Shioya, D. Kondo, S. Hirose, A. Kawabata, S. Sato, M. Nihei, et al. "Thermal and Source Bumps Utilizing Carbon Nanotubes for Flip-Chip High Power Amplifiers," *IEEE International Electron Devices Meeting*, 2005.
38. I. Soga, D. Kondo, Y. Yamaguchi, T. Iwai, M. Mizukoshi, Y. Awano, K. Yube, et al., "Carbon Nanotube Bumps for LSI Interconnects," *IEEE Electronic Components and Technology Conference*, 2008.
39. M. Sato, T. Hyakushima, A. Kawabata, T. Nozue, S. Sato, M. Nihei, and Y. Awano, "High-Current Reliability of Carbon Nanotube Via Interconnects," *Japanese Journal of Applied Physics*, vol. 49, 2010.

图书在版编目（CIP）数据

纳米级集成电路系统电源完整性分析/（日）桥本正德（Masanori Hashimoto）等著；戴澜，陈铖颖，张晓波译. —北京：机械工业出版社，2017. 10

（微电子与集成电路先进技术丛书）

书名原文：Power Integrity for Nanoscale Integrated Systems

ISBN 978-7-111-56987-9

Ⅰ. ①纳… Ⅱ. ①桥… ②戴… ③陈… ④张… Ⅲ. ①集成电路 - 电源电路 - 电路设计 Ⅳ. ①TN710. 02

中国版本图书馆 CIP 数据核字（2017）第 121155 号

机械工业出版社（北京市百万庄大街 22 号 邮政编码 100037）
策划编辑：江婧婧 责任编辑：江婧婧 赵玲丽
责任校对：佟瑞鑫 封面设计：鞠 杨
责任印制：李 昂
三河市国英印务有限公司印刷
2017 年 9 月第 1 版第 1 次印刷
169mm × 239mm · 20. 75 印张 · 392 千字
0 001—3 000 册
标准书号：ISBN 978-7-111-56987-9
定价：125. 00 元

凡购本书，如有缺页、倒页、脱页，由本社发行部调换

电话服务
服务咨询热线：010 - 88361066
读者购书热线：010 - 68326294
010 - 88379203
封面无防伪标均为盗版

网络服务
机 工 官 网：www. cmpbook. com
机 工 官 博：weibo. com/cmp1952
金 书 网：www. golden - book. com
教育服务网：www. cmpedu. com